优良野生树种资源调查及应用

张文军　王　玉　赵鹏华　祁建华　万少侠　主编

U0253285

黄河水利出版社
·郑州·

青檀叶片　葛岩红 / 摄影

青檀树干　葛岩红 / 摄影

黄檀全貌　葛岩红 / 摄影

白檀树冠　葛岩红 / 摄影

黄檀叶片　葛岩红 / 摄影

黄檀树干　葛岩红 / 摄影

白檀叶片　葛岩红 / 摄影

无患子全貌　葛岩红 / 摄影

无患子树干　葛岩红 / 摄影

无患子树冠　葛岩红 / 摄影

华桑叶片　杨德宇 / 摄影

无患子叶片局部　葛岩红 / 摄影

无患子叶片　万少侠 / 摄影

流苏叶片与花　葛岩红 / 摄影

梾木叶片与果实　杨德宇 / 摄影

鸡桑叶片　杨德宇 / 摄影

雪柳树干　葛岩红 / 摄影

雪柳叶片　葛岩红 / 摄影

雪柳叶片与枝　葛岩红 / 摄影

厚壳果实　杨德宇 / 摄影

厚壳花　杨德宇 / 摄影

厚壳叶片与花　杨德宇 / 摄影

紫椴叶片与花　杨德宇 / 摄影

紫椴果实　杨德宇 / 摄影

构树叶片　万少侠 / 摄影

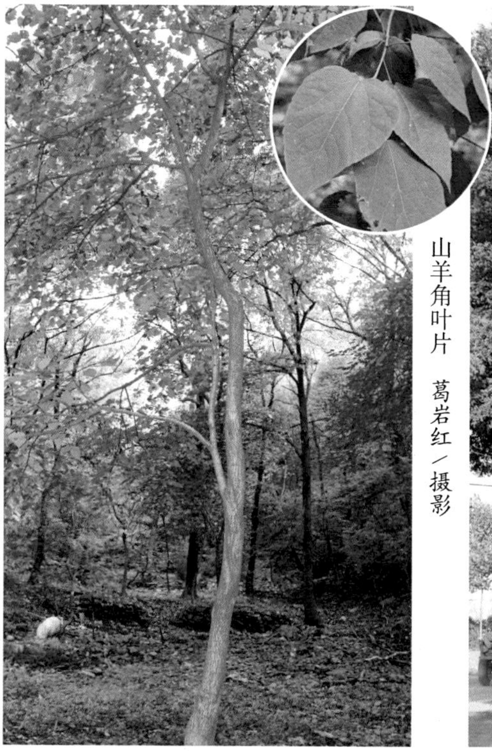

山羊角叶片　葛岩红 / 摄影

山羊角全貌　葛岩红 / 摄影

皂荚树冠　万少侠 / 摄影

刺楸树干
葛岩红 / 摄影

刺楸叶片
葛岩红 / 摄影

刺叶栎　杨德宇 / 摄影

刺叶栎　杨德宇 / 摄影

房山栎　杨德宇 / 摄影

白栎全貌　葛岩红 / 摄影

白栎树干　葛岩红 / 摄影

白栎叶片　葛岩红 / 摄影

槲栎全貌　葛岩红 / 摄影

槲栎树干　葛岩红 / 摄影

槲栎叶片　葛岩红 / 摄影

槲栎叶片与果实　葛岩红 / 摄影

蒙古栎叶片与果实
杨德宇 / 摄影

蒙古栎叶片与果实
杨德宇 / 摄影

短柄枹果实
葛岩红 / 摄影

短柄枹叶片
葛岩红 / 摄影

鹅耳枥全貌　葛岩红 / 摄影

鹅耳枥树干与叶片
葛岩红 / 摄影

千金榆叶片与树干
葛岩红 / 摄影

千金榆全貌　葛岩红 / 摄影

紫弹叶片与果实　杨德宇 / 摄影

千金榆叶片局部　葛岩红 / 摄影

千金榆叶片　葛岩红 / 摄影

大果榆叶片
杨德宇 / 摄影

大果榆叶片与种子
杨德宇 / 摄影

榔榆
葛岩红 / 摄影

榔榆树干
葛岩红 / 摄影

脱皮榆树干
葛岩红 / 摄影

脱皮榆树冠与叶片
葛岩红 / 摄影

珊瑚朴叶片
杨德宇 / 摄影

裂叶榆
万少侠 / 摄影

栾树叶片　葛岩红 / 摄影

大叶朴叶片　葛岩红 / 摄影

乌桕叶　万少侠 / 摄影

黑弹叶片　葛岩红 / 摄影

黑弹叶片　葛岩红 / 摄影

黑弹树干　葛岩红 / 摄影

天目木姜子叶片　万少侠 / 摄影

天目木姜子　万少侠 / 摄影

刺楸树干　葛岩红 / 摄影

楸树叶片　葛岩红 / 摄影

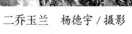

楸树树冠　万少侠 / 摄影

臭椿叶片与果实　万少侠 / 摄影

二乔玉兰　杨德宇 / 摄影

黄连木叶片与果实　葛岩红 / 摄影

黄连木全貌　万少侠 / 摄影

丝绵木冠幅　葛岩红 / 摄影

丝绵木果实　葛岩红 / 摄影

丝绵木叶片　葛岩红 / 摄影

丝绵木主干　葛岩红 / 摄影

白蜡根与分蘖　葛岩红 / 摄影

白蜡叶片　葛岩红 / 摄影

山皂荚　葛岩红 / 摄影

山皂荚干刺　葛岩红 / 摄影

山皂荚树干
葛岩红 / 摄影

臭檀吴茱萸树干　葛岩红 / 摄影

臭檀吴茱萸叶片　葛岩红 / 摄影

苦树果实　万少侠 / 摄影

苦树全貌　葛岩红 / 摄影

苦树树干　葛岩红 / 摄影

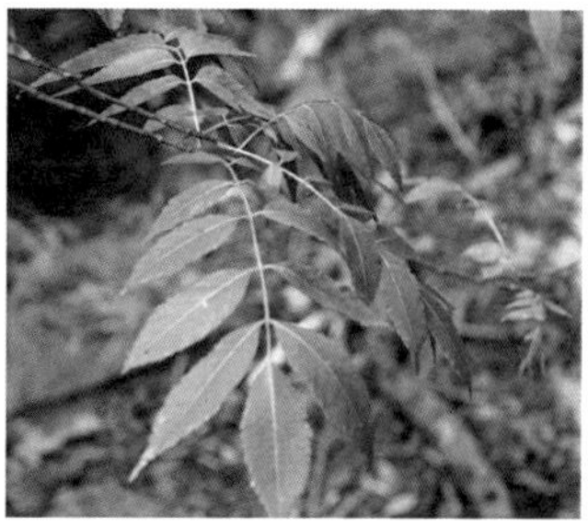
苦树叶片　葛岩红 / 摄影

重阳木全貌　葛岩红 / 摄影

重阳木树干　葛岩红 / 摄影

重阳木叶片　葛岩红 / 摄影

喜树树干　葛岩红 / 摄影

喜树叶片　葛岩红 / 摄影

喜树全貌　葛岩红 / 摄影

喜树果实与叶片　葛岩红 / 摄影

建始槭果实与叶片　葛岩红 / 摄影

建始槭树干　葛岩红 / 摄影

建始槭叶片　葛岩红 / 摄影

秦岭槭全貌　葛岩红 / 摄影

秦岭槭树干　葛岩红 / 摄影

建始槭果实　葛岩红 / 摄影

秦岭槭叶片　葛岩红 / 摄影

杜仲叶片与果实　万少侠 / 摄影

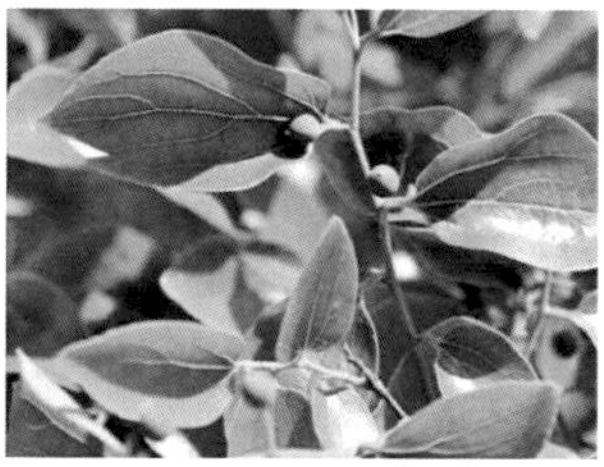

朴树果实　杨德宇 / 摄影

朴树叶片　葛岩红 / 摄影

五角枫叶片　葛岩红 / 摄影

毛白杨树冠　万少侠 / 摄影

毛白杨叶片背面　葛岩红 / 摄影

毛白杨主干　葛岩红 / 摄影

栓皮栎全貌　葛岩红 / 摄影

栓皮栎果实　葛岩红 / 摄影

栓皮栎叶片与果实　葛岩红 / 摄影

栓皮栎树干树皮　葛岩红 / 摄影

栓皮栎叶片局部　葛岩红 / 摄影

香椿叶片　万少侠 / 摄影

香椿种子　万少侠 / 摄影

枫杨叶片与果实　万少侠 / 摄影

枫杨果实　万少侠 / 摄影

楝树叶　万少侠 / 摄影

小花溲疏花　杨德宇 / 摄影

楝树果实　万少侠 / 摄影

化香叶片　葛岩红 / 摄影

化香叶片与果实　葛岩红 / 摄影

山胡椒树冠　葛岩红 / 摄影

山拐枣树干　葛岩红 / 摄影

山拐枣叶片　葛岩红 / 摄影

山胡椒果实　葛岩红 / 摄影

山胡椒叶片与果实　杨德宇 / 摄影

长梗溲疏叶片与花　杨德宇 / 摄影

溲疏叶片　杨德宇 / 摄影

溲疏花　杨德宇 / 摄影

山梅花　杨德宇 / 摄影

牛鼻栓树冠　葛岩红 / 摄影

山白树树干　杨德宇 / 摄影

山白树叶片与果实
杨德宇 / 摄影

牛鼻栓叶片背面
葛岩红 / 摄影

华北绣线菊
杨德宇 / 摄影

山白树树冠　杨德宇 / 摄影

华北绣线菊叶片与花　杨德宇 / 摄影

东北茶藨子　杨德宇 / 摄影

东北茶藨子叶片与果实
杨德宇 / 摄影

中华石楠果实　葛岩红 / 摄影

中华石楠树干　葛岩红 / 摄影

中华石楠叶片局部　葛岩红 / 摄影

中华绣线菊
杨德宇 / 摄影

中华绣线菊叶片与花
杨德宇 / 摄影

三裂绣线菊
杨德宇 / 摄影

三裂绣线菊叶片与花
杨德宇 / 摄影

花椒叶片与果实　万少侠 / 摄影

吴茱萸树干　葛岩红 / 摄影

吴茱萸叶片　葛岩红 / 摄影

白背叶果实
葛岩红 / 摄影

白背叶全叶
葛岩红 / 摄影

白背叶叶片
葛岩红 / 摄影

盐肤木完整叶
葛岩红 / 摄影

盐肤木叶片　葛岩红 / 摄影

黄栌花期　万少侠 / 摄影

黄栌叶片　万少侠 / 摄影

肉花卫矛树干　葛岩红 / 摄影

肉花卫矛果实　葛岩红 / 摄影

肉花卫矛叶片　葛岩红 / 摄影

肉花卫矛叶片与果实　葛岩红 / 摄影

薄叶鼠李全貌　葛岩红 / 摄影

薄叶鼠李叶片与果实　葛岩红 / 摄影

西南卫矛果实　杨德宇 / 摄影

茶条槭叶片　葛岩红 / 摄影

茶条槭叶片局部　葛岩红 / 摄影

猫乳叶片与果实　葛岩红 / 摄影

野茉莉叶片与果实　葛岩红 / 摄影

野茉莉叶片与枝　葛岩红 / 摄影

海州常山树冠　葛岩红 / 摄影

海州常山果实　葛岩红 / 摄影

海州常山树干　葛岩红 / 摄影

海州常山叶片　葛岩红 / 摄影

荚蒾全貌　葛岩红 / 摄影

荚蒾叶片　葛岩红 / 摄影

荚蒾叶片与果实　葛岩红 / 摄影

黑果荚蒾果实　葛岩红 / 摄影

黑果荚蒾叶片　葛岩红 / 摄影

黑果荚蒾叶片与枝　葛岩红 / 摄影

山麻杆叶片　杨德宇 / 摄影

山麻杆叶片局部　葛岩红 / 摄影

蜡梅花　万少侠 / 摄影

君迁子叶片　葛岩红 / 摄影

君迁子果实　葛岩红 / 摄影

君迁子叶片局部　葛岩红 / 摄影

山核桃全貌　葛岩红 / 摄影

山核桃果实　葛岩红 / 摄影

山核桃树干　葛岩红 / 摄影

山核桃叶片　葛岩红 / 摄影

银杏叶　万少侠 / 摄影

杏树　葛岩红 / 摄影

络石攀缘状　葛岩红 / 摄影

桃果实　万少侠 / 摄影

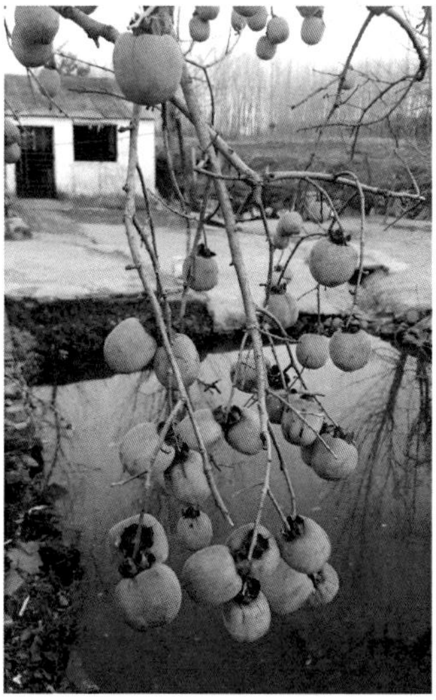
柿果实　万少侠 / 摄影

山楂叶片　葛岩红 / 摄影

山楂树冠　葛岩红 / 摄影

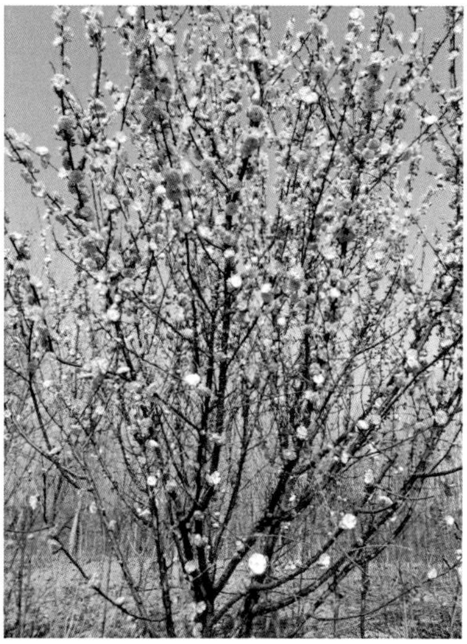
桃树花　万少侠 / 摄影

李（山李）叶片与枝干　葛岩红 / 摄影

山楂果实　葛岩红 / 摄影

李（山李）叶片　葛岩红 / 摄影

山桃叶　万少侠 / 摄影

山桃花　万少侠 / 摄影

枣果实
万少侠 / 摄影

枣树落叶表现
葛岩红 / 摄影

拐枣全貌　葛岩红 / 摄影

拐枣叶片　葛岩红 / 摄影

拐枣叶片与果实　葛岩红 / 摄影

野柿叶片　葛岩红 / 摄影

沙梨叶片与果实　杨德宇 / 摄影

杜梨冠幅全景　葛岩红 / 摄影

杜梨叶片与果实　葛岩红 / 摄影

豆梨叶片与果实　杨德宇 / 摄影

络石叶与藤蔓　万少侠 / 摄影

板栗果实　葛岩红 / 摄影

板栗叶片　葛岩红 / 摄影

山莓叶片与果实　杨德宇 / 摄影

粉枝莓生长状　葛岩红 / 摄影

粉枝莓叶片　葛岩红 / 摄影

粉枝莓枝干　葛岩红 / 摄影

《优良野生树种资源调查及应用》

编委会

主　编　张文军　王　玉　赵鹏华　祁建华　万少侠

副主编　（排名不分先后）

张小志　卢规划　张彩霞　李蕴莹　余作仁
谭成静　卢　红　贾喜欢　张　勇　闫志轩
关瑞娜　朱红涛　张　春　夏丽美　张玉民
宫秀欣　李冠涛　詹志伟　王建伟　赵月丽
范大整　葛岩红　李继东　李红梅　刘银萍
杨黎慧　陈智慧　陈宏涛　赵雅雅

编写人员　（排名不分先后）

向　巍　李俊红　胡选科　刘　斌　王　奎
张红心　闫秋丽　徐永辉　饶　鑫　李金鑫
宁　柯　王雪锋　郑　涛　王德军　徐　彬
崔　磊　付志方　师旭艳　李豫凤　韩华华
朱黎娟　张　婷　臧云鹏　尚春生　王国鑫
崔伦刚　吴晶莹　田慧平　李新涛　何彦玲
刘　斌　董国乐　赵淑霞　赵文杰　王晓丽
杨惠菊　杨德宇　何明亮　王璞玉　冯伟东
胡彦来　张智慧　王彩云　任素平　李慧丽

前　言

野生植物指原生地天然生长的植物，是重要的自然资源，对林业生态系统具有重要保护作用。林木优良野生树种，是指本地区天然分布的树种资源，又是林木遗传适应性的载体，是良种选育和遗传改良的物质基础，是维持生态安全和林业可持续发展的基础性、战略性资源。

林业是我国一项重要的基础产业。林业的内涵和功能正在由保障木材等林产品供应为主的单一林业向开发生物产业、森林观光、保健食品的多元林业转变，由简单地发挥防风固沙、水土保持作用向进军森林固碳、物种保护、生态疗养新领域的现代林业转变。要保持林业的可持续发展，就必须兼顾林业的生态效益、社会效益、经济效益。

选择优良的野生树种，在园林绿化、植树造林中引种栽培，并与乡土树种一起营造人工混交林，可以大大改变树种单一的格局；同时，提高该地区植被系统的生态功能，减少病虫害的发生与危害。由于优良野生树种适应性、抗逆性强，是外来树种无法比拟的。营造具有稳定生态功能和较高生产力的植被群落，关键在于选择适宜的植物种类。为此，一个地区的植树造林，如果缺乏多样的适应性强的优良乡土种类的种植，将导致该地区生物多样性单一，生态稳定性差，不利于保持和发展持久的生态环境建设效力。

“十三五”期间，习近平总书记对生态文明建设做出重要指示，强调生态文明建设是“五位一体”总体布局和“四个全面”战略布局的重要内容。各地区、各部门要切实贯彻新发展理念，树立“绿水青山就是金山银山”的强烈意识，把生态文明建设纳入制度化、法制化轨道。加快推动绿色、循环、低碳发展，为建设美丽中国、维护全球生态安全做出更大贡献。

可见，在生态文明建设、乡村振兴战略和适地适树原则要求下，需要大量优良乡土树种苗木。因此，必须做好野生树种发展规划，大力推进野生树种良种，建立乡土树种保障性苗圃工作。据林业专家黄延楠说，与天然林相比，单一种植的人工林本身生物多样性很低，几乎不可能为濒危生物提供栖息地，其本身也很容易受到病原菌、害虫和气候变化的影响。如果种植的是外来树种，将比野生树种损耗更多的地下水，在水资源匮乏地区造林，可能会在一定程度上起到防风固沙和储存碳汇的作用，但会以丧失其他生态功能为代价。为此，支持各地按照基地化、标准化和产业化的要求，引进有实力的公司，培育龙头企业，建设一批乡土珍贵树种种植基地，引种一批野生树种丰富当地林种资源，同时保护一批野生濒危树种。鼓励有关科研机构，按照不同的植被类型进行试验试点，建设一定规模的试验示范区。在各地扶持一批有特色、有效益的专业化种植村，大面积推广优良野生乡土树种栽植。

2016~2019 年，我们成立专业调查队，按照《河南省林木种质资源普查实施细则》、《林木种质资源普查技术规程》(DB 41/T 1489—2017)、河南省林木种质资源普查名录等技术要求，开展了种质资源普查。其中优良野生种质资源 135 种，如青檀、黄檀、白檀、蒙古栎、天目木姜子、野鸦椿、牛鼻栓、山胡椒、黄连木、乌桕、臭椿、香椿、楝树、山白树、粉枝莓、盐肤木、山拐枣、扶芳藤、苦皮藤、悬钩子、六道木、肉花卫矛、野茉莉、牛奶子、山麻杆、青榨槭、山羊角、雪柳、无患子、紫椴、鹅耳枥、丝绵木、五角枫等。调查中,我们发现野生树种分布范围广,抗逆性强,在林业生态建设中起到了重要的作用。但是也存在一些问题:一是生长在村庄、河畔、山沟、丘陵等环境较差的地方,集约化经营程度不够;二是多数分散孤立生长,部分100年生以上的古树出现空洞;三是生长势衰弱,缺乏管理,有病虫害发生。又因乡土树种不能速生,林农不愿投入人力物力进行抚育,致使生长势逐渐为濒危状态。另外,乡土树种资源在造林中应用率低,大量以速生杨为主种植的人工林,尽管速生,但是收益差,病虫害严重;同时,造成生物多样性很低,几乎不可能为濒危生物提供栖息地,其本身也很容易受到病原菌、害虫和气候变化的影响。

为了加强园林绿化,满足现代化林业生态建设的高速度、高质量发展植树造林和城市、乡村绿化美化的需要,大力引种野生乡土树种,培育繁殖优良野生树种,为国家提供科学依据和技术支撑,我们组织河南城建学院张文军副教授、遂平县林业发展服务中心王玉高级工程师、舞阳县林业技术推广总站赵鹏华高级工程师、山东省菏泽市林业技术服务中心祁建华工程技术应用研究员、驻马店市森林病虫害防治检疫站站长、教授级高级工程师范大整、舞钢市林业工作站万少侠教授级高级工程师编写了《优良野生树种资源调查及应用》这本书。特别说明,河南省舞钢市国有林场著名资深林业工程师杨德宇老师、舞钢市科协葛岩红林业工程师在本书编写中,参加了野生树种外业调查识别与拍摄,并总结了大部分野生树种资料。本书介绍了优良野生树种135种,分为野生落叶乔木树种、野生灌木树种、野生落叶果树树种、野生藤本树种四章,从野生树种的形态特征、生长习性、主要分布、引种繁育与造林绿化、作用与价值进行介绍。全书文字简洁明了,通俗易懂,并配有主要野生树种彩色图片100多幅,达到图文并茂,便于园林、科技、大中专学生、林农、果农、林业合作社等人员能尽快认识野生树种和掌握野生树种的苗木繁育管理、主要病虫害防治技术等。

由于时间仓促,疏漏和不足之处在所难免,敬请各位专家和老师、林农朋友们指正。

编　者

2021年6月

目　录

第一章　野生落叶乔木树种

1 青　檀

青檀,学名 *Pteroceltis tatarinowii* Maxim.,榆科青檀属,又名金钱朴、檀、翼朴 、檀树、青壳榔树,落叶乔木树种。是国家二级保护稀有种,中原地区优良野生乡土树种。

一、形态特征

青檀,落叶乔木,高达 18~20 m,胸径 70~100 cm 以上。树皮灰色或深灰色,不规则的长片状剥落;小枝黄绿色,干时变栗褐色,疏被短柔毛,后渐脱落,皮孔明显,椭圆形或近圆形;冬芽卵形。小坚果两侧具翅,其材质坚韧,纹理细密,耐腐,耐水浸。树皮淡灰色,幼时光滑,老时裂成长片状剥落,剥落后露出灰绿色的内皮,树干常凹凸不圆;小支栗褐色或灰褐色,叶纸质,宽卵形至长卵形,长 3~10 cm,宽 2~5 cm,先端渐尖至尾状渐尖,基部不对称,楔形、圆形或截形,边缘有不整齐的锯齿,基部 3 出脉,侧出的一对近直伸达叶的上部,侧脉 4~6 对,叶面绿,幼时被短硬毛,后脱落常残留有圆点,光滑或稍粗糙,叶背淡绿,在脉上有稀疏的或较密的短柔毛,脉腋有簇毛,其余近光滑无毛;叶柄长 5~15 mm,被短柔毛。单叶互生,花期 3~5 月,花色为淡绿色,雌雄同株。两性花单叶于叶腋。果期 8~10 月。果实圆形,周围呈长翅状,具细长柄,悬垂,直径 10~17 mm,黄绿色或黄褐色,翅宽,稍带木质,有放射线条纹,果实外面无毛或多少被曲柔毛,常有不规则的皱纹。青檀,为我国特有单种属,本已存量较少,因自然植被的破坏,常被大量砍伐,目前分布区逐渐缩小,林相残破,有些地区已不易找到,被列为国家二级保护稀有种。

二、生长习性

青檀,喜钙,较耐干旱、瘠薄,根系发达,喜欢在岩石隙缝间盘旋伸展。成小片纯林或与其他树种混生。适应性较强,生长速度中等;萌生性强,寿命长;但是,种子天然繁殖力较弱。常生长在山麓、林缘、沟谷、河滩、溪旁及壁石隙等处。

三、主要分布

青檀,主要分布于河南、河北、山西、陕西、甘肃、青海、山东、江苏、安徽、浙江、江西、福建、湖北、湖南、辽宁、广东、广西、四川和贵州。生长速度中等。山东等地庙宇留有千年古树。种子天然繁殖力较弱。生于山谷溪边石灰岩山地疏林中,海拔 100~1 500 m。在村旁、公园有栽培。但是,广泛分布于海拔 800 m 以下,在四川康定可达海拔 1 700 m。中原地区主要分布于平顶山、安阳、林州、焦作、济源、栾川、鲁山、卢氏、南召、西峡、舞钢等地,青檀,在河南省舞钢市分布在南部山区海拔 200~500 m,沟谷、山腰、崖边均有片状或散生分布,多生于庇荫处。国有林场长岭头青檀沟,面积 333 350 m^2,树龄 10~50 年,平均树高 20~30 m,平均胸径 8~30 cm,生长健壮良好。最大树高 15 m,胸径 30 cm,树龄 60~80 年。

四、引种繁育与造林绿化

青檀,木材、叶、果优美,是造林绿化、科研教学的优良树种。青檀果实成熟后,种子易脱落自然飞散,所以采种要适时采收。青檀的苗木繁殖,主要采取种子育苗和压条法育苗两种方法。种子育苗,即有性繁殖,播种育苗,这种方法可以培育大量的幼苗,苗木的生活力强,经济寿命长,植树造林都宜采用种子育苗繁殖;压条法繁育,即无性繁殖苗木。

(一)引种繁育苗木技术

1. 苗圃地的选择

苗圃地选择浇水方便、交通便利、肥沃、疏松的沙壤土为好。

2. 苗圃地的整地

9~10 月,苗圃地采用大型拖拉机旋耕土壤,同时,施入农家肥作基肥,施肥量每亩施入 5 000~8 000 kg,复合肥每亩 50~100 kg 即可。

3. 采收种子

青檀,8~9 月成熟,即种子在“处暑”到“白露”左右成熟,果实由青变黄,就应及时采收。果实有圆翅,唯顶部有隙,基部具有长柄。果实采回后应去翅,阴干,防潮湿,但也不能过分干燥,以免影响发芽能力。凡种壳色泽鲜艳、种仁饱满、种肉白色,均为良种。

4. 种子催芽

为了使种子发芽整齐,促进幼苗生长,播种前可采取催芽方法,一种为冷水浸种,其方法是把纯净的种子放在容器内,加入冷水浸渍,每天更换清水一次,一般浸种 2~3 天,种皮吸水柔软后,即能促进发芽。此法简易稳定,但效果较差。另一种为热水浸种,青檀种壳坚硬,因此热水浸种比冷水浸种效果更好,方法相同,唯热水温度掌握在 30~40 ℃,每天调换温水需 2~3 次。

5. 大田播种

播种以春播为好,时间为 2~3 月。好的青檀种子,每亩播种量 1~1.5 kg 即可。播种的方法,以条播为宜。苗床土壤保持湿润状态,床面一般按照行距 2~5 cm,即播幅 2~3 cm,行间距在 5~6 cm,即用锄头开一条小沟,沟底要平实,沟深 2~3 cm,做到播种、覆土、覆草要均匀,覆土厚度 1~2 cm,覆草厚度以不见覆土为宜,覆草可以保湿保墒,提高出芽率。

6. 幼苗管理

幼苗发芽出土 50%~60%,即可揭去部分覆草,发芽出土整齐后,覆草全部揭去,揭草最好在阴天或傍晚进行。种苗发育生长期间要防涝、防旱、清除杂草。幼苗出齐 30 天后,开展 2~3 次间苗。管理好的幼苗,一年就可以出圃,一般每亩可产 8 000~10 000 株高 1~1.5 m 的壮苗。

7. 肥水管理

苗木生长期,除草松土,每年施肥 2~3 次,或除草浅松土 2~3 次。合理施肥,土壤肥沃，施肥要少施或不施肥；土壤肥力不足，可适当施肥，每次施肥量每亩 10~15 kg 复合肥。7~8 月，雨季雨后开浅沟撒施化肥。

8. 压条繁育

压条繁育即无性繁殖，主要是压条法，即将青檀细长的枝条弓形压弯，中间埋在土里，上压石块，2~3 年后，待压在土里的部分已生根，将其砍断即是一棵新生苗木。这种方法青檀树桩越低越有利于发展。

（二）主要病虫害的发生与防治技术

1. 主要虫害的发生与防治

（1）主要虫害的发生。一是檀香粉蝶，又名斑马虫，以幼虫啃食叶片，造成叶片残缺不全。二是象鼻虫，成虫咬食叶片嫩枝，造成枝条干枯或死亡，影响树势生长。

（2）主要虫害的防治。檀香粉蝶、象鼻虫等主要发生在生长期，即 5~9 月，使用 90% 敌百虫草原药 800 倍液或 80%敌敌畏乳油 1 000~1 500 倍液喷杀。同时，可人工捕杀象鼻虫的幼虫、卵、蛹。或用 50%吡虫啉 600~800 倍液喷雾。

2. 主要病害的发生与防治

（1）主要病害的发生。青檀病害主要有：一是幼苗立枯病，由立枯丝核菌侵染所致，侵害幼苗，6~8 月，多在土壤排水不良时发生。二是根腐病，是一种常见病害，幼苗、幼龄树和大树均会发生。

（2）主要病害的防治。6~8 月，立枯病发病前用 0. 25%~0. 5%的波尔多液喷洒，或 1%~2%石灰水浇施；发病期间用托布津可湿性粉剂 900~1 000 倍液或百菌清 600 倍液喷杀防治。根腐病，发病初期可用 5%退菌特可湿性粉剂 500~800 倍液，或 50%托布津 800~1 000 倍液，或 70%敌克松原粉 500 倍液喷洒防治。

五、青檀的作用与价值

（1）经济价值。木材坚硬细致，纹理细密，耐腐，耐水浸，可作农具、车轴、家具和建筑用的上等木料，是园艺、室内装饰等的珍贵树种。树皮、枝皮纤维为制造书画宣纸的优质原料，且已有数百年历史，其宣纸制品在国际、国内畅销。种子可榨油，可作工业用油。其叶为营养丰富，是牲畜喜食的良好饲料。

（2）科研价值。青檀，喜钙，较耐干旱、瘠薄，根系发达，常在岩石隙缝间盘旋伸展生长，为我国特有的单种属，对研究榆科系统的发育有学术价值；对我国的气候、物种演化等具有十分重要的科学价值。

（3）观赏价值。青檀，花色为淡绿色，雌雄同株。两性花单叶于叶腋。果实圆形，周围呈长翅状，具细长柄，悬垂。青檀在形态上婀娜多姿，枝叶滴垂洒脱，给人以自然、秀逸之感，又形似楮、似桑。青檀根系发达，劲如盘龙，寿命长。西南部山区古寺、庙宇尚有数百年大树，仍苍桑不老，枝叶茂盛，被誉为神灵的化身。具有良好的观赏价值。

（4）造林绿化作用。青檀，适应性较强，耐阴，耐湿，较耐瘠薄，喜钙。常自然生于海拔 100~1 500 m 的石灰岩山地林缘、沟谷、河滩、溪旁及岩石隙缝间，具小片纯林、散生或与其他树种混生。所以，林业、园林等部门在公园、山地森林公园、景区进行园林绿化、美化时，青檀为理想的点缀树种。

2 黄　檀

黄檀,学名:*Dalbergia hupeana* Hance,又名山荆、檀树、檀木、不知春,蔷薇目豆科黄檀属植物。落叶乔木。优质用材树种。

一、形态特征

黄檀树干皮暗灰色,高10~15 m。幼枝淡绿色,叶互生,羽状复叶,长15~25 cm。小叶3~5对,近革质,椭圆形至长圆状椭圆形,长3~5 cm,宽2~4 cm,先端钝,或稍凹入,基部圆形或阔楔形,两面无毛,细脉隆起,上面有光泽。圆锥花序顶生或生于最上部的叶腋间,连总花梗长14~19 cm,花萼钟状,花冠白色或淡紫色,花柱纤细;果实为荚果,呈长圆形或阔舌状,种子肾形,果瓣薄革质,熟时黄褐色,有种子1~2粒。花期5~7月,果期9~10月。

二、生长习性

黄檀喜光,阳性,耐干旱瘠薄,深根性,萌芽力强。不择土壤,适应多种土壤。对土壤酸碱度要求不严格。适生海拔200~1 400 m的丘陵、山地林中、灌丛或旷野。陡坡、山脊、岩石裸露、干旱瘦瘠的地区均能生长,山沟溪旁及有小树林的坡地常见。在深厚、湿润、排水良好的土壤上生长健壮、发育良好。

三、主要分布

黄檀主要分布于山东、江苏、安徽、浙江、江西、福建、湖北、湖南、广东、广西、四川、贵州、云南等省区。河南省舞钢市境内,南部山区、丘陵、山地沟谷、坡地、片麻岩岭脊,林下、疏林、灌丛或荒坡、田埂旷野之地、均有成片状萌生和散生,生长良好。

四、引种繁育与造林绿化

(一)造林绿化技术

黄檀在荒山荒地和采伐地的阳坡、半阳坡,气温复杂的条件下,生长势明显不同,对土壤为褐色砖红壤和赤红壤等土壤类型,均可造林。尤其是山区、丘陵、平原都有生长,零星或小块状生长在阔叶林或马尾松林内,在酸性、中性或石灰性土壤上均能生长。因为其深根性,具根瘤,能固氮,是荒山荒地的优良造林树种。其天然林生长较慢,人工林生长快速。黄檀树种有生长较慢、分枝多、分枝低的特性,为促进树高生长,促进早日形成良好的干形,造林时注意造林密度宜稀植、不宜密植。

(二)引种繁育苗木技术

1. 种子采种

选择健壮母树,当荚果呈现黄褐色时,采回予以暴晒,开裂脱粒,除净杂质,装入布袋或麻袋中,干藏于高燥处,以待播种。

2. 苗圃地选择

选择肥沃疏松、排灌方便、少病虫害等肥沃的土地作圃地，按一般要求做好苗床，在2~3月上旬播种。采用条播，条距25~30 cm，每亩播种量为5~8 kg。用1~2年生苗木，10月下旬选择健壮苗木出圃即可造林。

3. 造林技术

黄檀为阳性深根树种，对土壤要求不甚严格，酸性、中性或石灰性土壤都能生长，无论山区、丘陵均可造林。但要培育商品林，应选土层深厚肥沃的阳坡或半阳坡为造林地。造林密度宜稍大，株行距2.5 m × 4 m。可采用水平带垦挖大穴栽植，穴径50~80 cm以上，深度40~50 cm，回填表土。造林时期，可在当年10月或第二年2~3月进行，选择雨后阴天造林成活率高。

4. 造林管理

黄檀造林后，须加强抚育培养工作，每年中耕除草2次。郁闭后，每隔2~3年仍需割灌挖翻1次，发现被压木、损折木，结合疏伐，予以伐除。

（三）病虫害防治技术

1. 主要虫害

黄檀的主要害虫是黄刺蛾（又名痒辣子、毛辣虫），为害叶片，幼虫吃食叶的下表皮和叶肉，仅留上表皮成一层膜。4龄幼虫吃食全叶，常将叶片吃光，仅剩叶脉或枝条或叶柄。其茧椭圆形，11.5~14.5 mm，质坚硬，灰白色，有黑褐色不规则纵条纹，极似雀卵。1年发生2代，4月下旬至5月上中旬化蛹，5月下旬至6月上中旬羽化，羽化多在傍晚，以15~20时为盛。白天静伏在叶背面，夜间活动，有趋光性。成虫多夜晚交尾，次日产卵于树叶近末端处背面，散产或数粒在一起。卵经5~6天孵化，初孵幼虫取食卵壳，然后取食叶的下表皮和叶肉组织，留下上表皮。进入4龄时取食叶片呈洞孔状，5龄后吃光整叶，仅留主脉和叶柄。7月老熟幼虫营茧化蛹，茧一般多在树枝分杈处。8月第1代成虫羽化，8月下旬以后第二代幼虫大量出现，取食为害。秋后在树上结茧越冬。

2. 防治技术

10~12月，人工消灭越冬虫茧，结合冬季抚育与修剪进行；6月和8月利用成虫的趋光性进行灯光诱杀，效果显著；药剂防治：用氯氰菊酯或吡虫啉配制1 000~1 200倍药液喷雾，效果很好。另外，蚜虫危害幼苗，影响生长。蚜虫为害较重时，用灭蚜威1 800~2 000倍液喷雾。黄檀小卷蛾，幼虫危害叶芽、嫩梢及种子。可用苦参碱1 500倍液防治。

五、黄檀的作用与价值

（1）用材价值。黄檀木材黄白色或黄淡褐色，木材坚韧、致密，可作各种负重力及拉力强的用具及器材，木材横断面生长轮不明显，心、边材区别也不明显。黄檀木材黄白色或黄淡褐色，结构细密、质硬重，切面光滑，耐冲击，不易磨损，富于弹性，材色美观，是运动器械、玩具、雕刻及其他细木工优良用材。林农利用此材作斧头柄、农具。

（2）园林绿化作用。黄檀根系发达，树干坚挺，枝冠紧密，春叶黄润，花黄芳香，花果满枝，秋叶金黄，形、姿、色俱佳。可作园林观叶树种配植点缀，可于林间、林缘、园内空隙地，孤植、丛植，凸显叶色景观效果。可作城镇行道树、居民区绿化，美化亦有其特色感。

也可用于荒山荒地绿化。

(3)食用价值。黄檀,其花香,开花能吸引大量蜂蝶,可作蜜源或放养紫胶虫等。其嫩茎叶可食,民间常采其叶,焯制晒干,作为美味山野菜,与肉类烹饪,香味浓郁,令人回味无穷。

(4)油料价值。果实可榨油。

(5)药用价值。根皮入药,具有清热解毒、止血消肿之功效。主治疮疥疔毒、毒蛇咬伤、细菌痢疾、跌打损伤等。民间用于治疗急慢性肝炎、肝化硬腹水等。

3　白　檀

白檀,学名:*Symplocos paniculata*(Thunb.)Miq.,又名灰木、碎籽树等,山矾科山矾属,落叶小乔木或灌木。白檀,开花繁茂,白花蓝果,甚是好看,尤其是早春飘散着阵阵花香,不是桂花胜似桂花,是极具开发前景的园林栽培观赏树种。

一、形态特征

白檀树高3~9 m,胸径10~15 cm。嫩枝有灰白色柔毛,老枝无毛。叶互生,纸质。叶片阔倒卵形、椭圆状倒卵形或卵形,基部阔楔形或近圆形,边缘有细尖锯齿,叶面无毛或有柔毛,叶面中脉凹下,侧脉平坦或微凸起。圆锥花序,有柔毛;苞片条形,有褐色腺点;花萼萼筒褐色,裂片半圆形或卵形,有纵脉纹,边缘有毛,花冠白色。核果卵状球形,熟时蓝色或蓝黑色。

二、生长习性

白檀喜光,稍耐庇荫,喜湿润、疏松的中性、微酸性土壤。适生于海拔350~2 000 m的山坡、谷地疏林或密林中。

三、主要分布

白檀主要分布于东北、华北、华中、华南、西南各地。北美有栽培。河南省舞钢市国有石漫滩林场南部的秤锤沟、长岭头、官平院等林区海拔300~600 m的谷地、山腰疏林、林缘或密林中有散生分布。

四、引种繁育与造林绿化

(一)引种繁育苗木技术

1.种子的采集与处理

选择壮年白檀树作为采种母树,采种时间为9月下旬至10月上旬,切忌掠青早摘。采后果实需要堆沤3~5天,待果皮软熟后装入布袋反复搓洗,除去果皮及杂质得到种子。种子千粒重140 g左右,含水量应保持在30%左右,忌失水,不宜日晒或干藏。种子在播前或处理前应吸足水。种子透水性良好,浸种24 h后,种子吸水量可达到30%~40%。白檀种子的强迫性休眠可用酸蚀处理,一般用比重1.84的浓硫酸酸蚀5.5 h后置流水中冲洗 18 h,减少种壳对种胚的约束,增加种皮的透气性。用赤霉素处理可调控解除种子的生理休眠。酸蚀和赤霉素两者配合,在强烈人工或自然变温条件下,能使白檀当年播种出苗率达到 44%左右;单一方法处理过的种子当年发芽率不太高,要待第 2 年方可萌发。

2. 适时播种

播种时间为 4 月中下旬,播种方法为人工撒播或条播,每 1 m^2 可播种 12~24 g,覆土宜浅。条播行距 18~20 cm,播种沟深 8 cm,先在沟底施已腐熟的基肥,基肥上盖 5~6 cm 厚的园土,然后播种。若进行芽苗移栽,可加大播种密度,播种量每亩施入 80~100 kg 生物肥。播种后覆土厚 1.5 cm,最好用稻草覆盖,可起到保湿、抑制杂草的作用,盖草厚度以能保证苗床不过干过湿为度。

3. 圃地选择

选择避风阴凉、地势平坦不积水、排灌方便的圃地,土质要求疏松湿润的、沙质壤土。土壤深翻 20~30 cm,清除石块、杂草。结合翻耕施入优质腐熟有机肥,每亩施入 80~90 kg。同时圃地要结合土壤深挖翻晒,杀虫灭菌,每 1 m^2 杀虫用 50%锌硫磷 2 g,混拌适量细土,撒于土壤,表面覆土;每 1 m^2 杀菌用 3 g 代森锌,混拌适量细土,撒于土壤。然后整平苗床,苗床东西走向,稍加镇压,再筛盖一层 9~10 cm 的基质(火土灰、河沙、黄心土各 1/3),床面宽 1 m,床高 18~20 cm,步道宽 35 cm。如在向阳开阔处做床播种,则需要搭建荫棚,高度 1.5 m 左右,要求盖双层遮阳网,降低圃地内的光照强度。

(二)苗期管理技术

1. 防治虫害

5 月初,幼苗开始出土,此时应及时拔除苗圃内杂草。除草后结合松土,施 0.11%的稀薄氮肥水,以利幼苗生长。苗期如有小地老虎危害幼苗,可用敌百虫、菊酯类药剂进行喷施防治。发生严重的地块,在幼虫 3 龄前,每亩喷撒 2.5%的敌百虫粉 2~3 g。施毒土的方法是:2.5%溴氰菊酯毒土 1∶2 000(药∶土或沙)或 20%杀灭菊酯 1∶2 000,每亩用量为 20~25 kg,对低龄及大龄幼虫都有效。6~9 月是苗木生长旺季,必须做到勤除草、多施肥,肥料以氮肥为主。雨季苗床四周应挖深沟,利于排水,以防雨天积水伤根。7~8 月,肥水中应增施钾肥,以促进苗木木质化,增强其抗性。9 月以后不再施肥。

2. 定植管理

1 年生苗高 40 cm 左右,第 2 年春季按 30 cm × 30 cm 的株行距进行定植培育,也可在圃地继续留床培育。2 年生苗高 80~100 cm,地径 1~1.5 cm。这时便可出圃造林或作绿化大苗培育,培育大苗需按 60 cm × 60 cm 的株行距进行移栽管理。白檀抗性强,极少遭受病虫危害。

五、白檀的作用与价值

(1)用材价值。白檀材质优良,可作建筑用材,制作精工家具、雕琢器物,开发旅游纪念工艺品。

(2)杀虫作用。白檀叶药用,根皮与叶作农药用。

(3)观赏价值。白檀开花繁茂,白花蓝果,甚是好看,尤其是早春飘散着阵阵花香,不是桂花胜似桂花,是极具开发前景的园林栽培观赏树种。宜作森林公园、景区景观配植;

或城区游园路旁、空旷地的园林小品或居民区空间点缀,稀缺少见,引人入胜。

4 华 桑

华桑,学名:*Moruscathayana* Hemsl. ,桑科桑属,落叶乔木或灌木,华桑树干高度适中,树冠丰满,枝繁叶茂,金秋叶黄,是良好的观赏性树种。

一、形态特征

华桑,树高3~10 m。无刺;冬芽具芽鳞,呈覆瓦状排列。根,分枝多,深长。茎,树皮纵裂,灰褐色。小枝初有褐色茸毛。叶,互生,纸质,卵形或阔卵形,长4~16 cm、宽5~16 cm,先端短尖或长渐尖,稀尾尖或3深裂,基部心形或截形,边缘有粗钝锯齿,叶而粗糙,被糙伏短毛,背面密生短柔毛,边缘具锯齿,不裂。柄长1.5~5 cm,密被柔毛。花:单性,雌雄同株或异株,均排成腋生穗状花序。雄花序长3~5 cm,雌花序长2 cm。花被片4片,黄绿色,有短毛。雄花有雄蕊4枚,有不育雌蕊。雌蕊花柱短,柱头2裂,柱头、花柱和花序梗有毛。果实,聚花果窄圆柱形,长2~3 cm,白色、红色或黑色。种子,小,近球形,种皮膜质,胚乳丰富,胚根向上弯曲,花期3~4月,果期5月。

二、生长习性

华桑,常生于海拔400~1 300 m的向阳山坡或沟谷、林缘、疏林或灌丛中。根系发达,适应性强,耐干旱,耐瘠薄,耐寒;对土壤酸碱度适应性强。喜光,喜温暖湿润的环境,喜深厚、疏松、肥沃的土壤,抗风,抗有毒气体,耐烟尘;华桑树生长快,萌芽力强,耐修剪,寿命长。

三、主要分布

华桑主要分布于河北、山东、河南、江苏、陕西、湖北、安徽等省。河南省舞钢市国有石漫滩林场秤锤沟、长岭头、官平院等林区海拔400~600 m的山腰、谷岸林内或疏林中有分布,与阔叶林混生。

四、引种繁育与造林绿化

(一)引种繁育苗木技术

1. 苗圃地选择

华桑繁育苗木要选择土层深厚、疏松、肥沃的土壤,远离污染的地方,要求能灌能排,最好选择水田,零星的山地、坡地、河滩地等都可以造林。

2. 苗圃整地与播种

深耕土壤,促进心土氧化,增强通气性和透水性。同时,施足基肥,要求充分腐熟的猪牛粪及农家肥每亩施入5 000~6 000 kg作基肥,结合深耕将有机肥深埋土中。开挖排灌沟。整地要求精细,无杂草,平整。整畦宽度1.3~1.5 m,沟深20~30 cm。田块四周开挖排灌沟及田中间的十字沟,沟深8~10 cm。随后,把采收的饱满种子,及时播种,加强浇水保墒保湿,促进苗木生长。

(二)造林绿化技术

1.造林时期

10~11月冬天或2~3月早春进行播种造林,要求土温稳定在10~12 ℃。苗木选择,应选用良种健壮的苗木,并且不带病虫。起苗时尽可能不伤根,保全桑苗根系;10~11月冬春造林,应轻度修剪过长的主根,促使侧根多发,种植前,用混有磷肥的泥浆蘸根,利于发根成活。栽植密度,以每亩种植5 000~7 000株为宜,一般行距65~80 cm、株距12~18 cm。

2.造林方法

把桑苗根部埋入桑行线土中,盖土轻提使根伸展,踩实再壅一层松土,要求壅过根茎部3 cm,淋足定根水,种后2天内进行植株剪定,留株高10~20 cm,剪去梢端,达到统一高度。

3.造林管理

覆盖:用玉米秆、稻草、杂草覆盖地面或桑行,保墒保湿、防旱,减轻植株失水,抑制杂草丛生,防止土壤板结,培肥土壤。7~8月,淋水防旱,排除积水:保持土壤适宜的水分是新桑成活和生长的关键,土壤干旱及时淋水,多雨时及时排水。5~8月苗木生长期,及时松土除草,经过一定时间后,特别是雨后土壤容易板结,结合除草进行松土,利于桑根生长。施肥:3月上旬发芽展叶后,每亩施入尿素水肥1次。根据生长情况,追施肥1~2次。施肥量为每亩施尿素5~10 kg或复合肥10~15 kg。

(三)病害防治技术

华桑其主要病害是褐斑病、桑疫病、白粉病等。

(1)褐斑病。发生受害症状:桑叶上有褐色的不规则病斑,病斑初始只有芝麻大,随病情发展病斑逐渐增大,病斑中部淡褐色,周边浓褐色。发生危害时期:5月开始有发生,8~10月是发生危害盛期。多雨多湿是病害发生和流行的关键因素。从初次侵染到引起再次侵染只需8~10天。3月伐桑园较夏伐桑园受害严重。防治技术:一是11~12月,冬季清除桑园内的枯枝落叶集中烧毁,雨季注意开沟排水,由下向上采叶,改善桑园通风透光条件;二是药剂防治,用50%多菌灵可湿性粉剂800~1 000倍液喷杀,间隔9~10天再喷一次,可有效控制病害的发生。无残毒,但要求隔天采叶。

(2)桑疫病。发生受害症状:有黑枯型和缩叶型。初期桑叶上有油浸状病斑,以后扩大成黄褐色斑,病斑周围叶色稍黄,病叶变黄易脱落,病情扩展时,叶脉、叶柄、新梢上形成凹陷的暗黑色条斑,整个新梢变黑枯,俗称“烂头病”。发生危害时期:桑疫病的发生与气候条件关系密切,高温多湿利于该病细菌的生长和繁殖。7~9月是该病的高发期。防治方法:首先,因气孔和伤口是该病细菌的主要传染途径,因此夏秋采叶尽量留叶柄,减少树体创伤;其次,药剂防治,发病初期,在剪除病梢后,用多菌灵900倍液喷雾防治,隔7~8天喷1次,重点喷树梢和叶背,喷2~3次可控制病害。

(3)白粉病。发生受害症状:该病多发生于枝条中下部的叶片上,发病初期,叶背产生白粉状圆形霉斑,在霉斑相应的叶面,出现淡褐色的斑块。病害严重时,霉斑扩大连接成片,白色粉末布满叶背。发生危害时期:该病8~10月时是发病盛期。叶片硬化早的桑品种及地下水位高的山区桑园易发生本病。防治技术:一是及时采叶,改善通风透光条件,防止桑叶硬化。二是药剂防治,用多菌灵可湿性粉剂或百菌清800~1 000倍液喷杀,间隔9~10天喷1~2次。

五、华桑的作用与价值

(1)观赏价值。华桑树干高度适中,树冠丰满,枝繁叶茂,秋叶金黄,是绿化的优良树种,可作为庭院和公园绿化优良树种。与耐阴花木配置树坛、树丛或与其他树种搭配作为风景林,果实能吸引鸟类,可形成鸟语花香的美丽自然景观。

(2)造纸作用。华桑茎皮纤维丰富。是制蜡纸、绝缘纸、皮纸和人造棉的优良材料。

(3)食用价值。华桑果实可以酿酒。

(4)造林作用。华桑抗风,抗有毒气体,耐烟尘能力强,可以作为工矿区、石料厂、煤矿区的优良造林绿化树种。

5 鸡 桑

鸡桑,学名:*Morus australis* Poir. ,桑科桑属,落叶乔木或灌木,鸡桑木材纹理细致,色泽美观,是优良野生树种。

一、形态特征

鸡桑,落叶乔木或灌木,树高3~8 m。叶互生,长5~14 cm、宽4~12 cm,边缘具锯齿,全缘至深裂,基生叶脉三至五出,侧脉羽状。先端急尖或尾状,基部楔形或心形,表面粗糙,密生短刺毛,背面疏被粗毛。托叶侧生,早落。雌雄异株或同株,雌、雄花序均为穗状,且花被覆瓦状排列。雌花球形,密被白色柔毛,花被片长圆形,暗绿色,内面被柔毛。雄花花序被柔毛,绿色。聚花果短椭圆形,直径0.7~1.0 cm,成熟时红色或暗紫色,种子近球形。花期4月,果期5月。

二、生长习性

鸡桑喜光,稍耐阴,耐旱,耐瘠薄,喜中性、微酸、微碱性土壤。适生海拔400~1 000 m的丘陵、山地,林下、林缘或灌丛中。多为小乔木或灌丛状。

三、主要分布

鸡桑主要分布于河北、陕西、甘肃、山东、安徽、浙江、江西、福建、台湾、河南、湖北、湖南、广东、广西、四川、贵州、云南各省区。河南省舞钢市境内山地海拔400~600 m的山坡、崖壁岩缝,林下、疏林或灌丛中有生长。

四、引种繁育与造林绿化

(一)引种繁育苗木技术

1. 苗圃地选择

鸡桑繁育苗木要选择土壤疏松、土层深厚、疏松、肥沃的地方,既能灌溉又能排水的平地。

2. 种子播种

鸡桑种子宜播在土壤深厚处，做到深耕细耙，促进土壤疏松，增强通气性和透水性。同时，施足基肥，采用农家肥每亩施入 5 000~8 000 kg 作基肥，结合深耕将有机肥深埋土中。开挖排灌沟。整地要求精细，无杂草，平整。整厢宽度 1.5~1.8 m，沟深 25~35 cm。田块四周开挖排灌沟及田中间的十字沟，沟深 9~10 cm。

（二）造林绿化技术

1. 造林地选择

植树造林最好选择水田，零星的山地、坡地、河滩地等都可以造林。

2. 造林时期与造林栽培

气温在 10~12 ℃即可植树造林。苗木选择，应选用良种健壮的苗木；栽植密度，以每亩种植 3 500~5 000 株为宜，一般行距 65~80 cm，株距 12~18 cm。

五、鸡桑的作用与价值

（1）造林作用。鸡桑可以在荒地、荒沟、丘陵等地造林绿化应用；既可防风固沙，又可养蚕桑发展经济，桑叶是家蚕的主要饲料。

（2）用材价值。鸡桑材质坚硬，木材纹理细致，色泽美观，可作家具、细工艺品。

（3）造纸作用。鸡桑韧皮纤维丰富，是造纸、造棉的优质原材料。

（4）食用价值。鸡桑果实成熟味甜可食，又是酿酒的优良原料，茎及树皮可提取桑色素。

6　蒙　桑

蒙桑，学名：*Morus mongolica* (Bur.) Schneid.，桑科桑属，落叶乔木或灌木，是优良野生用材林树种。

一、形态特征

蒙桑，乔木或灌木，树皮灰褐色，纵裂；小枝暗红色，老枝灰黑色；冬芽卵圆形，灰褐色。叶长椭圆状卵形，长 8~15 cm，宽 5~8 cm，先端尾尖，基部心形，边缘具三角形单锯齿，稀为重锯齿，齿尖有长刺芒，两面无毛；叶柄长 2.5~3.5 cm。雄花序长 2.5~3 cm，雄花花被暗黄色，外面及边缘被长柔毛，花药 2 室，纵裂；雌花序短圆柱状，长 1~1.5 cm，总花梗纤细，长 1~1.5 cm。雌花花被片外面上部疏被柔毛，或近无毛；花柱长，柱头 2 裂，内面密生乳头状突起。聚花果长 1.6 cm，成熟时红色至紫黑色。花期 3~4 月，果期 4~5 月。

二、生长习性

蒙桑喜光，稍耐阴，耐旱、耐寒、耐瘠薄，对土壤酸碱度要求不严格。适生海拔 400~1 500 m 的山地林下或疏林中。

三、主要分布

蒙桑，主要分布于河南、黑龙江、吉林、辽宁、内蒙古、新疆、青海、河北、山西、山东、陕西、安徽、江苏、湖北、四川、贵州、云南等地区。河南省舞钢市山地海拔 400~600 m 的山坡或崖壁天然次生林下和疏林中有分布。

四、引种繁育与造林绿化

蒙桑原产中国内蒙古,原产地为古特提斯海北岸。从分布来看,分布区广泛,仅次于白桑,在蒙桑分布区域均有白桑分布。因此,认为蒙桑与白桑亲缘关系近。另外,蒙桑演化过程中形成较多变种。从这些变种也可说明蒙桑是较原始的一个种。但从形态来看,由于蒙桑树皮灰白色,小枝暗红色,长花柱,叶缘齿尖有刺芒,这些都是进化的性状。因此,总体来看,蒙桑应是在第四纪冰期(距今 400 万年)前就存在的类群,第四纪冰期中为抵御寒冷形成特有的抗寒性状,如树皮灰白色,叶表蜡质层。并逐渐向中原南部迁移。主要野生在山区、森林、杂灌木林中。其苗木繁育与引种造林,有待进一步研究探索发现,目前研究不深。

五、蒙桑的作用与价值

(1)造林绿化作用。蒙桑树干优美,果实既可观赏,又可生食,在风景区、小区造林绿化,是很好的风景树种。

(2)造纸作用。蒙桑茎皮纤维丰富,是造高级纸的原材料。

(3)用材价值。蒙桑木材可供制家具、农具、器具等。

(4)油料价值。蒙桑树,种子含脂肪油,可榨油制香皂用。

(5)食用、药用价值。蒙桑嫩叶可饲养桑蚕,根皮入药,可消炎、利尿。果实可食,也可酿酒,可加工成桑葚酒、桑葚干、桑葚蜜等。

7　流　苏

流苏,学名:*Chionanthus retusus*,木樨科流苏树属,又名牛筋、大角板茶、乌金子、茶叶树、白花茶、四月雪等,是落叶灌木或小乔木。是中原地区优良乡土和野生树种。国家珍贵树种,国家二级保护树种。

一、形态特征

流苏,落叶乔木或灌木状,平均高达 6~20 m。树冠平展,树皮灰色,大枝皮常纸质剥裂,嫩枝有短柔毛,小枝灰褐色或黑灰色,圆柱形,开展,无毛,幼枝淡黄色或褐色,疏被或密被短柔毛;叶革质,椭圆形、倒卵状椭圆形,幼树叶缘有细锯齿,叶柄基部带紫色,有毛,叶背脉上密生短柔毛,后无毛;花白色、芳香,聚伞状圆锥花序顶生,花冠裂片狭长、长 1~2 cm,花冠筒极短,单性异株花期 4~5 月;果椭圆形,被白粉,径 6~10 mm,呈蓝黑色或黑色。核果蓝黑色,长 1~1.6 cm,果熟期 7~10 月。

二、生长习性

流苏,喜光照,不耐荫蔽,耐寒、耐旱,怕积水,生长速度较慢,寿命长,耐干旱瘠薄,但以在肥沃、通透性好的沙壤土上生长最好，有一定的耐盐碱能力，在 pH8.7、含盐量 0.2% 的轻度盐碱土中能正常生长，未见任何不良反应。对土壤适应性强，喜湿润肥沃的沙壤土或碎石山地。流苏喜中性、微酸性土壤。适生海拔 300~2 500 m 的山腰、谷地密林、疏林或灌丛中。

三、主要分布

流苏主要分布于河南、河北、山西、陕西、山东、甘肃、江苏、浙江、江西、福建、广东、四川、云南等省区；中原地区主要分布于平顶山、三门峡、驻马店、南阳、信阳、安阳、鲁山、舞钢等地，经常生长于灌丛中或山坡、河边、山沟。在海拔 450~1 500 m 的向阳山坡或河边等野生生长；海拔 3 000 m 以下的稀疏混交林中也有分布。河南省舞钢市国有石漫滩林场秤锤沟、王沟、长岭头、老虎爬、官平院、祥龙谷等林区海拔 300~600 m 的谷地、山腰林缘、疏林或天然次生林内均有分布。

四、引种繁育与造林绿化

流苏优质苗木繁育技术，主要是采取播种育苗繁育苗木。流苏是稀有植物，其种子出芽力强，宜采种。1 年生苗木，地径达 0.5~1.0 cm；流苏是嫁接桂花、丁香的优良砧木。苗木干在 0.5~1.0 cm 粗度，是嫁接桂花、丁香的粗度。

（一）引种繁育苗木技术

1. 苗圃地的选择

苗圃地选择土地平坦、土壤肥沃、含沙质，浇灌、排水、交通便利的地方为佳。

2. 苗圃地的整地

第一年 10~11 月，把选择好留作苗圃地的地块，精耕、细耙一遍，让冬季雨、雪淋冻 2~5 个月，可以杀死部分在土壤中越冬的害虫，更使土壤疏松不会板结。第二年 1~2 月底，再把苗圃地精耕、细耕、整平一遍；同时，耕作苗圃地时要施入基肥，每亩施入农家肥 5 000~8 000 kg 和复合肥 80~100 kg 即可。

3. 种子采收

流苏种子采收要选择 8~10 年生以上、长势健壮、树形好、无病虫害的母树上的种子作繁育苗木的优良种子。

4. 采种时间

8 月下旬至 9 月上旬，流苏种子已经成熟，应及时采收；10 月过晚种子已落。流苏果实成熟的特征是呈蓝紫色，此时种子进入成熟期，人工及时采收。采收的种子要及时晾晒后储藏备用。

5. 种子处理

种子处理的目的。是提高出芽率。8 月下旬至 9 月上旬，采回后，用湿沙储藏。为此采回的种子要用湿沙储藏。11~12 月，及时去掉外壳储藏，挑选饱满、大小一致的种子，用干净的河沙，如果是中沙一定过筛去除；选择高燥处挖 1 m × 1 m 的坑，埋藏种子，用 1/3 种子与 2/3 的沙拌匀，坑底铺 18~20 cm 的沙，然后铺拌好的沙与种子，离地面 20 cm 处填沙，最后覆盖 1~3 cm 厚的细土，拍实，防止露气。特别注意，沙的湿度以手握成团，不滴水一动即散，同时，在冬季不要让埋藏种子的地方进入雨雪，每隔30~35天翻动、查看种子一次，不要发霉变质。

6. 播种时期

3月上旬至4月初，此期，气温回升快、地下土温高、墒情好，有利于种子出芽，出芽率高。

7. 大田播种

播种前，苗圃地要进行人工打畦，方便浇水管理。畦宽1~1.2 m，长短视地块长短而定。播种，采用条播，每畦按照沟深3~4 cm，株距9~10 cm，均匀摆放沟内，上用森林土覆盖，森林土是采收种子生长母树下的土壤，这里土壤含有母树菌素，有利于提高出芽率。播种前，先顺沟浇水，水渗后播种，播种后最好用森林土覆盖，以后保持湿润，20~25天可出全苗。约3月中旬可出芽，以后加强管理，当年可达嫁接粗度，流苏是嫁接桂花、丁香的良好砧木。流苏本身就是优良绿化树种。

8. 苗木移植

在大田中整畦，漫灌浇水，每亩栽植19 000~20 000株；株行距30 cm × 10 cm；2年后可用嫁接桂花的砧木。若培养绿化苗，可逐年从中移植，根据株行距进行移植、培养大苗，苗木移栽宜在春、秋两季进行，小苗与中等苗需带宿土移栽，大苗带土球。在栽植过程中，若日后和作本用的流苏，可育苗后培养盆景，方法是栽根时，由于根系比较软，将根尖放入土中1 m，然后将剩余的根左转一下，再右转一下，按入土中堆土栽实，2年后将流苏苗上盆。搞嫁接时，把弯曲的那一部分根系提出土外，就形成了平常所见的桂花底部形形色色、奇形怪状的盆景，可根据造形不同，栽植时将根随意弯曲，但注意不能伤根。流苏喜肥，夏季应中耕除草，保持土壤疏松，1年生苗可长高至0.8~1.2 m，地径1 cm，3年生长达到3~4 cm，用于绿化。

9. 浇水管理

在播后20~25天，幼苗开始出土。流苏喜湿润环境，栽植后应马上浇1次透水，5~7天后浇第2次透水，再过5~7天浇第3次透水，此后每月浇1次透水。5~9月，是苗木快速生长期，气温高，干旱，要加强肥水管理，每隔15~20天浇水1次，同时，及时开展人工松土、除草，促进苗木快速生长。第1年进入夏季，7~8月是降水集中期，可不浇水或少浇水，大雨后还应及时将积水排除。秋末要浇好防冻水。第2年，3月初及时浇返青水。北方春季干旱少雨，春季风大且持续时间长，4月上旬和中旬要各浇一次透水。第3年可按第二年的方法进行浇水，第4年后每年除浇好封冻水和解冻水外，天气干旱降水不足时也应及时浇水。

10. 施肥管理

流苏在幼苗栽培过程中，特别是栽植的头三年，要加强水肥管理。栽植时，苗圃地要施入经腐熟发酵的羊、猪、牛、马粪肥作基肥，基肥与栽植土充分拌匀，并施用一次氮肥以提高植株长势，秋末结合浇防冻水施一次腐叶肥或生物肥。第1年，5月初施一次氮肥，8月初施用一次磷钾肥，秋末施一次半腐熟发酵的羊、猪、牛、马粪肥，第2年，可按第1年的方法进行施肥。从第3年起，只需每年秋末施1次足量的牛、马、羊、猪粪肥即可。

11. 搭建遮阴棚

有条件的地方,7~8 月,夏季光照强时要及时搭盖遮阴棚进行遮阴,搭建遮阴棚目的是防止高温伤苗木。当年苗木可达嫁接桂花、丁香作砧木的粗度,即流苏 1 年生苗可长至高 1~1.2 m。

12. 整形修剪

流苏在园林应用中,常见的有单干型和多干型两种树型。单干型:小苗长到高 1.2~1.5 m 时,在冬季修剪时,将主干上的侧枝全部疏除,只保留主干,并对主干进行短截,第 2 年在剪口下选留一个长势健壮的新生枝条作主干延长枝培养,其他的新生枝条全部疏除,秋末继续对主干延长枝进行短截,第 3 年春季,在剪口下选择一个长势健壮且和第 2 年选留枝条的方向相反的芽作主干延长枝培养,此后继续按先前方法进行修剪,直至达到需求的高度。然后再对主干进行短截,翌年在剪口下选择 3~4 个长势健壮,且分布均匀的枝条作主枝培养,主枝长至一定长度后可进行短截,并选留侧枝。至此,乔木状树型基本形成,以后只需将冗杂枝、病虫枝、下垂枝、干枯枝剪除即可。多干型:在苗圃阶段,可选留 3~4 个长势健壮的大枝作为主干培养,以后在主干上选留角度好、长势均衡的分枝作为主枝培养,选留主枝时,一定要注意不能交叉,要各占一方。此后的修剪要选角度较大的上部枝条作延长枝,并对其进行中、短截。这样做的目的有两个:一是扩大树冠,二是利于树冠的通风透光。

(二)主要病虫害的发生与防治技术

1. 主要虫害的发生与防治

(1)主要虫害的发生。流苏主要的害虫是黄刺蛾(又名痒辣子)、金龟子(又名牧户虫)。它们主要在苗木生长期危害叶片,可以造成叶片残缺不全;其中金龟子的幼虫还危害苗木根系,致使苗木生长缓慢或死亡。

(2)主要虫害的防治。5~9 月,是黄刺蛾发生危害盛期,可在幼虫发生初期,喷洒 20%除虫脲悬浮剂 6 000~7 000 倍液或 25%高渗苯氧威可湿性粉剂 300~500 倍液进行杀灭;同时,在成虫发生危害期,可采用灯光诱杀;金龟子发生期,苗木出苗后,当小苗长出之时,4~5 月,幼虫将根咬断,防治方法是用 50%辛硫磷乳油配成溶液后进灌根,每亩施辛硫磷 1~1.5 kg,兑水 15~20 kg,或用 90%敌百虫 800~1 000 倍液兑水灌根,每穴灌 200~250 mm;或用敌百虫 1 000 倍液喷叶防治成虫。

2. 主要病害的发生与防治

(1)主要病害的发生。流苏主要病害是褐斑病,褐斑病是半知菌类真菌侵染所致。6~8 月,在高温、高湿期极容易发生。发病初期叶片出现多个褐色小斑点,随着病情的发展,病斑逐渐扩大并能连接在一起,最终整个叶片干枯而脱落。

(2)主要病害的防治。防治方法:褐斑病发生初期,一是加强水肥管理,注意通风透光,减少病害发生;二是可用 75%百菌清可湿性粉剂 500~800 倍液或 50%多菌灵可湿性粉剂 500~600 倍液进行喷洒防治,每 7~10 天 1 次,连续喷布 2~3 次,防治效果显著。

五、流苏的作用与价值

(1)观赏价值。流苏适应性强,寿命长,成年树植株高大优美、枝叶繁茂,花期如雪压树,且花形纤细,秀丽可爱,气味芳香,在园林绿化、城乡美化、公园、风景区等作庭荫树、“四旁”树、行道树、观赏树;同时,可以丛植于休息小区,供遮阴、赏花、闻香,在幽静宜人的地方种植美化环境。是优良的园林观赏树种。

(2)用材价值。流苏木材坚重细致,可制器具。

(3)经济作用。花、嫩叶晒干,味香,可代茶叶作饮料。果实含油丰富,可以榨油,供工业用油料。

(4)砧木作用。流苏树桩是嫁接良种桂花砧木,山区林农应用广泛。

8 楝　木

楝木,学名:*Cornus macrophylla* Wall.,山茱萸科楝木属,又名红椋子,落叶乔木,楝木树干笔直,气势挺拔,枝叶茂密,冠形圆满,花序硕大、洁白亮丽,布满枝头,是优良的园林绿化树种,又是生物柴油树种。

一、形态特征

楝木,落叶乔木,高8~15 m。树皮灰褐色或灰黑色;幼枝红褐色,有棱角,微被灰色贴生短柔毛,后变无毛。叶对生,纸质,阔卵形或卵状长圆形,长6~12 cm、宽3~6 cm;先端锐尖或短渐尖,基部圆形,边缘略有波状小齿;上面深绿色,下面灰绿色,密被白色平贴短柔毛,沿叶脉有淡褐色平贴小柔毛;中脉上面明显,下面凸出,侧脉5~8对,弓形内弯;叶柄长1.5~3.0 cm,正面有浅沟,背面圆形。伞房聚伞形花序,顶生,疏被短柔毛;总花梗红色,花白色,有香气。核果近于球形,直径4~6 mm,成熟时黑色。核骨质,扁球形,直径3~4 mm。花期5~7月,果期8~9月。

二、生长习性

楝木,喜光、喜温、喜湿,稍耐旱,喜深厚、疏松土壤。适生海拔100~3 000 m的山谷、河沿、坡地林内、林缘、疏林或空旷地。楝木在阳坡或半阳坡下部生长旺盛,位于群落上层。伴生乔木有山核桃、膀胱果、黑榆、四照花、房县槭、锐齿槲栎、金钱槭、臭椿等,伴生灌木有接骨木、楤木、棣棠、山梅花、八角枫等,伴生草本主要有耐阴的南星、水金风仙、黄精、贯众、活血丹等,藤本植物有中华猕猴桃、南蛇藤、蛇葡萄等。楝木,为亚热带山地森林树种,生态适应性极强。喜温暖湿润气候和深厚肥沃土壤。能耐寒冷,耐干旱和瘠薄土壤,在分布区也常散生于向阳山坡的中上部,陡坡、岩石缝隙等土壤干瘠之处,只是树体比较低矮,生长速度缓慢;能忍耐-20 ℃以下低温。喜光性树种,幼苗也不耐阴,在分布区的疏林、林缘及灌丛草地,均可见到种子更新小苗,生长发育良好。

三、主要分布

楝木主要分布于河南山西、陕西、甘肃南部、山东南部、台湾、西藏、山东、安徽、湖北、湖南、广西、广东、云南、四川、贵州等省区。生长于海拔100~3 000 m的山谷森林中。河南伏牛山、大别山和桐柏山分布较广,以伏牛山区最为集中。河南省舞钢市境内南部丘陵、山区，山腰、谷地、河沿、田边等，林地或旷野均有散生分布。大径树多生于国有石漫滩林场林区内，最大树高 12 m，胸径 20 cm。

四、引种繁育与造林绿化

（一）引种繁育苗木技术

1. 采种选择

选择树干通直高大、树冠圆满、光照充足的 15～50 年生壮龄树作采种母树。果实易被鸟兽啄食，当果实由青绿逐渐变为蓝黑色时应及时采种。采集的核果在室内薄摊堆放 3～5 天，厚度 10～20 cm，使种子后熟，种皮腐烂变软，预防堆放过厚而致果实发热烧种。然后将果实放水中搓揉，漂去果肉和果皮等杂质，得纯净果核。楝木果实含油脂量大，淘洗时可用草木灰水或 5%的碱水对果核进行去脂。将纯净种子放通风干燥处阴干，然后拌湿沙室外坑藏。阳光暴晒使种子过度失水，能降低种子生活力，而且还可使种子延迟萌发 1 年。

2. 种子播种

选择深厚肥沃的沙壤土地作育苗地。深耕细耙，施足底肥。做成高床，床面宽 50～60 cm，床高 15～20 cm。楝木种子有休眠特性，可以秋季随采随播，也可以冬季沙藏后春播。春播前 1 个月应对沙藏种子作催芽处理；将种子取出，置于日光温室或阳畦中催芽，下铺稻草或麻袋等透气保温材料，上加盖塑料薄膜，种子厚约 20 cm，种子温度控制在 15～25 ℃，过热应揭膜透风，晚上可加盖草苫，种子湿度保持在 60%左右，干燥可用 40 ℃左右温水淋浇，待种子有部分露白时即可下地播种。条播，行距 25～30 cm，一床双行，播幅宽 5～8 cm，开沟深 2～3 cm，播后覆土厚 12 cm，然后覆地膜保湿增温。每亩播种量 15～20 kg。

3. 幼苗管理

楝木播种后约 30 天开始出苗，出苗期应保持土壤湿润，干燥时应及时通过床沟浇灌。苗木出齐后的 1 个月内，地上部分生长十分缓慢，高生长量仅占全年生长量的 8%左右，而地下根系扩展非常迅速。此期间要加强松土、除草和浇水；并注意防治小地老虎、蝼蛄类害虫对幼苗的危害；可追施尿素 1 次，每亩追施 3～5 kg 即可。5 月中下旬至 9 月上中旬，正是中国各地高温多雨、光照充足的季节，也正是楝木的快速生长期，此时期苗木的高生长和地径生长量分别占全年生长量的 78.8%和 59.1%。其间要加强水肥管理，可施追肥 4 次，前 2 次以氮肥为主，每亩每次追施尿素 5～10 kg，先少后多；后 2 次以磷钾肥为主，可追施全元素复合肥或叶面喷施磷酸二氢钾。9 月中旬至 11 月底为苗木生长后期，应严格控水控肥，促使苗木木质化，提高苗木质量。楝木抗病性较强，圃地未发现有病害发生。

4. 苗木培育

山地造林可用 1 年生苗，而城市园林绿化必须用大苗栽植。大苗培育可以用 1 年生苗定植。初植密度易稀不宜密，一般以 1.5 m ×1.5 m 为好，以便形成圆满树冠。大水大肥管理，定植 2 年后苗高可达 4 m，胸径可达 3 cm，即可隔行或隔株移除利用。留圃苗再培育 2 年，苗高可达 6 m，平均胸径达 6 cm，即可满足绿化市场的要求。楝木自然整枝良好，培育期间不宜整形修剪，不能破坏顶梢。

(二)造林绿化技术

梾木对立地要求不严,山区造林可选择向阳山坡的中下部、山沟谷地、浅山丘陵地等;在平原地区选择向阳的房前屋后、渠旁路边、河溪沿岸、河滩荒地等质地疏松、土层深厚、排水良好的土地即可。大穴整地,规格为 70 cm× 70 cm × 60 cm;每穴施入腐熟农家肥 30~50 kg 作底肥,与底土充分拌匀后踩实,浇水待其沉实后再行栽植。

1. 造林植树

春季 2~3 月苗木萌芽前起苗种植,要求随起随栽。山区造林用 1~2 年生苗,平原植树用 2 年生苗,城市绿化用胸径 5~6 cm 大苗,1~2 年生苗移植可裸根进行,对过长、过多侧枝应适当短截修剪;大苗移植应带土球,应保留全冠或保留 1~2 级枝,以维持较好树形。栽植密度因造林目的而异,用材林或生态林初植密度以 2 m × 4 m 为宜,林分郁闭后间伐,调整到 4 m × 4 m;油料林密度以 3 m × 3 m 为宜;城市绿化及景观林按设计要求进行。

2. 造林抚育

梾木生长旺盛,一般造林后对幼林抚育 2~3 年即可成林或郁闭。一是松土除草。栽植当年要松土除草 2~3 次,并视墒情及时浇水抗旱,盖草保摘。第 2~3 年要结合松土除草逐年扩穴,并垦覆树盘。二是施肥。幼树要结合中耕除草,于每年春夏各施肥 1 次,每次每株施过磷酸钙和尿素各 50 g,或磷酸二氢胺 100 g。结果树春季要施氮磷钾全元素复合肥,株施 150~200 g;夏季以施氮肥为主,也可用人粪尿浇灌;冬季在树冠外围开沟施入腐熟农家肥,每株施入 150~250 kg 为宜。每次施肥后及时浇水。三是整形修剪,油料林应进行整形修剪。梾木树势强健,分枝较多,应及时修剪,改善其通风透光条件,树高 1.5~2 m 时应截干定型,选留 4~5 个主枝,每主枝再选留 2~3 个侧枝。逐年培养成矮化型的结果树形。冬春修剪要剪去徒长枝、细弱枝、过密枝和枯枝;对当年结过果的枝条冬季应重剪,促其次年发新枝,以培养成第 3 年的结果枝。

五、梾木的作用与价值

(1)观赏价值。梾木是山区重要的阔叶硬杂木树种。树干笔直、挺拔,树冠圆满,枝叶茂密,聚伞花序硕大,花洁白亮丽,是优良的园林绿化树种。用于公园、景区针阔或乔灌混交景观搭配;或孤植于服务区、路边、桥头等空旷之处,作为庇荫树,充分利用其庇荫、观赏多用功能。用作城镇街区行道树,或游园草坪、广场、水岸孤植大径树,彰显一枝独秀,远观其景,近可庇荫美观绿化效果。

(2)食用价值。梾木树叶可作青料或绿肥。花是良好的蜜源。梾木油对治疗高血压症有显著疗效。其果肉和种仁含油脂,鲜果含油量 33%~36%,出油率 20%~30%,且油色黄红、透明、无异味,是山区百姓的传统食用油资源。

(3)油料价值。梾木油还是重要的化工和轻工业原料,还是优良的生物柴油原料。

(4)用材价值。梾木是山区重要的阔叶硬杂木树种,其木材坚硬,纹理致密美观,有光泽,易干燥,是制作家具、农具、桥梁及建筑等的优良用材。

9　无患子

无患子,学名:*Sapindus*,无患子科无患子属,又名油患子、海苦患树、黄目子、油罗树、洗手果、肥皂树、菩提子、黄金树、搓目子、假龙眼、鬼见愁等,落叶乔木。是中原地区的优良野生树种。

一、形态特征

无患子,树干高可达 17~25 m,树皮灰褐色或黑褐色;嫩枝绿色,无毛。单回羽状复叶,叶连柄长 25~45 cm 或更长,叶轴稍扁,上面两侧有直槽,无毛或被微柔毛;小叶 5~8 对,通常近对生,叶片薄纸质,长椭圆状披针形或稍呈镰形,长 7~15 cm 或更长,宽 2~5 cm,顶端短尖或短渐尖,基部楔形,稍不对称,腹面有光泽,两面无毛或背面被微柔毛;侧脉纤细而密,15~17 对,近平行;小叶柄长约 5 mm。花序顶生,圆锥形;花小,辐射对称,花梗常很短;萼片卵形或长圆状卵形,大的长约 2 mm,外面基部被疏柔毛;花瓣 5,披针形,有长爪,长约 2.5 mm,外面基部被长柔毛或近无毛,鳞片 2 个,小耳状;花盘碟状,无毛;雄蕊 8,伸出,花丝长 3.4~3.5 mm,中部以下密被长柔毛;果的发育分果爿近球形,直径 2~2.5 cm,橙黄色,干时变黑。核果球形,熟时黄色或棕黄色。种子球形,黑色,花期 6~7 月。果期 9~10 月。

二、生长习性

无患子喜光,稍耐阴,耐寒能力较强。对土壤要求不严,深根性,抗风力强。不耐水湿,能耐干旱。萌芽力弱,不耐修剪。生长较快,寿命长。适生海拔 300~1 500 m 的谷地、山坡,混生于阔叶林内。

三、主要分布

无患子在河南(舞钢)、浙江(金华、兰溪)等地区有大量栽培,安徽、陕西亦有分布,其他地区不多。5~6 年长成结果树,1 年 1 结果,生长快,易种植养护。100~200 年树龄,寿命长。无患子怕渍水,雨季要注意排水,以防止叶片凋萎脱落。无患子在 7~9 月大量挂果,果实膨大和油脂转化时会消耗大量水分,应注意合理增加灌水。各地寺庙、庭园和村边常见栽培。无患子对二氧化硫抗性较强,是工业城市生态绿化的首选树种。河南省舞钢市国有石漫滩林场秤锤沟、长岭头、官平院等林区均有野生分布,多生于海拔 300~500 m,立地条较好的沟谷、山坡,与阔叶林伴生。最大树高 16 m,胸径 35 cm。

四、引种繁育与造林绿化

无患子相传以其木材制成的木棒可以驱魔杀鬼,因此名为无患。因为它那厚肉质状的果皮含有皂素,只要用水搓揉便会产生泡沫,可用于清洗,是古代的主要清洁剂之一。

无患子市场潜力巨大,木材含天然皂素,防腐、防虫。木质硬重,可制作各种家具、木梳及其工艺品。在当今人们逐步重视环保趋势下,生产无患子有机木材,是前瞻性较强的新兴产业,苗木繁育是研究的新课题。

(一)引种繁育苗木技术

1. 苗圃地的选择

育苗圃地要求土层深厚、肥沃,排水良好。整地要求,大型拖拉机旋耕,而后深翻细耕,施足基肥,每亩施入 5 000~6 000 kg 农家肥、复合肥 50~80 kg。为了方便排水,开好排水沟。

2. 苗圃地整地

选好苗圃地,施足基肥,按东西向做床,床宽 1.5 m,床高 24~25 cm 备播。

3. 采收种子

种子繁殖一定选择优良种子。果期 9~10 月,果熟时即可采收,及时去皮净种。因种壳坚硬,既可当年秋播,当年不能播种的,种子要沙层积埋藏,第二年才能播种出芽。

4. 种子处理

采收的种子可用湿沙层积埋藏越冬后春播才能出芽。11 月或 12 月,一是选择沙子,沙子应选用干净的河沙,用细筛子过筛,去除大的颗粒及杂质,筛子的孔径大小以漏沙不漏种子为宜;第二年播种前还要筛掉沙藏的沙子,方便播种。二是拌种,拌种时沙子与种子按 1∶5的体积比混合均匀,沙子用水洗净并用 0.5%多菌灵消毒,湿度要手握成团,一触即散为宜。混匀后用通透性好的网袋装好。三是埋种,沙藏处理的种子在沙藏期间不能积水,应选择地势稍高的地方埋种。储藏坑不需要太深,以种子离地面 20~30 cm 为宜,长、宽以种子多少而定,沟底先铺 10 cm 厚的湿沙,培土成土丘状,防积水。背阴面埋种往往早春萌发较晚需提前取出催芽,阳面埋种可通过覆盖草帘防提前萌发。层积以后的种子在 3~4 月气温回升后,要及时检查发芽情况,对出芽不整齐或不出芽的种子要及时取出,并进行室内催芽处理,当种子胚根露白长到 0.5 cm 左右时,即可进行田间播种。

5. 播种方式

无患子播种,主要采用以点播为宜,密度为行距 25 cm、株距 12~15 cm,盖土厚度以 5~6 cm 为好。每亩用种 50~60 kg,每亩产苗 1 万~1.2 万株,苗木出圃高度 60~100 cm,当年地径 0.8~1.0 cm。

6. 种子播种

播种前首先要对种子进行挑选,种子选得好不好,直接关系到播种能否成功。一是选用当年采收的无患子种子。种子保存的时间越长,其发芽率越低。二是选用籽粒饱满、没有残缺或畸形的无患子种子。三是选用没有病虫害的无患子种子。四是催芽,用温热水(温度和洗脸水差不多)把种子浸泡 12~24 h,直到种子吸水并膨胀起来。对于很常见的容易发芽的种子,这项工作可以不做。播种:对于用手或其他工具难以夹起来的细小的种子,可以把牙签的一端用水沾湿,把种子一粒一粒地粘放在基质的表面上,覆盖基质 1 cm 厚,然后把播种的花盆放入水中,水的深度为花盆高度的 1/2~2/3,让水慢慢地浸上来,这个方法称为“盆浸法”,对于能用手或其他工具夹起来的种粒较大的种子,直接把种子放到基质中,按 3 cm × 5 cm 的间距点播。播后覆盖基质,覆盖厚度为种粒的 2~3 倍。

7. 苗木管理

播后可用喷雾器、细孔花洒把播种基质淋湿,以后土略干时再淋水,仍要注意浇水的力度不能太大,以免把种子冲起来。无患子播种后的管理:在播种后,遇到寒潮低温时,可以用塑料薄膜覆盖,以利保温保湿;幼苗出土后,要及时把薄膜揭开,并在每天上午的09:30之前,或者在下午的03:30之后让幼苗接受太阳的光照,否则幼苗会生长得非常柔弱;大多数的种子出齐后,需要适当地间苗:把有病的、生长不健康的幼苗拔掉,使留下的幼苗相互之间有一定的空间;当大部分的幼苗长出3片或3片以上的叶子后就可以移栽。

8. 大苗培育

大苗培育,要挑选树形好、长势旺盛、无病虫害的一年生苗木,按株行距60 cm × 80 cm定植。起苗及定植时,应保护好顶芽及根系,并尽量多带宿土。定植后,在做好常规的田间管理。一是定植后,如有侧枝萌发要及早抹除,以利培养通直的主干,定干高度2~2.5 m。二是修剪时,要特别注意顶端一层侧枝的修剪,确保中心主干顶端延长枝占绝对优势,削弱并疏除与其同时生出的一轮分枝,保留定干后的第二、三树枝。三是采用自然式树冠可促进枝繁叶茂,要特别注意保护顶芽,切忌碰伤,除密生枝和病虫枝要及时修剪外,其余应任其生长。经过3~4年的培育管理,所培育的苗木生长良好,苗木平均胸径可达4 cm,苗高可达3.5 m,此时,可出圃销售。

9. 施肥管理

幼树期以营养生长为主,施肥以氮肥为主,配合磷、钾肥,并根据树龄大小逐年提高施肥量。幼树定植成活后1个月左右,开始施肥, 1年可施2次,5月、8月各施肥一次。

10. 抚育管理

根据造林地的环境条件、树种特性、造林密度和经营水平等具体情况而定,一般应进行到幼林郁闭为止,大约需3年。松土除草的季节和次数,要根据造林地具体条件和幼林生长特点综合考虑,一般来说,造林初期幼林抵抗力弱,抚育次数宜多,后期逐渐减少。造林第1~2年,每年松土除草2~3次,第3年,每年1~2次。应根据幼林年生长规律,土壤的水分、养分动态及杂草生活习性而定。一般松土除草时间应在5~6月和8~9月进行。

11. 树形培育

无患子定植后,距接口以上,等树苗长高到1 m处定干,开始剪除顶芽,适当保留主干,促进侧芽生长,使树冠扩展成伞形,抑制树形直上,这样有利于今后采收果实、病虫害的防治、树冠的修剪等操作;第一年在20~30 cm处选留3~4个生长健壮、方位合理的侧枝培养为主枝;第二年再在每个主枝上保留2~3个健壮分枝作为副主枝;第3~4年在继续培养正、副主枝的基础上,将其上的健壮春梢培养为侧枝群,并使三者之间比例合理,均匀分布。

(二)主要病虫害的发生与防治技术

1. 主要虫害的发生与防治

(1)主要虫害的发生。无患子的主要虫害有蜡蝉、天牛、桑褐刺蛾这三种。一是蜡蝉,又名透明疏广蜡蝉,以若虫刺吸嫩枝梢为害,成虫产卵于寄主小枝一侧,造成长10~20 cm伤口,影响树木枝条的生长。体长1 cm。二是天牛,以幼虫在树干基部、根颈处迂回蛀食,有粪屑积于隧道内,数月后方蛀入木质部,并向外蛀一通气孔排粪孔,排出粪屑堆积于基部。三是桑褐刺蛾,主要以幼虫啮食或蚕食无患子叶部,当虫口密度大时,能在短期内把叶片吃光,仅剩下主脉,严重影响苗木生长。

（2）主要虫害的防治。一是蜡蝉的防治，采取80%敌敌畏乳油加10%吡虫啉乳油1 000～1 500倍喷施，或40%速扑杀乳油加阿维菌素1 000倍液喷施，或50%杀螟松乳油或者20%杀灭菊酯1 000倍液喷施。二是天牛的防治。发现无患子基部有粪屑堆积，可以用细铅丝从排粪孔沿着隧道刺杀幼虫；如找不到幼虫，也可以塞入用蘸有80%敌敌畏乳油或40%乐果乳油10～50倍液浸过的药棉球或注入80%敌敌畏乳油500～600倍液，施药后用湿泥封口；还可以用敌百虫精或杀虫双500倍液进行浇灌，效果显著。三是桑褐刺蛾防治。采用结合冬季修剪，剪除在枝上越冬虫茧；或发动群众挖除在土中越冬虫茧，幼虫发生期可喷施每克孢子含量100亿以上青虫菌0.5 kg兑水1 000倍液，或90%晶体敌百虫1 000～1 500倍液，或青虫菌0.5 kg加90%晶体敌百虫0.2 kg兑水1 000倍的菌药混合液。

2. 主要虫害的发生与防治

（1）主要病害的发生。无患子主要病害是枯萎病，是一种毁灭性病害，在密不透风、排水不良的苗圃地，危害新生苗木，造成苗木受害后缓慢死亡。

（2）主要病害的防治。作为树干内部病害，木本植物枯萎病向来就难以治愈，加上目前尚未得知病原菌属，更是无行之有效的治疗方法。因此，防治该病，重点是在控制生长条件和日常管理，如控制合理种植密度、加强清沟排水、严控刺吸式害虫危害等。在4～5月，用白菌清或多菌灵或12.5%烯唑醇可湿性粉剂等，配制900～1 000倍液喷布叶片和枝干，做好预防。

五、无患子的作用与价值

（1）园林绿化价值。无患子，树干通直，树形高大，枝叶广展，绿荫稠密。到了秋冬季，满树叶色金黄，故又名黄金树，可算是彩叶树种之一。到了10月，果实累累，橙黄美观，是园林绿化景观中的优良观叶、观果树种。另外，其萌芽力强，深根性，抗风力强。生长快，寿命长达100～200年树龄。对二氧化碳及二氧化硫抗性很强，是工业城市生态绿化的首选树种。

（2）用材价值。无患子由于木材内含天然皂素，不必用防腐药物处理就可自然防虫。树干笔直少枝，木质硬且重，可制作成各种家具用品，也可制作木梳。在举世皆重视环保的世界潮流中，生产无患有机木材是一种非常有前瞻性的新兴产业。

（3）商业作用。无患子枝干含天然皂素，佛教传统上认为无患子可避邪，无患子幼树或树枝可以制作成“打鬼棒”或薰香材料等礼品。无患子果核用于制作天然工艺品及佛教念珠。

（4）药用价值。无患子树根可入药，能清热解毒、化痰止咳。

（5）化工作用。无患子果皮含无患子皂苷等三萜皂苷，可制造“天然无公害洗洁剂”，用于日常洗涤、餐具清洁、美容、洗头、皮肤保健。天然植物无患子树的果实，通过人工晒制、剥皮，而后得到的纯果皮，可以直接用来提取其有效成分——皂苷，制造天然无公害洗洁用品—无患子皂乳无患子手工皂等。

（6）油料价值。无患子种仁含油量高，用来提取油脂，制造天然滑润油；最新科研，无患子种仁提取油脂，可用来制造生物柴油。故而无患子具有广泛的利用价值和开发前景。

10 雪　柳

雪柳，学名：*Fontanesia fortunei* Carrière。木樨科雪柳属，又名灵乐木。落叶小乔木或灌木，雪柳干形坚挺，叶形似柳，簇花串枝，花白如雪，故称雪柳，优良野生树种。

一、形态特征

雪柳树干高达8 m；树皮灰褐色。枝灰白色，圆柱形，小枝淡黄色或淡绿色，四棱形或具棱角，无毛。叶片纸质，披针形、卵状披针形或狭卵形，长3~12 cm、宽0.8~2.6 cm，叶柄长1~5 mm，上面具沟，光滑无毛。圆锥花序顶生或腋生。顶生花序长2~6 cm，腋生花序较短，长1.5~4 cm。果黄棕色，倒卵形至倒卵状椭圆形，扁平；种子长约31 mm，具三棱。花期4~6月，果期6~10月。

二、生长习性

雪柳喜光照，稍耐阴，喜温暖和湿润的气候，耐寒，更喜欢在疏松深厚的土壤上生长；其适应性强，耐旱，耐瘠薄，但在排水良好、土壤肥沃之处生长繁茂。适生于海拔200~800 m的丘陵、山地、沟谷、水沟、溪边空旷地、疏林内。

三、主要分布

雪柳主要分布于河南、河北、陕西、山东、江苏、安徽、浙江及湖北东部。河南省舞钢市境内的铁山乡卜冲沟、尚店镇马岗村，以及国有石漫滩林场的长岭头、秤锤沟等地的丘陵、山地野生分布，一般树高6~10 m，胸径10~18 cm。地边、河谷、灌丛、疏林、林缘均有散生分布。

四、引种繁育与造林绿化

雪柳萌蘖力强，易分株繁殖，绿化造林都可以，其扦插繁育及播种繁殖均可。

（一）种条扦插繁育技术

1. 扦插时间

用硬枝扦插和绿枝扦插均可，一般多采用绿枝扦插，在新梢生长缓慢时期到新梢停止生长之间都可进行。7月上中旬扦插，气温高、湿度大，出芽率和成活率高。

2. 种条的选择

采集枝条时一定要选择好母树，母树的性状对扦插的影响很大，一般在3~5年生的母树上采集树冠外围生长健壮的枝条较好，扦插成活率高。绿枝扦插最好采用当年半木质化的枝条或萌芽条，过嫩和过分木质化的枝条都生根较差。

3. 插穗剪取

插穗最好随采随剪随插，如果采穗圃不在苗床边，应尽量保护好穗条以防失水。插穗长度应根据枝条节间的长度而定，一般须有3个芽节较好，长15~16 cm为宜。插穗上端芽的叶片应尽量保护好，以便进行光合作用，制造营养物质和营养激素，以促进生根和发芽,一般留2片叶,叶片大时剪去叶片的1/3或1/2,以减少蒸腾。

4. 插床准备

扦插应选择地势较高,靠近水源,通风、排水良好的沙质黄壤土,最好在插前进行土壤消毒。插床宽1 m,不能太宽,以便于扦插和管理。床面要平整,土壤要细。

5. 扦插技术

扦插时先在床上画条细线,然后沿线扦插,扦插时叶片应朝同一方向,株距尽可能插得密一点,行距以叶片互不重叠为好。插好后在20~30 cm高处架设喷灌管,再在其上搭建拱棚,先将竹篾拱成弓形两端埋土后,再覆盖塑料薄膜,四周用土封严,并在薄膜上覆盖遮阳网遮阴,切忌阳光直射,以免造成膜内高温伤苗。

6. 分栽幼苗

分株可结合移栽进行,在早春萌动前将植株挖起,剪除枯老枝,分栽即可。亦可培土促使母株多萌蘖,在第2年掘取分栽。

(二)造林绿化技术

1. 植树造林

挖大穴1 m × 1 m定植,栽植前穴中可施腐熟的农家肥,每穴施入20~30 kg,栽植第二年,在入冬前施农家肥15~20 kg基肥1次。生长季节每20~30天浇水1次,入冬前要浇足封冻水。3~5年生树木,在花后及时剪除残留花穗,落叶后疏除过密枝,促进树木快速生长成材。

2. 绿篱造林绿化

造林株距以20~25 cm为宜;双行栽植时,株距以30~35 cm为宜。树干生长到20~30 cm时,截干高度以15~30 cm为宜。截干更新宜于3月上旬发芽前或10中旬落叶后进行,使其抽条多、生长快、枝条粗壮密集、健壮生长。

五、雪柳的作用与价值

(1)观赏价值。雪柳叶形似柳,开花季节白花满枝,犹如覆雪,故称之为雪柳。雪柳在夏季盛开的小白花聚成圆锥花序布满枝头,一团团的白花散发出芳香气味;秋季叶丛中黄褐色的果实挂满枝头;初冬绿叶依然葱翠,可谓园林绿化的优秀树种。可丛植于池畔、坡地、路旁、崖边或树丛边缘,颇具雅趣。若作基础栽植,丛植于草坪角隅及房屋前后,或孤植于庭院之中也均适宜。同时雪柳树冠开展,可为炎热的夏季提供凉荫,并且栽培管理粗放,病虫害少,可作为城市园林绿化的行道树。雪柳又具较强的萌芽能力,耐修剪,易造型,适于作绿篱、绿屏,加之其叶密下垂,作绿篱整体封密良好,没有裸露枝干的缺点,具有良好的观赏作用。

(2)厂矿绿化造林作用。雪柳对二氧化硫、氯气、氯化氢等有毒气体有较强的抗性和吸收功能,同时,雪柳还具有一定滞尘抗烟和降低噪声的功能。可用于工矿企业的绿化或“四旁”绿化,以净化空气,减轻大气污染。

(3)食用价值。雪柳嫩叶经过炮制可以制作茶叶食用。

(4)经济价值。雪柳花枝、果枝也可做切花。枝条可编筐;茎皮可制人造棉;雪柳萌芽能力强,耐修剪,园林可以栽培作绿篱,具有良好的经济效益。

11　厚　壳

厚壳，学名：*Ehretia thyrsiflora*(Sieb. et Zucc.) Nakai，紫草科厚壳树属，又名大岗茶、松杨等，落叶乔木，是园林绿化、城乡建设的优良野生观赏树种。

一、形态特征

厚壳落叶乔木，树干高达 15 m，呈条裂黑灰色树皮；枝淡褐色，平滑，小枝褐色，无毛，有明显的皮孔；腋芽椭圆形，扁平，通常单一。叶椭圆形、倒卵形或长圆状倒卵形，长 5~14 cm、宽 4~6 cm，先端尖，基部宽楔形，稀圆形，边缘有整齐的锯齿，齿端向上而内弯，无毛或被稀疏柔毛；叶柄长 2~3 cm，无毛。聚伞花序圆锥状，长 7~14 cm、宽 5~7 cm，无毛；花多数，有芳香；花萼长 1.5~2 mm，裂片卵形；花冠钟状，白色，长 3~4 mm，裂片长圆形，开展，长 2~2.5 mm，核果，近球形，橘红色，熟后黑褐色，直径 3~4 mm；核具皱折，成熟时分裂为 2 个具 2 粒种子的分核。花期 4 月，果熟 7 月。

二、生长习性

厚壳属于亚热带及温带树种，根系发达，适应性强，喜光、耐阴，喜温暖湿润的气候和深厚肥沃的土壤，耐寒，较耐瘠薄，根系发达，萌蘖性好，耐修剪。适宜生长在海拔 100~1 700 m 的丘陵、山地、平原疏林、山坡灌丛及山谷密林，是适应性强的树种。

三、主要分布

厚壳主要分布于河南、山东、陕西、湖北、湖南等省。河南省舞钢市国有石漫滩林场三林区互庙沟、大石棚、秤锤沟，四林区大河扒、老虎爬，五林区官平院，海拔 300~500 m 的沟谷、山脚之林缘、疏林、灌丛中有野生，生长不良，大树少见。

四、引种繁育与造林绿化

(一)引种繁育苗木技术

1. 采收种子

厚壳果实于 7 月下旬开始成熟，当果实由绿色变橘红色时即可集中采收。采收后的果实应该及时去果皮，进行沙藏层积处理。

2. 种子播种

第二年 3 月土壤解冻后，进行催芽、播种。播种量为每亩播种 5~9 kg，采用开沟条播，沟深 2~3 cm，行距 30~40 cm。灌足底水，水渗后将种子均匀撒入播种沟内，播后立即覆土，覆土厚度 1.5~2 cm。播种前应撒药消灭地下害虫。厚壳种子发芽率一般在 85%左右，播后 4~10 天开始出苗。当幼苗长出 4~5 片真叶时，应及时进行间苗和移栽补缺，留苗密度 20 cm × 30 cm，留苗量在每亩保留苗木 4 500~6 000 株。苗木生长期，6 月中旬应追施 1 次尿素，施肥量为每亩施入 4~5 kg。6 月下旬至 8 月上旬的苗木迅速生长期，应每隔 15~20 天追 1 次尿素，施肥量为每亩施入 5~6 kg，施肥应结合浇水进行，浇水后要及时松土、除草。8月上旬以后应停止施氮肥，并减少浇水次数，以促进苗木木质化。10月落叶后可出圃，当年播种苗平均苗高为50~55 cm，最高为90~100 cm。平均地径为0.5 cm，最大地径可达1.5 cm，苗木成活率可达92%以上。

（二）种条扦插育苗技术

1. 扦插时间

采穗的最佳时间是在9月下旬至10月上旬，树叶落完后至土壤封冻前，选择种条，要选用健壮、无病虫害、直径10~15 mm的优质1年生枝条。此时采收种条要进行沙藏，有利于种条穗愈合及形成不定芽，平均发芽率可达95%。插穗粗度以1~3 cm为宜。

2. 种条处理

根据种条的粗细剪取插穗的长度，一般种条修剪长度以8~12 cm为宜，种条上部离芽0.5~1.0 cm处平剪，下部剪成斜面。要用锋利的剪刀剪取种条段，剪口伤面保持最小，剪口要平滑，不得有毛茬、撕皮现象，修剪种条刀削光滑，以利于愈合。种条修剪后要进行消毒，可用50%多菌灵可湿性粉剂0.1%药液浸泡，晾干后进行沙藏。

3. 扦插种条

第二年3月上旬扦插剪口愈伤组织形成后，即可扦插育苗，时间为3月上旬。扦插苗床的土壤湿度以用手能把土握成团，落地后散开为标准，株行距5 cm × 8 cm，将根穗成排平放于床面，覆细土3 cm，扦插深度为插穗长的3/4。插好后地面要露出1~2个芽，插完后撒1 cm左右的一层碎土，以利于浇水后将插条基部空隙填实，使插条与土壤密接。浇水后及时盖棚覆膜。盖棚覆膜有利于保湿，提高成活率，15~20天开始生根。

4. 苗期管理

扦插后，当冬季夜间气温下降至-5 ℃时，每天16:00以后需盖草苫子防冻，早晨10:00后揭开草苫子增温。扦插当年多不生根，第二年2月中下旬芽子萌动，4月上中旬开始生根。当白天棚内气温达到30 ℃以上时，要注意放风透气。揭膜时间在4月下旬，在揭膜前要炼苗7~8天。揭膜后要注意做好洒水降温工作，防止发生日灼。当苗高8~10 cm左右时，只保留1个健壮的新梢，其余萌蘖要全部去除。苗高15 cm左右时，追施尿素1次，施肥量为每亩施入5~6 kg，施后浇水。6月中旬、7月下旬分别再进行追肥1次，以后要控制氮肥的施用，适当施用磷钾肥防苗木徒长，促进苗木充实。1年苗生长高达90~100 cm，最高1.5 m，地径达到0.5 cm，最粗达到1.5~2.0 cm，苗木成活率可达90%以上。

（三）植树造林技术

1. 苗木栽植

栽植的地块应选用排灌方便、土壤通气良好的沙壤土和壤土，土层厚度80~100 cm。起苗时间，应根据栽植时间而定，尽量做到随起随栽。秋季苗木自然落叶后至春季苗木萌动前起苗，起苗应做到少伤侧根、须根。为避免冬季发生冻害，应以春栽为宜，时间在土壤解冻后至萌芽前，株行距1.0 m × 2.0 m或2.0 m × 3.0 m，后期进行移栽或间伐。挖长、宽、深各80 cm的穴，栽植前应将表土与少量腐熟有机肥拌匀后施入下层，栽后立即灌足水分，浇后盖上一层细土，有条件的可以增加支架，防止风吹，提高造林成活率。

2. 合理浇水

厚壳是速生树种，对水分的要求较高，所以适时灌溉不仅能提高栽植成活率，还能提高厚壳的生长量。在5~6月干旱季节,适时灌溉,以保证苗木旺盛生长。秋季干旱时也要进行灌溉。灌溉次数和灌水量视天气与土壤情况而定。年降水量低于800 mm的地区每年要灌水3~4次。

3. 科学施肥

肥料是厚壳速生的必要条件。定植时要在树穴内施基肥,一般土杂肥每个树穴可施10~15 kg,或复合肥每株可施0.4 kg。在厚壳树生长高峰出现之前,每年4月底至5月上旬要进行追肥,追肥量幼树每株0.5 kg尿素,大树每株1 kg尿素。施肥要与浇水结合进行。

4. 技术管理

在厚壳树林未郁闭前,每年除草不少于2~3次。通过间作不仅提高土地利用率,还可通过对间作套种作物的管理,如松土、除草、浇水等措施,起到抚育幼林,促进林木生长,增加收益的作用。间作套种应以矮小、耐阴、耗水肥少的作物为好。

5. 技术修剪

适时修枝可提高树干质量,让树干笔直、树冠圆满。修去下部衰弱的枝条,并剪除树干基部的萌条,培养直立强壮的主干,修枝应在秋季树木落叶后进行,生长季节及时去除多余的萌蘖。修枝时剪口要平滑,不能撕裂树皮。

五、厚壳的作用与价值

(1)造林绿化作用。厚壳树冠紧凑圆满,枝叶繁茂,春季白花满枝,秋季红果遍树,是美丽的乔木树种。可观叶、观花、观果,也可观树姿,色形兼备,尽观其美。可用于园林绿化、行道树造林和庭院栽植,可片林栽培或单株种植。

(2)用材价值。厚壳木材坚硬,是建筑及家具用的优良木材。

(3)食用价值。厚壳树,嫩芽可供食用,是山区林农食用优良野生菜芽。

12 糯米椴

糯米椴,学名:*Tilia henryana* Szyszyl. var. *subglabra* V. Engl. 椴树科椴树属,落叶乔木;是园林绿化、造林的优良用材和观赏野生树种。

一、形态特征

糯米椴,落叶乔木;树高10~15 m,嫩枝及顶芽均无毛或近秃净。叶圆形,长6~10 cm,宽6~10 cm,上面无毛,背面脉腋有毛,侧脉5~6对,边缘具叶脉射出而成尖锯齿,齿尖多呈倒勾刺状,长3~5 mm,叶柄长3~5 cm。花,聚伞花序,长10~12 cm,多花30朵以上,花序柄有星状柔毛。苞片狭窄倒披针形,长7~10 cm,宽约1 cm,先端钝,基部狭窄,下半部与花序柄合生,基部有柄,萼片长卵形,外面有毛。花瓣长6~7 mm。果实倒卵形或圆形,长7~9 mm,有棱5条,被星状毛,熟时灰黑色,种子圆形。花期5~6月,果期7~8月。

二、生长习性

糯米椴喜光、稍耐阴,喜湿润、稍耐旱,对土壤要求不严。喜中性、微酸、微碱性疏松壤土适生海拔 350~1 200 m 的山腰、谷地山林中。

三、主要分布

糯米椴主要分布于河南、辽宁南部、北京、河北、山东、湖北、湖南、江苏、浙江、江西、安徽等地区。河南省舞钢市国有石漫滩林场秤锤沟、灯台架、官平院等山区野生分布,海拔 300~500 m 的山坡、谷地、疏林内有分布,多与阔叶林一起生长、最大树高 10~12 m,胸径 18~20 cm。

四、引种繁育与造林绿化

糯米椴树姿雄伟,冠形美观,叶大浓郁,花香四溢。可用作森林公园、景区点植配景。于道旁、草坪、水榭或空旷地以大树孤植,尽显一枝独秀特色,达到游人远观其景、近可乘凉的效果。还是城乡行道和庭园庇荫、观赏的理想绿化树种。由于人们过度砍伐,目前,河南省舞钢市糯米椴大树存量甚少,作为优良用材和观赏树种,应予发掘繁育,扩大种源,加以造林绿化、发展保护。

(一)引种繁育苗木技术

1. 种子采集

8 月下旬,糯米椴果实成熟后即可采摘。成熟后的种子易遇风、雨、雪而脱落,所以尽量在 10 月中旬前采收。采集方法:在开阔地可采用振落后收集,在山区或密林地可用高枝剪布毯等工具采收。

2. 种子处理

采集后的种子,要清除果柄、苞片等杂物,用清水漂去空粒和秕粒。然后将种子放于干燥处阴干。种子不宜直播,因为糯米椴果皮坚硬,透水性差,如不进行处理,当年发芽率极低,要 2~3 年以后才会陆续出齐。经过处理的种子当年发芽率可达到 90%以上。处理方法主要有浓硫酸浸种和九二零浸种两种。用浓硫酸浸种主要是破坏种子的硬壳,由于浓硫酸处理法较麻烦,处理过程也不太安全,生产中用九二零处理最好。用九二零溶液,比例 1:12,浸种 48 小时,然后沙藏 100~120 天,即可播种。

3. 播种方法

种子经过 100~120 天的沙藏处理后,约有 75%开裂露白,即可播种。采用条播,播前灌一遍透水,开浅沟,深 3~5 cm,然后把筛去沙的种子撒于沟中,每亩播种量为 12.5 kg 左右,上面覆碎土,厚度为 1~2 cm。播后用地膜覆盖,处理良好的种子,播后 7~8 天即可出土。

(二)幼苗管理技术

新生幼苗喜阴,出土后易受日灼危害,应设置荫棚,以保证幼苗正常生长,幼苗生长极为缓慢,缺少水分时常枯死,所以幼苗要经常保持土壤湿润,苗高 5~10 cm 开始间苗,每 1 m^2 保存 80~100 株为宜。10 月上旬,当年苗木生长高 80~120 cm,即可出圃造林。

五、糯米椴的作用与价值

(1)观赏价值。糯米椴木材材质细致、轻软光亮,纹理细腻漂亮,树形美观,树姿雄伟,叶大荫浓,寿命长,花香馥郁,可用于城乡行道树或庭园观赏造林绿化。

(2)食用价值。糯米椴也是蜜源树种,种子可榨油。

(3)经济价值。糯米椴树皮纤维经处理后还可编织麻袋、造纸和制人造棉。嫩茎叶可喂猪,干叶可做羊的冬季饲料。

(4)用材。糯米椴木材轻软、细致,可供建筑、家具、雕刻、火柴杆、铅笔、乐器等用材。

13　紫　椴

紫椴,学名:*Tilia amurensis* Rupr.,椴树科椴树属,又名籽椴,落叶乔木。紫椴树干通直、冠形圆满,花苞奇特,春秋色叶、形色相融。既是优质用材树种,又是优良园林观赏树种,更是中国原产树种。

一、形态特征

紫椴,落叶乔木,树高10~25 m。树皮暗灰色,纵裂。2年生枝紫褐色。小枝黄褐色或红褐色,呈“之”字形,皮孔明显。单叶互生,近圆形,长、宽均4~8 cm。基部心形,边缘具叶脉射出,形成规则尖锯齿,齿端呈倒勾刺状向内弯曲。表面暗绿色,无毛,背面淡绿色,仅脉腋处簇生褐色毛。叶柄长2~4 cm,无毛。聚伞花序,花序分枝无毛,长4~8 cm,苞片倒披针形或匙形,长4~5 cm,无毛具短柄;果,呈球形或椭圆形,直径0.5~0.7 cm,被褐色短毛,具种子1~3粒。种子褐色,卵圆形,长5~8 mm,棱或有不明显的棱。直径约0.5 cm。花期6~7月,果熟9月。

二、生长习性

紫椴性喜光、稍耐阴,喜温、喜湿润、稍耐旱。喜中性、微酸、微碱性,肥沃湿润壤土,适生海拔400~1 000 m的山腰、山脚、谷地阔叶林或针阔混交林内。对土壤要求比较严格,喜肥、喜排水良好的湿润土壤,多生长在山的中、下部,土壤为沙质壤土或壤土,尤其在土层深厚、排水良好的沙壤土上生长良好。

三、主要分布

紫椴主要分布于河南、山东、河北、山西、黑龙江、吉林、辽宁。紫椴主要生长在杂木林或者是混交林中,在海拔500~1 200 m的树林里,其中分布最广的是600~900 m的海拔范围内,在1 200 m以上只有零星分布,喜光也稍耐阴。河南省舞钢市国有石漫滩林场秤锤沟、灯台架、官平院等林区野生分布,海拔350~500 m的,阴坡、山腰、谷地,立地条件好的阔叶林内有散野生。三林区瓦庙沟、秤锤沟,四林区大河扒、支锅石沟有分布,最大树高10m,胸径16~18 cm。生长健壮,枝叶茂盛。

四、引种繁育与造林绿化

紫椴树干通直、冠形圆满,花苞奇特,春秋色叶、形色相融。不仅是传统用材树种,而且是优良的园林观赏树种。故用作公园、城镇绿化、美化,丰富景观,另外,其深根性,萌蘖性强,抗烟、抗毒性强,虫害少等优点,是厂矿、城郊环境保护林、防护林造林绿化树种,更有效发挥生态与景观综合效益。

(一)引种繁育苗木技术

选择优质种子,可以提高苗木繁育成活率。种皮坚硬的种子,生产上经常采用的种子催芽方法是沙藏催芽,沙藏催芽法简便、效果好,更适合于生产上推广与应用。

1. 种子沙藏

紫椴种子具有较长的休眠期,种皮坚硬,种子含油量高,发芽前必须进行催芽,即越冬混沙进行室外埋藏,种子储存量和安全含水量应保持在 10%~12%。上年 10 月底或 11 月初用冷水浸泡 5~6 天,使种子吸足水分,然后以 1:2比例与河沙混合拌匀,平铺在 50~60 cm 的土坑内(同时,放一把玉米秆用于通气换气,保证种子有氧气呼吸而有生命力),上铺 10~15 cm 厚湿沙,再覆盖 20~25 cm 的土层,最上面盖稻草或农作物秸秆。坑内保持 3 ℃左右低温,沙藏 140~150 天。第二年 3 月上旬,播种前的一个月将种子取出,放置在室外向阳处,与沙混合晒晾,每天翻动搅拌 1 次,其目的是保持温度、增加湿度,促进种子发芽。

2. 种子播种

紫椴种皮非常坚硬,沙藏后有 1/3 种子裂嘴时即可播种。在整个催芽过程中,要不断搅翻种、沙,保持 60%湿度,通常种子发芽率可达 60%。播种在 5 月上旬进行,播种量每亩播种 4~5 kg,播后盖细壤土镇压再盖遮阳网。

3. 苗圃地整理

紫椴育苗应选择土层深、地力肥且平坦的沙壤土。切忌选在重黏土和棕黄土的涝洼地上。选择的苗圃地应该在 10~11 月,深细耙翻 25~30 cm,然后将地面整平,精耕细耙,作床长 35~40 cm、宽 90~100 cm、高 18~20 cm,打垄,浇透水,施入腐熟农家肥,每亩施入 5 000~8 000 kg,或过磷酸钙 3 000~4 000 kg。为防治地下病虫害,可加入森得保药物,掺入肥中施用,每亩施入 50 kg 森得保药物。然后覆土 1.5~2.0 cm,镇压后再次浇水,并覆盖细碎草屑或木屑于床面上以保湿。

4. 幼苗管理

播种后,保持苗床床面湿润,播后 10~15 天种子即可发芽出土,幼苗 2.0~3.0 cm 高时进行间苗。苗床浇水要细流漫灌,禁忌大水急流进行灌溉,既避免使土壤板结,又会影响到种子继续出苗。有条件的可利用喷雾灌溉设施对其进行雾化降水,喷灌时间最好选择在上午 10:00 前和下午 15:00 点后。要始终保持幼苗床面的湿润,雨季要特别注意防涝。当苗木长到 3.0~5.0 cm 高时就可定苗,尽可能做到苗间距相等,这样有利于苗木的生长发育。3 天后追施 1 次氮肥,定苗以后必须浇水,浇水要注意浇透,同时还要注意量少次多的原则。在苗期要适时除草和松土,每年要锄草 4~5 次。苗木进入速生期后,可追施硫酸铵 2~3 次,施肥量为每亩施入 15~20 kg。到了苗木生长后期,为使苗木充分木质化,可适当喷施磷钾肥(0.5%硫酸铵),为避免苗木叶片被烧伤,施完后要马上用清水冲洗苗木茎部和叶片。为了不让苗木在秋后徒长,最后1次追施硫酸铵必须在7月下旬前完成,使其及早地完成木质化,提高过冬抗性。

5. 苗木出圃

起苗时间最好是在苗木落叶以后,通常在10月下旬。将起好的苗木进行假植,并注意保护好苗木的根系,还要使苗木根部舒展,然后用土盖严,这样才能确保苗木安全越冬。2年生时苗木高可以达到80~100 cm,胸围可以达到8~12 cm,此时再留床生长1年,当苗木生长到根系发达、干性良好时,可用作培育大规格苗木。

(二)造林绿化技术

1. 苗木选择

10~11月,对造林地块,经整地施肥后,做80 cm宽的大垄。当3月上旬土壤疏松时,选择1~2年生苗木,按照株行距1 m × 2 m栽植。定植4~5年后,苗木胸径可达3~4 cm,高达3.5~4.5 cm,即可出圃分栽移植。在造林管理中,又是培育大苗的过程,每年都要进行中耕除草,适当追肥,发现病虫害要及时防治。每年还要及时剪除树高1/2以下的侧枝。

2. 造林技术

造林移植的苗木出圃要保证顶芽饱满,木质化程度好,并且没有受到过病害和虫害的伤害。造林要注意在土壤地力肥沃、土层较深厚且湿润的地块内,采用穴状整地的方式,挖坑宽60 cm × 60 cm或80 cm × 80 cm见方;另外,坡地则要求穴坑外高里低,以便于蓄水保温,最好在头年伏天将造林地整好,通常视立地条件采用株行距为1.5 m × 2.0 m和1.50 m × 1.50 m,避免苗木密度太大,影响其正常生长发育。紫椴1年生幼苗以匍匐形式生长,很容易出现倒伏现象,所以建议选择使用Ⅰ、Ⅱ级苗木为好。Ⅰ级苗要求高度45 cm以上、胸径0.8 cm以上,Ⅱ级苗要求高35 cm以上、胸径0.6 cm以上。由于紫椴幼苗匍匐生长,并伴有容易受冻害和分杈现象,因而造林时要加大密度,通常以每亩700~800株为宜。同时还要加大对幼林的抚育,一般5年进行1次,首先对当年造林的幼苗要扩大坑穴进行培土和踏实。要使苗木根系与土壤紧密接触,防止有缝隙出现透风受冻害,保证安全过冬。另外,还要及时锄草、浇水。

3. 防治病虫害技术

紫椴主要病害是椴毛毡,种子发芽前就将其越过冬的螨虫杀死,可用5°石硫合剂喷布;苗木出圃时,对苗木需要采用50 ℃热水浸10分钟,还可用硫黄进行熏蒸,然后将所有落叶烧掉以彻底消灭侵染的病源。

五、紫椴的作用与价值

(1)绿化作用。紫椴用途广泛,病虫害非常少。紫椴有象牙板和世界四大行道树的美称。其木材纹理通直、细腻,为重要用材树种,可作为山区植树造林的伴生树种,还可用作庭院观赏及行道树。

(2)经济价值。紫椴木材可供建筑用材,制作胶合板、纤维板,也是造纸原料;种子可以用来榨油。经济价值较高,花可入药,种子可以榨油。萌蘖性、抗烟抗毒性特别强,同时还具有固碳释放氧气、降低温度、增加湿度、吸收重金属的能力。

(3)食用价值。紫椴花蜜营养丰富，是良好的蜜源树种；椴花为上等蜜源，其蜜糖为我国传统优质蜂蜜之一。甜润适口，晶莹洁白，色纯味香，营养丰富，含葡萄糖和果酸达70%。具多种维生素、无机盐、有机酸酶类及生物素，可增进人体健康。

14 山羊角

山羊角，学名：*Carrierea calycina* Franch，大风子科山羊角树属；又名山杨、嘉利树、嘉丽树、山丁木、山羊果等，落叶乔木树种。其木材结构细密，材质良好，是建筑、家具、农具和器具优质用材，果形奇特，形似羊角，具有观赏价值。

一、形态特征

山羊角，树高12~16 m，树冠扁圆形，树皮黑褐色，不规则开裂，不剥落；幼枝粗壮，紫灰色或灰绿色，有白色皮孔和叶痕，无毛；冬芽圆锥形，芽鳞有毛；叶，薄革质，长圆形，长9~15 cm，宽4~5 cm，基部圆形、心形或宽楔形，边缘有疏钝锯齿，齿尖有腺体，上面深绿色，无毛，或沿脉有疏茸毛，下面淡绿色，沿脉有疏茸毛，叶脉明显，脉3条，侧脉4~5对。叶柄长3~7 cm，上面有浅槽，下面圆形，幼时有毛，老时则无毛。花，雌雄同株，白色，圆锥花序顶生，花序较山拐枣小，少分枝，密被茸毛。花梗长1~2 cm，有叶状苞片2片，长圆形，对生。雌花直径0.6~1.0 cm，雄花，雄蕊多数，花丝长约1.7 cm，果、蒴果木质，羊角状，长4~5 cm，直径1~1.5 cm，有棕色茸毛。果梗粗壮，有关节，长2~3 cm。种子多数，扁平，四周有膜质翅。花期5~6月，果期7~10月。

二、生长习性

山羊角喜光、耐阴，喜湿润、耐旱，喜疏松、肥厚壤土。喜中性、微酸性土壤，适生海拔400~1 500 m的山腰、山脚、谷地，在林区、林间、山坡或疏林等地有野生分布。

三、主要分布

山羊角主要分布于河南、湖北、湖南、广西、贵州、云南、四川等省区。河南省舞钢市国有石漫滩林场南部三林区的瓦庙沟、秤锤沟，四林区的大河扒、支锅石沟，五林区的官平院有野生分布，生长在海拔300~600 m，沟谷、山坡有零星野生，与阔叶林混生。山羊角树整体形态与山拐枣相近，明显特征以叶脉、花序、结果、果形予以区分。

四、引种繁育与造林绿化

山羊角其冠形阔展，枝叶稠密，果形奇特，状似羊角，树形美观，适应性强，在城乡绿化、荒山造林及风景区、公园美化和街区行道绿化中具有观叶、观果的景观效果，是良好的绿化树种。由于野生在山区，其苗木繁育、引种造林技术研究工作正在进一步探索中。

五、山羊角的作用与价值

（1）观赏价值。山羊角冠形优美，果形奇特，状似羊角，适应性强，在城乡美化、风景区和公园美化、街区行道绿化中具有良好的景观作用。

（2）用材价值。山羊角木材结构细密，材质良好，是建筑、家具、农具和器具等优质用材。

（3）食用价值。山羊角种子榨油，是良好的工业用油料。

15　刺　楸

刺楸，学名：*Kalopanax septemlobus*（Thunb.）Koidz.，五加科刺楸属，又名鸟不宿、钉木树、刺桐等。落叶乔木，小枝具粗刺。刺楸叶形美观，叶色浓绿，树干通直挺拔，满身的硬刺，是树木中具有粗犷野趣、独树一帜的优良野生树种。

一、形态特征

刺楸树高10～20 m。树皮暗灰棕色，小枝淡黄棕色或灰棕色。散生粗刺，刺基部宽阔扁平，长5～6 mm、宽6～7 mm。掌状叶，纸质，叶互生或簇生，圆形或近圆形，直径9～25 cm。掌状5～7浅裂，裂片阔三角状卵形至长圆状卵形，壮枝叶片分裂较深，基部心形，上面深绿色，无毛或几无毛，下面淡绿色。幼时疏生短柔毛，边缘有细锯齿，放射状主脉5～7条。叶柄长10～50 cm，圆锥花序大，长15～25 cm，直径20～30 cm。伞形花序直径1～2.5 cm，花多数。总花梗细长，长2～3.5 cm。花梗无毛或少短柔毛，长5～12 mm；花白色或淡绿黄色。果实球形，蓝黑色，直径5～7 mm。花期6～8月，果期9～11月。

二、生长习性

刺楸适应性很强，喜阳光充足和湿润的环境，稍耐阴，耐寒冷，适宜在含腐殖质丰富、土层深厚、疏松且排水良好的中性或微酸性土壤上生长。多生于阳性森林、灌木林中和林缘，水湿丰富、腐殖质较多的密林，向阳山坡，甚至岩质山地也能生长。适生海拔350～1 600 m的，山区谷地、山脚、山凹林内、疏林、林缘或灌木丛中。

三、主要分布

刺楸主要分布于河南、辽宁、吉林、河北、山东、湖北、湖南、云南、贵州、四川、广东、广西等地。生于山地疏林中。河南省舞钢市国有石漫滩林场南部林区瓦庙沟、大石棚、王沟、秤锤沟、大河扒、老虎爬、支锅石沟，官平院等处海拔300～500 m的沟谷、山凹坡地湿润疏松褐土立地环境，有丛生或散生。多与阔叶落叶林伴生。境内三林区秤锤沟擦子坡一株刺楸大树，树高15 m，胸径40 cm，枝繁叶茂。

四、引种繁育与造林绿化

刺楸叶形美观，叶色浓绿，树干通直挺拔，满身的硬刺在诸多园林树木中独树一帜，既能体现出粗犷的野趣，又能防止人畜攀爬破坏，是风景区、公园植物景观点缀的优良树种。通过引种驯化，扩大其适生范围造林绿化。刺楸喜欢集中片林种植，共同生长，防止成材后独立生长，因适生环境受到破坏，独木难成林，后生长不良，逐渐死亡。

（一）引种繁育苗木技术

1. 采收种子

刺楸的引种苗木繁殖以播种为主，种子繁殖方法简单易行，并能在短期内获得大量苗子。10 月上旬，果实成熟后，及时采摘种子，取出种子进行沙藏，第二年的春季进行室外大田畦播。

2. 种子处理

刺楸的种子，选留果粒大、均匀一致的果实，单独干燥和保管。干燥时切勿火烤、炕烘或锅炒。可晒干或阴干，放通风干燥处储藏。在 10~11 月，将选作种用的果实，用清水浸泡至果肉胀起时搓去果肉。刺楸的秕粒很多，出种率 60%左右，在搓果肉的同时可将浮在水面上的秕粒除掉。搓掉果肉后的种子再用清水浸泡 5~7 天，使种子充分吸水，每隔 2 天换 1 次水，在换水时还可清除一部分秕粒。浸泡后捞出控干，与 2~3 倍于种子的湿砂混匀，放入室外准备好的深 0.5 m 左右的坑中，上面覆盖 10~15 cm 的细土，再盖上柴草或草帘子，进行低温处理。第二年 5~6 月即可裂口播种。处理场地要选择高燥地点，以免水浸烂种。2 月下旬将种子移入室内，清除果肉，拌上湿砂，装入木箱，进行砂藏处理，其温度可保持在 5~15 ℃，第二年 3 月即可裂口播种。刺楸种子的休眠属于复杂的形态——生理休眠类型，休眠期 6 个月以上，种子成熟时，种胚尚未分化完全，需先温暖层积，完成胚的生长与发育，然后转入低温层积，种子才能解除休眠，即种胚必须经所谓的形态后熟和生理后熟 2 个不同的阶段，种子才能获得萌发能力。

3. 种子播种

苗圃地选择肥沃的腐殖土或沙质壤土。育苗以床作为好，可根据不同土壤条件做床，低洼易涝、雨水多的地块可做成高床，床高 15~18 cm。高燥干旱、雨水较少的地块可做成平床。床土要耙细清除杂质，每 1 m^2 施腐熟厩肥 5~10 kg，与床土充分搅拌均匀，搂平床面即可播种。

4. 播种时期

在 3 月至 5 月上旬，播种经过处理的种子，进行条播或撒播。条播行距 10~15 cm，覆土 1.5~3.0 cm。每 1 m^2 播种量 25~30 g。另外，8 月上旬至 9 月上旬播种当年鲜籽，即选择当年成熟度一致、粒大而饱满的果粒，搓去果肉，用清水漂洗一下，控干后即可播种。

5. 幼苗管理

播种后搭 1~1.5 m 高的棚架，上面用草帘或苇帘等遮阴，土壤干旱时浇水，使土壤湿度保持在 30%~40%，待小苗长出 2~3 片真叶时可撤掉遮阴帘，第二年 3 月即可移栽定植。造林选地，选择土壤肥沃、土层深厚、排水良好的林缘地或熟地，以腐殖土和沙质壤土为好，选好地，每亩施基肥 5 000~7 000 kg，整平耙细备用。造林，在 4 月下旬至 5 月上旬移栽，行株距 120 cm × 50 cm，为使株行距均匀，可以拉绳定穴，在穴的位置上做一标志，然后挖成深 30~35 cm、直径 28~30 cm 的穴，每穴栽一株。栽时要使根系舒展，防止窝根与倒根，栽后踏实，灌足水，待水渗完后用土封穴。15 天后进行查苗，没成活的需进行补苗。3 月造林,栽种时施腐熟的有机肥作基肥。栽后浇透水,平时管理较为粗放,天气干旱时注意浇水,每年秋末落叶后在根部周围开沟施一次腐熟的有机肥,并浇足封冻水即可安全越冬。

(二)防治病虫害技术

刺楸病虫害主要有刺蛾、褐斑病。刺蛾害虫,5~9 月,对树冠喷布 1 200 倍液的氯氰菊酯,每 15~20 天喷布 1 次,连续喷布 2~3 次。褐斑病,4~5 月,喷布 3~4 波美度石硫合剂药液或百菌清 800~900 倍液,喷布 2~3 次即可。

五、刺楸树的作用与价值

(1)观赏价值。刺楸叶形美观,叶色浓绿,树干通直挺拔,满身的硬刺在诸多园林树木中独树一帜,既能体现出粗犷的野趣,又能防止人或动物攀爬破坏,是行道树或园林配植的观赏作用。

(2)用材价值。刺楸木质坚硬细腻、花纹明显,是制作高级家具、乐器、工艺雕刻的良好材料。

(3)食用价值。刺楸 3 月初的嫩叶采摘后可供食用,气味清香、品质极佳,是特产美味山野菜。

16　构　树

构树,学名:*Broussonetia papyrifera*,桑科构属;又名构桃树、构乳树、楮树、楮实子、沙纸树、谷木、谷浆树、假杨梅褚桃、构桃,落叶乔木。是中原地区优良乡土树种。

一、形态特征

构树,属落叶乔木,平均高达 10~16 m,胸径 50~70 cm。树皮,浅灰色;小枝密被丝状刚毛;叶卵形,叶缘具粗锯齿,不裂或有不规则 2~5 裂,两面密生柔毛;聚花果圆球形,橙红色。花期 4~5 月,果熟期 7~8 月。

二、生长习性

构树喜光。耐干旱、耐瘠薄,亦耐湿,生长快,病虫害少,根系浅,侧根发达,根蘖性强;对气候、土壤适应性强;对烟尘及多种有毒气体抗性强。

三、主要分布

中原地区主要分布于平顶山、许昌、开封、周口、驻马店、信阳、南阳、三门峡、洛阳、安阳、濮阳等地,在浅山丘陵、田间地头野生分布种植。中国主要分布于河南、河北、山东、山西等省。

四、引种繁育与造林绿化

构树适应性强,山沟、河旁、地埂边到处野生。其优良苗木,繁育技术主要是采用种子播种繁育。

(一)引种繁育苗木技术

1. 种子采收

在8月下旬至10月,人工采集成熟的构树果实,装在大锅或桶内捣烂,漂洗2~3次,除去渣质,把获得的纯净种子在晒场晾干,即可干藏备用。

2. 苗圃地选择

苗圃地要选择背风向阳、疏松肥沃、交通便利、浇水灌溉、深厚的壤土地。

3. 苗圃地整理

9~10月,及时翻犁苗圃地一遍,同时去除杂草、树根、石块等杂物。播种前25~30天,施入基肥,每亩施入农家肥600~800 kg,同时施入粉碎的饼肥120~150 kg,而后精耕细耙土壤。

4. 种子播种

播种时期为3月中旬至4月上旬。播种方法,采用窄幅条播,播幅宽5~6 cm,行间距20~25 cm,播前用播幅器镇压,种子与细土按1∶1的比例混匀后撒播,然后覆土0.3~0.5 cm,稍加镇压即可。需盖草保湿、保墒。

(二)幼苗管理技术

1. 浇水管理

构树新生苗木生长期的管理,即种子播种后,采取盖草防晒保护。对于苗圃地有盖草防晒的育苗,当出苗后,有1/3出苗时,开始第一次揭草,3~4天后第二次揭草。当苗出齐后的7~8天,人工用细土培根护苗。此间注意墒情不足的喷水保湿;对连续下雨的天气,做好排水,防止新生苗木受淹死亡。

2. 施肥管理

夏季,5~8月,新生幼苗进入速生快长期,可追施化肥2~3次,每次每亩施入5~10 kg复合肥。同时加强松土除草、间苗等技术管理。8~9月,当年繁育的幼苗生长高达40~50 cm,10月,落叶后可以移植或出圃造林销售。

(三)病虫害防治技术

1. 主要虫害的发生与防治

(1)主要虫害的发生。构树主要害虫是天牛,幼虫蛀食树干和树枝,影响树木的生长发育,使树势衰弱,导致病菌侵入,也易被风折断。天牛主要是在幼虫期蛀蚀树干、枝条及根部。受害严重时,整株死亡,木材被蛀,失去工艺价值。

(2)主要虫害的防治。天牛危害,成虫采用敌敌畏和敌百虫合剂800倍液喷杀;对蛀干幼虫,用脱脂棉团沾敌敌畏原液,塞入树干虫孔道,再用黄泥等将孔口封住毒杀。

2. 主要病害的发生与防治

(1)主要病害的发生。构树的病害是烟煤病,烟煤病其实就是其表面产生一层暗褐色至黑褐色霉层,以后霉层增厚成为煤烟状。因为症状有点像烟煤,所以也叫烟煤病。烟煤病具体症状,表现为叶子慢慢起皱,在叶面、枝梢上形成黑色小霉斑,然后扩大到整个叶面、嫩梢上布满黑霉层。要注意的是它具有传染性,慢慢其他的叶子也出现了同样的状况,最后会导致整珠枯萎。

(2)主要病害的防治。烟煤病,用石硫合剂每隔15天喷1次,连续2~3次即可。同时,在苗木生长期一定要加强杀虫,特别是在夏季,因为害虫大多数都是在夏天暴发。可用的药物喷布,多数杀菌药都有一定效果,代森铵、多菌灵(5%以上浓度,可以用高浓度比例的原液,多加水稀释)、波尔多液、甲基等菌类药物。

五、构树的作用与价值

(1)绿化作用。构树枝叶茂密,抗干旱、耐瘠薄,适应性广,是人们喜爱的"四旁"树、防护林树种。尤其是在农村绿化、矿区绿化、景观绿化中,起到绿化作用。

(2)景观作用。构树分雌雄株,在城市园林、公园、风景区等地种植雌株,其构桃果实为聚花果,红色鲜艳美观,能吸引鸟类啄食,以增添景区、公园内鸟语花香的山林野趣,很受人们欢迎,具有良好的景观作用。

(3)经济价值。嫩叶可喂猪、羊等。采用构树叶为主要原料发酵制成,不含农药、激素。利用生物技术发酵生产的构树叶饲料具有独特的清香味,猪喜吃,吃后贪睡、肯长。根据饲养生猪品种的不同和生长阶段的不同,饲料消化率达80%以上。构树叶蛋白质含量高达20%~30%,氨基酸、维生素、碳水化合物及微量元素等营养成分也十分丰富,经科学加工后可用于生产全价畜禽饲料。植株具有造纸作用。

(4)抗性作用

构树能抗二氧化硫、氟化氢和氯气等有毒气体,可用作为荒滩、偏僻地带及污染严重的工厂的绿化树种。也可用作行道树。

(5)药用价值。中医学上称构树果为楮实子、构树子,与根共入药,有补肾、利尿、强筋骨功能。构树以乳液、根皮、树皮、叶、果实及种子入药。夏秋采乳液、叶、果实及种子,冬春采根皮、树皮,鲜用或阴干。

17 皂 荚

皂荚,学名:*Gleditsia sinensis* Lam.,豆科皂荚属,又名皂角、猪牙皂、牙皂等,落叶乔木或小乔木。中原地区优良乡土树种。

一、生态特征

皂荚落叶乔木,枝灰色至深褐色;平均高达25~30 m,树冠扁球形。枝干生长有分枝刺,刺粗壮,圆柱形,常分枝,多呈圆锥状;小叶6~14枚,卵形至卵状长椭圆形,小叶柄有柔毛,羽状复叶;花序腋生,花序轴、花梗、花萼有柔毛,花期4~5月;果带形,弯或直,木质,经冬不落,种子扁平,亮棕色,果熟期10月;种子多颗,长圆形或椭圆形,荚果带状,劲直或扭曲,果肉稍厚,两面鼓起,或有的荚果短小,弯曲作新月形,通常称猪牙皂,内无种子;果瓣革质,褐棕色或红褐色,常被白色粉霜;皂荚树的生长速度慢但寿命很长,可达六七百年,属于深根性树种。需要6~8年的营养生长才能开花结果。但是其结实期可长达数百年。

二、生长习性

皂荚喜光,稍耐阴,喜温暖湿润气候,有一定的耐寒能力。耐瘠薄,对土壤要求不严,深根性,生长慢,寿命较长。皂荚的特性,喜温暖湿润的气候及深厚肥沃适当的湿润土壤,但对土壤要求不严,在石灰质及盐碱甚至黏土或砂土上均能正常生长。

三、主要分布

中国主要分布于河南、山东、山西、陕西、甘肃、四川、贵州、云南等地;河南省太行山、桐柏山、大别山、伏牛山有野生。低山丘陵,平原地区等农村常见栽培。中原地区,平顶山、许昌、漯河、洛阳、开封、新乡等大部分地区均有零星种植。在平顶山市舞钢市主要分布在枣林镇、铁山乡、庙街乡、杨庄乡等地。铁山乡蒲冲村路边生长一棵100年生的皂荚古树;杨庄乡上冯连沟村有一棵75年生的皂荚大树,枝繁叶茂;枣林镇的安寨小学院内一棵大树、枝粗叶厚、遮天蔽日,成为当地一景。皂荚因其树冠圆满宽阔,浓荫蔽日,适应性强,耐干旱,生长速度快,很受人们喜爱,是中原地区优良乡土树种。

四、引种繁育与造林绿化

皂荚优良苗木繁育技术,主要采用种子播种繁殖。

(一)引种繁育苗木技术

1. 苗圃地的选择

选择土壤深厚肥沃、灌溉、排水、运输销售方便的地方为佳。

2. 苗圃地整地

一般准备繁育苗木的土地,每亩地施用经腐熟发酵的农家肥1 800~2 000 kg作基肥,同时,施入80~100 kg的化学复合肥;然后,精耕细作,耙平土壤备播。

3. 种子的选择

皂荚要选择树干通直、长势较快、发育良好、树龄30~80年、种子饱满、没有病虫害、树体健壮的树作为采种母株,选择其种子,作为良种。

4. 种子采收

皂荚10月成熟即可采种。采收的果实放置于光照充足处晾晒,晒干后用木棍敲打,将果皮去除,然后进行风选,种子阴干后,放置于干净的布袋中储藏备用。

5. 种子播种

皂荚树,3月中旬播种。但是,其种皮较厚,播种前要进行处理才能保证出芽率。需要上一年11月上旬,将种子放入水中浸泡48小时,捞出后用湿沙层积催芽,第二年3月中旬,种子开裂露白,可进行播种。播种前,苗圃地整地的时候,一定记住每亩地施用经腐熟发酵的农家肥1 800~2 000 kg基肥,提供肥力,促进土壤疏松透气,保证新生幼苗苗木快速生长一致。播种采用条播法,条距20 cm,每米播种15粒,播种后立即覆土,厚3~4 cm。保持土壤湿润,15~20天出芽。

6. 幼苗管理

新生幼苗出齐后,可用小工具进行松土。幼苗高14~15 cm时可进行定苗,株距11~

12 cm。苗期加强水肥管理和病虫害管理。当年小苗可长到 90~100 cm 高。秋末落叶后，可按株距 0.5 m、行距 0.8 m 进行移栽。移栽后要及时进行抹芽修枝，以促进苗干通直生长，利于培育成根系发达、树冠圆满的大苗。

（二）幼苗管理技术

1. 水肥管理

苗木生长期，每年 4 月初可以施用一次尿素，6 月初施用 1 次化学复合肥；8 月中旬施用 1 次磷钾复合肥，秋末结合浇冻水施用 1 次经腐熟发酵的农家肥，每亩土地施入 3 000~4 000 kg。3 月中旬，移栽后要浇水 1~3 次。此后每月浇一次透水，7~8 月，大雨后应及时将积水排出。秋末浇 1 次足浇透封冻水，保护苗木安全越冬。

2. 苗木修剪

为了保证苗木质量，新生苗木在 11~12 月，修剪整形，及时进行截干处理。修剪主枝，选留条件注意三个方面：一是要各占一方；二是要上下错落，不能生长在同一轨迹；三是枝条的开张角度要适宜，开张角度以 45°为宜。第二年及时将新抽生的枝条抹除，防止形成竞争枝。待主枝长度长到 1 m 或 1.5 m 以上时，对其进行短截，培养侧枝，侧枝选留要本着层次清晰、疏密适当的原则。基本树型形成后，及时将树冠内的过密枝、病虫枝、交叉枝进行疏除，修剪整形为冠幅美观即可。

（三）病虫害防治技术

1. 主要虫害的发生与防治

（1）主要虫害的发生。皂荚主要虫害有桑白盾蚧、含羞草雕蛾、皂荚云翅斑螟、宽边黄粉蝶。它们 1 年 1~2 代发生危害，主要危害叶片，交替重叠危害。

（2）主要虫害的防治。皂荚苗木生长期，5~9 月，日本长白盾蚧、桑白盾蚧发生危害，可在 12 月对植株喷洒 3~5 波美度石硫合剂，杀灭越冬蚧体。若虫孵化盛期喷洒 95%蚧螨灵乳剂 400 倍液、20%速克灭乳油 1 000 倍液进行杀灭。含羞草雕蛾危害，可用黑光灯诱杀成虫。初龄幼虫期喷洒 1.2%烟参碱 1 000 倍液或 10%吡虫啉可湿性粉剂 2 000 倍液进行杀灭。皂荚云翅斑螟发生，可用黑光灯诱杀成虫，在幼虫发生初期喷洒 3%高渗苯氧威乳油 2 800~3 000 倍液进行杀灭。宽边黄粉蝶危害，可用灭幼脲 1 300~1 500 倍液进行杀灭幼虫，用黑光灯诱杀成虫。

2. 主要病害的发生与防治

（1）主要病害的发生。皂荚主要病害为白粉病。苗木生长期要加强水肥管理，特别是不能偏施氮肥，要注意营养平衡。在日常管理中，要注意株行距不能过小，树冠枝条也不能过密，应保持树冠的通风透光，提供苗木健壮生长，防止病虫害的发生。

（2）主要病害的防治。4~5 月，当白粉病发生，可用粉锈宁 25%可湿性粉剂 1 500 倍液进行喷雾，每隔 7~8 天一次，连续喷 2~3 次可有效控制住病情。

五、皂荚的作用与价值

（1）药用价值。皂荚果是医药食品、保健品、化妆品及洗涤用品的天然原料。皂荚种子可消积化食开胃，皂荚树的荚果、种子、枝刺等均可入药，荚果入药可祛痰、利尿；皂荚树以果实、种子入药。皂荚的根、茎、叶可生产清热解毒的中药口服液。

(2)用材价值。皂荚为生态用材林、经济林型树种,耐旱节水,根系发达,可用作防护林和水土保持林;同时,具有固氮、适应性广、抗逆性强等综合价值,是退耕还林的首选树种。用皂荚营造草原防护林能有效防止牧畜破坏,是林牧结合的优选树种和造林树种。

(3)景观价值。皂荚又名皂角,落叶乔木;其树冠圆满宽阔,浓荫蔽日,是河南等地优良乡土树种。皂荚耐热、耐寒、抗污染,可用于城乡景观营造、道路绿化、园林绿化、庭园美化,可作为乡村行道树,风景区、丘陵等地绿化观赏树种。

18 铁橡栎

铁橡栎,学名:*Quercus cocciferoides* Hand. -Mazz. ,壳斗科栎属, 又名刺叶栎、刺青冈。常绿或半常绿乔木,铁橡栎树形低矮,叶片带刺,常绿油亮,形态奇异,耐干旱、耐瘠薄,是荒山造林的优良树种。

一、形态特征

铁橡栎树高 3~6 m,高达 15 m;幼枝有黄色星状毛,后渐脱净。叶片纸质,长椭圆形、卵状长椭圆形,叶倒卵形至椭圆形,长 3~5 cm、宽 2~3 cm,先端圆形,基部圆形至心形,边缘有刺状锯齿或全缘,幼时上面疏生星状茸毛,下面密生棕色星状毛,中脉有灰黄色茸毛,老时仅在下面中脉基部有暗灰色茸毛,叶脉在上面凹陷,叶面皱折,侧脉 4~8 对;叶柄长 2~3 mm;雄花序长 2~3 cm,花序轴被苍黄色短茸毛;雌花序长约 2.5 cm,着生 4~5 朵花。壳斗杯形或壶形,包着坚果约 3/4,直径 11.5 cm,高 1~1.2 cm;不紧贴壳斗壁,被星状毛。坚果 2 年成熟,卵形至椭圆形,直径约 1 cm,高 1~1.2 cm,顶端短尖,有短毛,果脐微突起,直径 2~3 mm。花期 4~6 月,果期 9~11 月。

二、生长习性

铁橡栎喜光、耐干旱、耐瘠薄,对土壤酸碱度要求不严格。适生在海拔 400~600 m 的石质山地,瘠薄土壤,纯林或与其他阔叶树混交。

三、主要分布

铁橡栎主要分布于河南、陕西、甘肃、湖北、四川和云南。河南省舞钢市国有石漫滩林场马鞍山北坡有零星分布。生长不良,呈灌丛状。中国迄今发现的最大的铁橡栎,在陕西宁陕县江口回族镇南梦溪。直径 1.4 m,树龄约 2 500 年,仍然枝繁叶茂,四季长青。铁橡栎在秦岭、巴山、金沙江、南盘江河谷等生于海拔 1 000~2 500 m 的山地阳坡或干旱河谷地带,由于河谷地带气温高、湿度低,大树在 2~3 月开花和发新叶前有一段落叶期,故称为半常绿树种,但小树长势旺盛,冬季不落叶。

四、引种繁育与造林绿化

铁橡栎喜光照,耐瘠薄、耐干旱,适应性强,野生在山区,其种子繁育苗木后,引种造林成活率低;所以,引种铁橡栎树造林绿化,常用其种子在造林中直播,9 月下旬或 10 月,采收种子，即种子直接在林地挖穴播种，每亩播种 15~20 kg，成活率高。

五、铁橡栎树的作用与价值

（1）造林绿化作用。铁橡栎树形低矮，叶片带刺，常绿油亮，形态奇异，耐干旱、耐瘠薄，是荒山造林的优良树种，也可作园林观赏辅树种。

（2）经济价值。铁橡栎种子含淀粉，可作牲畜饲料；另外，其壳斗和树皮含鞣质，可提炼轻工业染料。

19　白　栎

白栎，学名：*Quercus fabri* Hance，壳斗科栎属，又名白栎、栎树、橡树、青冈树、橡栎、林子等。果实形似蚕茧，故又称栗茧。落叶乔木或灌木状，抗污染、抗尘土、抗风能力都较强，寿命长，是山区经济、生态兼用型优良野生珍稀树种。

一、形态特征

白栎树高可达 20 m，树皮灰褐色，冬芽卵状圆锥形，芽鳞多数，叶片倒卵形、椭圆状倒卵形，叶缘具波状锯齿或粗钝锯齿，叶柄被棕黄色茸毛。花序轴被茸毛，壳斗杯形，包着坚果；小苞片卵状披针形，排列紧密，果实，坚果长椭圆形或卵状长椭圆形，果脐突起。4 月开花，10 月结果。

二、生长习性

白栎喜光，喜温暖气候，较耐阴；喜深厚、湿润、肥沃土壤，也较耐干旱、瘠薄，但在肥沃湿润处生长最好。萌芽力强。在湿润、肥沃、深厚、排水良好的中性至微酸性沙壤土上生长最好，排水不良或积水地不宜种植。与其他树种混交能形成良好的干形，深根性，萌芽力强，但不耐移植。适生海拔 200~1 600 m 的谷地、山坡，与其他栎类或阔叶林混生。

三、主要分布

白栎主要分布于湖北、湖南、浙江、江西、福建、广东、广西、河南、云南、贵州、四川等省区，多生于山坡杂木林中。河南省舞钢市石漫滩国有林场的官平院、秤锤沟、老虎爬等各林区海拔 300 m 以上谷地或山坡有零星分布，与其他栎类或阔叶林混生野生。

四、引种繁育与造林绿化

白栎萌芽力强，树形优美，秋季叶片季相变化明显，具有较高的观赏价值，可以作为园林绿化树种。白栎适应性强，耐干旱、耐瘠薄，根系发达，枯枝落叶层厚，能有效涵养水源，防止水土流失，改良土壤性状，是当前山区经济、生态兼用型造林绿化的优良树种。

（一）引种繁育苗木技术

1. 种子采种

白栎种子坚果 10 月成熟。果长圆形或卵状长椭圆形，长 1.8~2.0 cm，径 7~12 mm。

采收果实后,10～11 月,可以点播造林,或播种育苗;或藏于地窖,或润沙储藏,第二年 3 月春播。

2. 幼苗生长形态

留土萌发,主根在土中不规则伸展、较细、弯曲。侧根发达,褐色。根的萌发反映了白栎忍耐恶劣环境的能力。主根长,侧根少、纤细、短,故在幼苗期应进行切根移栽。可切去主根长度的 1/3～1/2,即切即移植,成活率可达 100%。这种做法可促使主根萌发 3 条以上较粗的侧根,可提高造林成活率。

3. 幼苗管理

4～8 月,及时浇水、施肥,经过 1～2 年培育,可出圃造林。

(二)造林绿化技术

1. 造林技术

白栎是喜光阳性树种,适应性强,无论是山区、丘陵均可造林,在土壤瘠薄、干燥之处亦能生长,唯以土层比较深厚、肥沃的阳坡山地生长更为良好。栽植密度,可因经营目的的不同而定,以用材为主的,株行距 1.5 m × 1.5 m 或 2.0 m × 2.0 m;以采收果实或割取绿肥为主的,培育矮林,应密植,株行距 1.0 m × 1.0 m 即可。

2. 技术管理

白栎通过精细管护、施肥浇水、抚育管理,加快速生,早日成材成林。红壤低丘陵的白栎,之所以形成矮林,除自然条件外,主要是缺乏管理,平茬次数过多,多代萌条,以致成不了材。为此,用材、薪柴宜区划经营,以发挥其生产潜力。作为用材林经营的,幼林期间的中耕除草、中期的疏伐抚育及病虫害防治等,都应跟上。

五、白栎的作用与价值

(1)食用价值。白栎坚果是“橡实”的一种。橡实作为一种传统的野生木本粮食资源,可作为食品、饲料的原料;橡实淀粉无毒,其淀粉含量高,质地和口感较好,营养丰富,能达到淀粉的食用标准。

(2)用材价值。白栎木材具光泽,花纹美丽,纹理直,结构略粗,不均匀,重量和硬度中等,强度高,干缩性略大,耐腐。常作地板用材。木材坚硬,花纹美观,耐磨耐腐,可供家具、装修、车辆等用材。白栎嫩叶可饲养柞蚕,老叶可用来作绿肥。栎材及其枝丫是很好的薪炭材。利用栎木可培养香菇及木耳等。白栎适应性强,耐干旱,耐瘠薄,用途广泛,有着既能作用材林,又能作薪炭林,也能作饵料林及用果林等诸多优点,同时由于为深根性树种且根系发达,枯枝落叶层厚,能有效地改良土壤和防止水土流失,是中国福建省优良的经济、生态兼用型树种。

(3)观赏价值。白栎萌芽力强,树形优美,10 月,秋季其叶片季相变化明显,由绿色变红色,最后金黄色等,具有较高的观赏价值,可以作为园林绿化树种,具有良好的观赏价值。在公园、小区、风景区等可通过孤植、丛植或群植,展示个体美或群体美。

(4)食用价值。白栎果实又名橡子,橡子外表硬壳,棕红色,内仁如花生仁,含有丰富的淀粉,含量达 60%。既可食,又可作纺织工业浆纱用的原料。用橡仁加工制作的橡仁豆腐,味道鲜美,香中带甜。每 50 kg 果实仁可酿 55 度的白酒 20 kg 左右。橡子是可食的。白栎的青橡子单宁含量较低，口感较甜，可以生吃或烹调。

20　房山栎

房山栎，学名：*Quercus* × *fangshanensis* Liou，壳斗科栎属，又名麻栎、栎树、林子等，因研究标本采自北京房山，故称房山栎。落叶乔木或灌木树种，是优良野生生态造林绿化树种。

一、形态特征

房山栎树高 2~8 m。小枝有棱，初被灰黄色星状毛，后渐脱落。叶片长倒卵形或倒卵形，长 8~14 cm，顶端短渐尖，基部浅心形或耳形，叶缘波状粗齿，幼时叶背被薄星状毛，后渐脱落。侧脉每边 9~12 条叶柄，长 1~2 cm，被星状毛。壳斗钟形，小苞片窄披针形，背面紫红色，外面被灰黄色茸毛。坚果椭圆形，无毛，果脐微突起。花期 4 月，果实 10 月成熟。

二、生长习性

房山栎喜光、耐旱，对土壤要求不严格，耐微酸、微碱性土壤。适生海拔 200~800 m 的山坡、山谷。常与其他栎类、阔叶树、松类等混生，有时成纯林。抗风、抗烟、抗病虫能力强。对土壤要求不严格，在酸性土、钙质土、轻度石灰土上都能生长，在水肥较好的地方，生长较快。抗风、抗烟、抗病虫能力强。

三、主要分布

房山栎主要分布于河北、山西、河南等省。河南省舞钢市国有石漫滩林场三林区的九头崖，四林区大河扒、灯台架，五林区埋头山等林地多呈片状分布野生。

四、引种繁育与造林绿化

房山栎喜光照的阳坡，耐干旱、耐瘠薄，抗病虫害，对土壤要求不严格，尤其是适生海拔 200~800 m 的山坡、山谷，所以是荒山造林绿化、保持水土的优良树种。由于苗木造林成活率低，在造林中，多采用 10~11 月直接点播造林，成活率达 97%以上。

五、房山栎的作用与价值

(1)造林作用。房山栎耐干旱瘠薄，深根性，叶形大而奇特，秋叶色彩红艳。可作森林公园旷地、林缘绿化点缀；常于山区城市游园、广场角隅丛植，路旁列植，弥补景观素材之不足；还可作荒山营造绿化生态林。

(2)经济价值。房山栎叶片可喂养柞蚕，是山区林农发展蚕业，增加经济收入发家致富的有效之路。房山栎果实含淀粉 50%~60%，可作养羊、养猪的优良饲料，具有良好的经济价值。

21　槲　栎

槲栎,学名:*Quercus aliena* Bl. ,壳斗科、栎属,又名大叶栎树、白栎树、虎朴、板栎树、青冈树、白皮栎、孛孛栎、白栎、细皮青冈、大叶青冈、青冈、菠萝树、槲树、橡树等;落叶乔木。槲栎叶片大、肥厚,叶形奇特、美观,叶色翠绿油亮,枝叶稠密,木材坚硬,耐腐,纹理致密,既是美丽的观叶树种,又是风景区造景树种和家具及薪炭等用材优良树种。

一、形态特征

槲栎树高 20~30 m,树皮暗灰色,深纵裂。老枝暗紫色,有灰白色突起的皮孔;小枝灰褐色,近无毛,具圆形淡褐色皮孔;芽卵形,芽鳞具缘毛。叶片长椭圆状倒卵形至倒卵形,长 10~20 cm、宽 5~13 cm,顶端微钝或短渐尖,基部楔形或圆形,叶缘具波状钝齿,叶背被灰棕色细茸毛,侧脉每边 10~15 条,叶柄长 1~1.5 cm。雄花序长 4~7 cm,雄花单生或数朵簇生,微有毛。花被 6 裂,雄蕊通常 10 枚。雌花序生于新枝叶腋,单生或多朵簇生。壳斗杯形,包着坚果约 1/2,直径 1.2~2.0 cm,高 1~1.5 cm;小苞片卵状披针形,长约 2 mm,排列紧密,被灰白色短柔毛。坚果椭圆形至卵形,直径约 1.5 cm,高 1.5~2.4 cm,果脐微突起。花期 4~5 月,果期 9~10 月。

二、生长习性

槲栎喜光照,耐干旱,耐山石瘠薄的土壤;对土壤酸碱度要求不严。适生海拔 100~2 500 m 的丘陵、谷地、山坡,与其他树种混交或成片状纯林。

三、主要分布

槲栎主要分布于河南、陕西、山东、江苏、安徽、浙江、江西、湖北、湖南、广东、广西、四川、贵州、云南等地。河南省舞钢市九头崖、蚂蚁山、瓦房沟、人头山等地海拔 200~600 m 的山坡有片状分布,多与其他栎类或阔杂林混生。

四、引种繁育与造林绿化

(一)引种繁育苗木技术

1. 种子采收

10 月,选择 20~25 年生、无病虫害的健壮的槲栎作采种母树。果实成熟时由绿变黄褐色,坚果有光泽,可自行脱落。在树下拾取或将种子打落后收集起来进行粒选,剔除病虫损害及色泽不正常的种子,可得 90%以上优良种子。槲栎种子中常有橡实象鼻虫,外观不易发现,浸入 55 ℃温水 10 分钟后即可全部杀死种内害虫。经杀虫处理后的种子在庇荫干燥的地方摊开晾干,每天翻动 3~4 次,以防种子发热生霉。晾干后即可储藏于地势高燥、地下水位较低的地方。挖坑深 80~90 cm、宽 90~100 cm,长度以种子数量多少而定,在坑底铺厚 14~15 cm 的细沙,沙上摊放种子 4~5 cm 厚,种子上再盖细沙 3~4 cm 厚。如此细沙、种子交替摊放,直至距坑口 9~10 cm。在坑中每隔 100 cm 插一束草把或玉米秆通气，以防止种子发热生霉。覆土封盖要略高于地面，在坑的四面挖 30~35 cm 深的排水沟，防止雨水浸入。

2. 大田播种

选择地势高燥、平坦、有排灌条件的沙壤土作圃地，精耕细耙深翻，整平，做床，并施足基肥。播种前将种子放在水中浸泡 24 小时，捞出后摊放在阴凉处晾干。春播为 3 月下旬，秋播在种子成熟后随采随播。土层深厚的山坡，梯田翻耕后，也可整平做畦育苗。出苗后，及时中耕除草、间苗，以达到苗全、苗旺的目的。

（二）造林绿化技术

1. 造林地整地

在平缓地用机械进行全面或带状整地，深 30~40 cm。山地陡坡多采用鱼鳞坑整地，坑的长径 100~120 cm、短径 60~70 cm。草皮表土放入坑中，拣出石块和草根，松土深度 30~60 cm，坑面外高里低。沿横坡方向排列成行，上下交错，以利于保持水土。

2. 造林抚育管理

造林后的地块，连续进行除草松土 2~3 年，第 1 年分别于 4~8 月进行。第 2 年分别在 4~6 月进行。第 3 年在 6~7 月进行，促进幼苗快速生长成林。如苗木干形不直，可在造林后 3~4 年平茬，10~12 月，槲栎停止生长季节，即从基部平地面砍伐截干，切口力求平滑不劈裂，重新萌生新株，第二年 3 月中旬，选留 1~2 株竖立粗壮的萌芽条抚育成林，其他多余的萌条抹掉。槲栎要及时修枝，以培养优良干形，提高木材品质。在树木休眠期间进行修枝，把枯死枝、弱枝、虫害枝及竞争枝修剪掉。切口要平滑，不伤树皮，不要留桩，伤口愈合快。修枝强度不能过大，避免影响林木生长量，确保成材见效。

五、槲栎的作用与价值

（1）造林作用。槲栎叶片大且肥厚，叶形奇特、美观，叶色翠绿油亮、枝叶稠密，属于美丽的观叶树种。适宜浅山风景区造景之用。

（2）用材价值。槲栎木材坚硬，耐腐，纹理致密，供建筑、家具及薪炭等用材。

（3）经济价值。槲栎种子富含淀粉，可酿酒；也可制凉皮、粉条，又可榨油；亦为良好的牲畜饲料。壳斗、树皮富含单宁，可作轻工业染料。叶片大且肥厚，在农村家庭蒸馒头替代笼布，蒸出的馒头清香好吃，特别有味，很受人们喜爱。

22　蒙古栎

蒙古栎，学名：*Quercus mongolica* Fisch. ex Ledeb，壳斗科栎属，又名柞树、柞栎、橡树、蒙栎、蒙古柞、青冈柞、大青冈等，落叶乔木，是国家二级珍贵树种，又是营造防风林、水源涵养林及防火林的优良树种。

一、形态特征

蒙古栎，树高达 20~30 m，树皮灰褐色，纵裂。幼枝紫褐色，有棱，无毛。顶芽长卵形，微有棱，芽鳞紫褐色，有缘毛。叶片倒卵形至长倒卵形，长 7~19 cm、宽 3~11 cm，叶缘 7~

10对钝齿或粗齿,幼时沿脉有毛,后渐脱落,侧脉每边7~11条;叶柄长2~7 mm,无毛。雄花序生于新枝下部,雌花序生于新枝上端叶腋。壳斗杯形,壳斗外壁小苞片三角状卵形,呈半球形瘤状突起,密被灰白色短茸毛。坚果卵形至长卵形,直径1.3~1.8 cm,高2~2.3 cm,果脐微突起。花期4~5月,果熟期9月。

二、生长习性

蒙古栎喜光,喜温暖、湿润气候,耐寒、耐干旱、耐瘠薄。对土壤要求不严,适生海拔200~2 000 m的山坡、谷地,形成片状纯林或混交林。喜酸性、中性或碱性土壤,多与其他栎类或阔杂林混生。不耐水湿。根系发达,有很强的萌蘖性。蒙古栎种子发芽的适宜温度为25~30 ℃,15 ℃时发芽缓慢,30~35 ℃时发芽最快,但幼芽细弱。茎叶生长适宜的白天温度为23~30 ℃、夜间温度为15~18 ℃;温度高于35 ℃或低于15 ℃生长缓慢。蒙古栎对环境有广泛的适应力,能适应中国大部分地区。

三、主要分布

蒙古栎主要分布于黑龙江、吉林、辽宁、内蒙古、河北、山东、河南等省区。河南省舞钢市国有石漫滩林场九头崖、秤锤沟、老虎爬、灯台架、官平院、瓦房沟、二郎山等林区有散生分布,与其他栎类伴生。南部杨庄乡、尚店镇等山区有零星生长,与其他栎类或阔杂林混生。蒙古栎树干奇特苍劲,树形优美多姿,枝繁叶茂,耐修剪、易造型,经拉片造型后冠如华盖,千姿百态,神韵独具,是风景园林、庭院别墅区造型景观精品树种。

四、引种繁育与造林绿化

(一)秋季繁育育苗技术

1. 圃地选择

选择地势平坦高燥、土质肥沃、土层较厚、有排灌条件、离预造林地较近的地方做苗圃,方便造林调运苗木。

2. 整地做床

精耕细耙土壤,深耕30~40 cm,再平整地面,做成苗床。苗床宽100~120 cm,长度随具体情况而定。干旱、水利条件差的地方应做平床;蒙古栎树,因树抗旱性较强,适合做高床,床高出地面10~15 cm,床与床之间留有60~90 cm宽的人行道,以便操作,整床施足基肥。

3. 加施菌根土

蒙古栎根系根毛很少,通过与真菌共生,利用菌丝帮助树根系吸收一部分水分、无机盐和有机物质。因此,苗圃地施菌根土,可促使苗木旺盛生长,成活率高。即在发育良好的蒙古栎造林30~50年生的林区树根下挖一些土,把这些土堆放到一起,几天后再施于播种的苗床内。

4. 采收种子

9~10月,种子成熟期采种。人工振树、落种,细心拾捡、晾干保存备用。

5. 播种催芽

10月将选好的种子在播种前10～15天，用清水浸泡1～2天，然后捞出种子，放在席子上晾干，再堆成堆，在堆上轻轻地洒少量水，上面盖湿草帘。以后每天喷水润种，直到种子露白时即可播种。播种，在做好的苗床内，顺床播种，行距25～30 cm，床宽90～100 cm，可播3～4行。沟深5～6 cm，每米长的沟可播50粒优良橡实，覆土3～5 cm，轻轻镇压。

6. 幼苗管理

苗木出土后，应适时中耕、除草、灌溉、施肥、间苗、遮阴，加强抚育。

(二)春季繁育育苗技术

1. 苗圃地选择

育苗地要选择地势平坦、排水良好、土质肥沃、土层厚度50～80 cm的沙壤土和壤土。

2. 整地作床

整地作床从9月中旬开始，整地深翻30～40 cm，拣出草根、石块，春播在秋翻后于翌年春耙地，每亩施有机肥3 000 kg。翻地时进行土壤消毒每亩施4 kg硫酸亚铁，防治地下害虫，每亩可施2.5 kg辛硫磷。然后每平方米施入熟好的农家肥5 kg，作床高18～20 cm，床面宽100 cm，步道40 cm。

3. 种子处理

为防治苗木病害，种子采收后用50～55 ℃温水浸种15分钟或用冷水浸种24小时，同时将漂浮的不成熟、虫蛀种子捞出；或用敌敌畏熏蒸一昼夜进行杀虫处理；每1 m^2用5 g溶液喷洒床面，用药5天后播种。春播种子在冷室内混沙（种沙比为1:3）催芽，每周翻动一次，随时拣出感病种子并烧掉，第二年3月春播种前一周将种子筛出，在阳光下翻晒，种子裂嘴达30%以上可播种。春播的种子要储藏。种子调制及播种种子精选后，放到凉爽湿润的库里储藏。

4. 种子播种方法

同秋季播种。

5. 幼苗管理

一是灌水，因种实大，覆土厚，就需要一定的湿度，湿度一般保持地表下1 cm处土壤湿润即可，不是特别干旱的不必天天灌水，苗木出土前不必浇水，防止土壤板结，造成顶土困难或种子腐烂而失败。二是间苗，在苗高进入高生长速生期定苗，间去病苗、弱苗，疏开过密苗，同时补植缺苗断条之处，间苗和补苗后要灌水，以防漏风吹伤苗根。留苗密度每1 m^2 60～80株。三是松土、除草按照“除早、除小、除了”的原则及时清除，采用人工除草，保持床面无杂草，除草结合松土，松土深度2～8 cm，以利苗木的正常生长。四是施肥。当年有2～3次生长的习性，采用2～3次追肥，即第一次封顶后进行追肥，约6月20日，硝酸铵每1 m^2施入5 g；第二次追肥在苗木第二次封顶后进行，7月下旬左右，硝铵每1 m^2 7 g；第三次，8月中旬每1 m^2施入生物肥9 g。五是起苗，秋季起苗，进行控沟越冬假植；春季起苗，可原垄越冬，不必另加防寒措施。

(三)造林绿化

1. 苗木选择

苗木在苗圃内生长2年后，即可出圃造林，春、夏、秋均可栽植，一般晚秋树液停止流动后造林成活率高,最好选无风阴天栽植。

2. 挖穴施入菌根土

穴的直径 40~60 cm,坑底施菌根土,将苗木放于菌根土中。

3. 栽植苗木

每坑 3~4 株,覆土、踏实即可。

4. 栽后应加强管理

注意防旱保墒,在休眠期进行造林,提高成活率。

(四)防治病虫害

主要病害有白粉病、褐斑病和早烘病,虫害有栎黄掌舟蛾、黄二星舟蛾和刺蛾类等。

1. 主要病害的防治

白粉病,发生时期为 9~10 月;褐斑病 7~9 月多湿、多雨、多风时期发生,病重时柞叶焦枯。早烘病,发生在 8 月至 9 月上旬,多雨和连年砍伐过度或病虫害食叶过多处均易发生早烘,严重时整个树叶出现红褐色干枯状。防治方法:用波尔多液、石灰硫黄合剂和防霉灵等农约防治柞树褐斑病,效果明显。

2. 主要虫害的防治

栎黄掌舟蛾、黄二星舟蛾和刺蛾类为最,集中发生在 7 月至 8 月中旬,容易暴发成灾,害虫吃光叶片。防治方法:用 2.5%的敌百虫粉药杀鳞翅目害虫,用灭幼脲 3 号药液 1 500 倍液或氯氰菊酯 1 200 倍液喷布灭杀即可。

五、蒙古栎的作用与价值

(1)造林作用。蒙古栎是营造防风林、水源涵养林及防火林的优良树种,孤植、丛植或与其他树木混交成林均甚适宜。

(2)观赏价值。蒙古栎有很高的观赏价值,它的树干苍劲独特,树的形状也千奇百怪,优雅壮美,枝叶比较茂盛。蒙古栎很适合修剪,可以修成多种造型,修剪后树冠幽雅壮观,独具神韵。在很多园林和庭院内都有蒙古栎的存在,增添了很多古色古香和优雅风味。园林中可植作园景树或行道树,树形好者可为孤植树做观赏用。

(3)经济价值。蒙古栎叶经过加工之后,可以成为食用级包装纸,采用槲叶包装食物,可以使人自然而然地想到天然、绿色、无公害。用叶包装,既不污染食物,还可以保护环境。可以包装粽子等,十分新颖独特,而且健康。

(4)用材价值。蒙古栎木材边材淡褐色,心材淡灰褐色,材质坚硬,耐腐力强,干后易开裂;可供车船、建筑、坑木等用材。

(5)食用价值。蒙古栎枝梢粉碎可用于栽培香菇等菌类。叶含蛋白质 12.4%,可饲柞蚕;种子含淀粉 47.4%,可酿酒或作饲料,树皮入药等。

23 短柄枹

短柄枹,学名:*Quercus glandulifera* var. *brevipetiolata* Nakai,壳斗科栎属, 落叶乔木,是优良荒山造林树种。

一、形态特征

短柄枹，落叶乔木，高达10~15 m，树皮暗灰褐色，不规则深纵裂。幼枝有黄色茸毛，后变无毛。单叶互生，叶片长椭圆状披针形或披针形，叶边缘具粗锯齿，齿端微内弯，叶片下面灰白色，被平伏毛。花单性同株。雄花序下垂或直立，整序脱落，雌花序直立，花单朵散生或3数朵聚生成簇，分生于总花序轴上成穗状。每壳斗有坚果1~3个，坚果有棱角或浑圆，顶部有稍凸起，近平坦，或凹陷。花期4~5月，果期9~10月。

二、生长习性

短柄枹栎适应性强，喜光照，耐干旱、耐瘠薄，对土壤要求不严格，适生海拔200~1 500 m的山坡、谷地，浅山丘陵均能生长栽培。

三、主要分布

短柄枹主要分布于山东、河南、陕西、甘肃以南及长江流域各省，常绿或落叶乔木，稀灌木。河南省舞钢市石漫滩林场南部秤锤沟、王沟、长岭头、官平院等山区有分布，海拔300~600 m的坡地、岭脊或岩缝林下、疏林均有生长。多与天然次生林混生。

四、引种繁育与造林绿化

短柄枹栎树形挺拔，抗风力强，叶片奇特，油绿光亮。是防风环保林树种，也是城乡行道绿化树种，更是园林造林绿化观赏的良好树种。在当前的乡村振兴、造林绿化、园林美化建设中发挥着不可替代的作用，正在广泛应用。由于该树种属于野生分布，其引种繁育技术正在进一步开发；由于其种子要保湿保墒储存，才能提高繁育成活率，在造林应用推广中，一般采用种子直接点播造林绿化。

五、短柄枹的应用与价值

（1）用材价值。短柄枹木材红褐色，坚硬细腻，材质上等。是码头、坑道桩柱、车、船、器械、地板、家具及建筑用材。

（2）食用价值。短柄枹果实是坚果，自古以来就是山区林农的木本粮食，种子含粺质，淀粉较高，可加工备荒食料、饲料或酿造原料。叶片光滑无毛，山区林农常用作蒸馒头的笼布、包粽子的包装材料，替代纸张和塑料袋。

（3）观赏价值。短柄枹树形挺拔，抗风力强，叶片奇特，油绿光亮。是城乡行道绿化树和园林绿化、小区美化、风景区造林绿化观赏的良好树种之一。

24 千金榆

千金榆，学名：*Carpinus cordata* .，桦木科鹅耳枥属，又名千筋榆、鹅耳枥、千金鹅耳枥等，落叶乔木；千金榆，叶色翠绿，树姿美观，果序奇特，具有观赏价值。

一、形态特征

千金榆，树高达 15~18 m。树皮灰色；小枝棕色或橘黄色，小枝及叶柄初时稍被毛，后无毛。叶厚纸质，长 5.5~12 cm，叶片卵形或矩圆状卵形，基部心形，侧脉直伸，叶缘具细锐长尖的重锯齿，具 15~20 对。春季开花，雌雄同株，葇荑花序。果穗上有多数叶状果苞，小坚果生于果苞基部。果序无毛或疏被短柔毛；果苞宽卵状矩圆形，小坚果矩圆形，无毛，具不明显的细肋。5 月花叶同时开放。果熟期 9 月。

二、生长习性

千金榆，喜光、耐寒冷，喜土壤深厚、肥沃湿润，稍耐干旱。适生海拔 300~1 500 m 的溪边、谷地、山地阴坡阔叶林内，山脊生长少分布。

三、主要分布

千金榆主要分布于辽宁、黑龙江、吉林、河北、河南、陕西、甘肃、湖北、安徽、四川等地；在深山生长于海拔 500~2 500 m 的地区，多生长于较湿润肥沃的阴山坡和山谷杂木林中。目前，由人工引种栽培。河南省舞钢市石漫滩国有林场，南部山区海拔 300~600 m 的龙土撞、灯台架、老虎爬、大河扒、秤锤沟、大虎山野生自然生长分布。多生长在谷地、山腰林下或疏林，与阔叶林伴生，更有岩缝中野生。

四、引种繁育与造林绿化

（一）引种繁育苗木技术

1. 采收种子

9 月，在种子成熟期，选择形态完整、发育健壮、无病虫害、向阳生长各方面性状优良的中龄千金榆母树采种，果实选择硕大饱满、色泽鲜亮、无病虫害、无机械损伤的进行采集。

2. 种子处理

采集后种子经过阴干、脱粒、去杂等工序后，放置在阴凉通风处达到安全含水率后在阴凉通风处储藏。在土壤结冻前，种子浸泡吸足水后进行消毒，然后用细沙和种子混拌，比例为 3:1，将混拌均匀的种子装入编织袋中，放在室外深度 50~80 cm 的土坑内，中央放一把草以利透气，覆土 15~20 cm，并防止鼠害和踩踏。

3. 苗地选择

选择地势平坦、交通方便、上风头没有污染源，要与农田具有一定隔离或具有林分隔离带，选择离水源近、窝风向阳、排水良好、坡度小于 10°，要尽可能选择中、厚层暗棕壤，避开白浆化和草甸化暗棕色森林土，避开低洼和西南坡易遭受晚霜的土壤，土壤 pH 值以中性、微酸性土壤为好。10 月，入冬前对第 2 年育苗地要进行全面机械翻耙，要翻耕深度达 30~40 cm 以上，土壤要耙平耙碎，搂出草根残根杂物，通过冬季低温风化疏松土壤部分杀死地里的害虫、虫卵。第 2 年在播种前育苗地每亩施用充分腐熟的农家肥 5 000~8 000 kg，或复合肥 40~50 kg，土壤消毒剂每亩均匀施用硫酸亚铁 10~12 kg，杀虫剂每亩均匀施用森得保药物 2~3 kg,然后再重新翻旋 1 遍,耙平耙碎,搂出草根残根杂物。整地后,按床宽 100~120 cm,步道宽 40~60 cm,床高 15~18 cm 做床,搂平床面,备播种时使用。

4. 播种方法

采用撒播,播种量每亩播种 4~5 kg。将处理后的千金榆种子均匀地撒播在床面上,用滚子镇压,然后筛土覆盖,覆土厚度 0.5~1.2 cm,再行镇压,后覆盖草帘,以保持苗床湿度和温度,促进苗木出芽率、确保苗木快速健康生长,提供优质合格苗木。

(二)造林绿化技术

1. 造林地块的选择

千金榆是一种喜水、喜光、喜肥、喜通风的阳性树种,要做到速生丰产,对立地条件要求相对比较严格。因此,选择中性或偏酸性的退耕还林地、参后还林地为最佳;选择中性或偏酸性的荒山荒地,要阳坡,坡度小于 20°,山地土壤石渣混合土做好,土层厚度要大于 15~30 cm,海拔在 500~800 m 为宜;选择郁闭度小于 0.5 的疏林地。

2. 造林时间

造林时间要与苗木的生长规律、生物特性相适应,尽量在苗木休眠期或落叶期移栽,以提高苗木的成活率。通常造林多为 3 月或 10 月。地区的不同,对时间要求也有所不同。尽量在无风或风小的阴天,最好是雨前。

3. 苗木选择

造林用的千金榆幼苗,要选择顶芽饱满,长势好、根系发达完整、无病虫害、无机械损伤的两年生优质苗木,地径 0.8~1.0 cm、苗高 40~60 cm、主根长 15~25 cm、侧根数量达到 5~10 个以上。这是保证造林成活率和保存率的重要因素之一。

4. 林地整地

退耕还林地、参后还林地都为熟地,是已经过深耕整地,因此只需按一定株行距进行穴状整地即可,规格为长 70 cm × 宽 70 cm × 高 70 cm;选择郁闭度小于 0.5 的疏林地造林前要割灌,带状整地或穴状整地。带状整地为顺山设带,带宽 300~600 cm,穴深 30~40 cm;穴状整地规格 70 cm × 宽 70 cm × 高 70 cm;,搂去带上或穴上的草皮,捡出草根、树根及石块等。合理密度:林木要丰产,密度是关键。千金榆造林采用 200 cm × 200 cm 株行距进行。

5. 适当密植

本着定向培育的原则,当苗木生长到一定时期,可以适当移栽或做绿化苗木出售,保证试验林透光度,提高其他苗木生长量。栽植时做到扶正踩实,不窝根、不露根。这样不仅有利于苗根的保护,而且能提高造林成活率。

五、千金榆的作用与价值

(1)观赏价值。千金榆叶色翠绿,树姿美观,果序奇特,具有观赏价值,可用于公园、绿地、小区绿化,适合孤植于草地、路边或三五株点缀栽培观赏。

(2)用材作用。千金榆树形美观,冠形圆满,叶片浓绿,可作为庭院蔽荫、行道绿化、园林点缀观赏,同时储备木材。木材坚实,可作机械、车辆、家具、农具等优良用材。

25　鹅耳枥

鹅耳枥,学名:*Carpinus turczaninowii* Hance,桦木科鹅耳枥属,落叶乔木。鹅耳枥枝繁叶茂,冠形圆满,叶形秀美,是森林公园、风景区绿化、城镇广场、人行道、园林美化、庭园观赏的优良树种,中国特有树种。

一、形态特征

鹅耳枥落叶小乔木,树高5~10 m。树皮暗灰褐色,粗糙,浅纵裂。枝细瘦,灰棕色,无毛,小枝被短柔毛。叶卵形、宽卵形、卵状椭圆形或卵菱形,长3~5 cm、宽2~3.5 cm,顶端锐尖或渐尖,基部近圆形或宽楔形,边缘具规则或不规则的重锯齿,上面无毛或沿中脉疏生长柔毛,下面沿脉通常疏被长柔毛,脉腋间具髯毛,侧脉8~12对。叶柄长4~10 mm,疏被短柔毛。

果序长3~5 cm,序梗长10~15 cm,序梗、轴被短柔毛;果苞变异较大,半宽卵形、半卵形至卵形,长6~20 mm、宽4~10 mm,疏被短柔毛,顶端钝尖或渐尖。小坚果宽卵形,长约3 mm,无毛或顶端疏生长柔毛。坚果,果序下垂,长6~20 mm。花期4~5月,果期8~9月。

二、生长习性

鹅耳枥适应性强,耐干旱、耐寒冷、耐瘠薄,适应山区造林、城乡绿化。适生于海拔500~2 000 m的山坡或山谷林中,山顶、贫瘠山坡都能生长。

三、主要分布

鹅耳枥主要分布于辽宁、山西、河北、河南、山东、陕西、甘肃等地。河南省舞钢市石漫滩国有林场的龙王撞、灯台架、老虎爬、大河扒、秤锤沟、大虎山等林区有野生分布,海拔350~700 m的谷地、山坡有分布。生于林下或疏林,与阔叶林混生。

四、引种繁育与造林绿化

鹅耳枥枝叶茂密,冠形圆满,叶形秀美,宜作森林公园、景区绿化景观点缀,城镇广场、人行道园林绿植及庭园观赏,具良好观赏效果,很受人们喜爱。也可用于盆景制作。

鹅耳枥的盆景制作。其树桩盆景,通过连年的养护管理才能达到理想观赏效果。

(一)盆景管理

鹅耳枥生长在有限的盆土中,土壤定量,极易干燥缺水,如不适时浇水,就有干死的危险,但遇多雨季节,又容易积水,造成根缺氧,使植物窒息。浇水的次数因季节而定,3~4月每日中午浇水1次;6~8月的夏季和9月早秋每天分上、下午进行浇水;晚秋每天浇1次;冬天2~3天浇1次。盆景浇水均以胶管喷洒,用浇壶灌浇等浇水方法,应保持盆面湿润,阳光强时,应适当遮阴。一般情况下,盆土不干不浇,浇则必透,不浇半水、地皮水。不论是河水、自来水、井水,均需用水池先储存1~2天,使水温与盆土温度接近,不致因浇水引起温度的激变，损伤根系，甚至造成萎蔫。

（二）施肥技术

鹅耳枥盆景所施用的肥料类别为有机液肥，含有蹄角、豆饼、麻酱渣等有机肥；无机肥有磷酸二氢钾、硫酸亚铁等。施肥时间在春梢停止生长时（6 月中下旬），用腐蚀肥追肥效果最好，薄肥勤施，一共施 50～60 天即可。

（三）修剪鹅耳枥

树木盆景是一种特殊的艺术品，不是一次加工就能成型的，即使树木盆景在造型完毕之后，还需要不断修剪、绑扎，也就是通常所说的“再加工”。通常在春暖花开的季节萌芽、抽梢，然后伸长，一些不利于成型的枝条（夏季形成一代的短枝、长枝甚至还有很多徒长枝）萌发影响原来枝片（树冠）的形态，使原来的规则式树木盆景变得不规则了。这就需要修剪整形工作，以提高树木盆景的观赏价值。修剪工作包括摘心、摘芽、摘叶、修枝等。修剪的时期为初夏、盛夏、秋天落叶后三个时期分别进行修剪。抹芽，留 2～3 个芽眼，其余全部去掉，可以用剪子平剪，特别是萌芽力强的，极易发生许多不定芽，如任其生长，不仅消耗养分，影响树型，降低价值。修枝有疏枝和短枝两种形式，多在休眠期进行，主要是将过密、重叠、交叉、平行、下垂等枝条从基部剪去，促进萌发新枝，保持景观效果。

五、鹅耳枥的作用和价值

（1）观赏价值。鹅耳枥制作盆景，尤其是树桩盆景，可通过连年的养护、科学管理达到理想观赏效果。

（2）用材价值。鹅耳枥木材坚韧，可制农具、家具、日用小器具等。种子含油，可供食用或工业用。

（3）经济价值。种子含油，可供食用或工业用油。

（4）园林作用。鹅耳枥枝叶茂密，叶形秀丽，颇美观，宜庭园观赏种植。

26　大果榆

大果榆，学名：*Ulmus macrocarpa* Hance，榆科榆属，落叶乔木或灌木植物；大果榆势挺拔，冠形宽大，树叶秋季变红，适作景区、公园景观树配景，城镇及乡村四旁绿化。其根系发达，侧根萌芽性强，是防护林工程优良树种之一。

一、形态特征

大果榆树高达 10～15 m，胸径可达 35～40 cm，树皮暗灰色或灰黑色，纵裂，粗糙，幼枝有疏毛，1～2 年生枝淡褐黄色或淡黄褐色，稀淡红褐色，无毛或一年生枝有疏毛，具散生皮孔。叶宽倒卵形、倒卵状圆形，叶长 6～12 cm、宽 4～8 cm，先端短尾状，基部渐窄至圆，两面粗糙，叶面密生硬毛，叶背常有疏毛，脉腋常有簇生毛，侧脉每边 6～16 条，边缘具大而浅钝的重锯齿。花，自花芽或混合芽抽出，在去年生枝上，排成簇状聚伞花序或散生于新枝的基部。果实，翅果，宽倒卵状圆形、近圆形或宽椭圆形，基部多少偏斜或近对称，微狭或圆，柱头面被毛，两面及边缘有毛，果核部分位于翅果中部，宿存花被钟形，外被短毛或几无毛。花、果期 4~5 月。

二、生长习性

大果榆为阳性树种，喜光，根系发达，侧根萌芽能力强；耐寒冷、耐干旱瘠薄。在全年无霜期为 135~145 天、极端最高温 29 ℃、极端最低温-30 ℃、年降水量 200 mm 的气候条件下能正常生长。对土壤要求不高，稍耐盐碱，在沙土、含 0.16%苏打盐陵土或钙质土及 pH 值 6.5~7.0 的土壤中生长稳健，在土壤和气候条件良好的环境下其寿命较长。大果榆生于海拔 700~1 800 m 地带之山坡、谷地、台地、黄土丘陵、固定沙丘及岩缝中。阳性树种，耐干旱，能适应碱性、中性及微酸性土壤。

三、主要分布

大果榆主要分布于黑龙江、吉林、辽宁、内蒙古、河北、山东、江苏、安徽、河南、山西、陕西、甘肃、青海等地。河南省舞钢市国有石漫滩林场的官平院、老虎爬、大河扒、冷风口、转香楼山等处有野生分布，海拔 350~600 m 的山谷、山腰天然次生阔叶林内有分布。与其他榆类、牛鼻栓、栎类混生。

四、引种繁育与造林绿化

大果榆叶秋季变红，树冠大，适于城市及乡村“四旁”造林绿化。在干旱、半干旱的山区，应充分利用和发挥大果榆的固土保水作用，改善立地条件。大果榆是防护林工程造林绿化的优良树种之一，广泛推广造林。大果榆引种繁育苗木，主要采取播种繁殖。

（一）引种繁育育苗木技术

1. 采收种子

采种母树以 15~30 年生的健壮树为好。当果实由绿色变为黄白色时，即可采收。采后应置于通风处阴干，清除杂物。可随采随播，如不能及时播种，应密封储藏。

2. 播种地选择

选择排水良好、土壤肥沃，最好是沙壤土或壤土地，作苗圃地。

3. 苗圃整地

播种前一年秋季整地，深翻 20~30 cm 以上，每亩施基肥 3 000~5 000 kg，并撒敌百虫粉剂 1.5~2.0 kg，毒死地下害虫。3 月上旬作苗床，长 9~10 m、宽 1.2 m 的苗床待播。

4. 种子播种

播种时需先灌水，待水分全部渗入土中、土不粘手时播种。种子可不作处理。

5. 秋季播种时间

10 月下旬至 11 月中旬进行。

6. 播种方法

采取条播，播幅宽 5~10 cm，株距 2~3 cm，行距 10~12 cm。

7. 播后管理

播后覆土 0.5~1.2 cm，并稍加镇压，以保持土壤湿润，促进发芽。每亩用种 2.5~3.0 kg，播后 10~15 天即可出苗。待幼苗长出 2~3 片真叶时，可间苗，苗高 5~6 cm 时定苗，每亩留苗 2.5 万~2.8 万株,间苗后适当灌水,并及时除草、松土。6~7 月追肥,每亩施入复合肥 100 kg 或硫铵 4~5 kg,每隔半月追 1 次肥,8 月初停止追肥,以利幼苗木质化。如幼苗发生炭疽病,每周可喷洒 1%波尔多液 1~2 次即可,从而达到苗木速生快长,提早成苗出圃。

(二)造林绿化技术

1. 造林时期

3 月或 10 月分二次均可造林,3 月上旬在土壤解冻后至苗木萌发前,10 月上旬,在苗木落叶后至土壤封冻前进行造林,这两个时期造林成活率高。

2. 造林苗木选择

采用 1 年生苗木成活率高,挖穴,穴直径为 30~40 cm,深 28~30 cm,行距 2.5 m,株距 1.5~1.8 m,每亩造林 120~150 株。将苗木植入穴中,填入细土踩实,然后浇水并培土。

3. 造林后期管理

造林地栽植后 2~3 年内的苗木,要精心管护,及时进行松土、除草和培土。大果榆在幼龄期发枝较多,应及时修剪整枝,不同季节修剪侧重点不同。冬季幼树落叶后至翌春发芽前,将当年生主枝剪去 1/2,剪口下 3~4 个侧枝剪去,其余剪去 2/3。夏季生长期剪去直立强壮侧枝,以促进主枝生长。还应掌握"轻修枝,重留冠"的原则,不断调整树冠和树干比例。2~3 年幼树,树冠要占全树高度的 2/3。根据培育材种不同,确定树干的高度,达到定干高度后,不再修枝,使树冠扩大,可加速生长。

(三)防治病虫害

大果榆主要病虫害病害分别是食叶害虫榆紫金花虫,危害较轻;食叶黑绒金龟子、榆白边舟蛾、榆毒蛾等危害造成叶片残缺不全,严重时造成"夏树冬景"。其虫害不同时期发生后的,黑绒金龟子,可用 50%敌敌畏乳剂 800~1 000 倍液喷布毒杀;或在成虫出现盛期,人工震落捕杀成虫或挂杀虫灯诱杀成虫。榆白边舟蛾防治,榆白边舟蛾成虫有较强的趋光性,夜间可用灯光诱杀,其幼虫群集时,可喷洒 90%敌百虫 800~1 000 倍液毒杀或用苏云金杆菌或青虫菌 600~800 倍液喷杀幼虫;另外,幼虫有受惊时吐丝落地的习性,可利用其震动树干使其落地捕杀,或秋后在树干周围挖蛹。榆毒蛾防治,可秋季在树干束草或在干基放木板、瓦片等诱杀幼虫,用苏云金杆菌或青虫菌 700~900 倍液喷杀幼虫。成虫可用黑光灯诱杀。

五、大果榆树的作用与价值

(1)造林作用。大果榆树叶秋季变红,树冠大,是城市绿化及乡村"四旁"造林绿化树种。大果榆又是防护林工程的造林树种之一。

(2)用材价值。大果榆木材坚硬致密,不易开裂,纹理美观。适用于车辆、枕木、建筑、农具、家具等,是优良的用材树种。

(3)食用价值。大果榆种子产量较高,种子含油量为 39%,其中癸酸占脂肪酸总重量的 66.5%。这两种物质含量均居榆属之首。种子油可供食用和工业用油,癸酸是重要的工业原料,种子还可酿酒、制酱油、入药。大果榆树皮、根皮富含纤维。树皮含纤维素 54.85%,可供纺织、造纸糊料。幼枝是林农用于编织的材料,树叶大作牛、羊、猪的良好饲料。

27 裂叶榆

裂叶榆,学名:*Ulmus laciniata* (Trautv.) Mayr.,榆科榆属,又名青榆、大青榆等,落叶乔木。裂叶榆树形美观,枝冠圆满,裂叶深绿,引人喜爱,为良好造林绿化树种之一。

一、形态特征

裂叶榆树高达 20 m,胸径 50 cm;树皮淡灰褐色或灰色,浅纵裂,裂片较短,常翘起,表面常呈薄片状剥落。叶倒卵形、倒三角状、倒三角状椭圆形或倒卵状长圆形,叶面密生硬毛,叶背被柔毛,叶柄极短。花排成簇状聚伞花序。翅果椭圆形或长圆状椭圆形,除顶端凹缺柱头面被毛外,余处无毛。果长 1.5~2 cm、宽 1~1.4 cm,果核部分位于翅果的中部或稍向下。花、果期 4~6 月。

二、生长习性

裂叶榆适应性强,耐盐碱、喜光照、稍耐阴,耐干旱、耐瘠薄,喜中性、微酸性土壤。适生海拔 400~1 000 m 的山坡、谷地林内或疏林中。在土壤深厚、肥沃、排水良好的地方生长良好。

三、主要分布

裂叶榆主要分布于辽宁、吉林、黑龙江、河北、山东、山西、陕西、河南等地。河南省舞钢市国有石漫滩林场官平院、灯台架、大河扒、瓦庙沟等处沟谷、山腰有零星分布,与天然次生阔叶林混生野生分布。裂叶榆树形高大,树冠丰满,生长较快,适生范围广,兼顾用材与观赏,春季发芽早,适于作道路绿化、庭院观赏等造林用途。

四、引种繁育与造林绿化

(一)引种繁育苗木技术

1. 种子采收

种子应及时采收,随采随播,以提高发芽率。5 月下旬至 6 月初采种,采种后及时催芽处理,可用种子混沙露天催芽(种沙温度 20 ℃左右)、种子混沙塑料棚催芽(种与沙混合一起的温度 25 ℃ 左右)等处理方法。其中种子混沙塑料棚处理出芽率高。做到白天勤翻动种沙,适量洒水,保持一定湿度。种子经过催芽处理后 7~10 天,发现有少量种子裂嘴露白即可在苗圃地播种。

2. 裂叶榆的播种量

播种为每亩 25~30 kg,播种苗密度为每亩 1.5 万~2.2 万株,即每 1 m^2 保留 40~50 株。

(二)引种繁育嫁接苗木技术

1. 砧木的培育

种子采集与处理:嫁接前一年的 4 月下旬至 5 月初,白榆种子成熟季节,从白榆种子园或种质基因库中的母树上采集饱满的种子，清除杂物净种，将种子去翅，待播。

2. 育苗地选择

育苗地选择地势平整、水肥条件适中、排灌方便的地方，切忌在土壤黏重、易积水的地方育苗。育苗前圃地要深耕、耙平，圃地每亩可施有机肥 1 000~2 000 kg，或每亩施复合肥 80~100 kg，耕前撒施，随耕入土层。做畦，畦宽 1~2 m，埂宽 30~35 cm。

3. 苗圃地播种

种子处理好后即播种，每亩播种量 2~3 kg，开沟条播，行距 60~70 cm，每 1 m 长播种 45~50 粒，覆营养土 1.5~2.0 cm，轻轻镇压覆土，然后浇水浇足浇透，保墒，10~15 天幼苗出土成活。

4. 苗圃地间苗

种子发芽后，幼苗长到 10~12 cm 时进行定苗，按株距 18~20 cm，留 1 株生长健壮苗，去除多余苗木。对缺苗断垄的地方，按株距 18~20 cm 移植多余苗进行补植，每亩留苗 4 500~5 000 株。定苗后应及时浇水。至苗木生长结束，当年苗高可达 1~1.6 m，地径 0.8~1.1 cm 达到砧木苗木标准。

5. 砧木和接穗的选择

选取 1 年生健壮的白榆实生苗木作砧木。2 月上中旬从裂叶榆母树采取当年生生长健壮、芽子饱满的径粗度 0.6~1.0 cm 的 1 年生壮枝作接穗，每接穗保留 2~3 个芽，两端封蜡，放背阴处混湿沙地下储藏，或用双层塑料封闭，在 5 ℃低温下储藏备用。

6. 嫁接方法

嫁接选用劈接、插皮接等几种嫁接方法均可。3 月上旬进行嫁接，成活率高。此时，树液开始流动时，根据不同用途，将砧木截干，削平切口。剪取 4~5 cm 长的接穗，下端削出双马耳形削面，削面要平滑无刺，一边厚，一边薄。在砧木切口处，用劈接刀楔部撬开砧木形成层，把接穗楔形削面插入砧木韧皮部与木质部中间，用塑料薄膜连带接穗接口绑缚即可。

7. 嫁接后幼苗管理

嫁接 10~15 天后，嫁接体萌芽破膜，嫁接成活。25~30 天后嫁接体与砧木完全愈合后，剪除嫁接部位的塑料薄膜。嫁接苗生长特别旺盛，嫁接成活后，一是接穗要及时抹芽，保留一个健壮芽培养树干；二是在风大的季节，要绑支架对嫁接部进行固定保护；三是嫁接成活后要及时清除砧木萌芽，以免影响嫁接体生长，日后继续加强肥水管理，嫁接后苗圃地要保持土壤疏松湿润，及时浇水，保证嫁接苗木发芽整齐，成活。根据苗圃地干湿情况及时浇水，5~8 月生长季节浇水 6~8 次。确保苗木快速健壮生长。

8. 施肥

5 月上中旬，苗圃地幼苗应施第一遍追肥，施肥量每亩施入 15~20 kg，以 N、P、K 复合肥为宜；第二遍肥在 6 月中旬，施肥量每亩施入 40~50 kg，以复合肥和尿素各半为宜；第三遍肥在 7 月中下旬，施肥量每亩施入 40~50 kg，以磷酸二铵为主。

9. 松土锄草

浇水后 10~15 天，松土锄草一次，松土的深度 1~2 cm；要特别注意不要损伤、松动苗木。以后视杂草和土壤板结情况，进行松土除草，每次锄草时，要除早、除小、除净。

(三)防治病虫危害技术

病害主要有榆溃疡病、榆枯枝病两种，虫害主要是榆毒蛾、绿尾大蚕蛾两种。

(1)榆溃疡病，发生病害的特征为，受害树木多在皮孔和修枝伤口处发病，发病初期病斑不明显，颜色较暗，皮层组织变软，呈深灰色。发病后期病部树皮组织坏死，枝、干部受害部位变细下陷，纵向开裂，形成不规则斑。当病斑环绕一周时，输导组织被切断，树木干枯死亡。小树、苗木当年死亡，大树则数年后枯死。防治方法，严格禁止使用带病苗木，一经发现病株就地烧毁。及时修枝，防治榆跳象，提高抗病力。发病初期用甲基托布津200~300倍液，或50%多菌灵可湿性粉剂50~100倍液涂抹防治即可。

(2)榆枯枝病，发生病害特征为，发病初期症状不明显，皮层开始腐烂时也无明显症状，只有小枝上叶片萎蔫，叶形甚小，剥皮可见腐烂病状。此后病皮失水干缩，并产生朱红色小疣点。若病皮绕树枝、干一周，就会导致枯枝、枯干死亡。防治方法，一是注意防治害虫，预防霜冻及日灼；二是及时修枝，清理病虫枝和病虫木及枯立木。修剪不宜过度。同时清除枯枝、枯树及病树。

(3)榆毒蛾、绿尾大蚕蛾等，主要危害叶片，危害显著特征为受危害叶片千疮百孔或残缺不全；综合防治方法，5~8月，林木生长期，一是根据成虫有趋光性，可以挂黑光灯进行灯光诱杀，尤其是成虫羽化期利用黑光灯诱杀效果更佳。二是幼虫期，树冠喷布苦参碱1 000~1 200倍液或灭幼脲3号药物1 500~1 800倍液防治即可。

五、裂叶榆的作用与价值

(1)用材价值。裂叶榆材质好，天然具有美丽的色彩和纹理，其边材黄色或淡褐黄色，心材暗红灰褐色；木材纹理直或斜行，重量及硬度适中，可供家具、车辆、器具、造船及室内装修等用材。

(2)观赏价值。裂叶榆因树形漂亮、深绿色的裂叶而备受人们的喜爱，孤植或丛植于风景区，做庭荫树等，是很好的园林绿化观赏树种。

28 榔　榆

榔榆，学名：*Ulmus parvifolia* Jacq，又名小叶榆，榆科，榆属，落叶乔木。榔榆树形优美，姿态潇洒，树皮斑驳，枝叶细密，木质坚硬，是观赏、用材、园林树种。

一、形态特征

榔榆高10~20 m，胸径可达50~100 cm。冬季叶变为黄色或红色，宿存至第二年新叶开放后脱落，树冠广圆形，树干基部有时呈板状根，树皮灰色或灰褐，裂成不规则鳞状薄片剥落，露出红褐色内皮，近平滑，微凹凸不平；当年生枝密被短柔毛，深褐色。叶质地厚，披针状卵形或窄椭圆形，稀卵形或倒卵形，叶脉两侧长宽不等，长1.5~8 cm、宽1~3 cm，先端尖或钝，基部偏斜，楔形或一边圆，叶面深绿色，有光泽，除中脉凹陷处有疏柔毛外，余处无毛，侧脉部凹陷，叶背色较浅，幼时被短柔毛，后变无毛或沿脉有疏毛，侧脉每边10~15条，细脉在两面均明显。花，8~9月秋季开放，3~6数，在叶脉簇生或排成簇状聚伞花序，花被上部杯状，下部管状，花被片4，深裂至杯状花被的基部或近基部，花梗极短，被疏毛。翅果椭圆形或卵状椭圆形，长10~13 mm、宽6~8 mm，果翅稍厚，近黄褐色，两侧的翅较果核部分为窄，果核部分位于翅果的中上部，花、果期8~10月。

二、生长习性

榔榆喜光照，耐阴，耐干旱，在酸性、中性及碱性土壤上均能生长。适生海拔100~1 000 m的丘陵、山坡及谷地。生长于平原、丘陵、山坡及谷地。但以气候温暖、土壤肥沃、排水良好的中性土壤为最适宜的生长环境。对有毒气体、烟尘抗性较强。

三、主要分布

榔榆主要分布于河南、河北、山东、山西、陕西、湖南、湖北、安徽、浙江、云南、四川、贵州、广东、广西、江苏等地。河南省舞钢市境内南部长岭头、灯台架、官平院、九头崖、瓦房沟、蚂蚁山、人头山、旁背山等山区、丘陵、山谷200~600 m的沟谷、山脚有散生野生。生于疏林、灌丛、林缘或旷野。

四、引种繁育与造林绿化

（一）引种繁育苗木技术

榔榆因其种子小，采收困难，其苗木繁育主要采用扦插的方法进行，科学扦插成活率也只有20%~40%。所以，要科学管理、精益求精、悉心繁育才能完成。

1. 种条的选择

榔榆繁育的种条选择，要采自多年生母树或树桩盆景的1年生或2年生枝条，制作修剪插穗长为7~8 cm，保留2~3个芽眼。

2. 种条的处理

榔榆有生根难的问题，对种条插穗扦插前要进行不同药剂处理。①1年生枝用200×10吲哚丁酸处理10~12分钟；②1年生枝用400×10奈乙酸处理10~12分钟；③2年生枝用200×10吲哚丁酸处理10~12分钟；④2年生枝用400×10奈乙酸处理10~12分钟即可。

3. 配制扦插基质

扦插基质，一般要求洁净，保水性强和温差小，并具备良好的排水和透气性。为了排除其他因素对不同处理扦插成活率的影响，将供试验的插穗插在同一插床内。扦插基质采用生产蘑菇后废弃的棉籽皮。该基质不仅具有透气、透水、保湿性好的特点，而且含菌量低，插穗不易腐烂，价格便宜，pH值为6.0，尤其适合南方植材栽培基质的要求。

4. 设置种条插床

插床设置在阳处，冷窖前2 m，背风向阳处，以避免因风大，出现插穗过度蒸腾，影响成活率的不利因素。插床东西走向，总长为15 m，宽2 m，高0.4 m，分隔成4个大小不同的插床，红砖砌墙，水泥抹缝。两侧分设深0.16 m、宽0.26 m的排水沟。扦插基质厚度为0.35 m，下面铺设厚3 cm、直径为1~5 cm的石子为渗水层，水由渗水层可直接流至排水沟内。插床中间，距床面0.8 m处，安置直径为6 cm的喷雾器，两侧每间隔2 m安装一个直径为 1. 8 cm 的圆形喷头，喷嘴直径 0. 1 cm，喷雾范围 1. 5 m，双侧同时喷雾。

5. 种条扦插技术

先将插床内基质铺好，搂平，然后将插穗垂直插入疏松的基质内，插穗的株距为 4~5 cm，行距 7~8 cm。扦插的深度为插穗的 1/3。随即喷雾，使基质吸水下沉，与插穗紧贴。

6. 种条扦插后的管理

(1)喷雾。插床东侧设一泵房，并安置加压泵一台，可根据天气状况和插床内温度，随时控制喷雾。插床内空气湿度一般保持在 85%左右。

(2)施肥。插穗在生根发芽过程中，消耗了枝条内储藏的大量养分，急需得到补充。因此，在插穗上盆后 10 天，施用麻酱水浇灌，以满足其根系和植株生长发育的需要，保证苗木快速生长。

(二)病虫害防治技术

1. 防治虫害

榔榆主要虫害有榆叶金花虫、介壳虫、天牛、刺蛾和蓑蛾等食叶害虫。5~8 月先后发生危害，造成叶片残缺不全，影响苗木生长。在 6~8 月，可喷洒 80%敌敌畏 1 500 倍液或吡虫啉 1 600 倍液，交替使用防治，每隔 15~20 天喷布 1 次，连续喷布 3~4 次即可；天牛危害树干，可用石硫合剂或氯氰菊酯等原液堵塞虫孔。

2. 防治病害

主要危害较大的病害有 2 种，分别是根腐病和枝梢丛枝病。

(1)根腐病的防治。根腐病发生严重时，直接导致树木死亡。根腐病症状，主要表现在生长期叶发黄脱落，枝条逐步枯死，芽久滞不发或中途停止生长。可涂百菌清 100~200 倍液杀菌药水防治根部染病。同时对坏死的根条应剪除、烧毁，还要注意将刮除的残物不要混入盆土中，以防再次感染。伤口愈合新根产生后方可施肥，以增强其抗病力。

(2)丛枝病，发生病害严重影响树木正常生长，严重时则造成树木萎缩，枝条失态。另外，丛枝病主要危害新梢、叶，表现为新梢丛生，直立向上，病枝展叶早且小，分枝密集等症状。丛枝病病菌以菌丝体在被害枝梢上越冬，第二年抽新梢时侵入为害。在冬季对榆桩整枝时要剪除丛生枝梢，集中烧毁，在 3 月早春芽萌动前可喷洒 5°的石硫合剂，效果显著。喷药可在生长期每 7~8 天进行一次，连续喷布 3~4 次可以根除丛枝病。在此期间，除避雨外，不要在枝叶上喷水，应保持叶面干燥即可保持树木健壮生长。

五、榔榆的作用与价值

(1)观赏价值。制作榔榆盆景，榔榆树形古朴，叶色油绿，用紫砂陶盆或釉陶盆装盆观赏，非常好看。盆形根据树形而定，以长方形、椭圆形盆最为常见。盆色以素雅为佳。榔榆形优美，姿态潇洒，枝叶细密，干略弯，树皮斑驳雅致，小枝弯曲下垂，秋日叶色变红，具有较高的观赏价值。

(2)园林作用。榔榆是良好的工厂绿化、“四旁”绿化树种，常孤植成景，适宜种植于池畔、亭榭附近，也可配于山石之间，因抗性较强，还可选作厂矿区绿化树种。

(3)用材价值。榔榆，木材坚硬，纹理直，耐水湿，是家具、车辆、造船、器具、农具、油榨、船橹、工业等优质用材。

29　脱皮榆

脱皮榆，学名：*Ulmus lamellosa*，榆科榆属植物，又名小叶榆、榔榆。落叶乔木，其树干经常脱皮，颜色富于变化；其泛春芽、秋红叶，生长期树干脱皮的特性，具有良好的观赏价植。其木材坚硬结实，可用于制造家具，是较贵重的木材树种。为中国特有，国家二级保护珍稀濒危树种。

一、形态特征

脱皮榆，树高 8~12 m，胸径 15~20 cm；树皮灰色或灰白色，不断地裂成不规则薄片脱落，内(新)皮初为淡黄绿色，后变为灰白色或灰色，不久又挠裂脱落，干皮上有明显的棕黄色皮孔，常排成不规则的纵行；幼枝密生伸展的腺状毛或柔毛，淡绿色或向阳面带淡紫红色，2~3 年生枝淡黄褐色、淡褐色或灰褐色，无毛。芽，冬芽卵圆形或近圆形，芽鳞背面多少被毛，边缘有毛。叶，倒卵形，长 5~9 cm、宽 2. 5~5. 3 cm。先端尾尖或骤凸，基部楔形或圆，稍偏斜，叶面粗糙，密生硬毛或有毛迹，叶背微粗糙，幼时密生短毛，脉腋有簇生毛，中脉近基部与叶柄被伸展的腺状毛或柔毛，边缘兼有单锯齿与重锯齿，幼时上面密生短毛。花常自混合芽抽出，春季与叶同时开放。果为翅果，常散生于新枝的近基部，稀 2~4 个簇生于去年生枝上，果核位于翅果的中部；宿存花被钟状，被短毛，花被片 6，边缘有长毛，残存的花丝明显的伸出花被；果梗长 3~4 mm，密生伸展的腺状毛与柔毛。花期 3~4 月；果期 5 月成熟。

二、生长习性

脱皮榆，喜光、稍耐阴，耐寒、耐干旱，深根性。喜中性、微酸、微碱性土壤。适生海拔 200~1 600 m 的山谷、山坡落叶阔叶林中，深山生于海拔 100~1 600 m 的山谷或山坡杂木林中。脱皮榆为中等喜光、深根性树种。喜生于土层深厚、肥沃、排水良好、气候凉爽的山谷或山坡下部落叶阔叶林中，耐寒性强，不耐庇荫，在茂密的林冠下不易更新，天然下种更新苗多在林间空地或林缘散布。伴生乔木有朴树、大叶椋子、槭和槲栎等；林下灌木、草本有胡枝子、金银木、杭子梢、山棉花、龙芽草、青蒿等。反映出它属于温带性植物。生长地土壤均为石灰岩发育的富钙砂质土，是喜钙树种之一。

三、主要分布

脱皮榆主要分布于辽宁、河北、河南(舞钢、济源、辉县等)和山西等地。辽宁、河北及北京等地有人工栽培。河南省舞钢市国有石漫滩林场秤锤沟、九头崖、长岭头、官平院林区有片状分布，主要自然野生于 300~650 m 的山坡、沟谷、岩缝林内、疏林及灌丛中，多生于天然次生林内，与阔杂林混生。另外，河南省济源县太行山黑龙沟和辉县马齿拉有零星分布。

四、引种繁育与造林绿化

(一)造林绿化

脱皮榆,一般山区野生数量极少,分布范围狭窄,且常被砍伐利用,如不加强保护,有绝灭的危险。当前在中国河南省济源市太行山自然保护区内进行原生境地保护,并采取促进天然更新措施,繁殖种群,扩大植株数量。获嘉县榆树种质资源库已引种栽培,进行迁地保存,初见成效。应继续扩大栽培试验范围,逐步推广在太行山区石灰岩山地造林栽植。

(二)引种繁育技术

脱皮榆引种繁育技术,因其开花结实较多,5 月果熟,人工及时采集饱满种子,晒干后夏播或雨季播种。采取条播或撒播,覆土以不见种子为度,苗床覆盖干草或塑料薄膜保湿、防晒。待 10~15 天后,种子发芽出土,及时移掉覆盖物,保持土壤湿润、加强肥水管理。当年苗高 25~30 cm 即可出圃造林。

五、脱皮榆的作用与价值

(1)观赏价值。脱皮榆有泛春芽、秋红叶,生长期树干脱皮的特性,用于造林绿化、园林美化、风景区建设等都具其良好的观赏价植。

(2)经济价值。脱皮榆木材坚硬致密,供制车辆、家具、雕刻工艺品等。

30　光叶榉

光叶榉,学名:*Zelkova serrata*,榆科榉属,又名榉木、光光榆、马柳光树、鸡油树等,落叶乔木。光叶榉树干高大,冠形匀称,叶片紧凑翠绿,是行道树、园景树、防风树及盆景制作的优良树种。中原地区优良乡土树种。国家二级重点保护植物。

一、形态特征

光叶榉树高可达 15~20 m,胸径可达 100 cm。树皮灰白色或褐灰色,呈不规则的片状剥落;当年生枝紫褐色或棕褐色,冬芽圆锥状卵形或椭圆状球形。叶薄纸质至厚纸质,卵形、椭圆形或卵状披针形,长 3~9 cm、宽 1.5~5.5 cm,先端渐尖或尾状渐尖,基部有的稍偏斜,圆形或浅心形,叶片幼时疏生糙毛,后脱落变平滑,叶背浅绿,幼时被短柔毛,边缘有圆齿状锯齿,侧脉 7~14 对,秋季叶色变红。花,雄花具极短的梗,径约 3 mm,雌花近无梗,径约 1.5 mm,花被外面被细毛,子房被细毛。果,核果淡绿色,斜卵状圆锥形,上面偏斜,凹陷。花期 4 月,果期 9~11 月。

二、生长习性

光叶榉喜光、稍耐阴,喜湿润、稍耐旱,喜中性、微酸性土壤。适生海拔 300~1 500 m 的河谷、溪边林下或疏林中,在深山区生于海拔 500~1 900 m。在湿润肥沃土壤上长势良好。耐烟尘及有害气体。适生于深厚、肥沃、湿润的土壤,对土壤的适应性强,酸性、中性、碱性土及轻度盐碱土均可生长。深根性,侧根广展,抗风力强。忌积水,不耐干旱和贫瘠。生长慢,寿命长。

三、主要分布

光叶榉主要分布于山东、江苏、安徽、浙江、江西、福建、台湾、河南、湖北、湖南等各省区,华东地区常有栽培。中原地区主要分布于濮阳、安阳、焦作、郑州、开封、新乡、三门峡、洛阳、平顶山、南阳、驻马店、信阳、周口、商丘等地。多生长在海拔 500 m 以下的浅山丘陵、山地、平原等地,在云南可达海拔 1 000 m。河南省舞钢市南部长岭头、老虎爬、灯台架、官平院、九头崖等山区海拔 300~500 m 的谷地、山腰林下、林缘或疏林内有散生野生。

四、引种繁育与造林绿化

光叶榉引种繁殖方法,主要采用种子播种、种条扦插等技术。繁育苗木的苗圃地,应该选择优良土质,以肥沃的壤土或沙质壤土为佳,需要光照充足的地方繁育苗木,光照不足,会造成落叶。繁育的苗木幼苗,3 月中旬,9 月下旬至 10 月上旬,每 1~2 个月施肥 1 次,每亩施入复合肥 4~5 kg,加快苗木生长、早日成苗。另外,造林地的树木、风景区的树每年 11~12 月要科学修剪,即落叶后应整枝修剪,已修剪成各种造型的,必须随时留意整姿和修剪长枝,促进树木成型,提高经济效益。引种繁育苗木的主要技术如下。

(一)引种繁育苗木技术

1. 苗圃地的选择

育苗圃地宜选地势平坦,有水源浇灌,且土层深厚肥沃的沙壤土或轻壤土立地。

2. 苗圃地整地

播种前,苗圃地要深翻细耕,清除杂草,施足基肥,每亩施入农家肥 5 000~8 000 kg。圃地细耙整平后,筑成宽 120 cm、高 20~25 cm 的苗床做好备播。

3. 种子采收

选择结实多、籽粒饱满的健壮母树采种。榉树培育用材林,母树要求树形紧凑、树体高大、干形通直、枝下高较高、旺盛且无病虫害;培育园林绿化品种,母树要求树冠开阔、树体丰满、叶色季相变化丰富、色叶期较长,变色期早;盆栽观赏类型,母树要求树体矮小、树形奇异。不同的用途,采收不同母树的种子。

4. 采种时间与采种方法

10 月下旬至 11 月上旬,当果实由青转褐色时采种。采用自然脱落法或敲打小枝法在地面收集种子。采种后要先除去枝叶等杂物,然后摊在室内通风干燥处自然干燥 2~3 天,再行风选。储存前于室内自然干燥 5~8 天,使种子含水量降到 15%以下。

5. 种子播种

播种可在晚秋和初春进行。采取条播方式,行距 20~25 cm,覆土厚度 0.5~0.8 cm,并盖草浇透水。秋播随采随播;春季在 3 月上中旬发芽,种子发芽率和出苗率高,苗木生长期长;但易受鸟兽危害。春播宜在雨水至惊蛰时播种,最迟不得迟于 3 月下旬。苗床播种后加盖遮光率 50%~75%的遮阳网,有利于保湿和后期苗木管理。播种量为每亩 15~20 kg 种子,保持土壤湿润,以利种子萌发。

6. 苗期管理

播种后25~30天,种子发芽出土,应及时揭草炼苗,并防治鸟害。幼苗期需及时间苗、松土除草和灌溉追肥。苗木生长高峰期在7月至9月下旬。苗期每年应除草3~5次,每次松土除草后追肥1次,最后1次施肥可在8月上旬进行。榉树苗期苗木会出现分杈,需及时修整修剪。

7. 中耕除草

光叶榉苗木生长期,除草、松土是榉树大苗(幼树)管抚的重要措施。通过除草、松土,防止杂草与幼树争夺土壤水分和养分,提高土壤通气性,改善苗木根系的呼吸作用根际环境,促进土壤微生物的繁殖和土壤有机物的分解,促进苗木生长。幼龄期的榉树圃地,每年需松土、除草3~4次。每次除草、松土后,应将杂草覆盖根际保墒保湿。

8. 抗旱排涝

光叶榉虽能适应一定的干旱气候,但仍需适宜湿润气候。气候持续干旱时,应及时浇水灌溉,防止苗木失水致死,雨季,尤要及时开沟排水降渍。地下水位过高和土壤含水过多,均会对榉树产生严重不良影响。

9. 合理施肥

光叶榉苗木培育需在速生季节适时施肥。施肥的原则是:苗木生长初期,选用速效肥料;生长中期(速生期)施用氮素化肥;后期增施磷、钾肥,促进苗木木质好。施肥量:1年生苗木年平均每亩施复合肥3~4 kg,采用前轻、中稳、后控的施肥方法,一般年施追肥4~6次。2~5年生苗木每年每亩施复合肥8~10 kg即可。

10. 修枝整形

光叶榉修枝整形是为了培养漂亮的树形,增加卖相,提高经济收入。修枝宜在初夏生长季或冬季休眠期进行,时间以冬季休眠时为好。随着树龄增大,2~3年开始逐年修去树高1/3的底层枝,持续修剪多次。依据榉树的培植目标,修枝培养树形的要求,培育园林绿化树种,主干枝下高度应保持在2.5~3 m,并及时去除内膛枝、交叉枝、平行枝、病虫枝及枯死枝。

(二)主要病虫害的发生与防治技术

1. 主要虫害的发生与防治

(1)主要虫害的发生。光叶榉苗木生长期,主要害虫是毒蛾、袋蛾、金龟子等,危害叶片。主要发生在苗木幼苗期,它们集中危害或交替危害,受害的苗木枝叶不全,影响苗木快速生长。

(2)主要虫害的防治。4~6月,害虫集中发生期,预防为主,防治为辅,对食叶害虫可及时喷洒80%敌敌畏1 000倍液、90%敌百虫1 200倍液或2.5%敌杀死6 000倍液等杀虫剂1~2次防治;对于地下害虫,须浇灌或用毒饵诱杀防治。

2. 主要病害的发生与防治

(1)主要病害的发生。光叶榉主要病害是溃疡病,该病为全株性传染病,病害主要发生在树干和主枝上,不仅危害苗木,也能危害大树。症状表现,感病植株多在皮孔边缘形成分散状、近圆形水泡形溃疡斑,初期较小,其后变大,呈现为典型水泡状,泡内充满淡褐色液体,水泡破裂,液体流出后变黑褐色,最后病斑干缩下陷,中央有一纵裂小缝。受害严重的植株,树干上病斑密集,并相互连片,病部皮层变褐腐烂,植株逐渐死亡。

(2)主要病害的防治。光叶榉溃疡病发病时间,4月上旬至5月及9月下旬为病害发生高峰。防治方法,一是及时清除死亡植株;二是在病害发生初期,施用多菌灵或敌百虫20~30倍液进行全株涂抹,7~8天连续用药3~4次。

五、光叶榉的作用与价值

(1)观赏价值。光叶榉树姿端庄,高大雄伟,秋叶变成褐红色,是观赏秋叶的优良树种。可孤植、丛植公园和广场的草坪、建筑旁作庭荫树;与常绿树种混植作风景林;列植人行道、公路旁作行道树,降噪防尘。榉树侧枝萌发能力强,在其主干截干后,可以形成大量的侧枝,是制作盆景的上佳植物材料,可将其脱盆或连盆种植于园林中或与假山、景石搭配,均能提高其观赏价值。

(2)用材价值。光叶榉木材纹理细,质坚,能耐水,供桥梁、家具用材。

(3)经济价值。光叶榉纤维就是取材于光叶榉木材经人工合成的再生纤维素纤维,可以制取纺织原料。纤维可用于造纸。另外,苗期侧根发达,长而密集,耐干旱瘠薄,固土、抗风能力强,可作为防护林带树种和水土保持树种加以推广。还可以作为混交林的树种,例如榉树与泓森槐混交林,可以充分利用空间和营养面积,能较好地发挥防护效益,可增强抗御自然灾害的能力,改善立地条件,充分利用土地资源和光照资源提高林产品的数量和质量,实现经济利益最大化。

31　大果榉

大果榉,学名:*Zelkova Sinica* Schneid.,榆科榉属,又名小叶榉树、圆齿鸡油树、抱树(山西)、赤肚榆(河南嵩县),落叶乔木。大果榉是城乡造林绿化、珍稀用材林、生态价值高的优良树种。

一、形态特征

大果榉树高达18~20 m。树皮灰白色,呈块状剥落;小枝无毛,二年生枝灰色或褐灰色,光滑。叶卵状长圆形或卵形,长2~6.5 cm,宽1.5~2.6 cm,纸质或厚纸质,具钝尖单锯齿,先端渐尖或尾尖,基部稍偏斜,上面中脉及侧脉凹下,疏被柔毛,下面脉腋有簇生毛;叶柄长1~6 mm,密被柔毛。核果偏斜,近球形,径5~7 mm;柄长约1 mm。核果不规则倒卵状球形,直径5~7 mm,表面光滑无毛。花期4~5月,果期7~9月。

大果榉果较大叶榉树、榉树为大,顶端不凹陷,具果梗,叶较小,故易于识别。

二、生长习性

大果榉喜阳性,喜光,耐干旱瘠薄,喜碱性、中性及微酸性土壤,可在含盐量0.16%土壤中正常生长。适生海拔400~1 500 m的谷地、台地及岩缝中。根系发达,萌蘖性强,寿命长。生于海拔700~1 800 m地带的山坡、谷地、台地、黄土丘陵、固定沙丘及岩缝中。

三、主要分布

大果榉主要分布于辽宁、吉林、黑龙江、河北、山东、甘肃、陕西、四川北部、湖北西北部、河南、山西南部和河北等区域，适生 300~2 500 m 山区、山谷、山坡等地。有人工引种栽培。河南省舞钢市国有石漫滩林场三林区的秤锤沟、大石棚，四林区的老虎爬、大河扒，五林区官平院等处有散生野生分布，树势生长良好。

四、引种繁育与造林绿化

大果榉在荒山造林、城乡绿化中发展潜力大，通过引种繁育技术，筛选出适生苗木，对于丰富造林绿化种源、培育珍稀用材、发展乡土树种具有重要生态价值和经济意义。另外，以其根系发达、萌蘖性强、寿命长的特点，是制作盆景的上好绿化观赏材料。

（一）引种繁育苗木技术

1. 种子采收

选择优良母树、无病虫害的种子，作良种繁育。

2. 选择苗圃地

选择地势平坦，土壤肥沃、浇灌排水条件好、调运方便的地方作苗圃地。

3. 苗木培育

3 月上旬，大田播种，遮阴防晒，浇水施肥，播种后 10~15 天出苗。精心管护，8~9 月幼苗生长高达 80~100 cm；此时的苗木称为实生苗。大果榉当年生实生苗高生长较快，平均株高为 110~120 cm，平均地径为 1.5~1.8 cm。大果榉人工当年嫁接苗平均株高达 190~200 cm，比大叶榉生长量高 20~25 cm，地径平均为 1.8 cm，比大叶榉少 0.1~0.5 cm。实生苗、嫁接苗两种苗木在 8~9 月生长最快，10 月底停止生长。对大果榉一年生实生苗平茬，可以促进苗木生长。大果榉实生苗平茬后，其株高、地径在当年 9 月超过非平茬苗。

（二）苗木管理保护

大果榉培育新生苗木，做好越冬的冻害防治。大果榉 3 年生实生苗可以安全越冬。2 年生苗木抗寒性也较强。大果榉 1 年生嫁接苗木的抗寒性强于 1 年生实生苗，但是也要做好防寒保护，不能受冻，致使苗木死亡。实生苗特性是造林后生长快、结果晚，嫁接苗的特性是造林后结果早、生长慢；两种苗木生长到 100~120 cm 时，10 月即可出圃移栽造林。

五、大果榉树的作用与价值

（1）园林用途。大果榉在城乡造林绿化中有很大的发展潜力；同时，大果榉苗木的造林推广应用，是丰富造林绿化树种、培育珍稀用材树种及振兴乡土树种，具有重要的经济意义和生态价值。

（2）用材价值。大果榉边材淡黄色，心材黄褐色；木材重硬，纹理直，结构粗，有光泽，韧性强，弯挠性能良好，耐磨损。可供车辆、农具、家具、器具等用材。翅果含油量高，是医药和轻、化工业的重要原料。

32　紫　弹

紫弹，学名：*Celtis biondii* Pamp.，榆科朴属，又名牛筋树、朴树、中筋树、沙楠子、香丁、黄果朴、紫弹树、紫弹朴构皮树等。落叶乔木或小乔木，是优良野生树种。

一、形态特征

紫弹树高达18~20 m，树皮暗灰色；当年生小枝幼时黄褐色，结果时为褐色，有散生皮孔，冬芽黑褐色，芽鳞被柔毛，叶宽卵形、卵形至卵状椭圆形，长2.5~7.0 cm、宽2~3.5 cm，基部钝至近圆形，稍偏斜，先端渐尖至尾状渐尖，在中部以上疏具浅齿，薄革质，边稍反卷，上面脉纹多下陷，被毛的情况变异较大，两面被微糙毛，或叶面无毛，仅叶背脉上有毛，或下面除糙毛外还密被柔毛；叶柄长3~6 mm，幼时有毛，老后几脱净。托叶条状披针形，被毛，比较迟落，往往到叶完全长成后才脱落。果序单生叶腋，通常具2果（少有1或3果），由于总梗极短，很像果梗双生于叶腋，总梗连同果梗长1~2 cm，被糙毛；果幼时被疏或密的柔毛，后毛逐渐脱净，黄色至橘红色，近球形，直径约5 mm，核两侧稍压扁，侧面观近圆形，直径约4 mm，具4肋，表面具明显的网孔状。花期4~5月，果期9~10月。

二、生长习性

紫弹喜光，喜中性、微酸性土壤，耐旱，适应性强。其适生海拔400~700 m的山坡、沟谷杂木林，多在阳坡岩石缝隙中生长。野生于山坡、山沟及杂木林中。

三、主要分布

紫弹主要分布于云南、贵州、四川、陕西、甘肃、江苏、安徽、浙江、江西、福建、河南、湖北、湖南、广东、广西等地。紫弹朴，中药名。河南省舞钢市境内国有石漫滩林场四林区的灯台架，五林区的官平院有零星分布、野生。

四、引种繁育与造林绿化

（一）引种繁育苗木技术

1. 种子采种

采种时，应选10~20年生、阔冠粗枝型的无病虫害的健壮母树。可在10月上旬，种子成熟期经选洗或风选，将采集到的种子装入袋中或其他容器内，置通风干燥处储藏，种子发芽能力能延至3~4年。种子纯度为95%，千粒重30 g。室内发芽率80%，场圃发芽率70%。

2. 种子播种

要选择土壤肥沃、湿润、疏松的沙壤土、壤土作圃地。施足基肥后整地筑床，要精耕细作，打碎泥块，平整床面。播种季节在2月至3月中旬。播种前种子用2%福尔马林溶液或波尔多液浸种20分钟消毒，然后用50~55 ℃的温水浸种催芽18~24小时。点播育苗，点播的株行距6 cm × 8 cm或8 cm × 8 cm，播种沟内要铺上一层细土。每亩用种子3~5

kg。种子播后要薄土覆盖,可用焦泥灰盖种,以仍能见到部分种子为宜,然后盖草。

3. 育苗管理

播种后,10~15 天可出土发芽,待幼苗大部分出土后,揭除盖草。幼苗出土后 40 天内应特别注意保持苗床湿润。5~7 月上旬可每月施化肥 1~2 次,每亩每次施硫酸铵 3~4 kg。同时应采取各种措施防止鸟害。1 年生一级苗高 40~60 cm 以上, 地径 0.5~0.8 cm 以上。

(二)造林绿化技术

引种的苗木,及时造林绿化,造林季节为 3~5 月,以 35~45 cm 高的容器苗造林效果好;裸根苗造林时,选择苗高为 80~100 cm 健壮苗木,超过 100 cm 的苗木应截干后造林,提高成活率。造林植穴规格为 60 cm × 60 cm × 60 cm,以钙镁磷肥作基肥,每穴施放入 0.3~0.4 kg。造林密度为每亩 111 株,株行距为 2 m × 3 m 或 2 m × 4 m,为 56 棵或 76 棵。

五、紫弹的作用与价值

(1)观赏价值。紫弹叶片稠密,冠形紧凑,树形美观,果实红色,通过人工繁育苗木,作为城市行道绿化配植,园艺植物景观点缀及庭院树栽培,具有良好的绿化景观作用。

(2)药用价值。紫弹全树可入药,叶,清热解毒。根,解毒消肿,祛痰止咳。茎枝,通络止痛,是中药材。

33　珊瑚朴

珊瑚朴,学名:*Celtis julianae* Schneid.,榆科朴属,又名棠壳子树。落叶乔木,珊瑚朴近于紫弹朴,树形美观,枝叶稠密,冠形紧凑,亦可用于种子繁育,作为园林、行道绿化美化,庭荫栽培,是良好的观赏性树种。

一、形态特征

珊瑚朴树高 20~30 m,树皮淡灰色至深灰色;当年生小枝、叶柄、果柄老后深褐色,密生褐黄色茸毛,叶片厚纸质,宽卵形至尖卵状椭圆形,长 6~13 cm、宽 3.5~7 cm,基部近圆形或二侧稍不对称,一侧圆形,一侧宽楔形,叶面粗糙至稍粗糙,叶背密生短柔毛,叶柄较粗壮;叶背在短柔毛中也夹有短糙毛。果单生叶腋,果椭圆形至近球形,金黄色至橙黄色;核乳白色,倒卵形至倒宽卵形,表面略有网孔状凹陷。3~4 月开花,9~10 月结果。

二、生长习性

珊瑚朴适应性强,喜光、稍耐阴,喜中性、微酸性土壤。适生海拔 300~1 300 m 的山坡、岩缝、山谷林内和疏林中。

三、主要分布

珊瑚朴主要分布于四川北部、贵州、湖南西北部、广东北部、福建、江西、浙江、安徽南部、河南西部和南部、湖北西部、陕西南部。生长在海拔 300~1 300 m 的山坡或山谷林中或林区周边,河南省舞钢市石漫滩林场三林区秤锤沟,四林区老虎爬、灯台架、官平院等疏林、灌丛中有零星生长、野生。主要与天然次生阔叶林混生、野生。

四、引种繁育与造林绿化

珊瑚朴近似于紫弹朴,树形美观,枝叶稠密,冠形紧凑,亦可用于种子繁育,作为园林、行道绿化美化,庭荫栽培,是良好的观赏性树种和造林绿化树种。

(一)引种繁育苗木技术

1. 种子采收

珊瑚朴种子于10月成熟后随即采收,经去杂后将净种储藏在细沙中,可采用沙藏或层积沙藏,即将种子与2~3倍于种子体积的湿沙混拌均匀或分层堆积,埋藏于排水良好的地下或通风阴凉的室内越冬,以有效破除种子休眠,提高种子发芽率。

2. 种子处理

浸种和催芽:春播前将沙藏的种子取出,放入温水中(25 ℃)浸种6~8小时,然后取出种子,放入25~28℃室温中催芽,待种子露白生芽即可播种。

3. 种子播种

采用春播,时间在2月下旬至3月底。播种时在苗床上进行横条播,行距45~50 cm,播幅9~10 cm,播种必须均匀,播种深度1~1.6 cm,播后浅覆细土,并在条播行上盖覆草,以保温保湿、促进出苗。一般每亩苗床播种量为5~6 kg,播种后10~15天即可出苗。揭去覆草。出苗后可逐渐揭除床面覆草,覆草不能一次性除净,第1次除草可先将覆草放于条播行间,以防春旱或冻害,待天气晴暖、气温稳定或树苗老健后再彻底清除,揭草时注意不能损伤或压坏幼苗。

(二)幼苗管理

1. 适时间苗

在苗床清除覆草后即可进行间苗,将幼苗稠密处抽稀并补植到缺苗地方。间苗必须及时,在出苗6~7天后进行第1次间苗,以后每隔5~7天间苗1次,如遇干旱或虫害,可适当推迟。间苗应选择在阴天或雨后、土壤转为疏松潮湿时进行,间苗原则为“留壮去劣、疏密适宜”,以幼苗苗冠恰好相互衔接遮住苗床为宜,每次间苗后须喷水1~2次。

2. 适时培土

幼苗出土后,由于雨水冲淋表土,会使根茎裸露,导致幼苗遭受旱害或受土壤中病菌危害,可通过培土加以避免。培土材料可选用细土或草木灰,培土时间宜选在5~8月,分2~3次进行,培土厚度以1:1.5 cm为宜,要求覆盖均匀,不损害幼苗植株。

3. 中耕除草

苗床除草应以人工拔除为主,坚持拔早、拔小、拔了的原则,切忌播种地出现杂草丛生的现象。拔草时不能松动幼苗根系,对于拔除苗间大的杂草,可用手按住苗木根部,以免动摇苗根甚至把小苗带出,影响幼苗的正常生长发育。

4. 肥水管理

幼苗出土后要加强肥水管理,从幼苗根系形成至冬季生长停止前10~15天,均可追肥。追肥应视幼苗生长情况分次、分期进行,一般追肥3~4次,第1次追肥每亩用复合肥

40~50 kg,以后每次追肥每亩施复合肥 15~20 kg、尿素 10~15 kg,夏季高温干旱时宜选择在傍晚追肥,追肥切忌过量或肥料太浓而烧伤幼苗。

(三)造林绿化技术

选择适当的造林地块。当树苗长到 1.8~2 m 高时即可定植至庭院、厂矿或街坊,造林处应挖长宽均为 55~65 cm、深 50~60 cm 的坑,挖出的生土、熟土各放一旁,定植树苗带土球移入土坑内,栽植后先盖熟土,最后盖生土。有条件的地方,在定植前,先在穴内施腐熟有机肥,用量每穴为 2~3 kg,盖上一层熟土后,再移栽树苗。盖好土后应立即浇 1 次透水,以后每 3~5 天浇水 1 次,直到成活。如遇雨天,应及时做好排水工作,以确保定植树成活,进入正常生长发育。

五、珊瑚朴的作用与价值

(1)用材价值。珊瑚为石灰岩山地上的原生树种。珊瑚朴木材年轮明显,纹理直,材质重,是家具、农具、建筑、薪炭等优良用材。

(2)经济价值。珊瑚朴树皮含纤维,可作人造棉造纸等原料;果核可榨油,供制皂、润滑油用。

(3)观赏价值。珊瑚朴树形美观,枝叶稠密,冠形紧凑,作为园林、行道绿化美化,庭荫栽培,是良好的观赏性树种。

34　栾　树

栾树,*Koelreuteria paniculata*,无患子科栾树属。又名黑叶树、裂叶栾、木栾、栾华等,为落叶乔木或灌木,栾树枝叶茂盛,冠形丰满,花果争艳,相映枝头。春夏黄花开,秋冬果艳红,似宝石、似灯笼,色彩迷人。是城乡行道树、小区林荫景观美化、风景区观赏优良树种。

一、形态特征

栾树高 8~12 m。树干皮厚粗糙,老皮纵裂,灰褐色至灰黑色。叶丛生当年新梢,平展。羽状复叶,长 30~50 cm。小叶 10~18 枚,具极短柄,对生或互生,纸质。卵形、阔卵形至卵状披针形,长 5~10 cm、宽 3~5 cm,顶端短尖或短渐尖,基部钝或截形。边缘有大小不规则钝锯齿,近基部齿疏离,或羽状深裂形成二回羽状复叶。聚伞圆锥花序,长 25~35 cm,密被微柔毛,分枝长,被粗毛;花淡黄色,开花时橙红色,稍芬芳;萼裂片卵形,边缘具腺状缘毛;花瓣 4,被长柔毛;雄蕊 8 枚,雌花花盘偏斜,有圆钝小裂片,子房三棱形,退化子房密被小粗毛。蒴果圆锥形,具 3 棱,长 4~5 cm,顶端渐尖,果瓣卵形,外面有网纹,幼果黄绿色或粉红色,熟时黄棕色。种子近球形,直径 6~8 mm。花期 5~8 月,果期 9~10 月。

二、生长习性

栾树喜光,稍耐半阴,耐寒、耐旱,适应性强。适生海拔 100~1 500 m,丘陵、山地微碱性、中性、微酸性疏松土壤立地环境中,种子在适宜的土壤中,自然发芽成活,在母树下,经常看到野生幼苗。

生长于石灰石风化产生的钙基土壤中，在中国只分布在黄河流域和长江流域下游。抗风能力较强，可抗零下 25 ℃低温，对粉尘、二氧化硫和臭氧均有较强的抗性。多分布在海拔 1 500 m 以下的低山及平原，最高可达海拔 2 600 m。

三、主要分布

栾树主要分布于河南、河北、山东、安徽、江苏北部、辽宁、广西、广东、云南、四川、贵州、浙江、江西等地，河南是栾树生产基地之一，目前各地有人工繁育栽培。河南省舞钢市南部长岭头、官平院、九头崖等山区海拔 200~500 m 的谷地、山坡林缘或疏林中有野生。

四、引种繁育与造林绿化

栾树病虫害少，造林栽培管理容易，造林栽培土质以深厚、湿润的土壤最为适宜。以播种繁殖为主，以分蘖或根插繁育苗木为辅，造林时适当剪短主根及粗侧根，这样可以促进多发须根，容易成活。秋季果熟时采收，及时晾晒去壳。因种皮坚硬不易透水，如不经处理，第二年春播常不发芽，故秋季去壳播种，可用湿沙层积处理后春播。一般采用垄播，垄距 60~70 cm，因种子出苗率低，故用种量大，播种量每亩播种 30~40 kg。

（一）种子繁殖技术

1. 采收种子

栾树果实于 9~10 月成熟。选生长良好、干形通直、树冠开阔，果实饱满、处于壮龄期的优良单株作为采种母树，在果实显红褐色或橘黄色而蒴果尚未开裂时及时采集，不然将自行脱落。但也不宜采得过早，否则种子发芽率低。果实采集后去掉果皮、果梗，应及时晾晒或摊开阴干，待蒴果开裂后，敲打脱粒，用筛选法净种。种子黑色，圆球形，径约 0.6 cm，出种率约 20%，千粒重 150 g 左右，发芽率 60%~80%。栾树种子的种皮坚硬，不易透水，如不经过催芽管理，第二年春播常不发芽或发芽率很低。所以，当年秋季播种，让种子在土壤中完成催芽阶段，可省去种子储藏、催芽等工序。经过一冬后，第 2 年春天，幼苗出土早而整齐，生长健壮。在晚秋选择地势高燥，排水良好，背风向阳处挖坑。坑宽 1~1.6 m，深在地下水位之上，冻层之下，90~100 cm，坑长视种子数量而定。坑底可铺 1 层石砾或粗沙，15~25 cm 厚，坑中插 1 束草把，以便通气。将消毒后的种子与湿沙混合，放入坑内，种子和沙体积比为 1:3或 1:5，或 1 层种子 1 层沙交错层积。每层厚度为 4~5 cm。沙子湿度以用手能握成团、不出水，松手触之即散开为宜。装到离地面 15~20 cm 为止，上覆 4~5 cm 河沙和 15~20 cm 厚的秸秆等，四周挖好排水沟。

2. 选择苗圃地

栾树一般采用大田育苗。播种地要求土壤疏松透气，整地要平整、精细，对干旱少雨地区，播种前宜灌好底水。栾树种子的发芽率较低，用种量宜大，一般每平方米需 50~100 g。

3. 种子播种

春季 3 月播种，取出种子直接播种。播种前在选择好的苗圃地上同时施基肥，撒呋喃丹颗粒剂或锌硫磷颗粒剂每亩施入 1.5~2.0 kg 用于杀灭地下害虫。促进苗木成活快长。

4. 苗圃地管理

播种后，覆一层 1~2 cm 厚的疏松细碎土，防止种子干燥失水或受鸟兽危害。随即用小水浇一次，然后用草、秸秆等材料覆盖，以提高地温，保持土壤水分，防止杂草滋生和土壤板结，15~20 天后苗出齐，2~3 天撤去覆盖的稻草，日后继续加强苗木施肥、浇水管理，9 月下旬苗木达到 100~120 cm 高。

(二)扦插繁育技术

1. 种条采集

9~10 月，秋季树木落叶后，结合 1 年生小苗平茬，把基径 0.5~2 cm 的树干收集起来作为种条，或采集多年生栾树的当年萌蘖苗干、徒长枝作种条，边采集边打捆。整理好后立即用湿土或湿沙掩埋，使其不失水分，以备作插穗用。

2. 插穗的剪取

取出掩埋的插条，剪成 14~15 cm 的小段，上剪口平剪，距芽 0.5~1.5 cm，下剪口在靠近芽下剪切，下剪口斜剪。

3. 插穗的储藏

10~12 月，冬藏地点应选择不易积水的背阴处，沟深 80 cm 左右，沟宽和长视插穗而定。在沟底铺一层深 2~3 cm 的湿沙，把插穗竖放在沙藏沟内。注意叶芽方向向上，单层摆放，再覆盖 50~70 cm 厚的湿沙。

4. 种条扦插

插壤以含腐殖质较丰富、土壤疏松、通气性和保水性好的壤质土为好，施腐熟有机肥。插壤秋季准备好，深耕细作，整平整细，第 2 年 3 月春季扦插。株行距 30 cm × 50 cm，先用木棍打孔，直插，插穗外露 1~2 个芽。

5. 插后管理

保持土壤水分，适当搭建荫棚并施氮肥、磷肥，进行适当灌溉并追肥，苗木硬化期，控水控肥，促使木质化。做到以下几点：一是遮阴，遮阴时间、遮阴度应视当时当地的气温和气候条件而定，以保证其幼苗不受日灼危害为度。进入秋季要逐步延长光照时间和光照强度，直至接受全光，以提高幼苗的木质化程度。二是间苗、补苗。幼苗长到 5~10 cm 高时要间苗，以株距 10~15 cm 间苗后结合浇水施追肥，每 1 m^2 留苗 12 株左右。间苗要求间小留大、去劣留优、间密留稀、全苗等距，并在阴雨天进行为好。结合间苗，对缺株进行补苗处理，以保证幼苗分布均匀。三是技术管理。要经常松土、除草、浇水，保持床面湿润，秋末落叶后大部分苗木可高达 1.8~2 m，地径粗在 1.8~2 cm。将苗子掘起分级，第二年春移植，移植前将根稍剪短一些，移植结束后从根茎处截去苗干，即从地表处平茬，随即浇透水。发芽后要经常抹芽，只留最强壮的一芽培养成主干。生长期经常松土、锄草、浇水、追肥，至秋季就可养成通直的树干。四是苗木移植，芽苗移栽能促使苗木根系发达，一年生苗高 50~70 cm。栾树属深根性树种，宜多次移植，以形成良好的有效根系。播种苗于当年秋季落叶后即可掘起入沟假植，第二年 3 月，春分造林。

(三)造林绿化技术

由于栾树树干不易长直，第一次移植时要平茬截干，并加强肥水管理。春季从基部萌蘖出枝条，选留通直、健壮者培养成主干，则主干生长快速、通直。第一次截干达不到要求的，第二年春季可再行截干处理。以后每隔 2～3 年移植一次，移植时要适当剪短主根和粗侧根，以促发新根。栾树幼树生长缓慢，前两次移植宜适当密植，利于培养通直的主干，节省土地。此后应适当稀疏，培养完好的树冠。同时，加强施肥、浇水管理，施肥是培育壮苗的重要措施。幼苗出土长根后，宜结合浇水勤施肥。在年生长旺期，应施以氮为主的速效性肥料，促进植株的营养生长。入秋，要停施氮肥，增施磷、钾肥，以提高植株的木质化程度，提高苗木的抗寒能力。冬季，宜施农家有机肥料作为基肥，既为苗木生长提供持效性养分，又起到保温、改良土壤的作用。随着苗木的生长，要逐步加大施肥量，以满足苗木生长对养分的需求。第一次追肥量应少，每亩 2.5～3.0 kg 氮素化肥，以后隔 10～15 天施一次肥，肥量可稍大。

（四）壮苗培育技术

为工程造林提供胸径 5～8 cm 大苗，必须培育大苗木。一般当树干高度达到分枝点高度时，留主枝，3～4 年可出圃。一年生苗干不直或达不到定干标准的，翌年平茬后重新培养。一般经两次移植，培养 3～6 年，胸径就可达到 4～8 cm。注意定植密度，胸径 4～5 cm 的每亩培育 600 棵左右，胸径 6～8 cm 每亩培育 200～300 棵，选留 3～5 个主枝，短截 35～40 cm，每个主枝留 2～3 个侧枝，冠高比 1∶3。培育干径 8～12 cm 的全冠苗，每亩栽植 160～170 株，即株行距 2 m × 2 m；培育干径 12 cm 以上大苗，每亩栽植 130 株，即株行距 2 m × 2.5 m。结合抚育管理，修剪干高 1.4～1.5 m 以下的萌芽枝，以促进主干通直生长。大树苗木整形，通过修剪栾树树冠近圆球形，一般采用自然式树形。因用途不同，其整形要求也有所差异。行道树用苗要求主干通直，第一分枝高度为 2.5～3.5 m，树冠完整丰满，枝条分布均匀、开展。庭荫树要求树冠庞大、密集，第一分枝高度比行道树低。在培养过程中，应围绕上述要求采取相应的修剪措施。一般可在 12 月或 3 月上旬进行造林。

（五）防治病害技术

（1）流胶病的发生。此病主要发生于树干和主枝，枝条上也可发生。发病初期，病部稍肿胀，呈暗褐色，表面湿润，后病部凹陷裂开，溢出淡黄色半透明的柔软胶块，最后变成琥珀状硬质胶块，表面光滑发亮。树木生长衰弱，发生严重时可引起部分枝条干枯。

（2）防治措施。一是刮疤涂药。用刀片刮除枝干上的胶状物，然后用梳理剂和药剂涂抹伤口。二是加强管理，冬季注意防寒、防冻，可涂白或涂梳理剂。夏季注意防日灼，及时防治枝干病虫害，尽量避免机械损伤。三是在早春萌动前喷石硫合剂，每 8～10 天喷 1 次，连喷 2～3 次，以杀死越冬病菌。发病期喷百菌清或多菌灵 800～1 000 倍液。

（六）防治虫害

（1）蚜虫危害的发生。栾树蚜虫为同翅目蚜科，是栾树的一种主要害虫，主要危害栾树的嫩梢、嫩芽、嫩叶，严重时嫩枝布满虫体，影响枝条生长，造成树势衰弱，甚至死亡。

（2）防治方法。于若蚜初孵期开始喷洒蚜虱净 2 000 倍液、或灭幼脲 3 号 1 500 陪液或吡虫啉 1 200 陪液。及时剪掉树干上虫害严重的萌生枝，消灭初发生尚未扩散的蚜虫。幼树可于 4 月下旬，在根部埋施 15%的涕灭威颗粒剂，树木干径每厘米用药 1～2 g，覆土后浇水；或浇乐果乳油，干径每厘米浇药水 1.5 kg 左右。对越冬虫卵多的树木，3 月上旬，树木发芽前，喷 30 倍的 20 号石油乳剂。

五、栾树的作用与价值

(1)绿化作用。栾树具有深根性,萌蘖力强,生长速度中等,幼树生长较慢,以后渐快,有较强抗烟尘能力,是行道树的优良树种。栾树耐寒耐旱,常栽培作庭园绿化树种。

(2)经济价值。栾树种子可以榨制工业用油。

(3)用材价值。栾树木材黄白色,易加工,可制家具;叶可作蓝色染料,花供药用,亦可作黄色染料。

(4)观赏价值。栾树春季嫩叶多为红叶,夏季黄花满树,入秋叶色变黄,果实紫红,形似灯笼,十分美丽;栾树适应性强,季相明显,是理想的绿化、观叶树种。栾树也是工业污染区配植的好树种。栾树春季观叶、夏季观花、秋冬观果,可作为庭荫树、行道树及园景树。同时,也作为城乡居民区、矿山生产区、工厂区及村旁绿化树种。

35 大叶朴

大叶朴,学名:*Celtis koraiensis* Nakai,榆科朴属,又名大叶白麻子、白麻子等,落叶乔木。大叶朴树形高大,冠形丰满,叶宽大浓绿。是作庭荫、风景区、行道树绿化、盆景栽培的优良观赏树种。

一、形态特征

大叶朴树高可达14~15 m。树皮灰色或暗灰色,浅微裂;当年生小枝老后褐色至深褐色,散生小而微凸、椭圆形的皮孔;冬芽深褐色,内部鳞片具棕色柔毛。宽楔形至近圆形或微心形,先端具尾状长尖,边缘具粗锯齿,叶背疏生短柔毛;叶较大,且具较多和较硬毛。叶椭圆形至倒卵状椭圆形,少有为倒广卵形,长7~12 cm(连尾尖)、宽3.5~9 cm,基部稍不对称,叶柄长5~15 mm,无毛或生短毛;在萌发枝上的叶较大,且具较多和较硬的毛。果单生叶腋,果梗长1.5~2.5 cm,果近球形至球状椭圆形,直径约12 mm,成熟时橙黄色至深褐色;核球状椭圆形,直径7~8 mm,有四条纵肋,表面具明显网孔状凹陷,灰褐色。花期4~5月,果期9~10月。

二、生长习性

大叶朴属阳性树种,喜温,耐阴,耐寒。生于海拔200~1 000 m的山坡、沟谷,伴生于天然次生林中。在中国北部暖温带都能正常生长,喜欢温暖,非常耐寒冷,在中国山西南部地区可自然越冬。对土壤适性广,适合在微碱性、中性直至微酸性土壤上生长。

三、主要分布

大叶朴主要分布于辽宁、河北、山东、安徽、山西、河南及陕西、甘肃等地。河南省舞钢市国有石漫滩林场三林区的秤锤沟、冷风口,四林区的长岭头、灯台架、大河扒、老虎爬等有分布且生长旺盛,野生生长,多生长于山脚、沟谷天然次生林中。

四、引种繁育与造林绿化

(一)引种繁育苗木技术

1. 种子采收

大叶朴其通常采用播种繁殖。种子在 9~10 月成熟,果实为红褐色。种子成熟后应立即采收,将其摊开后去掉杂物待阴干,然后与湿沙土混合拌匀或层积储藏,第二年 3 月春季即可播种。

2. 种子播种

播种前,首先要对种子进行处理,可用沙揉搓将外种皮擦伤,也可用木棒敲碎种壳,这样处理对种子发芽有利。播种苗床土壤要求疏松且肥沃、排水透气良好,最好是沙质壤土。播种后覆盖一层 1.5~2.0 cm 厚的细土,再盖 1 层稻草,浇 1 次透水,10~15 天后即可见到种子发芽。出苗以后要及时揭开覆盖的稻草。

3. 幼苗管理

5~8 月幼苗期,要加强管理工作,注意经常除草、松土、追肥,并适当进行间苗,当年生的苗木高生长可达 30~40 cm。第二年春天,3 月对苗木进行分床培育,同时要注意苗木树形修剪,最后养成一株干形通直、冠形圆满的大苗。当要把大苗移走时必须带上土坨,以保证成活率,另外,还要注意病虫害,主要虫害是沙朴棉蚜、沙朴木虱等,主要害虫的防治,在 4~8 月,喷布吡虫啉 1 200 倍液或氯氰菊酯 1 300 倍液,每隔 15~20 天喷布一次,连续喷布 3~4 次即可防控。

(二)造林绿化技术

1. 盆景制作

制作盆景的苗木适合在秋末或来年初春苗木萌芽前进行栽植。栽种时要对根系做适当的修剪和整理,将过长的主根剪去,尽可能多留侧根和须根,培上疏松的肥土,同时也要适当对枝条和叶片进行疏剪。在栽植时,如使用中号浅盆,则必须用金属细丝将其根部固定在盆的底部,以避免盆景倒伏。

2. 盆景造型

多采用细剪或粗扎的方法,利用剪裁的技巧,留下小枝、去掉主干。在加工时要特别重视构图的整体效果,使加工成型后的桩景,无论盆景里的大叶朴造型是在枝叶繁茂时,还是在已经落叶变为冬态时,都能使盆景内的造型保持优美的形态。大叶朴盆景适合制作成直干式、曲干式、卧干式、斜干式或者是附石式等形态。造型时,它的枝和叶可扎成片或修剪成馒头形状的圆片,也可以加工成类似于自然的树形。

五、大叶朴的作用与价值

(1)观赏价值。大叶朴树形高大,冠形丰满,叶宽大浓绿。作庭荫、园景、行道绿植、盆景栽培,具有很好的绿化和观赏作用。

(2)经济价值。大叶朴茎、皮是造纸和人造棉等纤维编织植物的原料,经济价值很高。

(3)园林绿化作用。大叶朴树体高大,冠形美观,树体强健,春天夏天荫浓,在园林中最适合孤植或簇植,常孤植于草坪或空旷地内,培养成双干和多干的风景树。大叶朴树形稳定,也可将其培养成造型树,列植在街道两旁雄伟壮观,但不适宜用作大型道路的行道树。因为它能抵抗多种有毒气体,有很强的吸滞粉尘能力,常被栽植在城市及工矿区。在街道、街头绿地、工厂、公园或庭园、广场、校园和道路两旁栽植效果好,移栽成活率相当高,且造价低廉。

36 黑弹

黑弹,学名:*Celtis bungeana* Bl.,榆科朴属,又名小叶朴、黑弹树、黑弹朴等。落叶乔木,黑弹树形美观,树冠圆满宽广,绿荫浓郁,是公园、庭园、街道、公路行道等植树造林的优良树种。

一、形态特征

黑弹,落叶乔木或小乔木,树高达 10~12 m。树皮灰色或暗灰色,当年生小枝淡棕色,老后色较深,无毛,散生椭圆形皮孔,上一年生小枝灰褐色。冬芽棕色或暗棕色,鳞片无毛。叶厚纸质,狭卵形、长圆形、卵状椭圆形至卵形;果单生叶腋,果柄较细软,无毛;核近球形,直径 4~5 mm。花期 4~5 月,果期 9~10 月。

二、生长习性

黑弹,喜光,耐阴,喜肥沃、深厚、湿润、疏松的土壤,耐干旱瘠薄,耐轻度盐碱,耐水湿,耐中性、微酸、微碱性;生长于海拔 200~1 000 m 的沟谷、山腰林下或疏林。

三、主要分布

黑弹,主要分布于辽宁南部、河南、河北、山东、山西、内蒙古、甘肃、宁夏、青海、陕西、安徽、江苏、浙江、湖南、江西、湖北、四川、云南。适生海拔 150~2 300 m 的路旁、山坡、灌丛或林边。河南省舞钢市境内山区的官平院、老虎爬、大河扒、九头崖等山坡、谷岸疏林、灌丛均有散生分部,多与天然次生林混生,野生。

四、引种繁育与造林绿化

黑弹繁育主要采取种子繁殖,可以秋播繁育,或湿沙层积储藏,第二年 3 月春播。

(一)引种繁育苗木技术

1. 采收种子

黑弹,种子采种与储藏,10 月中下旬,当果实由青转蓝黑色或紫黑色时,在 10~15 年生以上的母树上采集种子,方法是截取果枝或待自然成熟后落下收集,堆放后熟,搓洗去果肉阴干后,立即秋播或湿沙层积储藏至第二年 3 月春播。层积应注意放在背风向阳处,为了防止腐烂,应间放草把透气。

2. 选择苗圃地

黑弹的苗圃地,应该选择土层深厚、肥沃的沙壤土或轻壤土。如用于春播圃地,秋季深翻圃地,灌足冬水。春季细整做床,床面宽 1~1.5 m,步道沟宽 35~45 cm。整地时,可施用50%多菌灵可湿性粉剂,按照每1 m^2 1.5 g的量或按1∶20的比例配成毒土撒在苗床上进行土壤消毒,减少病虫害的发生。

3. 种子播种

播种时间在春季的3月至4月上旬,待沙藏种子露白30%以上时播种。通常采用条播,行距30~40 cm,播后用筛子筛细土覆盖,厚度为1~1.2 cm,以不见种子为度。然后在苗床上盖上稻草或搭盖薄膜低棚保墒。每亩用种量脱皮种20~25 kg、带皮种40~45 kg,10~15天苗木出苗。

4. 幼苗护理

当出苗50%以上时,分2~3次在傍晚或阴天陆续揭除覆盖物。揭除后应及时浇水,并进行松土、除草、间苗、补苗。第一次间苗在苗高3~5 cm时进行,去弱留强、去密留稀,以后根据幼苗生长发育情况间苗1~2次,最后在苗高15~20 cm时定苗,株距14~15 cm,每亩保留苗木1.5万~1.6万株。前期分次每亩施尿素5~10 kg,8月下旬应控制肥水,促进苗木木质化,确保苗木安全越冬。如播种适时,管理得当,当年生苗高可达50~60 cm以上。1~2年生小苗必须移植,移植期以春季为主。以后还要分次移栽,移植株行距按苗木的规格及培育要求而定。

(二)造林绿化技术

造林,大苗造林要带土球。立地条件应选择海拔300~1 700 m、pH值6.5~8的肥沃、无污染的地方栽植,也可田边地角因地制宜栽培,采取穴栽。造林行距约2 m × 3 m。黑弹朴,为合轴分枝,发枝力强,梢部弯曲,顶部常不萌发,每年春季由梢部侧芽萌发3~5个竞争枝,在自然生长下多形成庞大的树冠,干性不强。特别幼苗树干较柔软,易弯曲,因此从苗木期就要防止主干弯曲,注重扶架养干,注意整形修剪,修除侧枝,培育成干形通直、冠形美观的大苗。

(三)防治病虫技术

黑弹抗性强,病虫害较少,但在苗木生长期,要注意防治蚜虫刺吸危害,可用10%的吡虫啉可湿性粉剂1 800~2 000倍液喷杀;病害主要是苗期根腐病,要特别注意梅雨季节的圃地排水,可以有效避免该病害的发生。

五、黑弹的作用与价值

(1)观赏价值。黑弹树形美观,树冠圆满宽广,绿荫浓郁,是城乡绿化的良好树种,最适宜公园、庭园作庭荫树,也可供街道、公路列植作行道树。城市居民区、学校、厂矿、街头绿地及农村“四旁”绿化均可,也是河岸防风固堤树种。还可制作树桩盆景。

(2)用材价值。黑弹木材坚硬,可供工业用材。茎皮为造纸和人造棉原料,果实榨油作润滑油。

(3)造林作用。黑弹根系发达,适应性强,树冠圆满宽广,绿荫浓郁,是可作河岸防风固堤林的优良树种。

37　二乔玉兰

二乔玉兰,学名:*Magnolia × soulangeana* Soul. -Bod.,木兰科木兰属,又名珠砂玉兰、

紫砂玉兰,木兰科。系玉兰和紫玉兰的杂交种。落叶小乔木,花蕾卵圆形,花先叶开放,浅红色至深红色。二乔玉兰形、色、香俱全,为早春重要观花树种,花大色艳,观赏价值高,是园林绿化、城市绿化的优良花木观赏树种。

一、形态特征

二乔玉兰,高6~10 m,小枝无毛。叶片互生,叶纸质,倒卵形,长6~14 cm,宽4~8 cm。花蕾卵圆形,花先叶开放,浅红色至深红色。聚合果长7~8 cm,直径2~3 cm;蓇荚卵圆形或倒卵圆形,具白色皮孔。种子深褐色,宽倒卵形或倒卵圆形,侧扁。花期2~3月,果期9~10月。

二、生长习性

二乔玉兰喜光,耐旱、耐寒,喜中性、微酸性疏松肥沃土壤,适合在气候温暖地区生长。与二亲本相近,但更耐旱、耐寒。不耐积水和干旱。喜富含腐殖质的沙质壤土,但不能生长于石灰质和白垩质的土壤中。可耐-20 ℃的短暂低温。

三、主要分布

二乔玉兰主要分布于中国,多为栽培种。分布范围很广,北京、河北、山东、山西、湖北、湖南、广西、广东、福建、四川、甘肃、云南等地均有分布。河南省舞钢市石漫滩林场四林区的老虎爬沟有零星生长,树高16 m,胸径约50 cm。树龄虽已近百年,但仍枝繁叶茂,生长健状。

四、引种繁育与造林绿化

(一)引种繁育苗木技术

1. 种子采种

二乔木兰花后一般不结实,少量结实的果实在9~10月成熟。当蓇荚转红绽裂时即采,早采不发芽,迟采易脱落。采下蓇荚后经薄摊处理,将带红色外种皮的果实放在冷水中浸泡搓洗,除净外种皮,取出种子晾干,层积沙藏。

2. 播种方法

2~3月播种,发芽率70%~80%。二乔玉兰实生苗的株形好,适宜于地栽,但由于它为杂交种,后代性状不稳定,不能保持优良品种的所有习性,在良种繁殖时较少使用,多用于选育新品种的目的。

(二)种条扦插繁育技术

在5~7月生长旺盛期进行。选择幼树当年生枝条作插穗,上部留少量叶片,将枝条下部浸入50 g的吲哚乙酸、生根粉或萘乙酸中6小时后,插入湿沙或蛭石床内,适当遮阴,并经常喷雾保湿,成活率可达70%左右。

(三)嫁接苗木繁育技术

3~4月,通常以亲本紫玉兰或玉兰,或用含笑属的黄兰和白兰等作砧木,可采用劈接、芽接、切接、腹接等方法进行嫁接,劈接和芽接的成活率较高。

（四）种条压条繁育技术

3~6月，选取生长良好的植株，取粗0.5~1.1 cm的1~2年生枝条作压条，如有分枝，可压在分枝上。压条的时间选择在2~3月成活率最好，压后当年能生根。定植后2~3年能开花。

（五）造林绿化技术

1.造林绿化

大面积可以造林绿化，同时，可以盆栽时宜培植成桩景。栽植以早春发芽前8~10天或花谢后展叶前栽植最为适宜。播种苗出土后1~2年的盛夏季节需适当遮阴，入冬后，在中国北方地区还应防寒。移植时间以萌动前，或花刚谢、展叶前为好。移栽时无论苗木大小，根须均需带着泥团，并注意尽量不要损伤根系，以确保成活。

2.技术管护

大苗栽植要带土球，挖大穴，深施肥，即一般在栽植前应在穴内施足充分腐熟的有机肥作底肥。适当深栽可抑制萌蘖，有利生长。栽好后封土压紧，并及时浇足水。二乔玉兰较喜肥，但忌大肥。新栽植的树苗可不必施肥，待落叶后或翌年春天再施肥。生长期一般施2次肥即可，有利于花芽分化和促进生长，可分别于花前与花后追肥，前者促使鲜花怒放，后者有利于孕蕾，追肥时期为2月下旬与5~6月。肥料多用充分腐熟的有机肥。除重视基肥外，酸性土壤应适当多施磷肥。修剪期应选在开花后及大量萌芽前，应剪去病枯枝、过密枝、冗枝、并列枝与徒长枝，平时应随时去除萌蘖。此外，花谢后如不留种，还应将残花和蓇葖果穗剪掉，以免消耗养分，影响第二年开花。

3. 防治病虫害

一是病害，主要病害为炭疽病，其防治方法，5~7月，发生病害应该及时清除病株病叶，同时向叶片喷施50%多菌灵500~800倍的水溶液，或用70%托布津800~1 000倍的溶液进行防治。二是虫害：①蚜虫，在若虫孵化盛期，喷25%亚胺硫磷乳油1 000倍液，每隔4~6天喷1次，喷2~3次即可见效，也可采用洗衣粉500倍液喷灭，过后再用清水喷洗枝叶。②介壳虫，用0.3%~0.4%的醋酸液喷杀。

五、二乔玉兰的作用与价值

（1）观赏价值。二乔玉兰是早春色、香俱全的观花树种，花大色艳，花先叶开放，浅红色至深红色。观赏价值很高，是城市绿化的极好花木。广泛用于公园、绿地和庭园等孤植观赏。可用于排水良好的沿路及沿江河生态景观建设。

（2）药用价值。二乔玉兰，其芽鳞、花可以入药。

38　天目木姜子

天目木姜子，学名：*Litsea auriculata*，樟科木姜子属，落叶乔木。是濒危种，被列为国家三级保护树种，野生树种。天目木姜子树形高挺，叶片大而圆润，又是难得的园林景观美化树种。

一、形态特征

天目木姜子,树高 10~20 m,胸径达 40~50 cm。树皮灰色或灰白色,小鳞片状剥落,内皮深褐色。小枝紫褐色,无毛。树皮小鳞片剥落后呈鹿斑状,叶大,叶柄长,果托杯状,易识别。有金黄和银白色两种绢毛,叶互生,椭圆形、圆状椭圆形、近心形或倒卵形,长 9~20 cm、宽 5~10 cm,先端钝或钝尖或圆形,基部耳形,纸质,上面深绿色,有光泽,下面苍白绿色,有短柔毛,羽状脉,侧脉每边 7~8 条,中脉在叶上面下陷,被短柔毛,老时变无毛,下面中脉、侧脉均突起,沿脉有短柔毛;叶柄长 3~8 cm,无毛。花,伞形花序无总梗或具短梗,先叶开花或同时开放,雌雄异株。苞片 8,开花时尚存,雄株每一花序有雄花 6~8 朵;花被裂片 6,有时 8,黄色,长圆形或长圆状倒卵形,长 4~5 mm,外面被柔毛;能育雄蕊 9,雌株雌花较小,花梗长 6~7 mm,花被裂片长圆形或椭圆状长圆形,长 2~3 mm;子房卵形,无毛,花柱近顶端略有短柔毛,柱头 2 裂或顶端平。果实卵圆形或椭圆形,表面黑色或紫黑色,顶端钝圆,基部可见杯状宿存的花被,长 13~17 mm,直径 11~13 mm,成熟时黑色;果托杯状,深 3~4 mm,直径 6~7 mm;果梗长 12~16 mm。外皮薄,除去外皮可见硬脆的果核,内含种子 1 粒。4 月中旬盛花期,4 月底叶全展,花期 3~4 月,9 月中旬果熟,11 月中旬开始落叶。即花期 3~4 月,果期 8~9 月。

二、生长习性

天目木姜子喜散光,耐庇荫,喜侧方遮阴,喜湿润、稍耐旱,喜深厚、肥沃的中性、微酸性土壤。天目木姜子生于海拔 500~1 000 m 的山坡谷地落叶阔叶林或针阔混交林内。一般要求土层深厚、肥沃和侧方遮阴。幼苗自海拔 650 m 开始至 1 000 m 均有,但成树率不高。引种到海拔 300 m 以下初期生长不良,孤植和园栽易遭日灼。

三、主要分布

天目木姜子主要分布于浙江(天目山和天合山)、安徽南部(款县)。零星分布于浙江西北部临安县西天目山、龙塘山、大明山和淳安及东部天台山、南部百山祖,安徽歙县、潜山、岳西、霍山、金寨、舒城,河南舞钢、鸡公山、南召、舞阳及江西九岭山。中原地区主要分布于舞钢、栾川、卢氏、灵宝、鲁山等地是我国特产树种,分布于山西吕梁山、太行山等地,海拔 1 200~1 850 m,陕西秦岭、甘肃南部、四川北部海拔 1 000 m 左右。既可组成纯林,也可与侧柏、槲栎、栓皮栎伴生。东北的辽宁南部、北京、河北、山东至长江流域广泛栽培。河南省舞钢市国有石漫滩林场三林区秤锤沟海拔 500 m 阴坡生长有数十株,伴生于栎类、化香阔叶林中,最大树高 15 m,胸径 50 cm,树龄百年,仍生长良好,枝叶茂盛,2008 年已被舞钢市政府列为古树名木。

四、引种繁育与造林绿化

天目木姜子,通过采取有性、无性手段和种子播种等技术进行繁殖。其种子播种、扦插繁殖、截干埋根繁育技术,播种成苗率达 71.3%,与实施前相比,成苗率提高 3 倍,苗高提高 2 倍多,扦插成活率 75.90%,截干埋根成苗率 90%以上,大大加快苗木繁育速度。

(一)引种繁育苗木技术

1. 种子采收

9 月,种子采收即可育苗。种子因含油质,寿命不长,采种后立即播种,成活率高;采收种子冬季不繁育的及时采收和储藏,果实 9~10 月采摘,晒干。

2. 苗圃地选择

要选择土壤肥沃的土地作苗圃地。天目木姜子喜温暖潮湿环境,土壤肥沃、疏松,夹沙土或富含腐殖质。选择海拔 500~1 000 m 以下的缓坡即可,丘陵、平原处的夹沙土或富含腐殖质的土壤作为种苗圃地。清理地块后,拖拉机耕地耙整地,每亩地施入腐熟的堆肥或农家肥 2 000~2 500 kg。

3. 播种后管理

种子播种后,尤其是苗期需要遮阴,保持土壤及空气湿度,幼树最忌直射阳光,宜在稀疏林内种植,定植后,必须在西向遮阴,否则将产生严重日灼,使苗株死去。种植地可用遮阳网搭成拱形棚。幼苗生长初期加强荫蔽管理,搭建遮阴棚保护,10 月下旬,随着植株生长,逐渐降低遮阳网的遮阴,可以拆除遮阳网,冬季苗木做好防冻保暖措施,保护苗木越冬。

4. 苗圃地施肥管理

施肥与结合浇水进行施肥。每亩施尿素 10~15 kg、过磷酸钙 80~120 kg,配已腐熟的人畜粪水,在 5~8 月进行 2 次追肥。3~8 月,搭建拱形棚,棚内应空气流通和土壤湿润,不积水,以防根茎腐烂,并适当调节荫蔽度,逐步练习苗木健壮生长。

(二)防治病害

天目木姜子主要病害是根腐病,危害根系。7~8 月,气温高、湿度大,在须根发病,症状为褐色干腐,并逐渐蔓延至根茎。根茎部横切,可见维管束病变为褐色,后期根茎部腐烂,地上部分萎蔫枯死、果实早落等。防治措施,在 6 月底发病初期,用 50% 的托布津 1 000~1 500 倍液喷雾,连续 2~3 次,间隔 7~10 天即可。

五、天目木姜子的作用与价值

(1)园林绿化作用。天目木姜子为中国特有种,叶片巨大,树体壮观,树干端直,树皮美丽,材质优良,是一种值得发展的用材和园林绿化树种。

(2)经济价值。天目木姜子木材带黄色,重而致密,是制作家具等的优质用材。

(3)药用价值。天目姜子果实和根皮,民间用来治寸白虫;叶外敷治伤筋的疗效作用。

39　臭　椿

臭椿,学名:*Ailanthus altissima*,木科臭椿属,又名樗(chū)、椿树、木砻树、臭椿皮、大果臭椿,落叶乔木,其叶面深绿色,背面灰绿色,揉碎后具臭味,因而得名臭椿。是中原优良乡土树种。

一、生态特征

臭椿,落叶乔木,其高可达28~25 m,臭椿,树皮灰色或灰黑色,另外,树皮平滑而有直纹,粗糙不裂;平均高达25~30 m,胸径0.5~1 m,树冠开阔平顶形、无顶芽;嫩枝有髓,幼时被黄色或黄褐色柔毛,后脱落,小枝粗壮;叶面深绿色,背面灰绿色,叶痕大,奇数羽状复叶,小叶13~25,卵状披针形,齿1~2对,小叶上部全缘,缘有细毛,下面有白粉,无毛或仅沿中脉有毛,揉碎后具臭味;花期4~5月;翅果淡褐色,纺锤形,果熟期9~10月。

二、生长习性

臭椿,强喜光,生长快,深根性,根蘖性强,抗风沙,耐烟尘及有害气体能力极强,寿命长。臭椿的特性,枝叶繁茂,春季嫩叶紫红色,秋季满树红色翅果,颇为美观,臭椿为阳性树种,喜生于向阳山坡或灌丛中,不耐阴。适应性强,除黏土外,在各种土壤和中性、酸性及钙质土上都能生长,适生于深厚、肥沃、湿润的沙质土壤。耐寒,耐旱,不耐水湿。对土壤要求不严,可以在25年内达到15 m的高度。适应干冷气候,能耐-35 ℃低温。对土壤适应性强,耐干旱、瘠薄,在山区和石缝中生长,是石灰岩山地常见的树种。

三、主要分布

臭椿主要分布于山东、河南、陕西、甘肃、青海及长江流域等地。河南省三门峡、安阳、平顶山、许昌、漯河、洛阳、开封、新乡等大部分地区均有零星种植。臭椿在平顶山市舞钢市主要分布在尚店镇、枣林镇、铁山乡、庙街乡、杨庄乡等地,孤立野生生长。臭椿树干通直高大,树冠开阔、圆整如半球状,颇为壮观,叶大荫浓,新春嫩叶红色,秋季翅果红黄相间,叶及开花时有微臭,具有适应性强、耐瘠薄、好管理等优点,是河南优良乡土树种。

四、引种繁育与造林绿化

臭椿优良苗木通常采用播种繁育;另外,分蘖或插根繁殖成活率也很高,苗期需要加强管理,及时抹侧芽、除萌蘖,也可以培育具良好主干的苗木。

(一)引种繁育苗木技术

1. 苗圃地选择

臭椿苗木繁育的苗圃地要选排水方便、浇水便捷、深厚肥沃、交通方便的土地。

2. 苗圃地的整地

作为苗圃地的整地,10~12月,及时深翻土地,做到深耕细耙。同时每亩施入农家肥6 000~8 000 kg、复合肥80~100 kg,作底肥。经过冬天的严寒低温冻土,土壤疏松,方便来年播种繁育苗木,促进种子出芽、出苗一致,提高苗木生长质量和效益。

3. 种子采收

臭椿苗木播种繁殖的种子,要选择优良、无病虫害、健壮的大树为采种母树。9月下旬,臭椿的翅果成熟时,人工及时采果,即剪除果穗。剪除果穗时,把果穗和小枝一起剪下,在晒场统一集中晾晒,晾晒2~3天,人工击打果穗取出种子,再次晾晒果实1~2天,晾干去杂后干藏库房备用。

4. 播种时间

臭椿播种育苗容易，以春季播种为宜。在黄河流域一带有晚霜为害，所以春播不宜过早。播种时间选择在 3 月上旬至 4 月下旬进行播种即可。

5. 种子播种

臭椿种子播种前，要进行种子处理，即用始温 40 ℃的水浸种 20～24 小时，捞出后放置在温暖的向阳处混沙催芽，沙一定选择流水的河沙，这样的河沙干净无菌，河沙与种子的比例为 2∶1，温度 20～25 ℃，白天用草帘保温，夜间在草帘上添加麻袋片保温保湿，8～10 天种子有一半裂嘴即可播种。播种通常用低床或垄作育苗，行距 25～35 cm，覆土 1～1.4 cm，略镇压。因为种子发芽率 70%～80%，所以每亩播种量 5～7 kg。4～5 天幼苗开始出土，种子发芽适宜温度为 9～15 ℃，一年生苗高达 60～100 cm，地径 0.5～1.8 cm。

6. 肥水管理

5～9 月，臭椿苗木生长期，根据天气干旱情况，及时浇水 1～2 次，施入化肥 1～2 次，确保新生幼苗快速健壮生长。

7. 苗期管理

臭椿造林用的苗木生长 1～2 年内，要在 3 月至 4 月中旬平茬一次，当年苗木树高可达 2～3 m，尤其是在 4～5 月选留一个壮健的萌芽条，进行摘芽抚育，待树高成长达到 3～5 m，即造林苗木要求高度时停止摘芽，使长高渐渐减弱，增进胸径成长健壮。为保障优势植株迅速成长，须趁早去掉除掉弱苗。普通立地条件好的，幼苗成长快，间苗时间要早，及时管理，促进苗木生长。特别记住，苗木幼苗期每米长留苗 8～10 株，每亩苗 1.2 万～1.6 万株，当年生苗高 60～180 cm。最好每年春季，3～4 月移植一次，截断主根，促进侧须根生长，提高苗木健壮生长，早日出圃销售。

（二）主要病虫害的发生与防治技术

臭椿叶、干具有特殊气味，对病虫害抵抗能力较强。常见病害有白粉病；为害苗木的食叶害虫主要有旋皮夜蛾、蓖麻蚕；刺吸枝干害虫常见的是斑衣蜡蝉；蛀干害虫常见的是臭椿沟眶象、沟眶象。

1. 主要虫害的发生与防治

（1）主要虫害的发生。臭椿主要虫害是旋皮夜蛾、蓖麻蚕、斑衣蜡蝉，它们 1 年 1 代，危害叶片、嫩枝。臭椿沟眶象、沟眶象这两种害虫是蛀干害虫，它们食性单一，1～2 年 1 代，幼虫在树干内，以幼虫蛀食枝、干的韧皮部和木质部越冬，第二年 5 月化蛹或羽化成虫危害，是专门危害臭椿的一种枝干害虫，危害轻的幼树干枯缓慢死亡；大树受害后 3～5 年，导致缓慢枯枝，造成树势衰弱，因切断了树木的输导组织，缓慢整株死亡。

（2）主要虫害的防治。入冬 12 月至第二年 3 月上旬，人工在其树梢、树身上检查旋皮夜蛾、樗蚕蛾、斑衣蜡蝉等茧或卵块，发现茧或蛹及时灭杀。育苗生长期，检查树下的虫粪及树上的被害状，发觉幼虫，人工震荡树枝，幼虫吐丝下树，人工灭杀幼虫；或幼虫期用敌敌畏乳油 2 000 倍液等喷洒防治；或在幼虫或若虫期喷洒 25%灭幼脲 3 号 1 000 倍液或 20%杀灭菊酯乳油 2 000 倍液进行防治。臭椿沟眶象、沟眶象是检疫对象，此虫食性单一，是专门危害臭椿的一种枝干害虫，主要以幼虫蛀食枝、干的韧皮部和木质部，成虫羽化大多在夜间和清晨进行，有补充营养习性，取食顶芽、侧芽或叶柄，成虫很少起飞，善爬行，喜群聚危害,危害严重的树干上布满了羽化孔。人工林和行道树受害较严重。因臭椿沟眶象飞翔力差,自然扩散靠成虫爬行,人工及时捕捉成虫;或对成虫喷布氯氰菊酯 1 200 倍液灭杀。另外,在造林选择苗木时,对采购的苗木进行检疫,或为调运携带有虫的苗木喷布药物防治灭杀,确保苗木安全合格,才能造林。

2. 主要病害的发生与防治

(1)主要病害的发生。臭椿主要病害是白粉病。白粉病主要危害叶片,5~9 月,因为苗木生长期气温高、雨水多湿度大,苗木极易发生白粉病的危害,叶片有白色粉状,影响叶片生长,树势衰弱。

(2)主要病害的防治。一是要加强肥、水管理,适当增施化肥,使植株生长健壮,以提高抗害能力;二是在发病期或苗木生长期,均可用 0.5%波尔多液或 5%百茵清可湿性粉剂 600~750 倍液喷雾,每 8~10 天喷 1 次。

五、臭椿的作用与价值

(1)观赏价值。臭椿春季嫩叶紫红色,秋季红果满树,是良好的观赏树和行道树。同时,可孤植、丛植或与其他树种混栽,适宜于农村、景观、社区等造林绿化。枝叶繁茂,冠幅颇为美观,干通直高大,叶对氯气抗性中等,树姿端庄,适应性强,抗风力强,耐烟尘,可作园林风景树和行道树,以及美丽乡村美化绿化用途。

(2)用材价值。臭椿材质坚韧、纹理直,具光泽,易加工,木材黄白色,是建筑和家具制作的优良用材。臭椿因其木纤维长,也是造纸的优质原料。

(3)药用价值。臭椿树皮、根皮、果实均可入药,有清热利湿、收敛止痢、收涩止带、止泻、止血之功效。中药文献记载,臭椿有"小毒",只供煎汤外洗使用。

(4)造林作用。臭椿是中原地区黄土丘陵、石质山区主要造林先锋树种臭椿生长迅速,适应性强、容易繁殖,病虫害少,材质优良,用途广泛,同时耐干旱瘠薄,是我国北部地区黄土丘陵、石质山区主要造林优良树种。同时,臭椿又是水土保持和盐碱地的土壤改良树种,臭椿适应性强,萌蘖力强,根系发达,属深根性树种,是水土保持的良好树种。同时耐盐碱,也是盐碱地绿化的好树种。

(5)环保作用。臭椿对二氧化硫、氯气、氟化氢、二氧化氮的抗性极强,而二氧化硫、氯气、氟化氢、二氧化氮是工矿区的主要排放物,臭椿具有较强的抗烟能力,所以是工矿区绿化的良好树种。另外,臭椿在石灰岩地区生长良好,可作石灰岩地区的造林树种。

(6)饲料价值。臭椿树叶可作饲料,可以饲养樗蚕,丝可织椿绸。

(7)油料价值。臭椿可以作植物油料作物,臭椿种子含油 30%~35%,含油量大,可以炼油,出油率 25%,可作为工业油、芳香油的原料,主要可用于机械用油和油漆、制皂等。

40 乌 桕

乌桕,学名:*Sapium sebiferum* (L.) Roxb,大戟科乌桕属,又名腊子树、桕子树、木子树、乌桖、桕树、木蜡树、木油树、木梓树、蜡烛树、油籽(子)树、洋辣子、桕桕树等。落叶乔木,为中国特有的经济树种;为工业用木本油料树种,又称再生生物油树种。

一、形态特征

乌桕，落叶乔木，平均高达 15~20 m，胸径 50~60 cm，树冠近球形；各部均无毛而具乳状汁液；树皮暗灰色，有纵裂纹；枝广展，具皮孔；叶菱形或菱状卵形，全缘，叶柄细长，叶互生，长 3~8 cm、宽 3~9 cm。花序顶生，花黄绿色，花期 5~7 月；果扁球形，黑色含油，或黑褐色，熟时开裂，种子黑色，外被白色蜡质，果实冬天不落，果熟期 10~11 月。

二、生长习性

乌桕喜光，耐寒性不强。耐瘠薄，对土壤适应性较强，河岸、平原、低山丘陵黏质红壤、山地红黄壤都能生长。以深厚、湿润、肥沃的冲积土生长最好。能耐短期积水，耐干旱，抗二氧化硫和氯化氢的污染能力强。适生于深厚肥沃、含水丰富的土壤，对酸性、钙质土、盐碱土均能适应。主根发达，抗风力强，耐水湿。寿命较长。土壤水分条件好生长旺盛。乌桕是一种色叶树种，春秋季叶色红艳夺目。

三、主要分布

乌桕要分布于河南、山东、安徽、四川、贵州、云南、浙江、湖北、四川、贵州、安徽、云南、江西、福建等地。中原地区主要分布于鲁山、叶县、栾川、舞钢、三门峡、南阳、驻马店、信阳、漯河、许昌等地，是河南优良乡土树种。舞钢市主要分布在铁山乡、庙街乡、尹集镇、杨庄乡、尚店镇等地的村旁、河畔、丘陵，孤立生长。

四、引种繁育与造林绿化

乌桕优良苗木繁育技术主要是播种繁殖，种子需要脱蜡、催芽才能出芽。乌桕自然条件下出芽率底，新生繁育小苗要加强管理，可适当密植、剥侧芽、施肥，以培育通直的大苗。

（一）引种繁育苗木技术

1. 苗圃地的选择

苗圃地应该选择在向阳、肥沃、深厚、排灌良好的湿润土壤或者沙壤地。

2. 苗圃地整理

精耕细耙苗圃地，土层深度为 40~50 cm。每亩苗圃地施腐熟农家肥或猪粪 8 000~10 000 kg 为基肥。施肥后，用小型的旋耕机将苗圃地深翻一遍，翻土深度为 30 cm，接着用耙子将土面耙平整。再做苗床开沟。苗床开沟，将苗床起成高 15~20 cm、宽 1~1.2 m、长 15~20 m 的沙土软床，沟宽 25~30 cm，苗床以南北向为好，利于充分光照。然后，在苗床上开 3~5 cm 的条形播种沟。播种沟的距离在 20~25 cm，以便于工作中管理。

3. 种子选择

乌桕苗木繁育种子的采收，选择进入盛产期、无病虫害的母树，且要求种子充分成熟。可以果壳开裂、种子露白为种子成熟的标志。若采收过早，则因种子发育不充分而影响播种后的发芽、生长。

4. 种子采收

乌桕 11 月中下旬即可采收种子。此时，种子果壳脱落，露出洁白种仁。要选结实丰富、种粒大、种仁饱满、蜡皮厚的采收。采种的方法，人工短截结果枝，取种子。采下的种子需要晒2~3天室内储藏。

5. 种子浸种

选择储藏一年的种子，种子颗粒要大，而且种仁要饱满。因为合格的种子播种后发芽率高，出苗整齐。乌桕的种质很硬，还包裹着一层蜡质。需要做碱液浸泡处理。即播种前浸种，选择好清水和石灰，用浓度为5%的石灰水溶液，将种子浸入石灰水中，连续浸种48个小时，其间需要搅拌3~5次。浸种的目的，一是软化蜡层；二是软化坚硬的种皮，使水分得以进入种仁，方便更进一步做种子处理。48小时后，从石灰水中漓出种子。

6. 搓种晾种

人工搓种，准备好盆和搓衣板，戴好手套，在搓衣板上用力揉搓种子，直到去掉蜡质层。搓种完成了，再将种子浸没在清水中，去掉浮在水面的瘪子，将残留在种子表面的蜡被处理干净。还要准备好吸水纸，将种子铺开，让它们自然晾干水分。经过这样处理的种子，发芽率高达80%以上。

7. 种子播种

春播，2~3月进行。播种一定要尽量均匀，不能太密，否则日后影响长势，间苗的工作量大。以每3~4 cm播1粒种子为最好。乌桕树条播的播种量以每亩播种7~9 kg为宜。播种之后，覆盖疏松的土壤，如果冬季播种，气候干燥，播种要深，覆土要厚些；春季播种要浅，覆土要薄些，春季覆土厚度在2~3 cm即可。

(二)苗木管理技术

1. 肥水管理

乌桕播种覆土后，将苗床覆盖好，及时浇水，增加湿度和水分，促进种子出芽。即播种后20~30天就破土出苗。小苗已经长出两片嫩叶，变成嫩绿色，50~60天，幼苗就全部出齐。5~6月，苗木生长前期，在除草间苗时，地下部分生长速度较快，而地上部分生长较慢，要追施一次复合肥，每亩地的用肥量5~10 kg。6~8月，苗木进入速生期，苗高生长到60~100 cm。这期间，苗木地对水和肥料的需求量增大，要抓好间苗、追肥、抗旱和防虫工作。

2. 松土除草

4~5月，苗木进入快速生长前期，由于小苗占的空间小，苗圃地杂草生长的空间大，这些杂草抢夺嫩苗的营养，要及时除掉。做到勤除草，25~30天除草1~2次，同时除草后要间苗。幼苗出土后，生长到10~12 cm开始间苗，直到生长到30 cm，这期间都要随着幼苗的生长而间苗。人工拔除密集幼苗、生长势弱的幼苗。因为密度过大时，苗木的营养消耗大，并且相互遮阴，影响了苗木的光合作用。间苗宜尽量早，要分次间苗。

3. 修剪管理

一般到了第三年春夏，乌桕幼树高度达到2 m之上，树冠也达到2 m宽。茎粗在7~8 cm。到了第三年的4~5月，进一步做幼树整形修剪，要修剪培育二级主干枝，促进苗木快速生长成型。

(三)主要病虫害的发生与防治技术

1. 主要虫害的发生与防治

(1)主要虫害的发生。乌桕苗木速生期的主要虫害是黄毒蛾、樗蚕、黄刺蛾、绿尾大蚕蛾、柳兰叶甲、大蓑蛾、蚜虫等。这几种虫害都是可以羽化的虫类。它们危害叶片,造成叶片残缺不全。其中以金龟子、蚜虫危害最严重和危害较为普遍。

(2)主要虫害的防治。蚜虫发生危害高峰期,用杀虫剂 40%用 1.2%的烟碱乳油 800~1 000 倍液或吡虫啉 1 200 倍液等喷杀,喷杀 2~3 次,有效杀灭蚜虫。黄毒蛾、樗蚕、绿尾大蚕蛾、柳兰叶甲、金龟子、大蓑蛾,用灭幼脲 3 号悬浮剂 2 000~2 500 倍液喷洒苗木叶片防治。或发现虫卵和虫茧,一定要人工摘除。在夏季高温季节,以早晨及傍晚喷施为宜。喷药要均匀周到,并以叶背为重点,虫口密度大、危害重的苗圃,在 50~60 天之内,需隔 5~7 天喷药 1 次,药剂交替使用可提高防治效果。或用 20%除虫脲 8 000 倍液、0.5%蔬果净(楝素)乳油 600 倍液、Bt 乳剂 50 倍液或灭幼脲 3 号悬浮剂 2 000~2 500 倍液喷洒防治。发生大蓑蛾,可用人工摘除结合剪枝的方法防治。

2. 主要病害的发生与防治

(1)主要病害的发生。乌桕抗病性强,在生长期病害较少见。生长期的主要病害有轮斑病、褐斑病、卷叶病等。5~9 月,主要集中在树木生长期发生,重叠危害叶片或枝干。受害轻时,叶片无光泽、有斑块,造成叶片部分落叶;受害严重的时候,叶片呈现干枯或早期落叶,影响树势生长。另外,乌桕幼苗期具有较强的抗病能力,一、二年生幼树未见发生病害,3 年生以上大树的叶片会发生轮斑病、褐斑病、叶枯病。该几种病害在生长期的 7 月侵害叶片,发病叶片呈黄褐色至深褐色枯斑或枯叶,发病部位由叶缘向叶片中部侵染,严重时造成落叶,影响植株生长。

(2)主要病害的防治。11~12 月,及时开展冬季清园,集中烧毁落叶,可以消灭病菌或幼虫。5~9 月,苗木生长期,对苗木全面喷布百菌清或多菌灵、三唑酮等药物,喷布 800~1 000 倍液,最好是连续喷布,交替喷布最好。

五、乌桕的作用与价值

(1)观赏价值。乌桕又名蜡子树、木蜡油树等,落叶乔木。其秋季叶深红、紫红或杏黄,娇艳夺目;冬天落叶后,乌桕树满树白色果实,似小白花,果实冬天不落,是公园、小区、新农村建设的观赏植物。同时,乌桕在城乡绿化、庭园美化、公园绿地建设,以及河边、池畔、溪流旁、建筑周围作绿化树、护堤树、行道树等。同时,乌桕与各种常绿或落叶的秋景树种混植于风景林景点,具有良好的景观效益,乌桕具有极高的观赏价值。

(2)药用价值。乌桕以根皮、树皮、叶入药。根皮及树皮四季可采,切片晒干;叶多鲜用,具杀虫、解毒、利尿、通便等功效。毒蛇咬伤;外用治疗疮、鸡眼、乳腺炎、跌打损伤、湿疹、皮炎。

(3)油料价值。种子外被之蜡质称为“桕蜡”,可提制“皮油”,供制高级香皂、蜡纸、蜡烛等;种仁榨取的油称“桕油”或“青油”,供油漆、油墨等用。

(4)用材价值。乌桕适应性强,耐干旱、耐瘠薄,其材质也是优良木材,表现在木材坚硬,纹理细致,用途广,是良好的山区造林、荒山绿化用途树种。

41 楸 树

楸树，学名：*Catalpabungei*，紫葳科梓树属，又名旱楸蒜台、水桐、梓桐、金丝楸等，落叶乔木，是中原地区优良乡土树种。

一、形态特征

楸树，落叶乔木，平均高20~30 m，胸径50~60 cm。树冠窄长倒卵形；树干耸直，主枝开阔伸展；树皮灰褐色、浅纵裂，小枝灰绿色、无毛。叶三角状卵形，长6~16 cm，有紫色腺斑。叶柄长2~8 cm，幼树之叶常浅裂。总状花序伞房状排列，花冠浅粉色，有紫色斑点，花期5月；果为蒴果，长25~50 cm、径5~6 mm。种子连毛长3.5~5 cm，果熟期8~10月。

二、生长习性

楸树喜光，较耐寒，适生于年平均气温10~15 ℃、降水量650~1 150 mm的环境。喜深厚肥沃、湿润的土壤，不耐干旱、积水。萌蘖性强，幼树生长慢，8~10年以后生长加快，侧根发达。耐烟尘、抗有害气体能力强，生长寿命长。

三、主要分布

楸树原产中国，主要分布于河南、山东、山西、河北、陕西、甘肃、江苏、浙江、湖南、广西、贵州、云南等地种植栽培。中原地区主要分布于舞钢、平顶山、漯河、许昌、洛阳、开封、三门峡、焦作、安阳、周口等地，是中原地区优良乡土树种。

四、引种繁育与造林绿化

楸树优良苗木繁育技术，主要采用播种育苗；为了保证品种纯正，也可以嫁接繁育苗木。其播种技术如下。

（一）引种繁育苗木技术

1. 苗圃地的选择

楸树苗圃地应选择在交通便利、地势平坦、水源充足、土层厚度50~60 cm、土壤肥沃的沙质土壤上。

2. 采收种子

楸树采种，选择在20~35年生的健壮母树和优种树上采种。9月上旬至10月，当果荚由黄绿色变为灰褐色、果荚顶端微裂时种子就已成熟，采下果实摊晾晒干后脱粒既得种子，储存备用。

3. 种子处理

种子处理是提高出芽率的重要技术措施，处理后种子早发芽、早出苗、出苗齐。播种前必须进行催芽处理。把楸树种子放到28~30 ℃的温水中浸泡12小时，捞出种子放在筐内或编织袋内，每天用清水早晚各冲种子一次，5~7天种子裂嘴露白即可播种。

4. 整理作畦

苗圃地精耕细耙后，然后按南北方向整畦做床，畦宽 1.8~2.2 m，长依地形而定。

5. 大田播种

3 月上旬，大田播种。播前畦床要灌足水，条沟撒播，沟宽 5~10 cm、深 1.5~2 cm，行距 30~35 cm，穴状点播，每穴 3~5 粒种子，穴距 20~25 cm。覆盖土厚 0.5~1.0 cm，每亩播种量 1~1.5 kg，播种 8 000~10 000 粒。播后用细碎杂草、细湿沙和细土各 1/3 拌匀过筛后覆盖，厚度 0.5~1.0 cm。覆土后畦床面架设薄膜小拱棚，既增温又保湿，给幼苗出土和生长提供有利繁育条件。

6. 肥水管理

楸树对水分的要求比较严格，在日常养护中应加以重视。以春天栽植的苗子为例，除浇好头三水外，还应在 5 月、6 月、9 月、10 月各浇两次透水，7~8 月是降水丰沛期，如果不是过于干旱则可以不浇水，12 月初要浇足浇透防冻水，第二年春天，3 月初应及时浇返青水，4~10 月，每月浇 1~2 次透水；12 月初浇防冻水，第三年可按第二年的方法浇水，第四年后除浇好返青水和防冻水外，可靠自然降水生长，但天气过于干旱，降水少时仍应浇水。楸树喜肥，除在栽植时施足基肥外，还可在 5 月初给植株施用些尿素，可使植株枝叶繁茂。

7. 幼苗管理

5~8 月，苗木快速生长期，人工及时拔草和锄草，最好在 3~5 天除草一次。锄草只能在苗木稍大时进行，即苗木高 10~15 cm，苗木太小用锄除草容易伤苗或伤幼苗，采取人工进行最好。

（二）主要病虫害的发生与防治技术

1. 主要虫害的发生与防治

（1）主要虫害的发生。楸树主要害虫是楸螟，楸螟以幼虫钻柱嫩梢、树枝及幼干，容易造成枯梢、风折、断头及干形弯曲。不仅显著影响林木正常生长，而且降低木材工艺价值。楸螟 1 年发生 2 代，以老熟幼虫在枝、干中越冬。5 月为第 2 代成虫羽化盛期及第 1 代幼虫孵化盛期，世代较整齐。

（2）主要虫害的防治。第一，人工剪除被害虫危害的枝条，然后销毁；第二，当成虫出现时，可以喷洒敌百虫或马拉松 1 000 倍液，以此来毒杀成虫和最初孵化的幼虫；第三，第 2 代成虫羽化盛期及第 1 代幼虫孵化盛期，即 5 月中旬，进行药剂防治，喷洒 90%敌百虫 1 000~1 500 倍液，或 50%杀螟松乳油 1 000 倍液 3~4 次，每隔 5~7 天喷布一次；第四，根部埋敌百虫等药物防治地下幼虫。

2. 主要病害的发生与防治

（1）主要病害的发生。楸树主要病害是炭疽病，当楸树感染炭疽病时，其叶片和嫩梢受危害较大，在高温高湿及通风较差的情况下容易发病；楸树染上炭疽病后，其在缓慢发病后叶片呈现枯萎或萎蔫，逐步造成早期脱落。

（2）主要病害的防治。其主要技术措施是，在通风透光的环境下养护，进行良好的水肥养护，这样可以自然提高植株的抗病能力，但是如果植株感染炭疽病，可在此时通过喷洒防病制剂如炭疽福美可湿性颗粒 500~600 倍液的方法进行防治，每隔 7~10 天喷布 1 次，连续喷 3~4 次，效果显著。

五、楸树的作用与价值

楸树材质优良,纹理直,不翘不裂,耐腐朽,用途广;树姿秀丽雄伟,叶大荫浓,花朵美丽,是很受人们喜欢的乡土树种之一。主要用途为城乡绿化建设的庭荫树、行道树、风景树、公园或草地或山坡的绿化树。

(1)用材价值。楸树是中国珍贵的用材树种之一,其材质好、坚实美观、用途广、经济价值高,居百木之首。楸树环孔材,早材窄,晚材宽,年轮清晰;心材中含有浸填体。木材密度 0.62 g/m^2,相当于楠木、苦楝、核桃楸等优质木材。楸木属阔叶树高级材种;抗拉强度中等,小于栎类等硬材,大于杨、柳、榆类等软材种;抗弯强度极大超过多数针阔叶树种;抗冲击韧性较高,列阔叶树材之前茅。楸树木材具有许多构造上的特点和工艺上的优良特性。其树干直、节少、材性好;木材纹理通直、花纹美观、质地坚韧致密、坚固耐用,绝缘性能好,耐水湿、耐腐,不易虫蛀;加工容易、切面光滑、钉着力中等、油漆和胶粘力佳。楸材用途广泛,被国家列为重要材种,专门用来加工高档商品和特种产品。主要用于枪托、模型、船舶,还是人造板很好的贴面板和装饰材;此外还用于车厢、乐器、工艺、文化体育用品等。

(2)观赏价值。楸树枝干挺拔,楸花淡红素雅,自古以来楸树就广泛栽植于皇宫庭院、胜景名园之中,如北京的故宫、北海、颐和园、大觉寺等游览胜地和名寺古刹到处可见百年以上的古楸树苍劲挺拔的风姿。楸树用于绿化的类型如密毛灰楸、灰楸、三裂楸、光叶楸等,或树形优美、花大色艳作园林观赏;或叶被密毛、皮糙枝密,有利于隔音、减声、防噪、滞尘,此类型分别在叶、花、枝、果、树皮、冠形方面独具风姿,具有较高的观赏价值和绿化效果。

(3)药用价值。楸树叶、树皮、种子均为中草药,有收敛止血、祛湿止痛之效。种子含有枸橼酸和碱盐,是治疗肾脏病、湿性腹膜炎、外肿性脚气病的良药。根、皮煮汤汁,外部涂洗治瘘疮及一切肿毒。同时,楸叶含有丰富的营养成分,嫩叶可食,花可炒菜或提炼芳香油。明代鲍山《野菜博录》中记载:食法,采花炸熟,油盐调食。或晒干、炸食、炒食皆可。也可作饲料,宋代苏轼《格致粗谈》记述:桐梓二树,花叶饲猪,立即肥大,且易养。

(4)生态作用。楸树喜肥土,生长迅速,树干通直,木材坚硬,为良好的建筑用材,根系发达,属深根性树种。5 年生楸树高 6.8 m,胸径 10 cm,主根深达 90 cm,根幅 1.3 m × 1.5 m。大于桑树、刺槐、柽柳、香椿、白蜡等树种。因此,固土防风能力强,耐寒、耐旱,是农田、铁路、公路、沟坎、河道防护的优良树种。此外,楸树树冠茂密,对二氧化硫、氯气等有毒气体有较强的抗性,能净化空气,是绿化城市、改善环境的优良树种。有较强的消声、抑尘、吸毒能力。村镇、厂矿、住宅、路旁广植楸树,可发净化空气,降低噪声。楸树根系发达,属深根性树种,对于防治水土流失、阻滞风蚀、固定沙丘、保护农田起到了很好的作用。

(5)造林作用。楸树的根系 80%以上集中在地表面 40 cm 以下的土层中,地表耕作层内须根很少,与农作物的根系基本错开,不会与农作物争水肥。是胁地最轻的乔木树种之一,是最为理想的农田林网防护树种。楸树还较耐水湿,据研究,抗涝可达 18~25 天,耐积水 10~15 天,仍能正常生长。因此,楸树是很好的固堤护渠的造林树种。

42　黄连木

黄连木，学名：*Pistac chinengsis*，漆树科黄连木属，又名黄连木、楷木、楷树、黄楝树、药树、药木等，落叶乔木。既是中原地区优良乡土树种，又是中国珍贵生物油树种。

一、形态特征

黄连木树高达 25~30 cm；树干扭曲，树皮暗褐色，呈鳞片状剥落，幼枝灰棕色，具细小皮孔，树皮裂成小方块状；小枝有柔毛，冬芽红褐色。叶为奇数羽状复叶、互生，有小叶 5~6 对，叶轴具条纹，被微柔毛，叶柄上面平，被微柔毛；小叶对生或近对生，纸质，披针形或卵状披针形或线状披针形，长 5~10 cm，宽 1.5~2.5 cm，先端渐尖或长渐尖，基部偏斜，全缘，两面沿中脉和侧脉被卷曲微柔毛或近无毛，侧脉和细脉两面突起；小叶柄长 1~2 mm。花小，单性异株，先花后叶，圆锥花序腋生，雄花序排列紧密，长 6~7 cm，雌花序排列疏松，长 15~20 cm，均被微柔毛，花梗长约 1 mm；核果球形，径约 6 mm，熟时红色或紫蓝色，3~4 月开花，果 9~10 月成熟。

二、生长习性

黄连木喜光，幼树稍耐阴；喜温暖，畏严寒；耐干旱瘠薄，对土壤要求不严，微酸性、中性和微碱性的沙质、黏质土均能适应，而以在肥沃、湿润、排水良好的石灰岩山地生长最好。深根性，主根发达，抗风力强，萌芽力强。生长较慢，寿命可长达 300 年以上。适应性强，对二氧化硫、氯化氢和煤烟的抗性较强。

三、主要分布

黄连木主要分布于河北、河南、湖北、湖南、山西、陕西、山东、广东、贵州、四川、西藏、青海、北京、广西、云南等地。中原地区主要分布于焦作、济源、安阳、三门峡、鲁山、卢氏、栾川、平顶山、南阳、西峡、桐柏、舞钢等地。黄连木树在河南省舞钢市分布在庙街乡、铁山乡、尹集镇、杨庄乡、尚店镇等地，海拔 100~400 m 的谷地、山腰、河沿、田边、荒野均有散生，亦有生于林缘、疏林，密林中少见。尤其是山区的村庄、山沟、丘陵等地。其中杨庄乡的五座窑村冯庄有 100 年生的树 10 棵以上，最大的一棵冠幅 23.4 m、胸径 2.3 m，树龄在 300 年以上，3 人合围才能抱住，树势健壮。在中国分布广泛，在温带、亚热带和热带地区均能正常生长。

四、引种繁育与造林绿化

近年来，黄连木作为城市、乡村绿化观赏树种已被广泛造林栽培。黄连木苗木供不应求，为了给大面积种植黄连木提供优质苗木，总结大田育苗关键技术如下。

（一）引种繁育苗木技术

1. 苗圃地的选择

黄连木喜光，应选光照充足、排水良好、土壤深厚肥沃的沙壤土、交通方便的地方作为繁育苗木基地。

2. 土壤整地

苗圃整地时,要深翻土壤,尽力打碎成细土。同时,每亩地施入 5 000~8 000 kg 的农家肥作基肥,要随施肥施入 50%的辛硫磷 800 倍液或森得保 65 kg,防治地下害虫;土壤施入硫酸亚铁磨碎每亩施入 50 kg,可以防治新生幼苗发生立枯病。

3. 种子采种

黄连木 3~4 月开花,10 月果实成熟。当果实由红色变为铜锈色时即成熟,此时,要选择生长健壮母株上充分成熟的果穗,熟后 10~15 天左右人工采收。采下果实,用水漂去虫果(通常为红色)、不饱满果。捞出下沉绿色果,注意,铜绿色核果具成熟饱满的种子,红色、淡红色果多为空粒。

4. 种子储藏

种子分干藏和湿藏两种,干藏适合大量储藏种子,湿藏适宜少量储藏种子或催芽。干藏的将果实采收后晾干,装入透气良好的袋子内,在低温、干燥条件下储藏备用。湿藏的将阴干的种子按种沙 1∶3比例混合后放入层积坑内或堆积于背风向阳地面,用草席或塑料布覆盖,防止失水。在层积坑内垂直预埋几束秸秆,用于通气。河沙湿度以手握成团不滴水为宜。覆沙成馒头状,来年春季种子有 1/3 露白时即可播种。另外,种子处理方法是,采收后的种子,要及时将采收的果实放入 40~50 ℃的草木灰温水中浸泡 2~3 天,搓烂果肉,除去蜡质和漂浮在面上的空种子,然后,在阴凉处阴干 3~5 天后储藏备播。

5. 净种去蜡

春季 3 月,播种前,将种子和水稻壳按重量比 10∶4、体积比 1∶1的比例放入打米机中脱去油蜡质层,后用风车将谷壳吹走,达到净种的目的。将纯净的种子放入尼龙袋子中,并浸泡在 0.5%洗衣粉中 4~5 天或者是 5%生石灰水中 2~3 天,泡好后用脚在尼龙袋上反复用力搓烂种子,并且和袋子一起用清水冲洗多次,至种子干净,可明显提高发芽率。

6. 播种时间

春播,气温适宜、湿度大、墒情好,出芽率高,一般林农选择在 3 月上旬至 4 月中旬进行。

7. 播种育苗

一般在 3 月中旬左右播种,或在清明过后播种,最好是采取开沟条播。挖条状沟,沟距 25~30 cm,播幅为 5~6 cm,深 2~3 cm,将种子撒入沟内。苗床宽度为 1.5~2 m,另外加 50~60 cm 的过道种植玉米或芝麻等农作物,用来遮阴。另外,可以撒播,将种子均匀撒入沟内,用种量每亩播种 12~15 kg,覆土 2~3 cm,轻轻压实,后将稻谷壳撒到苗床面上,其通气性、保温、保湿均好,又可防“倒春寒”,整个生长期不必清除,可以促进苗木快速生长。

(二)苗木管理技术

1. 间苗管理

黄连木从播种到出苗结束历时 27~30 天,种子出苗前,要保持土壤湿润,为提高成活率,要早间苗,第 1 次间苗在苗高 3~4 cm 时进行,去弱留强。以后根据幼苗生长发育间苗 1~2 次,最后 1 次间苗,应在苗高 14~16 cm 时进行。

2. 施肥管理

幼苗期，要根据幼苗的生长情况施肥，生长初期即可开始追肥，但追肥浓度应根据苗木情况由稀渐浓，量少次多。幼苗生长期，以施氮肥、磷肥为主；速生期，氮肥、磷肥、钾肥混用；苗木硬化期，以施钾肥为主，停施氮肥。10 月中旬后抽的新梢易受霜冻危害，因此 8 月下旬后必须停止施肥，以控制抽梢。

3. 除草管理

及时松土除草，且多在雨后进行，行内松土深度要浅于覆土厚度，行间松土可适当加深。一般一年生苗高可达 60~100 cm，产苗每亩达到 3 000~4 000 株。

（三）主要病虫害发生与防治技术

1. 主要虫害的发生与防治

（1）主要虫害的发生。黄连木主要害虫，第一是种子小蜂，该虫主要以幼虫危害果实。成虫产卵于果实的内壁上，初孵幼虫取食果皮内壁和胚外海绵组织，稍大时咬破种皮，钻入胚内，取食胚乳和发育中的子叶，到幼虫老熟可将子叶全部吃光。受害黄连木果实，幼小时遇到不良天气容易变黑干枯脱落；第二是缀叶丛螟，主要是取食危害叶片，幼虫在两块叶片间吐丝结网，缀小枝叶为一巢，取食其中。随着虫体增大，食量增加，缀叶由少到多，将多个叶片缀成 1 个大巢，严重时将叶片全部食光，造成树枝光秃，影响黄连木的正常生长。第三是刺蛾类，主要有黄刺蛾、褐边绿刺蛾等，在黄连木产区零星发生。杂食性，主要以幼虫危害叶片，影响树势和产量。第四是黄连木尺蛾，又叫木尺蠖。食性很杂，幼虫对黄连木、刺槐、核桃等食害十分严重，可使黄连木减产 20%~50%，黄连木尺蛾危害严重，有的一个枝条上有 2~5 条 5~6 龄的幼虫，叶片几乎被吃光。以幼虫蚕食叶片，是一种暴食性害虫，大发生时可在 3~5 天内将全树叶片吃光，严重影响树势和产量。

（2）主要虫害的防治。黄连木主要害虫有种子小蜂、缀叶丛螟、刺蛾类、黄连木尺蛾等，在幼虫 3 龄前进行喷药防治幼虫；它们共同的特点是发生在苗木或树木生长期，即 4~9 月，每个月喷布一次 0.3%苦参碱 500~1 000 倍液，或 5%吡虫啉 1 300~1 500 倍液；或在蛾类食叶害虫为害顶梢和嫩叶时，用氧化乐果 1 000 倍液防治，防治率达 100%。另外，选择黑光灯诱杀，黄连木尺蛾、刺蛾类、黄连木缀叶丛螟等害虫的成虫均具有趋光性，在成虫羽化期，可在夜间用黑光灯或火堆诱杀成虫，减少虫口密度，减轻危害。种子小蜂烟剂防治效果不错，即对于黄连木生长集中、郁闭度较大或者缺水的山区，黄连木种子小蜂成虫羽化期可施放杀虫烟剂，每亩放敌敌畏烟剂 1~2 kg，能收到较好的效果。

2. 主要病害的发生与防治

（1）主要病害的发生。主要病害，第一是炭疽病，该病主要为害果实，同时还可以危害果梗、穗轴、嫩梢。果实受害后果粒生长减缓，果梗、穗轴干枯，严重时干死在树上，发病重的年份对黄连木产量影响很大，个别植株甚至绝收。果穗受害后，果梗、穗轴和果皮上出现褐色至黑褐色病斑，圆形或近圆形，中央下陷，病部有黑色小点产生，湿度大时，病斑小黑点处呈粉红色突起，即病菌的分生孢子盘及分生孢子。叶片感病后，病斑不规则，有的沿叶缘四周 1 cm 处枯黄，严重时全叶枯黄脱落。嫩枝感病后，常从顶端向下枯萎，叶片呈烧焦状脱落。第二是立枯病，立枯病发生在苗期，在播种时，种子刚发芽时受感染表现为种腐型；种子发芽后幼苗出土前受感染表现为芽腐型；幼苗出土后嫩茎未木质化前受感染表现为猝倒型;苗木木质化后,由于根部受感染,使根部发生腐烂,造成苗木枯死而不倒伏为立枯型。潮湿时病部长白色菌丝体或粉红色霉层,严重时造成病苗萎蔫死亡。

(2)主要病害的防治。萌芽前,喷铲除剂。春季3月,黄连木萌芽前,用5波美度石硫合剂均匀喷树体及周围的禾本科植物;消灭越冬炭疽病病菌和越冬梳齿毛根蚜卵等。黄连木幼苗,出土后,6~7月如遇连续阴雨天气,则应在雨停后抓紧扒土,在根茎部位施药防治苗木立枯病。炭疽病防治,发病前期喷百菌清500倍液或多菌灵600倍液等杀菌剂防治。

五、黄连木的作用与价值

黄连木枝密叶繁,秋叶变为橙黄或鲜红色;雌花序紫红色,能一直保持到深秋,很是美观,其皮、叶、果、根、枝浑身都是宝,同时又是中国的珍贵树种。

(1)木本油料。黄连木是优良的木本油料树种,具有出油率高、油品好的特点。研究结果证明,种子含油率42.26%,种仁含油率56.5%,种子出油率20%~30%,果壳含油量3.28%,是一种不干性油,油色淡黄绿色,带苦涩味,精制后可供使用;鲜叶含芳香油0.12%,可作保健食品添加剂和香熏剂等。所含的脂肪酸主要包括棕榈酸、油酸、亚油酸、棕榈油酸、硬脂酸、花生四烯酸、亚麻酸,其中油酸、亚油酸、棕榈酸3种脂肪酸的含量之和占脂肪酸总量的95%左右。另外,黄连木种子油可用于制肥皂、润滑油和照明,油饼可作饲料和肥料。叶含鞣质10.8%,果实含鞣质5.4%,可提制栲胶。果、叶亦可做黑色染料。黄连木种子含油量高,种子富含油脂,是一种木本油料树种。随着生物柴油技术的发展,黄连木被喻为“石油植物新秀”,已引起人们的极大关注,是制取生物柴油的上佳原料。

(2)食用价值。黄连木嫩叶有香味,经焖炒加工后可替代茶叶作饮料,清凉爽口,还可腌食作菜蔬。《植物名实图考》云:黄连木,江西、湖广多有之。大可合抱,高数丈,叶似椿而小,春时新芽微红黄色,人竞采其腌食,曝以为饮,味苦回甘如橄榄,暑天可清热生津。

(3)药用价值。黄连木树皮、叶可入药,根、枝、叶、皮还可制农药。树皮全年可采取,叶夏秋均可采收,性味苦,功能微寒,有清热、利湿、解毒之功效,可用来治痢疾、淋症、肿毒、牛皮癣、痔疮、风湿疮及漆疮初起等病症。并且将含黄连木树胶的组合物用到皮肤上,能使皮脂分泌得到控制,改善油的控制和皮肤的感觉,防止光亮和油腻,同时也提供抗老化效能,从而减轻皱纹和改善老化皮肤的外观与肤色,治疗光致老化皮肤,改善皮肤光泽、清洁性和美观性,是天然美容护肤品。

(4)观赏价值。黄连木喜光,适应性强,耐干旱瘠薄,对二氧化硫和烟的抗性较强。深根性,抗风力强,生长较慢,寿命长。黄连木,先叶开花,树冠浑圆,枝叶繁茂而秀丽,早春嫩叶红色,入秋叶又变成深红或橙黄色,红色的雌花序也极美观,是城市绿化及风景区的优良绿化树种,宜作庭荫树、行道树及观赏风景树,也常作“四旁”绿化及低山区造林树种。在园林中植于草坪、坡地、山谷或于山石、亭阁之旁配植,无不相宜。宜作庭荫树及山地风景树种。同时,在园林绿化、城乡美化、风景区、公园等地用作风景树、庭荫树、行道树,具有良好的观赏作用。

(5)蜜源和饲料作用。黄连木花期3~4月,花粉量多、含蜜量大,是早春重要的蜜源植物。种子经榨取油脂后的渣粕含有蛋白质和大量粗纤维,是牛、羊、猪等动物的优良饲料。

(6)用材价值。黄连木木材是环孔材,边材宽,灰黄色,心材黄褐色,材质坚重,纹理致密,结构匀细,不易开裂,耐腐,钉着力强,是建筑、家具、车辆、农具、雕刻、居室装饰的优质用材。

(7)造林作用。黄连木是中原地区优良乡土树种,常作"四旁"绿化及低山区造林树种。在园林中植于草坪、坡地、山谷或于山石、亭阁之旁配植无不相宜。若要构成大片秋色红叶林,可与槭类、枫香等混植,效果更好。

43　野鸦椿

野鸦椿,学名:*Euscaphis japonica* (Thunb.) Dippel,又名酒药花、鸡肾果(广西),鸡眼睛(四川),小山辣子、山海椒(云南),芽子木(湖南),红棕(湖北、四川)。落叶小乔木,省沽油科,是一种极具利用潜力的观赏树种。

一、形态特征

野鸦椿树高 2~8 m。树皮灰褐色,具纵条纹,小枝及芽红紫色,枝叶揉碎后发出恶臭气味。叶对生,奇数羽状复叶,长 8~33 cm,叶轴淡绿色,小叶 5~8 cm,厚纸质,长卵形或椭圆形,稀为圆形,长 4~8 cm、宽 2~5 cm,先端渐尖,基部钝圆,边缘具疏短锯齿,齿尖有腺体,主脉在上,叶面明显、叶背面突出,侧脉 8~11。圆锥花序顶生,花多,密集,黄白色,萼片与花瓣均 5,椭圆形,蓇葖果长 1~2 cm,果皮软革质,紫红色,有纵脉纹,种子近圆形,径 4~5 mm,假种皮肉质,黑色,有光泽。花期 5~6 月,果期 8~9 月。

二、生长习性

野鸦椿喜光、稍耐阴,喜深厚疏松、湿润的中性、微酸性土壤,亦耐瘠薄干燥。适生海拔 300~1 000 m,多生长于山脚、山谷,常与灌木混生,少有成片纯林。其幼苗耐阴,耐湿润,大树则偏阳喜光,耐寒性较强。在土层深厚、疏松、湿润、排水良好而且富含有机质的微酸性土壤上生长良好。

三、主要分布

野鸦椿主要分布于河北、河南、山东、安徽、广东、广西、云南、湖北、湖南等地。河南省舞钢市国有石漫滩林场三林区秤锤沟、仓房沟等林区仅有零星分布。最大树高 3~4 m,胸径 13~14 cm。野鸦椿因具有观花、观叶和赏果的效果,观赏价值高。

四、引种繁育与造林绿化

(一)引种繁育苗木技术

1. 种子采收与种子处理

采收优质健壮母树的种子作良种;种子需经催芽处理后,发芽率才能保证。一是用高温催芽,将未经处理的种子泡在 65~70 ℃的水中,等其自然冷却,浸种 18~24 小时后捞起直播，发芽率可达80%以上。水温太低，种壳难以软化吸水，播种发芽率不高；而特别注意水温超过80 ℃，种壳易开裂，裂后种胚容易被烫熟，发芽率也不高。二是保湿储藏法，即湿沙层积催芽。将种子采回后用湿沙拌种储藏，储藏期间，注意保湿，以软化种皮。待来年春天播种，发芽率高而整齐。如果不急于用苗，用这种方法处理是一种比较理想的选择。

2. 苗圃地选择与幼苗管理

苗圃地应该选择沙质壤土作苗床育苗，当幼苗芽苗长出4~5片真叶时移苗，可移入配制好的营养袋培育。幼苗期，一要遮阴防晒，有条件的最好在苗床上加盖遮阴网进行防晒；二要保持土壤湿润，苗床间要求通风，以防发病；三要防病、防虫。一般管理正常的当年苗高生长可达30~50 cm，第2年可达80~150 cm，就可出圃。

3. 分苗间苗

对1~2年生苗采取相对密植的方法管理培育，分栽栽植的适宜密度为：1年生苗分床株行距在0.5~0.7 m，具体视栽培管理条件而定。栽植地应选择排水良好、湿润、肥沃、土层深厚的微酸性土壤。一般4年生，树高可达2.5~3.0 m，胸径3~4 cm，7~8年后可大量开花。大苗移植容易成活，发芽能力强，适应性广。

(二)病虫防治技术

野鸦椿主要病虫害是根腐病、茎腐病和蚜虫、橡甲等。

(1)病害。7~8月，根腐病、茎腐病在高温多雨季节发生，造成苗木枯死；6月下旬，发生初期，可用5%的多菌灵可湿性粉剂600~800倍液或托布津900~1 000倍液喷布防治，每隔10~15天喷雾1次，连续2~3次即可防治根腐病与茎腐病。

(2)虫害。主要是蚜虫、橡甲，主要危害叶片。发现有食叶害虫蚜虫、橡甲发生时，4~6月，可用吡虫啉1 000~1 200倍液或苦参碱1 800~2 000倍液喷杀。

五、野鸦椿的作用与防治

(1)观赏价值。野鸦椿因具有观花、观叶和赏果的效果，观赏价值高。具有春花白银，秋果满枝，果熟荚裂，果皮反卷，内皮鲜红，种粒幽黑之特色。犹如满树红花点缀颗颗黑珍珠，十分奇特艳丽，令人赏心悦目，实为少有观赏树种。可用于庭园和公园、景区景观配植。亦可群植、丛植于草坪点缀，具有良好的观赏价值。

(2)经济价值。野鸦椿木材细腻，可为器具用材及小件家具用品；种子含油量25%~38%，种子油可制皂。树皮可提取栲胶。种子含油量25%以上，油可制皂。

(3)药用价值。野鸦椿可入药，有温中理气、消肿止痛、清热解毒、利湿功效。

44 丝绵木

丝绵木，学名：*Euonymus maackii* Rupr.，卫矛科卫矛属，别名白杜、明开夜合、华北卫矛、凉子木等，落叶小乔木。丝绵木树冠卵形或卵圆形，枝叶秀丽，入秋蒴果粉红色，果实有突出的四棱角，开裂后露出橘红色假种皮，果实久挂枝头不落，具有观赏价值。是园林绿化优良树种。

一、形态特征

丝绵木树高5~8 m。单叶对生,叶卵状椭圆形、卵圆形或窄椭圆形,长4~8 cm、宽2~5 cm,先端长渐尖,基部阔楔形或近圆形,边缘具细锯齿。聚伞花序3至多花,花4数,淡绿色或黄绿色,小花梗长2.5~4 mm;雄蕊花药紫红色。蒴果倒圆心状,4浅裂,长6~8 mm,直径9~10 mm,成熟后果皮粉红色。种子长椭圆状,种皮棕黄色,假种皮橙红色,成熟后顶端有小口。花期5~6月,果期9月。

二、生长习性

丝绵木喜光,稍耐阴,耐寒,耐干旱,适生海拔100~1 500 m的肥沃、湿润土壤。多生于山脚、沟边、山坡林内或旷野。对土壤要求不严,耐水湿,而以肥沃、湿润而排水良好的土壤生长最好。根系深而发达,能抗风;根蘖萌发力强,生长速度中等偏慢。对二氧化碳的抗性较强。

三、主要分布

丝绵木主要分布于黑龙江、吉林、辽宁、内蒙古、河北、山西、陕西、新疆、山东、江苏、安徽、上海、浙江、江西、福建、河南、湖北、湖南、广东、四川、云南等地。长江以南常以栽培为主。河南省舞钢市境内丘陵、山地沟谷、田边、旷野、河沿有散生分布。长岭头、官平院、瓦房沟、旁背山等林区混生于林下、疏林或灌丛。

四、引种繁育与造林绿化

丝绵木树形优美,枝叶秀丽,果实粉红色,果实久挂枝头不落,具有良好的观赏作用;随着城乡园林绿化、风景区美化、乡村振兴建设的发展需要,丝绵木被广泛应用,越来越受人们重视和喜爱。是园林绿化优良树种。丝绵木的引种繁殖速度加快,主要繁育技术有播种、分株、种条枝扦插等。

(一)引种繁育苗木技术

1.种实采集

丝棉木5月花开,10月果实成熟。10月中下旬即可采种,选择生长快、结果早、品质优良、无病虫害的健壮母树,采后先在阳光下摊晒,待果皮开裂后,收集种子并在阴凉干燥处阴干。采种不宜过晚,过晚种皮开裂,种子脱落,不易采收。

2.种子处理

层积催芽,目的是提高种子出芽率。采收的种子,第二年1月上旬,将种子用28~30 ℃的温水浸泡18~24小时,然后取出进行混沙处理。选择地势高燥、背风向阳、排水良好、土质疏松的背阴处挖坑,坑宽90~100 cm,坑的深度为60~100 cm,原则上为地下水位以上、冻土层以下,坑的长度视种子数量而定。先在坑底铺一层粗沙,再铺一层5~10 cm厚的湿润细河沙,将种子与湿沙按1∶3的比例混合堆放在坑内,沙的湿度为饱和含水量的60%~80%,即手握成团,松手即散为宜。种沙放到离地面10~20 cm时,覆盖一层3~5 cm厚的粗沙,再覆土成屋脊状,坑的中央插一草把,以利通气。坑的四周挖排水沟,以防积水，储藏期间定期检查，以防种子发热霉烂。3 月中旬土壤解冻后，将种子倒至背风向阳处，并适当补充水分进行增温催芽。待种子有 1/3 露白即可播种。

3. 苗圃地整地

将土壤于 10~11 月进行土壤深翻，整地时每亩施入有机肥 1 500~2 000 kg，第二年 3 月，精耕细耙，耙平整平，做成 90~100 cm 宽的畦，然后浇透水 1 次，水渗后在土壤墒情合适时耧平耙细，采用平床育苗。

4. 播种时间

一般播种时间在 3 月至 4 月中上旬，适时早播为好。过晚杂草滋生快，容易"草吃苗"，给苗期管理造成困难。

5. 播种量

一般常规用量为每亩播种 8~10 kg。播种量与种子净度、发芽率关系很大。净度高、发芽率高，播种量小；反之，播种量大。

6. 种子播种

一般采用条播，用犁开沟，沟深 3~5 cm，行宽 20~25 cm。将种子均匀撒入沟内，覆土厚度 0.8~1.0 cm，覆土后适当镇压。墒情适宜条件下 18~20 天出苗。

7. 苗期管理

人工间苗、补苗一般在子叶出现后，长出 1~2 对真叶时进行，过迟易造成苗木细弱。一般按三角形留苗，株距 13~15 cm。间苗的原则是"去弱留强、去密留稀、去病留壮"，结合间苗进行补苗。间苗可一次进行，也可数次完成。一般在浇水后或雨后土壤松软时间苗，拔除生长势弱或受病虫为害的幼苗，操作时注意勿伤邻近苗，同时除去杂草。然后适当镇压、灌水，使幼苗根系与土壤密接。

8. 灌溉、追肥

根据土壤墒情适时、适量灌溉。在地上部分长出真叶至幼苗迅速生长前，适当控水，进行"蹲苗"。蹲苗后灌水 2~3 次，雨季灌溉量视降雨情况而定，生长后期减少灌水次数，防止苗木秋季贪青徒长，11 月初灌 1 次防寒水。结合浇水可追肥 2~3 次，苗木生长前期追施氮肥，促进苗木生长；生长后期追施磷、钾肥，增加苗木木质化程度。

9. 中耕除草

人工适时中耕除草，能防止杂草滋生及土壤板结，增加土壤透气性。松土结合除草进行，除草要本着"除早、除小、除了"的原则。雨后和浇水后要及时松土保墒。一般当年苗高可达 1~1.5 m 以上，2 年后可出圃，用于园林绿化或食用，也可作为嫁接北海道黄杨或扶芳藤的砧木。

（二）种条扦插繁育技术

1. 扦插时间

丝绵木种条扦插时间在 3 月至 4 月上旬，宜早不宜晚，即在土壤解冻后、腋芽萌动前进行。或采取嫩枝扦插，在夏季 5 月至 6 月上中旬进行，做到随采随插。

2. 采取种条与种条储藏

种条的采集一般在 9~10 月落叶后到 2~3 月春季树液流动前的休眠期进行，结合树体的冬剪进行，选择 1 年生生长健壮、充分木质化、无病虫害的枝条为佳。3 月春季硬枝扦插时,需将枝条进行冬季储藏,储藏的技术是将枝条剪成 2~15 cm,选择地势较高、排水良好的背阴处挖沟,沟宽 90~100 cm,深度为 65~85 cm,长度根据种条的数量而定。先在沟底铺一层 3~5 cm 厚的湿沙,将截制好的插穗每 40~50 枝一捆,分层放于沟内,当穗条放置到距地面 15~20 cm 时,用湿沙填平,覆土成屋脊状,中间插一草把或玉米秆以利通气。为提高插条的成活率,在扦插前 6~8 天,应用流水对插条进行浸泡,若为死水,每天必须换水。当下切口处呈现明显不规则瘤状物时进行扦插。亦可用 1%的蔗糖溶液浸泡 18~24 小时,能显著提高插条成活率。

3. 苗圃地整理与扦插

丝绵木扦插前做到细致整地、精耕细耙,施足基肥,每亩施入 2 000~3 000 kg 农家肥,使土壤疏松,水分充足。先用工具开孔,顺孔插入插穗,再封孔踏实,扦插深度为插条长度的 2/3,株距 18~20 cm,行距 35~40 cm,插后浇透水,适当搭建遮阳网最好。

4. 插后管理技术

一是搭建架设阴棚的目的是,为保蓄土壤水分,减少灌溉次数,防止土壤板结,在扦插结束时,用塑料薄膜覆盖苗床,四周用土密封,上用遮阳网遮阳,避免阳光暴晒,若温度过高、湿度过大,将薄膜两端打开,使空气流通。种条 18~20 天即能生根,插条生根后,分批逐渐撤除覆盖物。二是做好浇水,扦插后要保持苗床湿润,及时供应插穗生根所需的水分。在幼苗期用小水、清水浇灌,以渗透苗床为度,切忌大水漫灌,以防幼叶粘泥,发生灼伤。每隔 3~5 天浇水 1 次,共计灌水 2~3 次。三是追肥、种条扦插 35~42 天后,为使苗木健壮生长,应追施速效性的肥料,如腐熟的人粪尿、尿素、硫铵、磷酸二氢钾,要掌握分期追肥,看苗巧施的原则。四是松土除草。苗圃地除草,即苗木生长期,从 4 月开始至 9 月结束,清除任何时期的杂草。松土小苗宜浅、大苗宜深,一般松土深度 2~4 cm,后增加至 8~9 cm,苗木硬化期应停止松土除草。

五、丝棉木的作用与价值

(1)绿化作用。丝棉木树冠卵形或卵圆形,枝叶秀丽,入秋蒴果粉红色,果实有突出的四棱角,开裂后露出橘红色假种皮,果实久挂枝头不落,具有观赏价值。是园林配植、点缀的优美树种。无论孤植或作行道树,皆有风韵。

(2)矿区绿化作用。丝棉木具有吸收二氧化硫和氯气等有害气体功能,宜植于工矿、市区林缘、路旁、溪畔、湖边。用作绿化、美化或防护林树种。

(3)观赏价值。丝棉木因其枝、叶、果粉红色美,抗性强、适应性广。在城乡绿化、城市园林绿化、美化环境中具有广泛的应用和观赏价值。

(4)用材价值。丝棉木木材白色、细致,是雕刻玩具、小工艺品、桅杆、滑车等细木工的上好用材。

(5)油料价值。丝棉木树皮含硬橡胶,种子含油率达 40%以上,是工业优质用油。

(6)经济价值。丝棉木枝条柔韧,可编制驮筐、背斗、果筐。嫩枝叶含粗蛋白、粗脂肪、粗纤维,用作牲畜饲料。

(7)药用价值。丝棉木根及根皮入药,用于活血通络、祛风湿、补肾。

45 白 蜡

白蜡,学名:*Fraxinus chinensis* Roxb ,木樨科白蜡属植物的通称,亦称梣,是木樨科梣属的植物;落叶小乔木。因树上放养白蜡虫,故又名白蜡树,又是固沙树种。白蜡干形通直,树形美观,枝冠紧凑,花开洁白,翅果垂挂,观赏性佳,是景区、公园景观绿化的优良观赏树种。

一、形态特征

白蜡树高10~12 m。树皮灰褐色,幼时光滑,大树皮有纵裂。羽状复叶对生,小叶5~7枚,硬纸质,卵形、倒卵状长圆形至披针形,先端锐尖至渐尖,基部钝圆或楔形,叶缘具整齐锯齿,侧脉8~10对。圆锥花序顶生或腋生枝梢,长8~10 cm,花雌雄异株。雄花密集,花萼小,钟状,无花冠;雌花疏离,花萼大,桶状, 4浅裂,柱头2裂,花冠白色。翅果匙形,坚果圆柱形,果熟时黄褐色。花期4~5月,果期7~9月。

二、生长习性

白蜡喜光,耐旱,稍耐庇荫,喜湿润、肥沃的中性、微酸性土壤。分布于海拔300~1 000 m的沟谷、山地杂木林中。

三、主要分布

白蜡主要分布于河北、山东、江苏、安徽、上海、浙江、江西、福建、河南、湖北、湖南、广东、四川、云南等地。白蜡,在中国栽培历史悠久,分布甚广,多为栽培。河南省舞钢市国有石漫滩林场秤锤沟、九头崖、长岭头、灯台架、大河扒、冷风口、官平院等林区均有片状或散生野生。多分布于谷地疏松土壤、湿润立地环境,与栎类、化香等阔叶林混生。

四、引种繁育与造林绿化

白蜡干形通直,树形美观,枝冠紧凑,花开洁白,翅果垂挂,观赏性佳。是园林绿化的优良树种,深受人们喜爱。

(一)种子播种繁育技术

1. 种实采收

白蜡,4~5月开花,9~10月成熟。选择生长健壮、无病虫害的优良植株,在翅果由绿色变为黄褐色,种仁发硬时采摘。种子成熟后不落,可剪下果枝,晒干去翅,去除杂物,将种实装入容器内,放在经过消毒的低温、干燥、通风的室内进行储藏。

2. 种实处理

白蜡种子休眠期长,春季播种必须先行催芽,催芽处理的方法有低温层积催芽和快速高温催芽。

3. 种子播种

春播,2~3月上旬播种。开沟条播,每亩用种量3~4 g,深度为3~4 cm,深度均匀,随开沟，随播种，随覆土，覆土厚度 2~3 cm。为使土种密接，覆土后镇压。

（二）种条扦插繁育技术

1. 种条扦插时间

3 月至 4 月上旬进行，扦插前细致整地，施足基肥，使土壤疏松，水分充足。

2. 种条选择

从生长迅速、无病虫害的健壮幼龄母树上选取 1 年生萌芽枝条，一般枝条粗度为 0.8~1.0 cm，长度 15~20 cm，上切口平剪，下切口为马耳形。每穴插 2~3 根，使插条分散开，行距 35~40 cm，株距 18~20 cm，春插宜深埋，扎实，少露头，每亩插 3 500~4 000 株。

3. 肥水管理

浇水，种子发芽期，床面要保持湿润，灌溉应少量多次；幼苗出齐后，子叶完全展开，进入旺盛生长期，灌溉量要多，次数要少，每 2~3 天灌溉 1 次，每次要浇透浇足。宜在早晚灌溉。秋季多雨时及时排水。

4. 松土

本着"除早、除小、除了"的原则，在雨后或灌溉后拔除杂草，苗木进入生长盛期松土，初期宜浅，后期稍深，以不伤苗木根系为准。苗木硬化期，为促使苗木木质化，停止松土除草。

5. 追肥

在苗木生长旺盛期施化肥加以补充。幼苗期施氮肥，苗木速生期多施氮肥、钾肥或几种肥料配合施用，生长后期停施氮肥，多施钾肥，追肥应以速效性肥料为主，少量多次。

（三）造林绿化技术

1. 造林时间

栽植白蜡分 4 月或 9~10 月，春秋两季进行。春季栽植更合适，但春季栽植也需要选择最佳时节。白蜡春季也宜晚栽，以 4 月中旬为宜，即苗木体液已经流动，且枝条上大部分芽体开始膨大呈小球状时栽植成活率最高。

2. 挖树穴

先要挖好树穴，树穴大小根据树苗胸径粗度而定，一般树穴直径不能低于树苗胸径的 14~15 倍，树穴深度不能低于树穴直径的 3/4。树穴过小不利于其根系生长，还容易遭受风害。如果土壤不符合要求，要换客土。

3. 栽植苗木

先填好底土并踏实，基肥要与回填土充分拌匀，苗木放到树穴内扶正后，检查有无根系外露或不顺畅，调整好后分 2 次填土，并分层踏实。如果是裸根小苗，填土后还要轻提苗，使根系舒展。在栽植时，需要注意苗木的栽植深度，如果栽植地条件较好，且土壤较湿润，栽植深度可略高于原土痕 2~3 cm；如果栽植地土壤干燥且不易浇水，可再埋深 8~10 cm。根据树苗的大小，栽植后需要作支撑的还需立即搭设支架，以防风吹及人为摇动。另外，特别强调的是胸径 7~8 cm 以上的白蜡或白蜡全冠移植时，提倡带土球栽植，这样可大大提高苗木的栽植成活率。

4. 水肥管理

种植完后，要按要求及时浇好前 3 水，尤其第 1 水要浇透浇实，4~5 天后再补浇第 2

水,以后根据情况浇第 3 水。栽植当年要尽量保持土壤湿润,以利于树苗尽快恢复长势。秋末要浇透防冻水,第 2 年早春,3 月上旬要浇好返青水,4~5 月正值春旱期,加之中国北方地区春季风大少雨且持续时间长,应浇 1~2 次水。白蜡属于喜水树种,条件允许的地方,6~7 月再小水浇 1~2 次更好,以利白蜡树体有充足的水分供应,从而一直保持苗木处于旺长的态势。第 3 年、第 4 年照此法管理即可。浇水次数应根据天气情况灵活掌握。白蜡耐瘠薄,虽然对土壤肥力要求不严,但也要满足苗木正常生长发育所需养分。新栽植的苗木除提前施足腐熟发酵的圈肥外,6 月中下旬后要对苗木追施 1 次氮磷钾复合肥,有条件的地方秋末结合浇冻水再施 1 次牛马粪更好。翌年春季,追施 1 次氮磷钾复合肥,秋末增施 1 次农家肥,以后的管理只需秋末增施农家肥即可。充足的肥力,不仅可以加快苗木的生长速度,而且增强苗木的抗逆能力,尤其是提高苗木抗病虫能力。

5. 整形修剪

修剪、整形是苗木促成到实现标准化管理的一个非常重要的技术环节,往往容易被人们忽视。首先,苗木在栽植前对根系的修剪处理很关键。主要是缩剪破损的根系,使根系伤口平滑,以利愈伤组织的形成,同时可防治根系腐烂。另外,苗木栽植前需要进行截干处理,可根据树苗的大小及工程需要灵活掌握,一般定干高度为 3~4 m,萌芽后,可任其生长。11~12 月,初冬修剪时,在主干上选择 3~5 个分布均匀、长势旺盛的枝条作主枝,将其余分枝点以下的所有侧枝全部疏除,注意剪口要平,并对所留主枝保留 40~50 cm 长度进行短截。第二年,每个主枝上可保留 2~3 个侧枝,将其余侧枝全部疏除,所留侧枝长势一定要强壮。这样既保证树冠丰满,又保证通风透光,减少干枯枝的出现及病虫害的发生。树干基本骨架形成后,以后每年只需对过密枝、干枯枝、病虫枝、下垂枝进行疏除即可。

(四)主要病虫害防治技术

1. 虫害的防治

白蜡虫害主要是白蜡吉丁虫、蚜虫、天牛等蛀干害虫。3~4 月,白蜡芽萌动前喷石硫合剂,每 7~10 天喷 1 次,连续 2~3 次,以杀死越冬病菌或刚刚出现的成虫,对树干上的虫孔,用医用药棉蘸敌敌畏药水,堵虫孔,最后虫孔用黄泥封口,3~7 天幼虫死亡。4~6 月成虫出现,选择 20%甲氰菊酯乳油 1 000 倍液或 5%氯氰菊酯乳油 1 500 倍液喷布防治。

2. 病害防治

白蜡主要病害是褐斑病、煤污病。一是褐斑病,4~6 月发生,发病症状:褐斑病主要为害白蜡的叶片,引起早期落叶,影响树木当年生长量。发病规律:褐斑病的病菌寄生于叶片正面,散生多角形或近圆形褐斑,斑中央呈灰褐色,直径 1~2 mm,大病斑达 5~8 mm。斑正面布满褐色霉点,即病菌的子实体。防治方法:播种苗应及时间苗,前期加强肥水管理,增强苗木抗病能力。注意营养平衡,不可偏施氮肥。秋季清扫留在苗床地面上的病落叶,集中处理,就地深埋或远距离烧毁,减少越冬菌源。6~7 月,喷施 1:2:200 倍波尔多液或 65%代森锰锌可湿性粉剂 600 倍液 2~3 次,防病效果良好。二是煤污病,4~5 月发生,发病症状:煤污病主要是由白蜡蚜虫、介壳虫、粉虱等害虫引起,除危害叶片外,对白蜡枝条亦有危害,阻塞叶片气孔妨碍正常的光合作用,除引起白蜡早期落叶外,重点是影响苗木的年生长量。发病规律:煤污病的病原菌以菌丝体或子囊座的形式在病叶、病斑上越冬。因为蚜虫和介壳虫排泄的黏液会为煤污病的病原菌提供营养，所以一般在这两种害虫发生后，煤污病就会大量发生。4~5 月或 10 月是煤污病的盛发期。防治方法：通过间苗、修枝等措施，使树木通风透光，增强树势，提高树木的抗逆性。及时防治蚜虫、介壳虫、粉虱等，可用吡虫啉或啶虫脒等，同时掺入多菌灵或甲基托布津，可以有效防治病害的发生。介壳虫是一种比较难防治的害虫，一定要抓住若虫活动高峰时用药，可用狂杀蚧 800~1 000 倍液，一般喷 1 次就可达到较好的防治效果。另外，防治白蜡流胶病，发病期用 50%多菌灵 800~1 000 倍液或 70%甲基硫菌灵 800~1 000 倍液即可。

五、白蜡的作用与价值

（1）绿化作用。白蜡枝叶繁茂，根系发达，具萌芽丛状速生性，适应生境能力强。可用于营造防风固沙、护堤、护路工程林。据其抗烟尘、二氧化硫和氯气特性，亦可作为工厂、城镇绿化、美化、空气净化树种。

（2）用材价值。白蜡木材坚韧，供编制各种用具，也可用来制作家具、农具、车辆、胶合板等；枝条可编筐。

（3）药用价值。白蜡树皮苦、涩，寒。有清热燥湿、收敛、明目功效。用于治疗热痢、泄泻、带下病、目赤肿痛、目生翳膜。叶辛，温，调经、止血。花止咳、定喘，用于治疗咳嗽、哮喘。

（4）观赏价值。白蜡干形通直，树形美观，枝冠紧凑，花开洁白，翅果垂挂，观赏性佳。可以作景区、公园景观树点缀，尽显其春花秋实的观赏效果。目前多有人工大量培育，作为园林绿化商品树销售。

46　山皂荚

山皂荚，学名：*Gleditsia japonica* Miq.，豆科皂荚属山皂荚的变种，又名山皂荚、山皂角、皂荚树、皂角树、悬刀树、荚果树，落叶乔木或小乔木。山皂荚树形庞大，根系发达，生长健壮，寿命长。城乡村落居民常作夏季乘凉庇荫树，随着人们迫切追求大自然趋势，又是城市公园、广场、游园绿地造林的景观树种。

一、形态特征

山皂荚高达 20 m，胸径可达 90~100 cm。小枝紫褐色或脱皮后呈灰绿色，微有棱，具分散的白色皮孔，光滑无毛。刺略扁，粗壮，紫褐色至棕黑色，常分枝，长 2~15 cm。偶数一回或二回羽状复叶，叶对生，长 11~25 cm。小叶 3~10 对，纸质至厚纸质，卵状长圆形或卵状披针形至长圆形，先端圆钝，有时微凹，基部阔楔形或圆形，全缘或具波状疏圆齿，上面被短柔毛或无毛，有时有光泽。花黄绿色，穗状花序。花序腋生或顶生，雄花序长 8~19 cm，雌花序长 5~16 cm；雄花深棕色，外面密被褐色短柔毛。花瓣 4，椭圆形。雌花两面密被柔毛，子房无毛，2 裂，胚珠多数。荚果带形，扁平，长 20~34 cm、宽 2~4 cm，不规则旋扭或弯曲作镰刀状，先端具喙，果瓣革质，棕色或棕黑色，具泡状隆起，无毛，有光泽。种子多数，椭圆形扁平，深棕色，光滑。花期 4~6 月，果期 6~11 月。

二、生长习性

山皂荚喜光、耐旱、耐寒，适生范围广，对土壤要求不严，生长于海拔 200～1 000 m 的向阳山坡、谷地、溪边疏林、林缘或灌丛。

三、主要分布

山皂荚主要分布于辽宁、河北、山东、河南、江苏、安徽、浙江、江西、湖南等地。河南省舞钢市南部山区尹集镇围子园、杨庄乡五座窑、庙街乡人头山等林区，海拔 300～500 m 的山脚、谷地有野生分布。

四、引种繁育与造林绿化

(一)引种繁育苗木技术

1. 采收种子

选择优良、健壮的母树，树龄在 25～50 年生的山皂荚树，采收种子。

2. 种子处理

将种子先用 1%～2%的硫酸亚铁溶液浸泡 4～5 小时，再用浓度 1%的高锰酸钾溶液浸泡 3～4 小时，之后用清水淘洗 2～3 次。

3. 种子催芽

山皂荚种子外壳坚硬，且富含胶质，常态下不易浸水，很难在短期内破壳萌芽。在自然界中，山皂荚种子需要经过 12～15 个月的沤化才能出芽，发芽率在 50%以下。所以，播种前须进行催芽处理。秋末冬初，将已消毒的种子放入 45 ℃水中浸泡 45～48 小时，捞出与优质纯净的湿沙混合进行层积催芽。选择向阳、干燥、排水良好的地方挖坑，坑的大小根据种子的多少而定，一般以 40～50 cm 为宜。坑底铺厚 3～5 cm 的牛粪、羊粪、骡粪、马粪，粪上撒 1～2 cm 厚的细沙，然后将种子均匀铺在沙上。种子厚 2～4 cm，不宜过厚，以免影响催芽效果。种子上撒 1 层 1～2 cm 的薄沙，再铺 3～4 cm 厚牛粪、羊粪、骡粪、马粪，粪上再撒 1 层 2～3 cm 的沙即可。特别注意的是，山皂荚种子在浸泡脱脂过程中已充分吸收水分，所以在沙藏催芽中，除非沙土十分干燥，否则一般不浇水，以防种子胚芽腐烂。每隔 25～30 天检查、搅拌 1 次，当发现有 40%～50%的种子破壳、胚芽处于萌动状态时即可进行播种。

4. 大田整地

苗圃应选择交通便利、地势平坦、土层深厚、肥力充足、灌溉方便、排水良好的中性沙壤土，不宜选择盐碱地、重黏土地、涝洼地和地下害虫严重的土地。播种前整地，在整地前施基肥，以有机肥为主，用肥量每亩施入 3 500～5 000 kg，具体视土地肥沃程度而定。施肥后要深翻土壤，使肥土充分混合，翻耕深度 20～25 cm，随翻随耙。要求整地后地平土碎，无杂草、树根、石块。整地时间，10～12 月为佳；3 月春季播种前 20～30 天进行也可以，9～10 月依据土壤墒情和种植情况而定。人工做床，播种前 4～5 天浇足底水，用 50%多菌灵进行土壤消毒，精耕细耙、整细耙平后做床。苗床方向应按地块形状及坡度的大小而定，尽可能沿南北方向做床，以利于通风透光。高床、低床均可，生产上常用低床，床面低于步道 15~20 cm,宽 1.0~1.5 m、长 10~20 m;步道宽 35~55 cm;要求床直、面平、沿正。

5. 种子播种

播种时间 3 月,春播为好,或在每年的 5 月上旬也可以。播种前 7~8 天,将床和大垄灌足底水,等表面阴干即可播种。采取开沟条播,沟深 5~6 cm,条距 20~25 cm,播种量每米 15~20 粒,用种量每亩 20~25 kg,将种子的胚根朝下排放在沟内,上面覆盖 2~4 cm 厚的细土,覆土后再轻轻镇压,上面平铺地膜。当发现有 60%的种子破土时,揭去地膜。注意观察水分状况,保持土壤湿润,做好喷水、喷肥。

6. 出苗期管理

山皂荚,播种后,20~25 天出芽,出苗时间不同,在出苗期间切忌翻土,以免损伤种子和胚芽,只需轻轻疏松表土即可。出苗前,白天温度应保持在 25~30 ℃,夜间不低于 15~18 ℃。出苗后,白天注意放风,夜间加强保温。出苗期间需保持土壤湿度,提高地温,防止冻害、鸟害发生。

7. 幼苗管理

当苗高 10~15 cm,外界温度达到 15~20 ℃时,即可进行移植定植,株距 10~15 cm,定植前 5~7 天,要通风炼苗,白天温度保持在 18~20 ℃,夜间保持在 15 ℃左右。定植前 2~3 天,浇 1 次透水,保持土坨不散,以利于起苗。定植后要注意保温防寒。

(二)防治病虫害技术

山皂荚主要虫害是地下害虫蝼蛄、蛴螬、地老虎,主要危害苗木根系,使苗床缺苗断垄,4~6 月,可用化学药物,10%吡虫啉 1 500 倍液,拌炒香麦麸,进行诱杀,也可用人工捕杀的方法进行防治。主要病害有立枯病、叶枯病,主要危害茎、叶,使幼苗发黄。5~7 月,喷布药物每 7~10 天喷 1 次等量式波尔多液 100~150 倍液,连喷 3~4 次;或用硫酸铜 100 倍液浇灌苗木根部;或用福尔马林 200 倍液每隔 7~8 天喷 1 次,连喷 3 次。

五、山皂荚的作用与价值

(1)景观作用。山皂荚树形庞大,根系发达,生长健壮,寿命长。古时村落居民常作夏季乘凉庇荫树,树龄可达百余年。近年,随着人们迫切追求大自然趋势,多有城市公园、广场、游园绿地采用移植皂荚大树,点缀植物景观。

(2)绿化作用。山皂荚的苍翠感增添了城市古老韵味,受到城乡居民青睐,是城乡绿化、风景区美化、城市园林绿化树种。

(3)经济价值。山皂荚苗木当前市场销售很快,经济效益十分可观。荚果含皂素,可代肥皂并可作染料。种子及针刺入药,种子理气、消食积;针刺有镇静、治疼的作用。

(4)用材价值。山皂荚木材坚实,心材带粉红色,色泽美丽,纹理粗,是建筑、器具、支柱等优质用材。

47　臭檀吴茱萸

臭檀吴茱萸,学名:*Euodia daniellii*,芸香科吴茱萸属,又名臭檀。落叶乔木,其干形光滑,树冠紧凑,花开树梢,观赏性强,是城乡公园、城镇广场绿化、庭园观赏树种。也是一种良好的蜜源野生树种。

一、形态特征

臭檀吴茱萸，树高 8～12 m。树皮暗灰色，平滑，老时横裂；小枝灰褐色，初时有短柔毛。扁卵圆形，浅紫红色，长 3～4 mm，密被伏毛。奇数羽状复叶，小叶 7～11，柄短，长约 3 mm，有毛；叶片革质，卵形至长圆状卵形，长 5～13 cm、宽 3～5 cm，基部圆形或广楔形，先端渐尖，边缘有钝锯齿，凹处有黄色腺点，表面深绿色，无毛，背面灰绿色，脉腋处丛生白色长柔毛。聚伞状圆锥花序顶生，雌雄异株，花序大小不一，花轴与花梗被短绒毛；花小形，通常 5 数，白色；萼片 5，卵状三角形，长约 1 mm；花瓣 5，狭卵状椭圆形，长 3～4 mm；雄花的花瓣内被疏毛，花丝中部以下被长柔毛，退化子房圆柱形，顶端 4～5 裂，密被毛；雌花花瓣里面密被长柔毛，具退化雄蕊 4～5，无花药，子房球形。蓇葖果紫红色或红褐色，果皮布有透明腺点，分果瓣长 6～7 mm，先端有尖喙，喙长 2～3.0 mm，每分果瓣有种子 2。种子卵圆形，长 2～3 mm，黑色，有光泽，花期 6～7 月，果期 9 月。

二、生长习性

臭檀吴茱萸，属阳性树种，喜光、喜湿润，深根性，喜生于海拔 100～800 m 的丘陵、谷地、河岸或山脚中性、微酸性疏松土壤。野生在山崖或山坡上。

三、主要分布

臭檀吴茱萸主要分布于河北、山西、陕西、甘肃、山东、河南、湖北、辽南、湖北等暖温带落叶阔叶林区。河南省舞钢市南部长岭头、九头崖、人头山等丘陵、山地河谷、地边，林缘灌丛或空旷地有散生野生。

四、引种繁育与造林绿化

臭檀吴茱萸通常以种子沙藏越冬；3 月秋播效果最佳，不但发芽率高，而且出苗快、出苗整齐；成苗率高，苗木生长期长，生长健壮，抗性强。

（一）引种繁育苗木技术

1. 采收种子

9 月种子成熟后，人工及时采收，把种子挑选出饱满种子，晾干保存。

2. 种子处理

11 月中旬（土壤上冻前）将种子混以 3 倍的湿沙（沙子湿度以手攥成团、轻轻落地即散为度），放入花盆内保持湿度；然后将花盆置入室外背风向阳，宽、深各 50～80 cm 的坑内，上面盖土至地表。3 月中旬土壤解冻后，将干藏的种子用温水浸泡 20～24 小时，捞出后混以 2 倍的湿沙，放在背风向阳处上盖湿布片进行催芽。

3. 播种方法

3 月，春播时，在催芽的同时将苗床灌足底水。苗床为平床，床宽 1～1.2 m，长根据苗圃情况灵活掌握。7～8 天后部分种子发芽，此时开沟条播。播种沟宽 4～6 cm、深 1.5～2.0 cm、沟间距 18～20 cm，覆土厚 1.5～2.5 cm，播后将床面整平，上盖塑料薄膜或稻草。

9 月，秋播在当年采种后、土壤上冻前的 10~11 月进行，方法同春播。

4. 苗期管理

当大部分种子已出苗时，将薄膜或稻草除去，此后应以雾状喷水，保持湿润。定苗分 2 次进行，幼苗长出 2~3 对真叶时第一次间苗，每 1 m^2 留 48~50 株；当幼苗长出 4~5 对真叶时定苗，每 1 m^2 保留 24~28 株。定苗后，7~8 月，夏季气温高、干旱，做好适时浇水 2~3 次、松土除草 3~4 次、施肥 2~3 次，每次施入复合肥，每亩 5~6 kg 等。

（二）防治病虫害技术

臭檀吴茱萸主要病害为白粉病。4~5 月发生，危害叶片，病害发生后，可选用 0.2%~0.5%的高锰酸钾或 0.2%的代森铵溶液等，按每 1 m^2 2~3 L 药液喷洒植株或土壤。主要虫害为黄菠萝凤蝶。4~6 月，从幼苗起就易遭受黄菠萝凤蝶幼虫的危害，应及时防治。虫害发生时，若苗量小，可人工捕捉；若苗量大，要及时喷施 10%吡虫啉 1 300~1 400 倍液喷布，或菊酯类触杀或胃毒性药物进行防治。

五、臭檀吴茱萸的作用与价值

（1）观赏价值。臭檀吴茱萸树干光滑，树冠紧凑，叶片鲜绿，果实红艳，花开树梢，绿叶红果非常美观。是风景区、园林绿化、小区美化的优良树种，具有良好的观赏价值。又可用作公园、城镇广场栽培点缀，或作庭园观赏。

（2）蜂蜜林作用。臭檀吴茱萸枝繁叶茂、树冠紧凑，花开树梢，是一种良好的蜜源植物。

（3）用材价值。臭檀吴茱萸木材黄褐色，有光泽，纹理美丽。制作家具及农具的良好材料。

（4）经济价值。臭檀吴茱萸果实可作药用，种子含油率达 39.7%，可榨油，用于油漆工业。枝叶含芳香油，树皮含鞣质，均可提取利用。臭檀木材黄褐色，有光泽，纹理美丽。可制作家具及农具。种子含油率达 39.7%，可榨油，用于油漆工业。枝叶含芳香油，树皮含鞣质，均可提取利用。

（5）药用价值。果实可药用，有温中散寒、行气止痛功能，主治脾胃虚寒、脘腹冷痛、呕吐、泄泻、少食、脾胃气滞、脘腹胀满、嗳气、腹痛等。

48　苦　树

苦树，学名：*Picrasma quassioides*（D. Don）Benn.，苦木科苦树属植物，又名苦木、熊胆树、黄楝树、苦皮树、苦檀木、苦楝树等。落叶乔木。苦树秋季叶色泛红黄，美丽好看，是风景区、森林公园绿化、城市街区行道树栽培绿化等景观树种。

一、形态特征

苦树高 10~15 m。树皮紫褐色，平滑，有灰色斑纹，全株有苦味。奇数羽状复叶，叶互生。羽叶长 15~30 cm，小叶 9~15，卵状披针形或广卵形，边缘具不整齐的粗锯齿，先端渐尖，基部楔形，不对称，叶面无毛。雌雄异株，腋生复聚伞花序，浅黄色。萼片小，通常 5，卵形或长卵形,外面被黄褐色微柔毛。雄花瓣与萼片同数,与萼片对生,雌花花盘 4~5 裂;心皮 2~5。核果成熟后蓝绿色。种皮薄,萼宿存。花期 4~5 月,果期 6~9 月。

二、生长习性

苦树性喜光,喜湿且耐旱、耐瘠薄,也耐阴,喜中性、微酸性土壤。多生于山坡、山谷及村边较潮湿处。在排水良好、有机质丰富的壤土中生长发育较好。生于海拔 300~2 000 m 的山坡、山谷杂木林中。

三、主要分布

苦树主要分布于山东、河南、安徽、山西、湖北、湖南等黄河流域及以南各省区。河南省舞钢市国有石漫滩林场南部秤锤沟、王沟、蝴蝶溪、长岭头、灯台架、官平院、四头脑等林区有野生分布,海拔 300~600 m 的沟谷、坡地均有生长。多与阔叶林伴生,独木少见。

四、引种繁育与造林绿化

苦树苗木繁育主要采取种子繁殖。

(一)引种繁育苗木技术

1. 采收种子

9~10 月,种子成熟后,人工及时采收。采收种子,要选择 10~20 年生壮健母树是采收。将果穗剪下或用手摘取,也可用木棒拍打下来使其聚在一起。果实采摘收获后,将其放入缸中,用清水泡在水中,搓弄淘洗,去除果肉豆蔻皮,淘洗出核果,晒后进行储藏。储藏时期每隔 10~15 天翻动一次,避免胚珠发霉。

2. 种子处理

3 月,及时进行催芽,春播需对胚珠实行催芽处置,否则播后 40~60 天才开始发芽,幼苗生长慢而凌乱。种子处理,在播种前 18~20 天,将胚珠在烈日下暴晒 2~3 天,用 70~80 ℃的温水泡种,任其天然冷却。泡在水中一半天,胚珠吸水膨胀后捞出,混 3 倍湿沙。沙的湿润程度为手握成团,放开即散。在温床上遮盖分子化合物塑料薄膜催芽,8~9 天胚珠开始萌动。当有 10%的胚珠露白时即可下种。

3. 种子播种

一是苗圃地整地,拖拉机精耕细耙,3 月春季整地深度 30~40 cm,每亩施入农家肥 5 000~6 000 kg。9 月秋季翻松土地深度为 25~30 cm。3 月,春天耕作时每亩用 50%辛硫磷颗粒剂 1~2.5 kg,掺加细土,掺匀后撒入培育幼苗的园地土,消灭地下害虫。整地时施足农家肥或复合肥,每亩施腐熟的有机肥 6 000~8 000 kg、过磷酸钙 45~65 kg。采取条播育苗,畦宽 90~120 cm、高 8~10 cm,长根据地块自定;播种量每亩播种 10~20 kg;播种后 20~23 天出芽,之后做好浇水、施肥管理即可。

(二)造林绿化技术

(1)主要用于荒山绿化造林苗木,一般采用 2 m × 3 m 的株行距造林。

(2)园林绿化中作行道树栽植选用胸径 5~8 cm 的苗木栽培。

五、苦树的作用与价值

(1)观赏价值。苦树秋季叶色泛红黄,美丽好看,是风景区、森林公园绿化、城市街区行道树栽培绿化等景观树种。具有良好的秋色观叶效果。尤其是园林上可作为风景树、观赏树,绿化观赏价值高。

(2)药用价值。苦树树皮及根皮极苦,含苦楝树甙与苦木胺,为苦树中的苦味质,有毒,入药能泻湿热、杀虫治疥。

(3)经济作用。苦树木材稍硬,心材黄色,边材黄白色,刨削后具光泽,供制器材;亦为园艺上农药,多用于驱除蔬菜害虫。苦树是制作饰品、家具、木桶等优质木材原料,具有良好的经济价值。

49　重阳木

重阳木,学名:*Bischofia polycarpa* (Levl.) Airy Shaw,大戟科秋枫属植物;落叶乔木。重阳木树姿优美,冠如伞盖,花叶同放,花色淡绿,秋叶转红,艳丽夺目,极具观赏价值。是城乡庭荫、行道树种,可于堤岸、溪边、湖畔、草坪配植点缀,孤植、丛植或与常绿树搭配,具有良好的观赏价值。重阳木根系发达,枝冠强劲,叶面积大,具有水土保持、防风固沙、净化空气功能。更是造林绿化的防护林的优良树种。

一、形态特征

重阳木树高达 15 m,胸径可达 1~1.2 m。树皮褐色,纵裂。树冠伞形状,大枝斜展,全株均无毛。三出复叶,柄长 9~13 cm,小叶片纸质,卵形或椭圆状卵形,有时长圆状卵形,顶端突尖或短渐尖,基部圆或浅心形,边缘具钝细锯齿。花雌雄异株,春季与叶同时开放,组成总状花序。花序通常着生于新枝的下部,花序轴纤细而下垂。雄花序长 8~13 cm,雌花序长 3~11 cm。果实浆果状,圆球形,直径 5~6 mm,成熟时褐红色。花期 4~5 月,果期 8~10 月。

二、生长习性

重阳木属阳性树种,喜光、稍耐阴,耐旱、耐瘠薄,稍耐湿,耐寒,对土壤的要求不严。海拔 100~1 000 m,中性、酸性土、微碱性土壤皆可生长。但在湿润、肥沃的土壤中生长最好。

三、主要分布

重阳木主要分布于河南、秦岭、淮河流域以南至福建和广东的北部,生于海拔 1 000 m 以下山地林中或平原,在长江中下游平原或农村“四旁”习见。重阳木为暖温带树种,属阳性。喜光,稍耐阴。喜温暖气候,耐寒性较弱。对土壤的要求不严,在酸性土和微碱性土上皆可生长,多地区有大量引种栽培,用作行道树和庭园观赏树。河南省舞钢市 20 世纪 70 年代自湖北引种栽培,目前尚有数十株,分布于垭口原市科技局、水利局、朱兰干休所、舞钢市第一高中校园、朱兰苗圃等。虽已达 50 年树龄,仍树势旺盛,枝叶繁茂。最大株树高 15~18 m,冠展 10~12 m,胸径达 50 cm。近年,被舞钢市政府列为"古树名木"加以保护。

四、引种繁育与造林绿化

重阳木繁育苗木,主要采用种子繁育,技术简单、方便、快速等。

(一)引种繁育苗木技术

1. 种子采收

重阳木根系发达,萌芽能力强,造林成活率高。因此,多用播种法进行繁殖。选取生长健壮、干形通直、树冠浓郁、无病虫害、结实多年、果实饱满、处于壮龄的优良单株作为采种母树。重阳木果实于 10~11 月成熟,在果实显红褐色后采收。果实采下后,用水浸泡 5~6 小时以上,然后搓烂果皮,淘洗出种子,晾干后用布袋装于室内储藏或在室外用河沙层积储藏。

2. 种子处理

春季 2 月,将种子置于 40~45 ℃的温水桶内,浸泡 5~6 小时以上,取出,用河沙湿藏,覆盖薄膜催芽。

3. 苗圃地选择

苗圃地要选择地势平坦、避风开阔、阳光充足、水源方便、土质疏松、肥沃、土层深厚、土壤 pH 值 4.5~7.0、排水好、便于运输的地块作苗圃地。栽培土质以肥沃的沙质壤土为宜。

4. 苗圃整地

苗圃整地一般在育苗的上 1 年冬季 11~12 月进行。要求对苗圃地进行深翻过冬使土壤冬化,消灭杂草和病虫。次年 2~3 月再进行翻地,并除净杂物,做床。苗床按南北向,深挖碎土,床面宽 1.0~1.2 m、高 28~30 cm,步道宽 0.5~0.6 m,长 7~10 m。在苗床上薄撒一层钙镁磷肥,每亩施入 80~90 kg,或者腐熟的农家肥,每亩施入 2 500~3 000 kg。

5. 种子播种

一般采用大田条播育苗。3 月中旬,在播种前用 50%多菌灵 800 倍液对苗床消毒,当种子胚根长到 1~2 cm 时开始播种。播种时,断去部分胚根,按行距 18~20 cm、株距 8~9 cm 进行条播,播种量为每亩播种 2.5~3.5 kg。播后盖 0.5~1.0 cm 厚的细土,喷布淋透水,并搭建 2~2.5 m 高的 90%遮阳棚,以保证其幼苗不受日灼危害。播种行距 18~20 cm,每亩播种量 2~2.5 kg。覆土厚 0.5~0.8 cm,上盖草。播后 20~30 天幼苗出土,发芽率 40%~80%。1 年生苗高 45~60 cm,最高可达 1~1.2 m 以上。苗木主干下部易生侧枝,要及时剪去,使其在一定的高度分枝。移栽要掌握在芽萌动时带土球进行,这样成活率高,苗木健壮。

6. 幼苗管理

种子播种后 20~30 天幼苗开始出土,发芽率 70%左右。当幼苗长到 3 片真叶时开始间苗,间苗在阴雨天进行为好,要间小留大、去劣留优、间密留稀,保证充分光照,并注意病虫害防治,等苗高长到 1.8~2 m 时,4~5 月即可移苗种植。移苗株行距(18~20) cm × 55 cm,在阴天和无风天进行,防止日晒。

(二)苗木管理技术

1. 浇水施肥管理

施肥以有机肥即农家肥为主,保持或增加土壤肥力及土壤生物活性。有机肥(农家肥)无论采用何种原料(包括人畜禽粪、秸秆、杂草、泥炭土等)作堆肥,必须高温发酵(腐熟),以杀灭各种寄生虫卵、病原菌、杂草种子,去除有害有机酸和有害气体,使之达到无害化卫生标准。所有肥料,尤其是含氮的肥料,不应对环境和作物(营养、食味、品质和植物抗性)产生不良后果。当新生苗木栽植后25~30天,可淋氮水肥,将含纯氮46%的尿素配成0.5%的浓度浇行中间。以后每28~30天浇水1次,浓度可适当提高。10月,淋1%复合肥或者0.2%磷酸二氢钾(0.1 kg兑水50 kg,或将喷雾器注满水加32 g肥料,以增强苗木木质化。要保持苗床湿润,但不能过湿;苗木根系长出以后,注重保持空气湿度,苗圃地要保证通风良好,减少病虫害的发生。日照需充足,幼株需水较多,不可放任干旱。

2. 松土除草

苗木移植后,要保持苗圃整洁干净,苗床和苗圃周围无杂草,根系生长完整,就要适当松土除草,促进苗木快速生长早日成苗。

(三)采挖苗木技术

重阳木苗木生长快,一般苗木培养10~12个月,苗高达到1.0~1.5 m以上即可出圃。1级苗地径1.0 cm,苗高1.5 m以上;2级苗地径0.8 m,苗高1.2 m以上;3级苗地径0.6 m,苗高1.0 m以上。10月落叶后,苗木出圃原则上在苗木休眠期进行。若芽苞开放后起苗,会降低成活率。苗木出圃前,要做好炼苗工作,9月以后要撤除遮阳网,适当减少苗床水分。起苗时选无病虫害、有顶芽的小苗,用锄头将苗取出,注意保护根系,一般保留根长12~14 cm。修根后放入0.5 g ABT生根粉黄心土溶液中浆根,后用稻草包好根部。若不能及时种植,可散置于通风遮光处,忌堆放和阳光直射,置放时间不能超过48~72小时。需要运输的苗木,必须保护好苗木根部和苗干,避免摩擦破皮或断根。长途运输要保证苗木透气,并保持苗木正常所需的水分,定时淋水。栽培土质以肥沃的沙质壤土为宜。日照需充足,幼株需水较多。不可放任干旱,性喜高温多湿。适生适温为20~32 ℃最好。

(四)防治病虫害技术

(1)虫害。主要虫害是重阳木锦斑蛾,7~9月发生,危害叶片,幼虫发生期用1.2%烟参碱乳油800~1 000倍液,或25%灭幼脲3号2 000~2 500倍液喷治;重阳木锦斑蛾只危害重阳木,9月中下旬开始为3代幼虫为害期,在9月至10月上旬可能会形成3代高龄幼虫危害高峰。当每百叶虫量超过14~16头时,应迅速采取防治措施。虫害防治药剂可选用4.5%高效氯氰菊酯1 000~1 500倍液、1.2%烟参碱乳油800~1 000倍液、25%灭幼脲3号1 500倍液等。

(2)病害。主要病害是茎腐病,4~6月高温高湿天气极易发生苗木猝倒病或茎腐病。苗圃地选择在地势高的地方,防止积水,同时要挖好排水沟。提早播种,施足基肥,使苗木生长健壮,尽快达到木质化程度。搭棚遮阴,避免强光暴晒。出现病害后应将病株除掉,并间隔7~10天用50%多菌灵800~1 000倍液和70%甲基托布津800倍液间隔喷雾防治,连续2次。除草、遮阳、控制湿度、营造通风的环境是预防病虫害的关键。11~12月,对幼虫在树皮越冬的,涂白树干。结合修剪,剪除有卵枝梢和有虫枝叶。冬季清除园内枯枝落叶以消灭越冬虫茧。利用草把诱杀幼虫,并清除枯枝落叶及石块下的越冬虫蛹,从而减少来年的发生危害。

五、重阳木树的作用与价值

(1)绿化作用。重阳木树姿优美,冠如伞盖,花叶同放,花色淡绿,秋叶转红,艳丽夺目,极有观赏价值。是良好的庭荫、行道树种,用于堤岸、溪边、湖畔、草坪配植点缀,孤植、丛植或与常绿树搭配,更加壮丽。重阳木根系发达,枝冠强劲,叶面积大,具有水土保持、防风固沙、净化空气功能,亦是用于营造防护林的优选树种。

(2)用材作用。重阳木木材是散孔材,导管管孔小,心材与边材明显且美观,而且心材鲜红色,木材淡红色,质重坚韧,结构细匀,有光泽,木质素含量高,是很好的建筑、造船、车辆、家具等珍贵用材,常替代紫檀木制作贵重木器家具。

(3)经济价值。重阳木根、叶入药,行气活血,消肿解毒。种子含油率达30%,油有香味,可供食用,也可作润滑油和肥皂油。果肉可酿酒。

(4)生态价值。重阳木在水土保持方面有自身的独特优势。一是防风定沙。为防止或减轻作物及坡面所产生的风害,所栽植的重阳木在抑制风蚀、保护坡面构造物,并且减少作物因强风造成生理或机械伤害方面具有重要作用。二是道路植树。重阳木能够保护路面、路肩及护坡,减少冲蚀及维护。重阳木除能适应当地的环境外,还具备较强的空气污染物转换能力,光合作用能力,以及释放阴离子等能力,容易成功栽植并达到植物各项功能。就除尘的绝对量而言,叶片仍扮演着最重要的角色。重阳木的叶片宽大、平展、硬挺,迎风不易抖动,叶面粗糙多茸毛能吸滞大量的尘埃。枝叶对二氧化硫有一定抗性;落叶量大,可培肥增加地力,是能源树种。

50 喜 树

喜树,学名:*Camptotheca acuminata*.,蓝果树科喜树属植物,又名旱莲、水栗、水桐树、天梓树、旱莲子、千丈树、野芭蕉、水漠子等。1999 年 8 月,经中华人民共和国国务院批准,喜树被列为第一批国家重点保护野生植物,保护级别为Ⅱ级。喜树是中国所特有的一种高大落叶乔木,是一种速生丰产的优良树种。

一、形态特征

喜树树高达20~25 m。树皮灰色或浅灰色,纵裂成浅沟状。小枝平展,当年生枝紫绿色,冬芽腋生,锥状。单叶互生,纸质,矩圆状卵形或矩圆状椭圆形。长 10~19 cm、宽 6~9 cm,顶端短锐尖,基部近圆形或阔楔形,全缘,上面亮绿色,下面淡绿色,疏生短柔毛,侧脉11~15 对。头状花序近球形,雌雄同株。常由多个头状花序组成圆锥花序,顶生或腋生,通常上部为雌花序,下部为雄花序,总花梗圆柱形。花萼杯状,5 浅裂,花瓣 5 枚,淡绿色。矩圆形或矩圆状卵形,顶端锐尖,花盘显著,微裂;雄蕊 10,雌花花药 4 室,子房下位。翅果矩圆形,长 2~2. 8 cm,成熟后黄褐色。花期 5~7 月,果期 9 月。

二、生长习性

喜树，喜光。喜温暖、湿润，不耐严寒和干燥，适宜年平均温度13～17 ℃、年降水量1 000 mm以上地区生长。对土壤酸碱度要求不严，在酸性、中性、碱性土壤中均能生长，在石灰岩风化的钙质土壤和板页岩形成的微酸性土壤中生长良好，但在土壤肥力较差的粗沙土、石砾土、干燥瘠薄的薄层石质山地，都生长不良。萌芽力强，较耐水湿，在湿润的河滩沙地、河湖堤岸及地下水位较高的渠道埂边生长都较旺盛。

三、主要分布

喜树主要分布于江苏、浙江、福建、江西、湖北、湖南、四川、贵州、广东、广西、云南等省区，在四川西部成都平原和江西东南部均较常见，河南有零星栽培。河南省舞钢市20世纪70年代有引种，目前国有石漫滩林场场部附近及苗圃仅存数株。尹集镇石岗苗圃一株50年树龄，树高12 m，胸径35 cm。树势一般，生长正常。近年，喜树被舞钢市政府列为“古树名木”。

四、引种繁育与造林绿化

（一）引种繁育苗木技术

1. 苗圃地选择

苗圃地宜选择气候温和、雨量充沛、土层厚度60～80 cm以上的黄壤土。育苗前，需经秋季翻耕培肥，第二年春耙地、及时平整，做到深耕细整，做床。一般采用高苗床育种，即床高20～35 cm，床底宽1.0～1.2 m、长10～25 m。床面要求平整土壤细碎，并用0.3%硫酸亚铁溶液进行床面消毒。

2. 采收种子

繁育苗木，用种需选择优质种子。喜树11月下旬种子成熟，采种宜选在20～30年的成熟母树上采种，采种时间可根据果实的颜色来判断种子是否成熟，熟时瘦果由青绿变为淡黄褐色，即为种子充分成熟的特征。

3. 种子储藏与播种

种子播前，种子需经催芽处理。一是先用0.5%高锰酸钾液消毒1～2小时，然后漂洗干净，用35～40 ℃温水浸泡12～13小时，然后将种子取出与1/3的鲜河沙混合均匀储藏；第二年3月上旬，当有80%的种子张口露芽时即可播种；撒播时，先浇0.3%的硫酸亚铁溶液进行床面消毒，再将种子均匀地撒在床面上，覆土厚度0.5～2.0 cm。最后，搭上塑料拱棚，随后观察出苗情况。待小苗长出2片子叶时，可浇1次小透水。利用阴雨天或傍晚打开塑料薄膜两头进行放风炼苗，炼苗3～5天即可掀去塑料薄膜。去掉塑料薄膜后，首先浇一遍透水，然后开始松土、除草。注意播种，一定采取条播播种，一般每亩播种量4～5 kg，播后盖土0.5～2 cm，用稻草、麦秸等进行覆盖，保温保湿，促进萌芽。播种后20～30天后，即可出苗。待幼苗大部分出土时，选阴天或傍晚分批揭去覆盖物，当小苗长出2片叶时浇一次透水，并视情况及时间苗、补苗，保持株行距10～14 cm。小苗长出4片叶子时可进行叶面喷肥，选用0.3%尿素液或0.3%的氮、磷、钾复合肥液喷1～3次，进入9月中旬停止施肥,加强苗木管理,待苗木充分木质化后即可出圃造林。起苗前进行苗木调整、分级统计,起苗时注意不伤顶芽,不撕裂根系,去劣留好,分级包装待用。

4. 幼苗管理

5~6 月,加强幼苗田间管理,即间苗、补苗,间苗时应掌握去弱留强、去病留优的原则;间苗时保持株距 10~15 cm,并且结合间苗同时进行补苗,做到苗全、苗旺,并及时浇透水 1 次。当小苗长出 4 片子叶时可进行叶面喷肥,可选用 0.3%尿素,或喷 0.3%的氮、磷、钾复合肥 1~3 次。进入 6 月下旬可追施尿素、二铵或复合肥,每亩施入 2~3 kg,并及时浇透水,除掉杂草,促进苗木快速生长。

(二)造林绿化应用

随着城乡绿化建设、乡村振兴的实施,喜树受人们引种繁育。

五、喜树的作用与价值

(1)绿化作用。喜树树干挺直,生长迅速,可作庭园树或行道树。目前,河南省引种、培育喜树苗木不断加大,园林绿化选种正在广泛应用。喜树易于种子繁殖,成苗快。是加速新兴城镇绿化、美化,丰富周边园林绿化树种。

(2)用材价值。喜树木材轻软,适于做造纸原料、胶合板、火柴、牙签、包装箱、绘图板、室内装修、日常用具等。

(3)油料价值。喜树果实含脂肪油 19.53%,可榨油,出油率 16%,供工业用。

(4)药用价值。喜树果实、根、树皮、枝叶均可入药,其富含生物碱,具有抗癌、清热杀虫的功效,外用治牛皮癣。

(5)观赏价值。喜树在 20 世纪 60~70 年代就已经是中国优良的行道树和庭荫树。喜树树干挺直,生长迅速,是园林、庭园树或行道树的优良造林观赏树种。

51 野 漆

野漆,学名:*Rhus sylvestris* Sieb. & Zucc,漆树科植物,又名野漆树、染山红、臭毛漆树、山漆、漆树、痒漆树、漆木、痒漆树等植物,落叶乔木或小乔木,易使人过敏,在野外应避免直接接触。秋天,野漆的叶子会变成红色,叶片漂亮好看,可用于风景区装点、城乡小区绿化,是园林绿化建设中的优良观赏树种。

一、形态特征

野漆树高达 10 m。小枝粗壮,无毛,顶芽大,紫褐色,外面近无毛。奇数羽状复叶,叶互生。羽叶长 25~35 cm,小叶 4~7 对。小叶对生或近对生,纸质至薄革质,长圆状椭圆形、阔披针形或卵状披针形,长 5~16 cm、宽 3~5 cm,先端渐尖或长渐尖,基部圆形或阔楔形,全缘,两面无毛,侧脉 15~22 对。圆锥花序,多分枝,无毛,花黄绿色。长 7~15 cm,花瓣长圆形,先端钝,花盘 5 裂,子房球形,花柱 1,短,柱头 3 裂,褐色。核果大,径 7~10 mm,果皮薄,淡黄色,果核坚硬。花期 5~6 月,果期 7~9 月。

二、生长习性

野漆稍喜光，喜湿润，稍耐寒，耐阴，耐旱。海拔200～2 000 m，中性、微酸性，深厚肥沃土壤能正常生长。

三、主要分布

野漆主要分布于河北、河南、山东、安徽、湖南、湖北等地。河南省舞钢市国有石漫滩林场南部林区大虎山、秤锤沟、大河扒、老虎爬、稠子印等林区有野生分布，海拔300～500 m有零星野生，多生于阴坡疏林或阔叶林内。最大树高10 m，胸径22 cm。

四、引种繁育与造林绿化

（一）引种繁育苗木技术

1. 采收种子

育苗种子需要在8～9月采收，即种子成熟期，采收饱满、无病虫害的优良种子，然后将种子上面的蜡质物洗干净，置于阴凉处放干，然后封闭收藏。

2. 苗圃地整理与播种

做苗床整地播种，第二年2～3月大田播种可以育苗，育苗采取条播，建立苗床，苗床高28～30 cm、宽90～100 cm，长度根据地方的大小而定，苗床畦里面铺上9～10 cm的细沙子，将野漆种子撒在沙子里，让沙子正好将种子盖住，然后用木板压住。

（二）苗木管理技术

做到保湿保温，4～5天喷雾浇水1次，保持湿度，苗床畦上面搭建支起塑料小棚，防晒，发现种子发芽达到40%～50%时，就可以将塑料揭开了，当新生小苗长出2～3片叶子时，就可以移栽到大片田地里，以便它快速成长。移栽时按照株距15 cm、行距30 cm进行，在栽的过程中，要求根部完全展开放置，栽完后及时浇透水，并保持适宜的温度。定栽完之后，由于小苗不耐日晒风吹，要搭建遮阴网防晒防风，在苗木成长期间，要及时除虫、除草、松土、施肥，让它茁壮成长。在进行造林绿化的时候，需要提前出苗，出苗时要保证苗根的完整，栽后第1年的苗要注意防冻，可用稻草防寒，第2年3～6月继续浇水保湿，促进苗木生长。

五、野漆的作用与价值

（1）观赏价值。野漆树形大方，秋叶泛红美观。但其枝叶有毒，人体接触易皮肤过敏瘙痒。是森林公园不具游人接近之地景观树种。

（2）经济价值。野漆主作经济植物，树干皮部可割取生漆，用于防腐、防锈涂料，作为建筑物、家具、电线、广电器材涂漆。种子可榨油，制油墨、肥皂。果皮可取蜡，作蜡烛、蜡纸。

52 梣叶槭

梣叶槭，学名：*Acer negundo* L.，槭树科槭属植物，又名复叶槭、糖槭等，落叶乔木，其枝叶茂密，秋叶色黄或泛红，颇为美观，可作园林景观点缀，庭荫树、街区行道树或营造防护林。又具抵御有害气体的功能，亦可营造环境保护林。该种早春开花，花蜜很丰富，是很好的蜜源树种。

一、形态特征

梣叶槭树高 20 m，树冠分枝宽阔，多少下垂；树皮黄褐色或灰褐色，纵浅裂；平滑无毛，具灰褐色的圆点状皮孔；小枝圆柱形，灰绿色，秋后变紫色。奇数羽状复叶，小叶纸质，3~7 枚，卵形或卵状披针形，长 5~8 cm、宽 3~4 cm，基部楔形或钝圆形，边缘有不整齐的疏锯齿；表面绿色，背面淡绿色，脉及边缘生有短茸毛。花单性，雌雄异株，先于叶开放。雄花的花序聚伞状，雌花的花序总状，雄花序长 4~7 cm，有毛，下垂成伞房状；花萼狭钟形，5 裂，被柔毛，萼片小，雄蕊 5。雌花序下垂，疏总状花序；子房初被毛，后渐无毛。翅果扁平，淡黄褐色，长 2~3 cm，翅展约 70°；小坚果细长圆形，宽约 4 mm。花期 4~5 月，果期 9 月。

二、生长习性

梣叶槭为阳性树种，喜光、喜湿润，耐寒、稍耐旱，适应性强。喜生于湿润肥沃土壤，稍耐水湿，但在较干旱的土壤上也能生长。土壤深厚、疏松湿润之地，似有零星野生。

三、主要分布

梣叶槭主要分布于辽宁、内蒙古、河北、山东、河南、陕西、甘肃、新疆、江苏、浙江、江西、湖北等省区，各主要城市都有栽培。在东北和华北各省市生长较好。河南省舞钢市国有石漫滩林场长岭头、秤锤沟、灯台架、官平院、人头山、蚂蚁山等林区海拔 400~600 m 的谷地、丘陵有野生分布。

四、引种繁育与造林绿化

梣叶槭枝叶茂密，9~10 月叶色金黄，颇美观，是庭荫树、行道树及防护林应用中广泛推广树种。对有害气体抗性强，亦可作防污染绿化树种。其木材乳白色，材质致密、轻软，纹理细，有光泽，可作家具及细木工用材，亦可作纸浆用材，深受到人们喜爱。主要采取种子播种繁育苗木。

（一）引种繁育苗木技术

1. 采收种子

种子选择，应在品质优良的健壮母株上采集种子。8~9 月种子成熟期，当梣叶槭翅果由绿色变为黄褐色时采种，采后晾 2~3 天，去杂袋藏备用。

2. 种子浸种

3 月，即春季播种前 20~30 天，用 38~40 ℃温水浸种。边倒入种子边搅拌，水自然冷却后换清水浸泡 20~24 小时，每 8~10 小时换一次清水。捞出后控干，用 0.5%的高锰酸钾溶液消毒 3~4 小时，捞出用清水冲净种子，然后混 3 倍的湿沙，并均匀搅拌，堆于背风向阳处，每天喷一次温水，保持湿润（沙含水量为 60%），要防止积水，以避免种子腐烂。

每天上午或下午分别翻动1~2次,待50%的种子露白时即可播种。

3. 苗圃地选择

播种地应选择地势高燥、平坦、排灌方便、土层深厚肥沃的沙壤土。翻耕耙平,精细整地。每亩施充分腐熟的农家肥2 500~2 600 kg,掺入40~50 kg磷酸二铵。有条件的可施3~5 cm厚度的草炭土。充分搅拌,然后做床,并进行土壤消毒。

4. 种子播种

3月,在春季进行,播种量每平方米35~40 g。将经过处理的种子均匀撒到平整的床面上,覆土厚度为1~1.5 cm。播后盖草帘,保持土壤湿润。

5. 新生幼苗管理

播种后5~7天即可出苗,约60%的种子出苗后揭去草帘,保持土壤湿润。当苗高9~10 cm时进行间苗、定苗,每1 m^2 保留150~200株小苗。定苗后,7~10天进行一次叶面喷肥,用0.3%~0.5%的尿素溶化成水溶液喷洒。9~10月后增施磷钾肥,防止苗木徒长,同时要及时进行浇水、中耕、除草及病虫害防治。11~12月,入冬前浇1次封冻水。

(二)防治病虫害技术

梣叶槭,新生苗期主要病害是立枯病、猝倒病等,主要发生在6~8月的雨季。幼苗出齐后7~10天,喷洒0.1%的敌克松或1%的波尔多液2~3次,预防立枯病发生。发现立枯病,用1%~3%的硫酸亚铁喷洒,14~15分枝后再用清水冲洗苗木,以免产生药害。

五、梣叶槭的作用与价值

(1)景观作用。梣叶槭枝叶茂密,秋叶色黄或泛红,颇为美观,可作园林景观点缀,庭荫树、街区行道树或营造防护林观赏作用。

(2)环保作用。梣叶槭具抵御有害气体功能,在矿区、厂矿等荒地可营造环境保护林。防污染绿化树种。

(3)蜜源树种作用。梣叶槭3月早春开花,花蜜很丰富,是很好的蜜源植物。

(4)用材价值。梣叶木材乳白色,材质致密、轻软,纹理细,有光泽,可作家具及细木工用材,亦可作纸浆用材。

53 青榨槭

青榨槭,学名:*Acer davidii* Franch.,槭树科槭属植物,又名青虾蟆、大卫槭,落叶乔木。青榨槭生长迅速,树冠整齐,是绿化和造林优良树种。树皮纤维较长,又含丹宁,作工业原料。是乡土阔叶观赏树种,又是良好的造林树种,同时也具有很高的观赏价值。

一、形态特征

青榨槭树高10~15 m。树皮青灰或色灰褐色,具灰白色纵裂纹。小枝细瘦、显绿,圆柱形,具稀疏皮孔,无毛。冬芽腋生,长卵圆形,绿褐色。单叶对生,叶纸质,长圆卵形或近长圆形。长6~13 cm、宽4~8 cm,先端锐尖或渐尖,基部近于心脏形或圆形,边缘具不整齐的钝圆齿;上面深绿色,无毛;下面淡绿色。主脉叶面显现,叶背凸起,侧脉11~12对,成羽状。总状花序,花黄绿色,杂性,雌雄同株。总状花序下垂,长 5 ~ 9 cm;顶生新梢枝头,叶、花相向同现。雄花 9 ~ 12 朵,雄蕊 8,无毛;雌花 15 ~ 30 朵,萼片 5,花瓣 5,倒卵形,先端圆形;花盘无毛,子房被红褐色短柔毛。翅果成熟时黄褐色;翅宽 1 ~ 1. 6 cm,翅展钝角或水平。花期 4 ~ 6 月,果期 8 ~ 10 月。

二、生长习性

青榨槭喜散光,耐阴,喜湿润、稍耐旱,适应性强。适生海拔 400 ~ 1 500 m,中性、微酸性土壤,山地阴坡、沟谷林内或疏林中,常与阔叶林混生。

三、主要分布

青榨槭主要分布于北京、天津、山西、河北、内蒙古、上海、江苏、浙江、安徽、福建、江西、山东、台湾、河南、湖北、湖南、广东、海南、广西等省区,河南省舞钢市国有石漫滩林场南部秤垂沟、王沟、九头崖、长岭头、灯台架、大河扒、官平院、祥龙谷等地有野生分布,林区海拔 400 ~ 500 m 以上有零星野生。灯台架西坡峡谷一最大株树高 9 m,胸径 20 cm。

四、引种繁育与造林绿化

青榨槭苗木繁育市场供不应求,繁育苗木技术主要采取种子播种育苗。

(一)引种繁育苗木技术

1. 采收种子

种子选择树高 10 ~ 12 m,树龄在 15 ~ 20 年,干形通直、生长健壮、无病虫害危害的母树进行采种。采收种子的处理:将采后的果序摊放在室内阴凉通风处,经常翻动,防止发霉,并分离果梗。种子储藏:将收拾好的种子晒干装入麻袋,储存在干燥通风的室内备用。

2. 苗圃地选择

选择平坦、肥沃的土壤,同时,浇灌条件好的地方,9 月至 10 月底进行整地。采用高床,先用多菌灵每亩撒入 5 ~ 6 kg 在地面,深翻后做床,做成高 15 ~ 20 cm、宽 1. 8 ~ 2 m 的苗床,精耕细耙、耙平。整好苗床后浇 1 次透水,5 ~ 7 天后播种。

3. 种子播种

种子播种前,进行种子处理,在播种前用清水浸泡 13 ~ 15 天,然后用 0. 5%的高锰酸钾消毒 2 ~ 3 小时,用清水洗净,进行播种。采用苗床播种,10 ~ 11 月秋播,成活率高,减少储藏工序,应采取条播,先用开沟器在苗床上开沟,深 2. 5 ~ 3 cm、宽 9 ~ 10 cm,行距 15 ~ 20 cm,覆盖 1. 5 ~ 2 cm 厚的森林土。浇 1 次透水。经过 2. 5 ~ 3 年,其出苗整齐,出苗率高,一年生苗高 42 ~ 45 cm,地径 0. 4 ~ 0. 6 cm,可出圃供应市场造林。

4. 新生幼苗护理

一是浇水,播后要及时浇水,经常保持床面潮湿,第 2 年 4 月初,种子开始发芽,18 ~ 20 天幼苗基本出齐。二是松土、除草,4 ~ 8 月,苗木生长期,当圃地杂草长到危害幼苗时应进行除草,坚持除小、除早、除了的原则,以保证苗木健康生长。

(二)造林绿化技术

造林,一是苗木选择,应该选择粗壮、无病虫害、枝干光亮、皮色鲜艳的苗木。二是造林时间,3 月春季萌芽前,或 9~10 月秋季落叶后。三是造林栽植,挖穴施足基肥,每穴施入农家肥 40~50 kg,栽好后,填土、压实,浇 1 次透水;并于地面 10~12 cm 断干,促进分枝、墩状丛生,或留主干单株生长。成活率高,苗木移栽无须带土。栽植当年可长高 2~2.2 m,第 2 年高 3~4 m。

(三)防治病虫害技术

1. 防治病害

青榨槭幼苗不易发生病害,1~2 年生苗木主要发生立枯病;防治方法是 1 年生苗木出土后,4~6 月,可喷洒 800~1 000 倍液的退菌特水溶液 2~3 次,间隔期为 7~10 天,可控制病害的发生。

2. 防治虫害

青榨槭幼苗主要虫害是金龟子,危害叶片,防治方法是危害前期或危害期,8~9 月发生期用敌敌畏 700~800 倍液喷布叶片;或采用氯氰菊酯 500~600 倍液灌注树干基部,灭杀幼虫,减少危害。

五、青榨槭的作用与价值

(1)造林绿化作用。青榨槭生长健壮,冠形开阔,枝叶碧绿,花果低垂,秋叶红、橙、紫相应,实为枝叶花果形、色俱佳之稀缺观赏植物品种。作为景区、公园景观点缀,城镇行道、街区、庭院绿化、美化,观赏、庇荫等,均能发挥其完美特色绿化作用。

(2)化工原料作用。青榨槭树皮纤维丰富,且含丹宁,可开发用于工业原料。

(3)观赏价值。青榨槭生长迅速,树冠整齐,是城乡绿化或造林树种,叶在秋季变鲜红色,后转为橙黄色,最后呈暗紫色,为极美丽的观赏树种。

54 建始槭

建始槭,学名:*Acer henryi* Pax,槭树科槭属,落叶乔木。建始槭树形阔展,枝叶稠密,枝叶花果姿色兼备,为良好四季观赏树种。作景区、公园及城镇绿化点缀,亦会景色宜人,妙趣横生;是营造风景林、防护林及街区行道树栽培的优良树种。

一、形态特征

建始槭树高约 10 m。树皮浅褐色,当年生枝紫绿色,有短柔毛,老枝浅褐色,无毛。枝叶对生,羽状复叶,叶纸质,小叶 3 枚,椭圆形或长椭圆形,长 6~13 cm、宽 3~4.5 cm,先端渐尖,基部楔形或近圆形。全缘或有稀疏钝锯齿,嫩时叶背沿叶脉被密毛,老时无毛。穗状花序,下垂,长 7~8.5 cm,有短柔毛,多生于 2~3 年无叶小枝一侧,花淡绿色,单性,雌雄异株。萼片 5,卵形,花瓣 5,短小或不发育。雄花有雄蕊 4~6,雌花子房无毛,花柱短,柱头反卷。翅果嫩时淡紫色,熟时黄褐色,翅果凸起,长圆形,翅宽 0.5~0.6 cm、长 2~3 cm,两翅成锐角或近直角。花期 4 月,果期 9 月。

二、生长习性

建始槭适应性强，喜光或散射光，喜湿润，稍耐旱。适生海拔 400~1 500 m，中性、微酸性土壤，深厚、疏松土壤山坡或谷缘林中。

三、主要分布

建始槭主要分布于山西、陕西、甘肃、河南、江西、浙江、安徽、湖北、湖南、四川、贵州等地。河南省舞钢市南部旁背山、九头崖、瓦房沟、官平院、二郎山、老虎爬等有野生分布；山地海拔 300~500 m 的山腰、谷地有野生分布，与栎类、化香、榆类等阔叶林混生。

四、引种繁育与造林绿化

（一）引种繁育苗木技术

1. 造林地选择

建始槭适应能力强，对土壤要求不严，以在半阳坡或阳坡种植为佳，同时土质应肥沃深厚，排水性能好。以土层深厚肥沃、排水良好的阳坡或半阳坡缓坡林荒地和坡耕地种植为佳。

2. 施足基肥

4~9 月，建始槭对肥料需求性强，幼龄生长期施 2~3 次氮肥，休眠期施基肥，每亩施入复合肥 50~60 kg。后期还需追肥 3~4 次。以氮、钾肥为主。生长季还可以根外追肥，以农家肥、饼肥为主。

3. 适时浇水

建始槭平时适量浇水，保证盆土湿润即可，不要浇水过多，否则会产生积水，容易烂根。夏季温度较高时可增加浇水次数。适量浇水即可，切勿浇水过多，否则易产生积水，导致烂根。

4. 搭建遮阳棚保护

建始槭种植期间需提供充足的阳光，以保证植株能正常生长，但切勿在阳光下长时间暴晒。建始槭喜欢阳光充足的环境，它的生长需要充足的光照，盛夏时忌烈日暴晒和干旱，否则叶片易枯焦，应适当进行遮阴。

（二）病虫害防治技术

（1）病害防治。建始槭主要病害为褐斑病和白粉病，主要危害建始槭的叶片，影响树势健壮生长。4~6 月，发生初期，可喷洒波尔多液 700~800 倍液或多菌灵可湿性粉剂 600~700 倍液，每 10~15 天喷施 1 次，连喷 2~3 次，可以有效防治。

（2）虫害防治。建始槭主要虫害为黄刺娥和光肩星天牛，它们会吸食植株的叶片和树干树液。5~8 月选择苦参碱 800~1 000 倍液防治黄刺蛾幼虫；光肩星天牛，可以用敌百虫溶液、杀螟松乳剂溶液等化学药剂喷洒叶片进行防治，或选择敌敌畏原液蘸棉球插入树干蛀洞，然后用黄泥封口，或 5~7 月，成虫出现时，人工捕捉成虫。

五、建始槭的作用与价值

（1）绿化作用。建始槭树形阔展，枝叶稠密，枝叶花果姿色兼备，是四季观赏树种。

作景区、公园及城镇绿化点缀，亦会景色宜人，妙趣横生。人工繁育后，用以营造风景林、防护林及街区行道树栽培，深受人们青睐，具有良好的绿化作用。

(2)优良用材。建始槭是良好的用材树种，大树资源稀少。散孔材，木材淡黄白色，年轮明显，射线细而明晰。纹理略斜，结构甚细，花纹美丽。干后有开裂，倒面很光滑，供家具、室内装饰、农具用材。

(3)经济价值。建始槭树皮可提制栲胶和纤维原料，种子含油脂，供工业用油。

55　秦岭槭

秦岭槭，学名：*Acer tsinglingense* Fang et Hsieh，槭树科槭属，落叶乔木，树势强健，枝冠开阔，叶大有形，兼具春夏叶、果，秋叶红姿态。选作园景景观配植点缀，城镇街区绿化、美化栽培，别具特色，增添景观优良树种。

一、形态特征

秦岭槭树高7~10 m。树皮灰褐色，小枝近圆柱形或呈棱角状，当年生枝淡紫色，被灰色短柔毛，多年生枝紫褐色。枝叶对生，叶纸质，掌状单叶，3出裂，叶较大。长、宽6~10 cm，基脉3条，背面凸起，次生脉7~10条。裂叶先端锐尖，边缘浅波状或全缘，基部近于心形。叶面深绿色，背面淡绿色，具黄色短柔毛。总状花序，被短柔毛，着生无叶小枝侧。花单性，雌雄异株，淡绿色。萼片5，长圆卵形，花瓣5，长圆形；雄蕊8，花药黄色，长圆椭圆形；翅镰刀状，宽1.5 cm、长3~4 cm。熟时翅果黄棕色；花期5月，果期8~9月。

二、生长习性

秦岭槭喜光、稍耐阴，喜湿润，喜疏松肥沃土壤。适生海拔300~1 500 m，中性、微酸性壤土，林内或疏林中。

三、主要分布

秦岭槭主要分布于河南、陕西、甘肃。河南省舞钢市国有石漫滩林场三林区瓦庙沟、大石棚、秤锤沟，四林区大河扒、灯台架、老虎爬等山脚、谷地有分布，多与阔叶林混生。称锤沟生长的秦岭槭最大树高10 m，胸径18 cm。

四、引种繁育与造林绿化

秦岭槭其苗木繁育主要采用播种繁殖。

(一)引种繁育苗木技术

1. 种子采收

选择在品质优良的健壮母株上采集种子。9月秋季，当糖槭翅果由绿色变为黄褐色时采种，采后晾2~3天，去杂袋藏。秦岭槭种子千粒重38 g。

2. 种子处理

3月，春季播种前20~30天，用39~40 ℃温水浸种。边倒入种子边搅拌，水自然冷却后换清水浸泡 22~24 小时,每 10 小时换一次清水。捞出后控干,用 0.5%的高锰酸钾溶液消毒 4 小时,捞出用清水冲净种子,然后混 3 倍的湿沙,并均匀搅拌,堆于背风向阳处,每天喷 1 次温水,保持湿润(沙含水量为 60%),要防止积水,以避免种子腐烂。每天中午翻动一次,待 50%的种子露白时即可播种。

3. 整地做床

播种地应选择地势高燥、平坦、排灌方便、土层深厚肥沃的沙壤土。翻耕耙平,精细整地。每亩施充分腐熟的有机肥 1 500~2 000 kg,掺入 50 kg 磷酸二铵。有条件的可施 3~5 cm 厚的草炭土。充分搅拌,然后做床,并进行土壤消毒。

4. 种子播种

播种时间,3 月春季进行,播种量每亩播种 15~20 kg。将经过处理的种子均匀撒到平整的床面上,覆土厚度为 1~1.5 cm。播后盖草帘,保持土壤湿润。

(二)新生苗木管理技术

种子播种后 5~7 天即可出苗,约 60%的种子出苗后揭去草帘,保持土壤湿润。当苗高 8~9 cm 时进行间苗、定苗,每亩保留 15 000~20 000 株小苗。定苗后,7~10 天进行 1 次叶面喷肥,用 0.3%~0.5%的尿素溶化成水溶液喷洒。9 月入秋后增施磷钾肥,防止苗木徒长,同时要及时进行浇水、中耕、除草及病虫害的防治。入冬前浇 1 次封冻水。

五、秦岭槭的作用与价值

(1)观赏价值。秦岭槭树势强健,枝冠开阔,叶大有形,兼具春夏叶、果,秋叶红姿态。选作园景景观配植点缀,城镇街区绿化、美化栽培,别具特色,增添景观。

(2)用材价值。秦岭槭木材色黄白,材质细腻,纹理通顺,适作家具、开发细工模具及工艺品。可秋季采其红叶,加工旅游购物产品,制作纪念、生日贺卡。

56 元宝槭

元宝槭,学名:*Acer truncatum* Bunge,槭树科槭属,又名元宝枫,落叶乔木。

一、形态特征

元宝槭树高 8~10 m。树皮灰褐色,深纵裂。当年生枝绿色,多年生枝灰褐色,具圆形皮孔。枝叶对生,叶纸质,全缘;掌状 5 裂,基生 5 出脉,基部截形稀近于心脏形。长 5~10 cm、宽 8~11 cm,裂片三角卵形或披针形,先端锐尖,叶面深绿色而亮,叶背淡绿色,嫩时脉腋被丛毛,叶柄长 3~5 cm。伞房花序,花黄绿色,杂性,雌雄同株,长 4~5 cm,直径 7~8 cm。萼片 5,长圆形;花瓣 5,淡黄色,长圆倒卵形;雄蕊 8,花药黄色,花盘微裂,翅果嫩时淡绿色,熟时淡黄色或淡褐色,伞房果序下垂;坚果压扁状,翅长圆形,两侧平行,宽 8 cm,成锐角或钝角。花期 4~5 月,果期 8 月。

二、生长习性

元宝槭性喜光、稍耐阴,耐寒、耐旱,喜深厚肥沃的土壤,适应性强。适生海拔 400~

2 000 m,酸性、中性、钙质土,阔叶林及疏林中。

三、主要分布

元宝槭主要分布于吉林、辽宁、内蒙古、河北、山西、山东、江苏、河南、陕西及甘肃等省区。河南省舞钢市国有石漫滩林场南部秤锤沟、王沟、长岭头、灯台架、大河扒、官平院、祥龙谷、旁背山等林区有野生分布,海拔 350~550 m 谷地、山腰有散生。多分布于较湿润、土壤立地条件好之地,与阔叶林伴生。

四、引种繁育与造林绿化

元宝槭,是特种用材树种及园林观赏多效融于一体的优良经济树种,其苗木繁育主要采取种子进行。

(一)引种繁育苗木技术

1. 选择苗圃地

9~10 月,进行拖拉机翻地,精耕细耙,同时,将杀虫药森得保撒在土壤表面,将一些在土内越冬的虫卵、病菌杀死;通常药沙 1∶10 均匀撒施。3 月,春播前土壤处理,4 月中旬做床,先用 1∶1 500 的氯氰菊酯进行杀虫处理。然后用 1∶500 多菌灵杀菌即可。

2. 采收种子

9~10 月,元宝槭果实由绿色变为黄褐色时,可采其翅果。暴晒 3~4 天后,放在通风阴凉的室内,始终保持种子不变色、无异味,一旦变质难以保证发芽。将储存的种子取出来,在播前 8~10 天(视气温变化而定),4 月 20~25 日处理种子。先用 28~30 ℃温水浸泡并不断搅拌,4~5 天后取出,控干后用 1∶3沙拌匀,放在通风处,每天翻动 1~3 次,始终保持种沙在湿润状态,4~5 天后即可出芽,待到 30%发芽后即可播种,播后覆草、覆沙,沙子的厚度为种子的 3 倍。一般种子纯度在 90%以上,每亩播种 15~20 kg,种子质量和育苗条件较差时,应酌情将播种量适当加大。

3. 新生幼苗管理

元宝槭播种后,由于槭树较耐阴,早晚应各浇水 1~2 次。一般经过 20~21 天可发芽出土,3~4 天可长出真叶,7~8 天内可出齐,4~5 天后将覆草撤除,出土 20 天后可间苗,1 m^2 留苗 100 株左右,中间可施肥 2~3 次,浇水次数视其降水量而定,定期清除杂草。从播种开始到苗出齐整,25~30 天。要细致观察苗木出土情况,当有 33%~40%苗木出土时,应当撤草。

4. 幼苗的肥水管理

幼苗生长期,5 月底到 6 月上旬,为促进苗木根系生长,要合理灌溉、中耕除草,结合喷水,追施尿素每亩施入 5~10 kg,间苗 2~3 次,疏去过密的弱苗,保留每亩 8 000 万~10 000 万株。随着气温的升高,喷洒 1~2 次波尔多液或 1%~2%的硫酸亚铁,预防苗木立枯病的发生。8 月中下旬,苗木生长趋于缓慢。此期间要每隔 15~20 天追肥、灌水、中耕除草各 1 次,追施尿素 6~8 kg。将枝条上的腋芽除掉,以减少营养消耗。9 月中下旬时高生长停止,开始落叶休眠。这个阶段要停止追肥、灌水,防止徒长,促进苗木木质化。

(二)病害防治技术

元宝槭主要病害为褐斑病,危害果实和叶片,严重时果实发育不全,致使果实萌芽力减弱,如果在催芽时,混入染病果实,常会造成霉烂现象,为预防褐斑病,开沟施肥即可,但施肥时间不能过晚,促使苗木木质化,有利于苗木的越冬。4~6月,发生初期,苗出齐后必须用敌克松500倍液或甲基异硫磷500倍液喷洒苗床,每7~8天喷洒1次,持续3~5次。

五、元宝槭的作用与价值

(1)园林观赏作用。元宝槭树形优美,枝叶浓密,翅果奇异,秋叶多变,具黄、橙、红多变特色,且持续长,观叶价值品位高。是优良的园林观赏经济树种。

(2)造林绿化作用。元宝槭宜作森林公园、景区林绿化点缀,城镇行道、庭院绿化树种。孤植、丛植或片植,均能各取其长,各显其色。元宝槭不仅抗二氧化硫、氟化氢能力强,还具吸尘功能,亦可用于厂、矿周边营造环境保护林,发挥净化空气效能。

(3)盆景作用。元宝槭根桩奇异,叶、果观赏价值高,是整形树桩盆景材料。

(4)经济价值。元宝槭木材坚韧细致,可做家具、器物工艺及装璜用材等特用材树种。种子可榨油,可食用或工业用。树皮纤维可造纸、造棉。元宝枫种仁油富含多种脂肪酸和维生素,具有极高的保健价值,有益人体身心健康。

57　杜　仲

杜仲,学名:*Eucommia ulmoides* Oliver,杜仲科杜仲属,又名棉皮树、胶木树等,落叶乔木植物,俗称植物黄金。是中原地区优良乡土树种,也是优良的绿化观赏和经济树种。杜仲是中国特有的珍稀濒危二类保护植物树种。

一、形态特征

杜仲,落叶乔木,高达18~20 m,胸径35~50 cm;树冠圆球形。树皮,灰褐色,粗糙,内含橡胶,折断拉开有多数银白色胶细丝。嫩枝有黄褐色毛,不久变秃净,老枝有明显的皮孔,小枝光滑,无顶芽。芽体卵圆形,外面发亮,红褐色,有鳞片6~8片,边缘有微毛。单叶互生,椭圆形或卵形或矩圆形,长7~14 cm、宽3.5~6.5 cm;有锯齿,羽状脉,老叶表面网脉下陷,无托叶,薄革质,基部圆形或阔楔形,先端渐尖;上面暗绿色,初时有褐色柔毛,不久变秃净,老叶略有皱纹,下面淡绿,初时有褐毛,以后仅在脉上有毛;侧脉6~9对,与网脉在上面下陷,在下面稍突起;边缘有锯齿;叶柄长1~2 cm,上面有槽,被散生长毛。花单性,与叶同放或先叶开放。花期4~5月,雌雄异株,花生于当年枝基部,雄花无花被;花梗长约3 mm,无毛;苞片倒卵状匙形,长6~8 mm,顶端圆形,边缘有睫毛,早落。翅果扁平,长椭圆形,长3~3.5 cm、宽1~1.3 cm,坚果位于中央,稍突起,种子1粒。果期10~11月。

二、生长习性

杜仲喜光,阳光越充足,树势较好,喜欢温和湿润气候,耐寒,对土壤要求不严,丘陵、平原均可种植。杜仲的身上都是宝，从树叶到树皮中都含有丰富的杜仲胶，若折断一根树枝，会发现里面有非常多的白色丝状的物质。每年3~5月开花，单性花异株，翅果长为3~4 cm、宽为1~2 cm，果实的成熟期在每年的9~11月，待果实成熟后，果身就会变成褐色，树皮呈灰色样，芽近卵形，有鳞片，叶互生，呈椭圆形，长6~13 cm、宽3~7 cm；同时，杜仲具有较强的适应性，对土壤没有过多的要求，在栽种时最好将其放在土层肥厚、湿润的地方，土壤的pH值为5~7.5，这样才有利于杜仲的生长。通常杜仲都会长在阳坡及半阳坡等阳光充足的环境中。杜仲还具有保持水土功能，对生态环境有着一定的保护作用，是一种优良的绿化树种。

三、主要分布

杜仲主要分布于长江中游及南部各省，河南、陕西、甘肃等地均有栽培。主要分布于河南、山东、浙江、湖北、四川、贵州、云南、陕西、安徽、广西、江西、甘肃、湖南等地。中原地区主要分布于南阳、西峡、淅川、南召、鲁山、栾川、汝阳、舞钢、确山、方城、安阳、林州、禹州等地。在自然状态下，生长于海拔300~500 m的低山、谷地或低坡的疏林里，对土壤的选择并不严格，在瘠薄的红土或岩石峭壁均能生长。张家界为杜仲之乡，是世界最大的野生杜仲产地。

四、引种繁育与造林绿化

杜仲俗称植物黄金。是中原地区优良乡土树种，也是优良的绿化观赏和经济树种；杜仲是中国特有的珍稀濒危二类保护植物，各地广泛引种造林绿化。其苗木市场供不应求，苗木繁育速度加快。杜仲优质苗木繁殖的方法，一般采用种子播种育苗、扦插育苗、压条及嫁接繁殖。林业生产上以种子繁殖为主。

（一）引种繁育苗木技术

1. 苗圃地选择

杜仲对土壤要求不是很高，适应能力比较强。育苗地选择在向阳、土层深厚、疏松肥沃、排水及灌溉方便的沙质壤土地比较好。

2. 苗圃地整地

11~12月，选好地后，及时整地，采用大型拖拉机旋耕整地，每亩施农家肥3 000~3 500 kg，有条件时施入饼肥100~150 kg、过磷酸钙40~50 kg，然后深翻30~35 cm，精耕、耙细、整平后做宽1.0~1.2 m、高18~20 cm的高畦。

（二）大田播种与苗木保护管理

1. 种子采收

冬季10~11月采种。播种的原材料是种子，因此选择优良种子对播种繁殖、育苗好坏都至关重要。为了保证后期的繁殖，提高种子的发芽率，一定选择在20年以上的健壮优良母树上采收成熟种子，生长发育健壮、树皮光滑、无病虫害和未剥过树皮的植株，尤以有光泽、饱满、新鲜、色呈淡褐色者为优。采收后放阴凉通风处阴干，或晾干，扬净，切忌暴晒；采收的种子应进行层积处理，即种子与湿沙的比例为1:10储藏备播。

2. 种子催芽

3~4 月,选择好的种子,播种前,先将其放入 40~45 ℃的温水中浸泡,并不断搅动,使水凉了以后捞出来,再将其放在凉水中浸泡 48 小时,等种子泡膨胀以后捞出来,和细沙拌在一起。把拌好的种子放入事先准备好的坑内,再洒上水使其保持湿润,最后盖上一层塑料薄膜,每隔 1~2 天搅拌 1 次,等种子露出裂嘴或幼芽,即可播种育苗。或于播种前,用 20 ℃温水浸种 2~3 天,每天换水 1~2 次,待种子膨胀后取出,稍晒干后播种,可提高发芽率。

3. 大田播种

3~4 月,播种方法应该采取条播,天气稳定在 10 ℃以上时进行。在整好的苗床上,按行距 25~30 cm,开深 2~3 cm 的沟,将种子均匀播入沟内,覆土 1~1.5 cm,稍加镇压,浇水,覆草,以防霜冻。

4. 幼苗管理

出苗后,幼苗 5~7 cm 时,选阴天进行第 1 次间苗,苗高 15~20 cm 时进行第 2 次间苗或定苗。苗期适量灌水,保持土壤湿润,7~8 月生长旺盛时,加强施肥,全年施肥 6~8 次,有机肥和无机肥交替施用。覆盖 1~2 cm 厚的细土,整平畦面,盖草保湿保温。每亩播种量 6~8 kg。经常保持床土湿润,13~15 天可出苗。播种后盖草,保持土壤湿润,以利种子萌发。幼苗出土后,于阴天揭除盖草。每亩可产苗木 2 万~3 万株。

5. 肥水管理

苗木生长期,苗木管理主要是及时进行松土、锄草,并根据不同幼苗成长的情况施肥浇水。当幼苗长出 2~4 片叶子时,为使每棵幼苗之间的距离不太近,需拔除多余的幼苗,并进行第 1 次追肥,施用尿素每亩施入 2.5~3.0 kg,以钾肥为主。当幼苗长出 5~6 片叶子时,结合调整株距把多余的幼苗除掉,补在稀少的地方,每亩保留 1.2 万~2.5 万株。杜仲在幼苗后期容易死苗,要在播种前对土壤用 0.5%的波尔多液每隔 8~10 天喷洒 1 次,1 个月后用 0.1%波尔多液每隔 15 天喷洒 1 次进行消毒,重复 2 次。做好病害虫防治,可以用毒饵诱杀。新生苗木需要对其进行 2~4 次中耕除草。

6. 苗期管理

6~8 月,苗木进入快速生长时期,部分新生苗若树干弯曲,可于早春沿地表将地上部全部除去,促发新枝,从中选留 1 个壮旺挺直的新枝作新干,其余全部除去。同时,注意中耕除草、浇水施肥。幼苗忌烈日,要适当遮阴,最好搭建防晒网遮阴;旱季要及时喷灌防旱,雨季要注意防涝。结合中耕除草追肥 4~5 次,每次每亩施尿素 1~1.5 kg。

7. 苗木定植

培育 1~2 年生的苗高达 1.0~1.5 m 以上时,即可在落叶后 10~11 月,或萌芽前定植。据上述株行距,每穴 1 株。幼树生长缓慢,宜加强抚育,每年春夏应进行中耕除草,并结合施肥。秋天或翌春要及时除去基生枝条,剪去交叉过密枝。对成年树也应酌情追肥。避免晚期生长过旺而降低抗寒性。

(三)主要病虫害的发生与防治技术

1. 主要虫害的发生与防治

(1)主要虫害的发生。杜仲主要害虫是褐蓑蛾、黄刺蛾,危害叶片。一是褐蓑蛾,1 年发生 1 代,幼虫喜集中危害,多以低龄幼虫越冬,3~4 月危害,6 月化蛹并羽化为成蛾,栖息在苗木林集中的丛内中下部。7 月出现当年幼虫,虫在护囊中咬食叶片、嫩梢或剥食枝干、果实皮层,造成叶片局部光秃。二是黄刺蛾,1 年发生 1 代,幼虫食叶,低龄幼虫啃食叶肉,使叶片成网眼状,大龄幼虫将叶片食成缺刻和孔洞,严重时只残留主脉和叶柄,河南平顶山、山东菏泽等地 1 年 2 代。幼虫 10 月在树干和干处结茧过冬。第二年 5 月中旬开始化蛹,下旬始见成虫。5 月下旬至 6 月为第一代卵期,6~7 月为幼虫期,7 月下旬至 8 月为成虫期;第二代幼虫 8 月上旬发生,10 月结茧越冬。成虫羽化多在傍晚,成虫夜间活动,趋光性不强。雌蛾产卵多在叶背,卵粒单产或数粒产在一起。幼虫多在白天孵化。初孵幼虫先食卵壳,然后取食叶下表皮和叶肉,剥下上表皮,形成圆形透明小斑,隔 1 日后小斑连接成块。4 龄时取食叶片形成孔洞;5~6 龄幼虫能将全叶吃光,仅留叶脉。

(2)主要虫害的防治。褐蓑蛾,3~4 月危害,一是人工采发现虫囊及时摘除,集中烧毁;二是在幼虫低龄盛期喷洒 90%晶体敌百虫 800~1 000 倍液或 80%敌敌畏乳油 1 200 倍液、50%杀螟松乳油 1 000 倍液、50%辛硫磷乳油 1 500 倍液、90%巴丹可湿性粉剂 1 200 倍液、2.5%溴氰菊酯乳油 4 000 倍液。黄刺蛾,一是人工防治处理幼虫,黄刺蛾幼虫、幼龄幼虫多群集取食,被害叶显现白色或半透明斑块等,甚易发现。此时斑块附近常栖有大量幼虫,及时摘除带虫枝、叶,加以处理,效果明显。老熟幼虫常沿树干下行至干基或地面结茧,可采取树干绑草等方法及时予以清除。二是人工清除越冬虫茧,黄刺蛾越冬代苗期长达 7 个月以上。此时农、林作业较空闲,可根据不同刺蛾虫种越冬场所之异同,采用敲、挖、剪除等方法清除虫茧。虫茧可集中用纱网紧扣,使害虫天敌羽化外出。三是灯光诱杀成虫,成虫具较强的趋光性,可在成虫羽化期于 19~21 时用灯光诱杀。四是化学防治,幼龄幼虫对药剂敏感,一般触杀剂均可奏效。例如,90%敌百虫晶体 8 000 倍液对纵带球须利蛾、1 500 倍液对黄刺蛾;在杜仲剥皮后再生新皮受到危害时,可用 50%西维因可湿性粉剂 1∶400 倍液或 50%西维因 1∶50 倍液,加入一定量牛胶(约 0.5%)涂刷在新皮上下两端的树干上,形成两个“保护圈”,可防虫害袭击。

2. 主要病害的发生与防治

(1)主要病害的发生。杜仲新生苗木病害主要是立枯病,4 月下旬至 6 月中旬苗木进入夏季,气温高、干旱或雨水多,易造成病苗,主要表现症状是近茎基部腐烂变褐,收缩腐烂,或倒伏干枯。

(2)主要病害的防治。主要防治方法是,尽量减少实行轮作和注意田间积水实行轮作和田间排除积水,造成发病,应该及早拔除病株,并用 50%多菌灵 1 000 倍液浇灌。叶受害发病,叶片出现褐色病斑或破裂穿孔,发病期间,可喷 50%多菌灵 800~1 000 倍液。

五、杜仲的作用与价值

(1)工业作用。杜仲树皮、树叶和果实里都含有珊瑚糖苷及杜仲胶,杜仲胶是我国特有的资源。除此之外,杜仲种子也有应用价值,种子里含有大量脂肪油,主要为亚油酸脂,可为工业所用。

(2)造林绿化作用。杜仲树干比较挺直,直立性又很强,树冠紧凑,非常密集,遮阴面积大,树皮呈灰白色或灰褐色,叶子颜色又浓又绿,美观协调,为绿化和行道树提供了很好的资源。

(3)药用价值。作为强壮剂及降血压药,并能医腰膝痛、风湿及多种疾病等。

58 朴 树

朴树,学名:*Celtis sinensis* Pers.,榆科朴属,又名沙朴、黄果朴、白麻子、朴榆等,落叶乔木,中原地区优良乡土树种。

一、形态特征

朴树,落叶乔木,树皮平滑,灰色;一年生枝被密毛。树皮光滑,粗糙而不开裂,枝条平展。叶质较厚,阔卵形或圆形,中上部边缘有锯齿,叶面无毛,叶脉沿背疏生短柔毛。异花同株,雄花簇生于当年生枝下部叶腋。叶厚纸质至近革质,通常卵状椭圆形或带菱形,幼时叶背常和幼枝、叶柄一样,密生黄褐色短柔毛,老时或脱净或残存,变异也较大;花期4~5月,两性花和单性花同株,生于当年枝的叶腋;核果近球形,红褐色;果柄较叶柄近等长;核果单生或2个并生,近球形,熟时红褐色;果核有穴和突肋。果梗常2~3枚(少有单生)生于叶腋,其中一枚果梗(实为总梗)常有2果(少有多至具4果),其他的具1果,无毛或被短柔毛,长7~17 mm;果成熟时黄色至橙黄色,近球形,直径约8 mm;核近球形,直径约5 mm,具4条肋,表面有网孔状凹陷。种子9~10月成熟,果实呈红褐色。

二、生长习性

朴树喜光,稍耐阴,耐水湿,适温暖湿润气候,适生于肥沃平坦之地。对土壤要求不严,有一定耐干旱能力,亦耐水湿及瘠薄土壤,适应性较强。喜肥沃湿润而深厚的土壤,耐轻盐碱土。深根性,抗风力强,寿命较长。

三、主要分布

朴树主要分布于河南、山东、江苏、浙江、湖南、安徽、福建、江西、湖南、湖北、四川、贵州、广西、广东等地,多生于平原遮阴处;长江中下游和淮河流域、秦岭以南至华南各省区生长,常见200~300年生的古树。多生于路旁、山坡、林缘,海拔100~1 500 m。中原地区主要分布于平顶山、鲁山、安阳、汝州、南阳、南召、林州、方城、西峡、舞钢等地的低山区,村落附近生长;抗烟尘及有毒气体。朴树种植比较简单,随着城市绿化、美丽乡村建设的加快,朴树近几年来苗木市场需求增大,栽培面积越来越大,人们不仅重视朴树在园林绿化中的生态效益,同时还更注重其产量的经济效益。

四、引种繁育与造林绿化

朴树优良苗木繁育方式,林农通常用播种繁殖。

(一)引种繁育苗木技术

1. 苗圃地的选择

朴树适应性强,不择土质;但是,繁育优质苗木的苗圃地,应该选择在肥沃疏松、排水良好的沙质壤土上，苗木生长较好。

2. 苗圃地整地

11～12月，选好地后，及时整地，采用大型拖拉机旋耕整地，每亩地施农家肥4 000～4 500 kg，有条件的施入饼肥100～150 kg、过磷酸钙40～50 kg作为底肥，然后深翻30～35 cm，精耕、耙细、整平即可。

（二）大田播种与苗木保护管理

1. 种子采收

种子9～10月成熟，果实呈红褐色，应及时采收。采收后堆放后熟，摊开阴干，去除杂物，擦洗取净，阴干与沙土混拌储藏。

2. 种子播种

春季3月播种，播种前要进行种子处理，用木棒敲碎种壳，或用沙子擦伤外种皮，方可播种，这样有利于种子发芽。苗床土壤以疏松肥沃、排水良好的沙质壤土为好，播后覆上一层细土1～2 cm厚，再盖以杂草、秸秆、稻草，浇一次透水即可。

3. 苗木管理

播种后，9～10天后即可开始发芽，新生苗木出苗后，及时揭去杂草、秸秆、稻草。苗期要做好养护管理工作，注意松土、除草、追肥，并适当间苗，当年生苗木可高达30～40 cm。培养朴树盆景用的幼树苗要注意修剪整形，抑顶促侧，控制树苗高生长，促其主干增粗、侧枝生长，以利上盆加工造型。

（三）主要病虫害的发生与防治技术

1. 主要虫害的发生与防治

（1）主要虫害的发生。朴树主要虫害有盾木虱、红蜘蛛等。盾木虱是朴树的常见虫害之一，属同翅目、木虱科单食性害虫，仅危害朴树。盾木虱是危害朴树的专食性害虫。该虫在河南、河北、东北1年2代，以卵越冬，每年4月末开始孵化，若虫共5龄，为害期每代持续30多天。红蜘蛛，每年都可产卵一次，一次数量多，可达1 000只左右，一个月后进行孵化，一年可发生13代。它的分布范围广、食性杂，危害的植物较多。

（2）主要虫害的防治。盾木虱用40%氧化乐果乳油800～1 000倍液防治效果最佳。红蜘蛛用1 000倍乐果乳油液喷杀，用呋喃丹拌入土中，采取逐渐渗入树体的办法可防治各种病虫害。

2. 主要病害的发生与防治

（1）主要病害的发生。朴树的常见病害是白粉病。白粉病，一种危害叶片、茎和果实的疾病。白粉病发生在叶、嫩茎、花柄及花蕾、花瓣等部位，初期为黄绿色不规则小斑，边缘不明显。随后病斑不断扩大，表面生出白粉斑，最后该处长出无数黑点。染病部位变成灰色，连片覆盖其表面，边缘不清晰，呈污白色或淡灰白色。受害严重时叶片皱缩变小，嫩梢扭曲畸形，花芽不开。在叶片上开始产生黄色小点，一般情况下部叶片比上部叶片多，叶片背面比正面多。霉斑早期单独分散，后联合成一个大霉斑，甚至可以覆盖全叶，严重影响光合作用，使苗木的正常新陈代谢受到干扰，造成早衰，产量受到损失。

（2）主要病害的防治。一是越冬期用3～5波美度的石硫合剂稀释液喷或涂枝干，消灭越冬菌源。二是生长期在发病前可喷保护剂，发病后宜喷内吸剂，根据发病症状、花木生长和气候情况及农药的特性,间隔 5~20 天施药一次,连施 2~5 次。三是病害盛发时,可喷 15%粉锈宁 1 000 倍液、2%抗霉菌素水剂 200 倍液、10%多抗霉素 1 000~1 500 倍液。故提倡交替使用。每 3~6 天喷一次,连续喷 3~6 次,冲洗叶片到无白粉为止。白粉病用 2 000 倍的粉锈宁乳液喷杀,最后要在冬季摘除病叶,并加以烧埋,清洁田园,减少越冬病源,加强栽培管理,增施肥料,以加强树势和提高抗病力。这样才可以降低它的发病率。

五、朴树的作用与价值

(1)工业作用。朴树茎皮为造纸和人造棉原料;果实榨油作润滑油;木材坚硬,可供工业用材;茎皮纤维强韧,可作绳索和人造纤维。

(2)园林用途。朴树是中的行道树品种,主要用于道路绿化、公园小区栽植、景观树等。在园林中孤植于草坪或旷地,列植于街道两旁,尤为雄伟壮观,对二氧化硫、氯气等有毒气体的抗性强,吸滞粉尘的能力较强,常被用于城市及工矿区。绿化效果体现在速度快,移栽成活率高,造价低廉。朴树树冠圆满宽广,树荫浓郁,农村“四旁”绿化都可用,也是河网区防风固堤树种。朴树绿荫浓郁,树冠宽广,是城乡绿化的重要树种。可孤植作庭荫树,也可作行道树。并可选作厂矿区绿化及防风、护堤树种。又是制作盆景的常用树种。

59　五角枫

五角枫,学名:*Acer mono* Maxim,槭树科槭属,又名五角槭、色木等,落叶乔木,是槭类树种中分布区域和栽培范围最广的树种,又是中原地区优良乡土树种。

一、形态特征

五角枫,落叶乔木,高达 15~20 m,树皮粗糙,常纵裂,灰色,稀深灰色或灰褐色。小枝细瘦,无毛,当年生枝绿色或紫绿色,多年生枝灰色或淡灰色,具圆形皮孔。冬芽近于球形,鳞片卵形,外侧无毛,边缘具纤毛。叶纸质,基部截形或近于心脏形,叶片的外貌近于椭圆形,长 6~8 cm、宽 9~11 cm,深达叶片的中段,上面深绿色,无毛,下面淡绿色,除在叶脉上或脉腋被黄色短柔毛外,其余部分无毛;叶柄长 4~6 cm,细瘦,无毛。花多数,杂性,雄花与两性花同株,多数常成无毛的顶生圆锥状伞房花序,长与宽均约 4 cm,生于有叶的枝上,花序的总花梗长 1~2 cm,花的开放与叶的生长同时;黄绿色,长圆形,长 2~3 mm;花瓣 5,淡白色,椭圆形或椭圆倒卵形,长约 3 mm,花梗长 1 cm,细瘦,无毛。翅果嫩时紫绿色,成熟时淡黄色;小坚果压扁状,长 1~1.3 cm、宽 5~8 mm;翅长圆形,宽 5~10 mm,连同小坚果长 2~2.5 cm,张开成锐角或近于钝角。花期 4~5 月,果期 9 月。

二、生长习性

五角枫,稍耐阴,深根性,喜湿润肥沃土壤,在酸性、中性、石炭岩上均可生长。萌蘖性强。干旱山坡、河边、河谷、林缘、林中, 路边、山谷栎林下和疏林中,谷水边, 山坡阔叶林中、林缘、阴坡林中，杂木林中，有人工引种栽培，适生于海拔 800~1 500 m 的山坡或山谷疏林中。

三、主要分布

五角枫主要分布于中国东北、华北和长江流域各省。中原地区主要分布在平顶山、安阳、焦作、三门峡、南阳、驻马店、南召、方城、鲁山、汝州、舞钢等地。

四、引种繁育与造林绿化

（一）引种繁育苗木技术

1. 苗圃地的选择

五角枫用作育苗的苗圃地，应重点选择地势平坦、排水良好的沙壤土或壤土，pH 值以 6.7~7.8 为宜。适应性强，不择土质；但是，繁育优质苗木的苗圃地，应该选择在肥沃疏松、排水良好的沙质壤土上，苗木生长较好，具备交通运输方便的地方进行。

2. 苗圃地整地

11~12 月，选好地后，及时整地，采用大型拖拉机旋耕整地，每亩地施农家肥 5 000~6 000 kg，有条件的施入复合肥 120~150 kg、过磷酸钙 40~50 kg 作为底肥，然后拖拉机深翻 30~35 cm，精耕、耙细、整平即可。

（二）大田播种与苗木保护管理

1. 种子采收

9 月下旬，种子进入成熟期，采种种子，选择母树应为品质优良的壮年 20 年生以上的植株，在秋季翅果由绿色变为黄褐色时采集。采种后需晒 2~3 天，去杂后再干藏。从外地调进种子的检验、检疫，应该符合相关规定。

2. 种子处理

种子消毒时，要将种子用 0.5%的高锰酸钾溶液浸泡 2 小时，捞出后再密封 0.5 小时。然后，再用清水冲洗。种子催芽采用层积催芽时，将种子与含水量为 60%~70%的湿沙以 1:3的体积比混合，在室内用容器或选背风向阳、地势高燥处挖深 80 cm、宽 100 cm 的储藏坑，坑长度视种子量多少而定。坑底铺湿沙 10~12 cm，置入种子与湿沙的混合物至距地面 10~20 cm，四周挖排水沟以防积水。种子入坑后，每 10~15 天翻动检查一次，严防坑内沙过干、过湿或种子霉变。层积时间 45~60 天。待种子有 30%裂口露白即可播种。播种前如种子未发芽萌动，应按上法在背风向阳处挖浅坑 30 cm 层积，上覆盖塑料薄膜，或置于室内 20~30 ℃催芽。种子催芽采用中温水浸催芽时，将 50~60 ℃水倒入容器内，然后边倒种子边搅拌，倒完种子后，水面要高出种子 10~12 cm 以上。自然放凉后浸泡 20~24 小时，中间换水 1~2 次。种子捞出置于室温 25~30 ℃环境中保湿，每天冲洗 1~2 次。待有 30%的种子裂口露白，即可进行播种。

3. 种子播种

大田育苗时，整地用低床或低垄。播种方法为条播，行距 15 cm。播种深度为 2~3 cm。播种量每亩施入 15~20 kg。播后可以覆盖地膜或细碎作物秸秆。

4. 苗木管理

出苗率达40%左右时,应撤除覆盖物。用地膜覆盖的,应及时破膜放苗。用作物秸秆覆盖的,分2~3次撤除覆盖秸秆。苗高10~12 cm时可间苗、定苗,株距8~10 cm。定苗后,每10~15天灌溉并施肥一次,施尿素每亩1~2 kg,9月后,停止施氮肥和灌溉。适时中耕除草,本着除早、除小、除了的原则,见草就除,每除必净。

(三)主要病虫害的发生与防治技术

1. 主要虫害的发生与防治

(1)主要虫害的发生。五角枫主要害虫是蚜虫,又称腻虫、蜜虫,蚜虫以刺吸式口器从植物中吸收大量汁液,使植株长得矮小,叶片卷曲等;蚜虫也是地球上最具破坏性的害虫之一,是农林业和园艺业危害严重的害虫。蚜虫大小不一,身长1~10 mm不等。蚜虫的繁殖力很强,一年能繁殖10~30个世代,世代重叠发生危害。

(2)主要虫害的防治。3~5月,发现大量蚜虫时及时喷施农药,用50%马拉松乳剂1 000倍液,或50%杀螟松乳剂1 000倍液,或50%抗蚜威可湿性粉剂3 000倍液,或2.5%溴氰菊酯乳剂3 000倍液,或2.5%灭扫利乳剂3 000倍液,或40%吡虫啉水溶剂1 500~2 000倍液等,喷洒植株1~2次即可。

2. 主要病害的发生与防治

(1)主要病害的发生。五角枫主要病害是猝倒病,多发生在6~8月的雨季。猝倒病是苗木幼苗期的重要病害,严重的可引起成片死苗。症状是幼苗大多从茎基部感病,初为水渍状,并很快扩展,缢缩变细如“线”样,病部不变色或者呈黄褐色,子叶仍为绿色。病情发展迅速,萎蔫前从茎基部倒伏贴于床面。苗床湿度大时,病残株周围床土上可生一层絮状白霉。种子出苗前染病,引起子叶、幼根幼茎变褐腐烂,造成烂种烂芽。病害开始往往是个别幼苗发病,条件适合时,中心病株迅速向四周扩展蔓延,形成一块病区。主要靠雨水、喷灌等方式传播,带菌的有机肥和农具也能传病。浇灌后积水或者薄膜滴水处最易发病成为中心病株。光照不足、播种过密、幼苗徒长时往往发病重。

(2)主要病害的防治。五角枫猝倒病的防治,一是苗床选择地势高燥、避风向阳、疏松肥沃的地块,并使用腐熟的优质肥料。二是加强育苗管理,早春育苗,苗床温度不低于15 ℃,空气湿度85%以下。三是种子消毒,每千克种子可用0.5~1 g 99%恶霉灵可溶性粉剂和4 g 80%多·福·锌可湿性粉剂混合后拌种。四是苗期药剂防治。田间发现病株立即拔除,同时用上述药土均匀撒在苗床上,也可用99%恶霉灵可溶性粉剂3 000~5 000倍液喷雾或灌根。移栽前2~3天,再施一次药,防效更佳。

五、五角枫的作用与价值

(1)经济价值。五角枫用途很多,树皮纤维良好,可作人造棉及造纸的原料,叶含鞣质,种子榨油,可供工业方面的用途,也可作食用,木材细密。可供建筑、车辆、乐器和胶合板等制造之用。

(2)景观作用。五角枫叶秋季紫红变色型,红叶期长,观赏性强,极具开发前景,是优良的乡土彩色叶树种资源,是北方重要秋天观叶树种,叶形秀丽,嫩叶红色,入秋又变成橙黄或红色,可作园林绿化庭院树、行道树和风景林树种。在风景区、城乡建设、园林绿化中具有良好的景观作用。

(3)防火作用。五角枫是城乡优良的绿化树种。其树体含水量较大,而含油量较小,枯枝落叶分解较快,不易燃烧,也是理想的林区防火树种。

(4)用材价值。五角枫分布很广,木材坚硬、细致,有光泽,可供家具、乐器、仪器、车辆、建筑细木工用材。

60　毛白杨

毛白杨,学名:*Populus tomentosa*,杨柳科杨属,又名棉白杨、大叶杨、响杨等,落叶大乔木,是中原地区优良乡土树种。

一、形态特征

毛白杨,落叶乔木,高达 28~35 m。树皮灰绿色或灰白色,皮孔菱形散生,或 2~4 连生,老树干基部黑灰色,纵裂。芽卵形,花芽卵圆形或近球形,微被毡毛。长枝叶阔卵形或三角状卵形,长 10~15 cm、宽 8~13 cm,先端短渐尖,基部心形或平截,边缘具波状牙齿;叶柄上部侧扁,长 3~7 cm;短状叶通常较小,卵形或三角状卵形;边缘具深波状牙齿,叶柄稍短于叶片,侧扁,先端无腺点。花期 3~4 月,雄花序长 10~20 cm;雌花序长 4~7 cm,苞片尖裂,边缘具长毛;子房长椭圆形,柱头 2 裂,粉红色。果,序长达 13~14 cm;蒴果 2 瓣裂,果期 4~5 月。

二、生长习性

毛白杨,深根性,耐干旱力较强,适应性强,主根和侧根发达,枝叶茂密,黏土、壤土、沙壤上或低湿轻度盐碱土均能生长。在水肥条件充足的地方生长最快,20 年生即可成材。树姿雄壮、冠形优美,生长快,树干通直挺拔,是造林绿化的树种,广泛应用于城乡绿化,其品种是速生用材林、防护林和行道河渠绿化的好树种。喜欢树种在海拔 1 500 m 以下的温和平原地区。

三、主要分布

毛白杨主要分布于河南、山东、辽宁、河北、山西、陕西、甘肃、江苏、安徽、浙江等地。分布广泛,以黄河流域中下游为中心分布区。中原地区主要分布于安阳、濮阳、开封、洛阳、郑州、三门峡、商丘、周口、漯河、南阳、平顶山、淅川、鲁山、驻马店、许昌等地;在水肥条件充足的地方生长最快,20 年生即可成材,是中国速生树种之一。雌株以河南省中部最为常见,山东次之,其他地区较少,北京南口、西拐子(八达岭)引种有雌株,表现优良。

四、引种繁育与造林绿化

毛白杨优质苗木繁育主要采取扦插方式繁育,扦插可以冬季扦插,或春季扦插;林农经常采用春季扦插,以下介绍冬季扦插技术。

(一)引种繁育苗木技术

1. 苗圃地选择

毛白杨繁育苗圃地,要选择地势平坦、土壤肥沃、湿润排水良好的土地。同时,苗圃地一定要设在浇水方便、交通便利的地方。

2. 苗圃地的整理

9 月下旬,对准备育苗的苗圃地进行旋耕,晾晒冬冻土壤 60~80 天。12 月中下旬,再次对晾晒的苗圃地旋耕深翻,每亩施入 8 000~12 000 kg 农家肥和 100 kg 复合化肥作为基肥;翻耕土地深在 25~30 cm,做到精耕细耙;然后,整地筑畦,在整好的土地上筑成边长 10~12 m、宽 1~1.2 m,垄宽 12~15 cm、高 5~10 cm 的畦备用。

(二)种条扦插与苗木保护管理

1. 种条的选择

9 月下旬至 10 月上旬,杨树落叶后,选择生长健壮、发育良好、芽子饱满、无病虫害的一年生苗干作种条,用红漆标记做好备用。

2. 种条的处理

11 月,把选定的种苗在扦插前 20~24 小时采收,采收当天及时把种条分别截成 15~20 cm,截时用修枝剪剪截为好,上部留 1~2 个饱满芽子,芽顶离切口长 1~1.5 cm,下截口为马蹄形,便于扦插,有利于吸收水分或伤口愈合及促进萌蘖新根,提高苗木成活率,做好备用。

3. 扦插时间

每年的 11 月至 12 月上中旬进行种条扦插入土,种条全部插入土壤内,地面以上不留种条即可。

4. 扦插技术

在土壤墒情达到扦插的墒情要求时,即可做畦做垄,做到土地平整、疏松,方便扦插。采取高垄育苗,因高垄透气性好、土层深厚、温度较高,扦插前应灌透底水,保持土壤湿润。在垄地表土稍松的情况下,可进行直插,插穗上切口与垄面平或略低于垄面。扦插前,把截好捆整齐的枝条放在清净的冷水中浸泡 45~48 小时,使其充分吸水、沥干,然后放在 SSAP 抗旱保水剂糊状(1 kg 水:0.02 kg SSAP 抗旱保水剂)中浸蘸一次,进行种条包衣即可扦插,按株行距 20 cm × 25 cm,垂直插入土内,而后踏实,使插穗与土壤紧密结合。扦插时一定注意随采种条,随剪处理枝条,随插种节,随封土壤,尽可能做到当天完成。插穗在土壤内的第一个芽要埋入土壤内 0.5~1.2 cm,把土封成圆馒头形土丘状,有利于插条越冬防寒,为第二年春季萌发芽枝打下良好的基础。

5. 肥水管理

扦插后到生根,需 35~45 天,因毛白杨是生根慢的树种,扦插后一般先放叶,后生根,管理上一定要精细,促使其迅速生根。扦插后第二年 3 月中旬,对扦插的种条进行浇水一次;在 3 月下旬至 4 月上中旬,对扦条萌发的多余芽子要及时抹去,因为幼芽出土后,常是 2~3 个,密集一处,选留一个健壮良好的芽,把其他芽摘除;在 5~8 月,对培育的苗木生长期要及时增施追肥,并掌握"多次,量少"的原则,在 5 月中旬、6 月中旬、7 月上旬和 8 月底施追肥;每次每亩施入 50~70 kg 的复合化肥。同时,要注意及时松土、除草;在 7~9 月要对枝干上的多余的枝梢、萌发的新杈及时抹除。同时对苗木根部培土等防止风吹雨打倒伏。10 月上旬苗木可以达到 3.5~4.4 m 高,即可出圃销售。

(三)主要病虫害的发生与防治技术

1. 主要虫害的发生与防治

(1)主要虫害的发生。在 5 月中旬的幼苗期,主要害虫是金龟子,其幼虫(蛴螬)是主要地下害虫之一,危害严重,常将植物的幼苗咬断,导致枯黄死亡。成虫危害林木、果树的叶片,危害轻时叶片呈孔洞,严重时叶片全无。

(2)主要虫害的防治。防治方法是,在发生期使用氯氰菊酯 1 000 倍液喷雾叶片防治,每隔 15 天喷药 1 次,连喷 2 次;在 6~9 月苗木生长期,主要是杨小舟蛾、杨扇舟蛾、杨黄卷叶螟等食叶害虫的发生为害,在害虫危害初期,对苗木喷布灭幼脲 3 号 1 200~1 500 倍液或氯氰菊酯 1 500 倍液进行防治。

2. 主要虫害的发生与防治

(1)主要病害的发生。主要是毛白杨破腹病,在 7~8 月高热多雨季节易发生,在潮湿底洼处易感染发生。在同一地方连年繁育杨树苗木的苗圃地也易发生病害。危害部位在树干基部和中部,纵裂长度不一,自数厘米至数米,宽度 1~3 cm,露出木质部,裂缝初形成时,表现为机械伤。春季 3 月树木萌动后,逐渐产生愈合组织,但多数不能完全愈合。当树液流动时,树液不断从伤口流出,逐渐变为红褐色黏液,并有异臭。破腹病常常引起毛白杨红心。这种现象发生在已是裂缝的组织上时,裂缝就向内及上下延伸。毛白杨红心病是由伤口直接诱发的一种生理病变,木质部变色是一系列生理生化反应的结果。在纯林条件下,林内温度变幅比林外小得多,林内木不易受到低温时温度的突然变化而产生冻裂。林缘木因受外来温度变化的影响而易发生冻裂,发病率也高。一般情况下,林内木病害率为 2.8%,而林缘木则为 14.3%。在林木密度方面,表现为稀林发病重,密林发病轻。"四旁"零星林木,管理差的,受害率高。靠近水源及湿度大的地方,病害发生率低。

(2)主要病害的发生。防治方法是,每 7~10 天喷一次 1%的波尔多液,连续喷 3~4 次。加强管理,实行轮作。一是适地适树发展毛白杨。选择土质较厚的林地植树造林,二是营造适当密度的纯林或混交林。山地造林应选择阴坡或半阴坡,以减少温度变动的幅度。加强抚育管理,提高树势,增强植株的抗逆性。三是冬季寒流到来之前树干涂白或包草防冻。早春对伤口可用刀削平以利提早愈合。加强病虫害的防治,并保护好树干,避免人畜或其他原因造成的机械伤。

五、毛白杨树的作用与价值

(1)观赏价值。毛白杨树干灰白、端直,树形高大广阔,在园林绿地中很适宜作行道树及庭荫树。孤植或丛植于空旷地及草坪上,更能显出其特有的风姿。在广场、干道两侧规则列植,则气势严整壮观。该树种还是防护林及用材林的重要树种。

(2)造林作用。人工培育的新品种三倍体毛白杨叶片大而浓绿,落叶期晚,比二倍体毛白杨落叶推迟 15~20 天,增加了中国北方深秋初冬季节的景观效益;同时,这些三倍体毛白杨新品种尤其适于生长在黄河中下游地区,这对黄河河滩的绿化、防止荒漠化、改善环境都具有重要的生态意义,毛白杨树是人造纤维的原料,因材质好、生长快、寿命长、较耐干旱和盐碱、速生等特性，又是杨树中寿命较长的一个优良用材林和防护林树种。

(3)用材价值。毛白杨因木材轻而细密，淡黄褐色，纹理直，易加工，可供建筑、家具、胶合板、造纸及人造纤维等用途。毛白杨木材白色，纹理直，纤维含量高，易干燥，易加工，油漆及胶结性能好，可做建筑、家具、箱板及火柴杆、造纸等用材。

61 白　榆

白榆，学名：*Ulmus pumila* L.，榆科榆属，又名春榆、白榆树、家榆树、榆钱树、春榆树、榆树等，素有"榆木疙瘩"之称，落叶乔木，是中原地区优良乡土树种。

一、形态特征

白榆，落叶乔木，高达25～30 m，胸径1 m，树冠圆球形。树皮灰褐色，幼时光滑，老干则呈圆片状剥落。小枝灰白色，无毛，幼树树皮平滑，灰褐色或浅灰色，大树之皮暗灰色，不规则深纵裂，粗糙，冬芽先端不紧贴小枝。叶小、质厚而硬，椭圆形、卵形或倒卵形，先端短渐尖或钝，基部楔形，不对称，边缘有单锯齿，叶面光滑而有光泽，叶背淡青绿色，叶椭圆状卵形等，叶面平滑无毛，叶背幼时有短柔毛，后变无毛或部分脉腋有簇生毛，叶柄面有短柔毛，在生枝的叶腋成簇生状。花簇生。翅果近圆形，熟时黄白色，无毛。先叶开放；簇生于叶腋。翅果长椭圆形或卵形，先端凹果熟近圆形，熟时黄白色，无毛。翅果稀倒卵状圆形。花3～4月，翅果熟4～6月。

二、生长习性

白榆，阳性树种，喜光，耐旱，耐寒，耐瘠薄，不择土壤，适应性很强。根系发达，抗风力、保土力强。能耐干冷气候及中度盐碱，但不耐水湿(能耐雨季水涝)。具抗污染性，叶面滞尘能力强。亦能耐-20 ℃的短期低温；对土壤的适应性较广，在酸性、中性和石灰性土壤的山坡、平原及溪边均能生长，生长速度中等，寿命较长。深根性，萌芽力强。对二氧化硫等有毒气体及烟尘的抗性较强。

三、主要分布

白榆主要分布于黑龙江、内蒙古、辽宁、吉林、北京、天津、山西、河北、山东、陕西、河南、湖北、安徽、江苏、浙江、湖南、江西、重庆、四川、贵州、云南、青海、宁夏等地零星种植或路林或行道树种植。中原地区主要分布于濮阳、安阳、焦作、郑州、开封、新乡、三门峡、洛阳、平顶山、南阳、驻马店、信阳、周口、商丘等地。

四、引种繁育与造林绿化

白榆优质苗木繁育技术主要采用播种繁殖，也可用嫁接、分蘖、扦插法等方法繁殖。种子播种宜随采随播，千粒重7.7 g，发芽率65%～85%。扦插繁殖成活率高，达85%左右，扦插苗生长快，管理粗放。

(一)引种繁育苗木技术

1. 苗圃地的选择

选择土壤肥沃、平坦、排水良好、浇水条件优越、交通便利,或土层较厚的沙壤土地作苗圃地为好。

2. 苗圃地整地

苗圃地选择好以后,在 9～12 月用大型拖拉机旋耕土地,同时,每亩地施入农家肥 6 000～8 000 kg、复合肥 100 kg 作基肥做好备播。

(二)大田播种与苗木保护管理

1. 采收种子

为了提高种子品质,种子应选自 15～30 年生的健壮母树。4 月中旬榆钱由绿变浅黄色时适时采种,或当种子变为黄白色时即可采收。过早采收,种子秕,影响发芽率;过晚采集,种子易被风刮走。种子采收后不可暴晒,而应使其自然阴干,轻轻去掉种翅,避免损伤种子。

2. 种子播种

4 月,采收阴干后及时播种。一般采用条播行距 30 cm,开浅沟将种子播入,覆土 0.5～1 cm,覆土过深则种子萌芽出土困难。播种后应稍加镇压,便于种子与土紧密结合和保墒。土壤干旱时不可浇蒙头大水,只可喷淋地表,以免土壤板结或冲走种子,覆土 1 cm 踩实,因发芽时正是高温干燥季节,最好再覆 3 cm 土保湿,促进种子发芽。每亩用种 3～4 kg。

3. 苗木管理

播种后,6～10 天出芽,10～13 天幼苗出土,小苗长到 2～3 片真叶时开始间苗,苗高 5～6 cm 时定苗,每亩留苗 3 万～4 万株。间苗时及时浇水,幼苗期加强中耕除草,7 月至 8 月上旬可追施复合肥 8～10 kg,每 15 天一次,追施 2～3 次;也可施用新型叶面肥。8 月中旬以后不可再施氨态氮肥,并要控制土壤水分,以利苗木木质化和苗木快速生长。苗高生长达到 10～20 cm 高,第二年间苗至株行距 60 cm × 30 cm,以后根据培养苗木的大小间苗至合适的密度即可,后期依然加强肥水管理,抚育成长为大苗木。

4. 扦插育苗

白榆扦插育苗,9 月秋季落叶后和 3 月春季萌动前均可扦插。一是整地做床。无论秋插或春插,圃地都要深翻 25～30 cm,细整,施足基肥,土壤消毒。春季扦插,圃地最好冬季灌足底水,第二年 3 月春季,深耕做床。二是采条剪穗。秋季扦插,应随采随剪随插;春季扦插,种条可以冬藏,也可随采随插。选出 0.5 cm 以上的壮条,截成 15～20 cm 长的插穗,其上剪口要剪平,下剪口要在靠近芽眼处剪成马耳形,这样有利于扦插生根。三是扦插。扦插的行距 30～30 cm,株距 20～25 cm。随开沟随扦插,接穗微露地面,覆土踏实,灌透水。前期多灌水,水分影响扦插生根成活。扦插 28～35 天后才能生根,所以在插后到生根前,应多灌水,以保持土壤湿润,促进生根成活。四是及时抹芽。白榆萌芽力强,萌条较多,当萌条到 2～3 cm 时,选留一个健壮萌条,其余萌条全部剪掉,以防消耗插穗的养分和水分,有利于生根成活。因萌芽出土有早晚,所以除萌条要进行多次。五是松土除草。松土除草能保持墒情,增加地温,促进生根成活,但要防止伤根、伤芽,日后加强肥水管理,促进苗木快速生长。

(三)主要病虫害的发生与防治技术

(1)主要虫害的发生。白榆主要虫害是食叶害虫和蛀干害虫,分别为榆毒蛾、绿尾大蚕蛾、榆凤蛾、金花虫、天牛等。榆毒蛾、绿尾大蚕蛾、榆凤蛾、金花虫集中在生长期发生危害,危害特点是幼虫破坏叶片,受害轻时,叶片残缺不全;严重时,叶片全无,呈夏树冬景。天牛是蛀干危害,以幼虫蛀食树干,危害皮层和木质部,切断植物的输导组织,使树体水分、养分供应不足而逐渐衰弱,发生严重危害造成树干枝枯折断等情况,经天牛的连年危害后,树木可整株枯死。

(2)主要虫害的防治。针对白榆树的主要食叶害虫和蛀干天牛,采取综合防治方法。一是灯光诱杀。成虫羽化期利用黑光灯诱杀。二是人工防治。结合养护管理摘除卵块及初孵群集幼虫集中消灭,消灭越冬幼虫及越冬虫茧。三是生物防治。保护和利用土蜂、马蜂、麻雀等天敌。于绿尾大蚕蛾卵期释放赤眼蜂,寄生率达60%~70%,低龄幼虫期危害,喷洒25%灭幼脲3号悬浮剂1 500~2 000倍液防治,高龄幼虫期喷洒每毫升含孢子100亿以上苏云金杆菌(Bt)乳剂400~600倍液防治。四是化学防治。幼虫盛发期喷洒20%灭扫利乳油2 500~3 000倍液或20%杀灭菊酯乳油2 000倍液。五是天牛防治。5~6月,成虫发生期,人工捕杀成虫。杀卵,天牛在树干上产卵部位较低,产卵痕明显,用锤敲击可杀死卵和小幼虫。毒杀,清除虫孔粪屑,注入50%敌敌畏乳油100倍液,用湿泥封口,以杀死树干内的幼虫,或用棉球蘸50%杀螟松乳剂40倍液,塞入虫孔,泥土封闭蛀孔,熏杀幼虫。

五、白榆的作用与价值

(1)景观作用。白榆在园林绿化中,新叶嫩绿诱人美观,树皮斑驳可观,树形优美,姿态潇洒,枝叶细密,具有较高的观赏价值。

(2)绿化作用。白榆在庭园孤植、丛植,与亭榭、山石配植都很合适。栽作庭荫树、行道树或制作成盆景均有良好的观赏效果。因抗性较强,还可选作厂矿区绿化树种。榆树是良好的行道树、庭荫树、工厂绿化、营造防护林和“四旁”绿化树种。白榆是一种温带植物,生命力强,较为耐寒,适合于肥沃的沙壤土上生长,生长速度快。榆树为新农村建设的重要绿化树木,亦常见于民居村落前后。

(3)用材价值。白榆木材直,是供房屋、家具、农具等良好用材。

62　枫　杨

枫杨,学名:*Pteocarga stenoptera*,胡桃科枫杨属,又名枫柳、燕子树、元宝树、馄饨树、水麻柳、榉柳、麻柳、蜈蚣柳等,河南省舞钢市南部山区林农俗称鬼柳树。落叶乔木。野生分布在河旁、水边、河沟、湿地。是中原地区优良乡土树种。

一、形态特征

枫杨树高28~30 m,平均干高8~15 m,干皮灰褐色,幼时光滑,老时纵裂。具柄裸芽,密被锈毛。小枝灰色,有明显的皮孔且髓心片隔状,枝条横展树冠呈卵形,奇数羽状复叶,但顶叶常缺而呈偶数状,互生叶轴具翅和柔毛,小叶5~8对,呈长椭圆形或长圆状针形披顶端常钝圆基部偏斜,无柄,长8~12 cm、宽2~3 cm,缘具细锯齿,叶背沿脉及脉腋有毛。在平顶山地区,一般3月上旬萌芽,4月下旬展叶,4月上旬开花,花单性,雌雄异株,葇荑花序。雄花着生于老枝叶腋,雌花着生于新枝顶端,果长椭圆形,成下垂总状果序,果序长20~45 cm,果长6~7mm,11月中旬进入落叶期,落叶后进入越冬期。花期4~5月,果期8~10月。

二、生长习性

枫杨树为喜光性树种,不耐庇荫,但耐水湿、耐寒冷、耐干旱。深根性,主、侧根均发达,以深厚肥沃的河床两岸生长良好。速生性,萌蘖能力强;对二氧化硫、氯气等抗性强,对土壤要求不严,较喜疏松肥沃的沙质壤土,耐水湿;特喜生于湖畔、河滩、低湿之地。

三、主要分布

枫杨主要分布于湖北、湖南、河南、山东、江西、广东、广西、海南、北京、天津、河北、山西、内蒙古、云南、贵州等地,在长江流域和淮河流域最多。中原地区主要分布于平顶山、洛阳、安阳、三门峡、南阳、漯河、济源等地;枫杨在河南省舞钢市主要分布于尹集镇、杨庄乡、庙街乡、尚店镇、铁山乡等地的河沟、浅山丘陵地区,市区的建设路、钢城路的两侧行道树,长势良好。尚店镇杨庄村一棵枫杨树30年生,胸径106 cm,枝繁叶茂,遮天蔽日,非常旺盛。

四、引种繁育与造林绿化

枫杨优质苗木繁育技术,主要是采取播种育苗。

(一)引种繁育苗木技术

1. 苗圃地的选择

枫杨适应性强,易成活,但是在繁育苗木时,也要选择土壤平坦、土壤肥沃、含沙质,浇灌、排水、交通便利的地方为佳。

2. 苗圃地整地

3月下旬至4月上旬,在选择育苗的大田里,播种前应每亩施入农家肥7 000~10 000 kg、复合肥80~100 kg作为底肥,同时,做到细致整地,土碎地平,然后打畦,畦长15~20 m、宽1~1.2 m即可备播。

(二)大田播种与苗木保护管理

1. 采收种子

8月下旬至9月上中旬,当翅果由绿色变为黄褐色时,即可证明种子已成熟。此时,选择健壮母树上的翅果由绿变黄,种子成熟的果实,可用高枝剪,人工剪摘成串的果实,在晒场凉晒2~3天,去除杂物装包储藏(冬、春、秋几个季节都可播种育苗,秋季育苗可随采随播)。而后装袋干藏于室内的棚架上储放保存。

2. 种子处理

3 月上旬,把种子放在水缸中用 35～40 ℃温水浸种,浸泡 12～24 小时,作催芽处理(催芽的目的是促使播种后发芽早,幼芽出土整齐)。或在 1 月上旬将种子用温水浸种 20～24 小时,取出种子掺沙(流水河的新采挖的沙)两倍堆置于背阴处,同时覆盖草帘或麻袋布防止风干;到 2 月中旬再将种子倒置背风向阳处加温催芽,要经常翻倒,注意喷水保持湿度。

3. 播种时间

3 月下旬至 4 月上旬,处理后的种子即有 20%～30%萌芽,此时即可播种。

4. 开沟播种

要进行条播,行距 30～33 cm,株距 3～4 cm,沟深 3～6 cm,把种子播于沟内后要覆土踏实。播种量,每 1 kg 种子 12 000 粒左右,每亩地可播种 5～6 kg。或播种时采用垄播、床播皆可,播前要灌足底水,播后覆土 2～3 cm,12～15 天幼苗即可出土。

5. 幼苗管理

幼苗出土时,先长出子叶两枚,掌状四裂,初出土时黄色,不久变为绿色,长出单叶时为单叶,4～5 片以后再生者则为复叶。

6. 大苗培育

苗木生长期,6～9 月应及时进行浇水、拔草、施肥、间苗、定苗(每亩可定苗 4 500～5 000 株)等管理工作。10 月上旬,一年生苗木可长至 1～1.4 m 高,落叶后即可出圃造林或销售。

7. 修枝修剪

培育大苗木的,在苗木生长至 4～5 cm 高时即应间苗、定苗,并加强肥水管理,当年 8～9 月苗可高达 1～1.2 m,因枫杨具有主干易弯曲的特点,第一次移植行、株距不可过大,以防侧枝过旺和主干弯曲,待苗高 3～4 m 时,再行扩大行、株距,培养树冠,由于枫杨生长较快,一般培育 5～6 年即可养成大苗出圃。

8. 水肥管理

枫杨苗木在幼龄期长势较慢,充足的肥料可以加速植株生长。7～9 月可施用经腐熟发酵的农家肥作基肥,基肥需与栽植土充分拌匀,种植当年的 6～7 月追施一次复合肥,可促使植株长枝长叶,扩大营养面积,秋末结合浇冻水,施用一次农家肥,这次肥可以浅施,也可以直接撒于树盘。第二年 3 月萌芽后追施一次尿素,初夏追施一次磷钾肥,秋末按头年方法施用有机肥,第 3 年起只需每年秋末施用一次农家肥即可,但用量应大于第一年,可提高植株的长势。

9. 造林绿化技术

苗木选择,无论是作为河道或行道用途林,都要选择苗干直、高 3～4 m、直径 4～5 cm、无病虫害的健壮苗木为宜。在河道造林,按株行距 2.5 m × 4 m 定穴,单行行道树按 3 m 或 3.5 m 间距定穴为佳;挖穴长、宽、深均为 0.7～1.0 m;栽植时,首先把表层土填入穴内 30 cm,然后放入苗木,而后分层填土,浇足水分层踏实土壤,务求苗干扶直。

(三)主要病虫害的发生与防治技术

1. 主要虫害的发生与防治

(1)主要虫害的发生。枫杨其主要虫害为核桃扁金花虫、核桃缀叶螟等食叶害虫。6~9月是发生危害严重期,致使叶片残缺不全或叶片孔洞卷曲。

(2)主要虫害的防治。6月上旬至9月,不断加强防治。第一次在5月中旬至6月下旬,使用灭幼脲3号1 500~2 000倍液喷布树冠叶片预防虫害的发生;第二次在7~9月,当核桃扁金花虫、核桃缀叶螟两种虫害发生危害时,应及时应用苯氧威1 200~1 500倍液或杀螟松1 200~1 500倍液喷洒叶片灭杀,每隔10~15天喷药一次,即可防治虫害的发生危害,保护树木的正常健壮生长。

2. 主要病害的发生与防治

(1)主要病害的发生。枫杨叶子具有一种特殊的气味,在苗木生长期,很少有病害的发生危害。但是,枫杨幼苗期易发生立枯病,发生时间在4~6月,主要发病危害播种幼苗,新出土之幼苗在木质化以前最易感染。自地表胚茎中部浸染,致使幼苗倒伏死亡。6~7月,发生颈腐病,主要表现为新生苗株已达10~20 cm时在地表根颈四周腐蚀干枯,虽然染病后尚能活一时期,但终将死亡。

(2)主要病害的防治。4~7月,在立枯病或颈腐病发生前,开展预防,可以采用的防治方法是,苗圃地撒布草木灰或喷波尔多液1 200~1 400倍液;或在发生病害初期,喷布百菌清700~800倍液多菌灵或600~900倍液多菌灵防治。

五、枫杨的作用与价值

(1)经济价值。枫杨树皮、枝干含纤维多,是造纸及人造棉的好原料;树皮、根皮可入药;叶子有毒,可提炼杀虫剂。对二氧化硫、氯气等抗性强,鱼池附近不宜栽植。木材白色质软,容易加工、胶接、着色、油漆,可作家具及火柴杆;其幼苗还可作核桃砧木等。

(2)用材价值。树冠广展,枝叶茂密,生长快速,根系发达,为良好的绿化树种,既可以作为行道树,也可成片种植,枫杨栽植行道树,成本低,效果好,深受各地绿化的欢迎。

(3)景观作用。枫杨树冠广展,枝叶茂密,生长快速,根系发达,因果序在树上生长时间长,呈串状,美观好看,可作园林或行道树及风景树,具有极高的观赏价值。

(4)造林绿化作用。用作河床两岸低洼湿地的良好绿化树种,也可成片种植或孤植于草坪及坡地,均可形成一定景观。枫杨绿化效果非常好,移栽成活率高,栽植当年既有非常好的绿化效果。

63　栓皮栎

栓皮栎,学名:*Quercus variabilis* BL,山毛榉科栎属,又名林子、栎树、柴河等,落叶乔木,中原地区优良乡土树种,中国珍贵树种。

一、形态特征

栓皮栎,落叶乔木;树冠广卵形,树皮灰褐色,深纵裂,木栓层特厚。小枝淡褐黄色,先端渐尖,基部楔形,缘有芒状锯齿,背面被灰白色星状毛,雄花序生于当年生枝下部,雌花序单生或双生于当年生枝叶腋。总苞杯状鳞片反卷,有毛。坚果卵球形或椭球形。花期5月,9~10果实成熟。

二、生长习性

栓皮栎喜光,常生于山地阳坡,幼树以侧方庇荫为好。对气候、土壤的适应性强。在pH 4~8的酸性、中性及石灰性土壤上均能生长,亦耐干旱、瘠薄,以深厚、肥沃、适当湿润、排水良好的壤土和沙质壤土最适宜,不耐积水,幼苗地上部生长缓慢,地下主根生长迅速,以后枝干生长渐快。抗旱、抗风力强,耐火,不耐移植。萌芽力强,天然更新好,寿命长。

三、主要分布

栓皮栎主要分布于辽宁、河北、山西、陕西、甘肃、山东、江苏、安徽、浙江、江西、福建、台湾、河南、湖北、湖南、广东、广西、四川、贵州、云南等省区。中原地区主要分布于舞钢、叶县、栾川、鲁山、林州、确山、泌阳、淅川、南召、方城等县市;河南省舞钢市国营石漫滩林场秤锤沟、王沟、瓦房沟、五座窑、卜冲沟、四林区大河扒林区自然生一株30年生的栓皮栎,树高14 m,胸径78 cm,枝下高10 m,冠幅12.3 m,立地条件为黄黏土,薄土层。

四、引种繁育与造林绿化

(一)引种繁育苗木技术

1. 苗圃地的选择

选择光照充足、水利条件好、浇灌方便、排水良好、土壤深厚、肥沃的沙壤土为佳。

2. 苗圃地的整地

9~10月,采用大型拖拉机旋耕犁地,深翻土壤,做到精耕细耙;同时,每亩施入8 000~10 000 kg的农家肥作基肥。

(二)大田播种与苗木保护管理

1. 采收种子

选择30年以上树龄、干形通直圆满、生长健壮、无病虫害的母树采种。采收时期,种子成熟期一般为8月下旬至10月上旬,种子成熟的表现特征:种壳呈棕褐色或黄色,良好的种子呈棕褐色或灰褐色,有光泽、饱满个大、粒重。

2. 种子储藏

栓皮栎种子含水率为40%~60%,无休眠期,遇适宜的土壤就能够发芽,易发芽霉烂,且易受虫害。种子采后应放在通风处摊开阴干,每天翻动2~3次,至种皮变淡黄色,种内水分减少至15%~20%,即可储藏。储藏前,用二硫化碳或敌敌畏密闭熏蒸24小时杀虫处理,然后储藏。采用室内沙藏法,选通风干燥的室内或棚内,先铺1层沙,接着铺1层种子,厚度8~10 cm,如此1层沙、1层种子堆上去,堆的高度不超过70 cm。另外,可将沙和种子拌和堆藏,堆之间必须间隔竖立草把,以利通气,防止种子发热霉烂。注意定期检查,发现有霉烂或鼠害及时处理。

3. 种子催芽

种子需进行催芽处理，用 50 ℃温水浸种，自然冷却，如此反复 3～4 次，可以提前 10 天左右发芽，发芽率可达 80%～90%；也可以用湿沙层积催芽，待种壳开裂露白时播种。

4. 大田播种

播种一般采取苗床播种。株行距 10 cm × 20 cm 或 15 cm × 15 cm，沟深 6～7 cm，沟内每隔 10～15 cm 平放 1 粒种子，播种量为每亩地 350～400 kg 即可。

5. 肥水管理

在施足基肥的基础上，因地因苗适时追肥，第 1 次追肥，6 月上中旬生长旺期进行；第 2 次，7 月下旬左右，即在第 1 次新梢生长基本停止时追肥，以提供孕育二次新梢的养分。幼苗出土前后，苗床必须保持一定湿度，并注重浇灌和松土除草。7～8 月进入雨季，在大雨后，必须在苗床上加盖 1 层细肥土，以补充苗木根部土壤流失的不足。

6. 苗木间苗

4～6 月，为保证良好长势，使苗木迅速生长，需及时间苗。间苗强度、次数和具体时间，根据苗木生长情况，即因立地条件而异，一般立地条件好，幼苗生长快，间苗时间早；立地条件差的地方，幼苗生长慢，间苗时间晚。通过人工间苗，可培育壮苗，壮苗的标准为：平均高 40～50 cm，平均地径 6～8 mm，每亩达到优质苗木 8 000～10 000 株。

（三）主要病虫害的发生与防治技术

（1）主要虫害的发生。栓皮栎主要害虫，一是豆天蛾，危害特征，4 月中旬至 5 月下旬，幼虫危害树叶，大发生时，虫口密度一株树可达数千条，短期内可把树叶全部吃光。二是云斑天牛，一年一代，危害特征，幼虫在树干内越冬，并且危害主干和嫩皮层，严重的可使树枝干枯致死，或树被危害后，易遭风折。

（2）主要虫害的防治。4～5 月，豆天蛾幼虫出现时，采取喷布灭幼脲或苦参碱 1 400～1 800 倍液灭杀；发生虫害严重的地方，用敌杀死 1 200 倍液喷杀。冬季可以防治，剪除消灭小枝条上越冬的卵块，减少第二年的发生量。云斑天牛，1～6 月，进入幼虫化蛹、蛹羽化成虫的活动期，此时，清除蛀孔的排泄物，用 80% 的敌敌畏 200 倍液注入蛀孔，然后用泥团封口，杀死幼虫；成虫盛发期，可组织人工捕捉成虫灭杀。

五、栓皮栎的作用与价值

（1）造林作用。栓皮栎是优良乡土树种，又是中国重要的荒山造林绿化树种。栓皮栎特性显著，其根系发达，适应性强，叶色季相变化明显，是良好的绿化观赏树种；适宜孤植、丛植或混交，干高叶大，是很好的防风林；根系发达，树皮不易燃烧，耐火，又是难得的水源涵养林及防护林、防火隔离带等优良树种。

（2）观赏价值。栓皮栎树干通直，枝条广展，树冠雄伟，浓荫如盖，秋季叶色转为橙色，季节变化明显，是良好的观赏绿化树种。

（3）用材作用。材质坚韧耐磨，纹理直，耐水湿，结构粗略，是重要用材，可供建筑、车船、家具、枕木等用。栓皮可作绝缘、隔热、隔音、瓶塞等原料。

（4）食用价值。种子含淀粉 50%，可提取浆纱或酿酒，其副产品可作饲料，总苞可提取单宁和黑色染料，种壳可制活性炭。枝干、树梢、树桠等可粉碎成锯末培植银耳、木耳、香菇等。

(5)工业用途。该种边材浅黄褐色,栓皮质细而轻软,有弹力及浮力,不透气、不透水、不传电、不易传热、不易与化学药品起作用,为绝热、绝缘、防震、防湿、隔音的优良原料,是航海用的救生衣具、浮标、瓶塞、军用火药库、冷藏库、化学工业的保温设备等轻工业和国防工业的重要原料。

64 麻 栎

麻栎,学名:*Quercus acutissima* Carruth,壳斗科栎属植物,又名栎树、林子等,落叶乔木,中原地区优良乡土树种,荒山造林绿化优良树种。

一、形态特征

麻栎,落叶乔木,高达30 m,胸径达1 m,树皮深灰褐色,深纵裂。幼枝被灰黄色柔毛,后渐脱落,老时灰黄色,具淡黄色皮孔。叶片形态多样,通常为长椭圆状披针形,长8~19 cm、宽2~6 cm,顶端长渐尖,基部圆形或宽楔形,叶缘有刺芒状锯齿,叶片两面同色,叶柄幼时被柔毛,后渐脱落。雄花序常数个集生于当年生枝下部叶腋,有花,花柱壳斗杯形,小苞片钻形或扁条形,向外反曲,被灰白色茸毛。花期3~4月;坚果卵形或椭圆形,顶端圆形,果脐突起,果熟期9~10月。

二、生长习性

麻栎喜光,深根性,对土壤条件要求不严,耐干旱、瘠薄,亦耐寒、耐旱;能耐酸性土壤,亦适石灰岩钙质土,是荒山瘠地造林的优良乡土树种。与其他树种混交能形成良好的干形,深根性,萌芽力强,但不耐移植。抗污染、抗尘土、抗风能力都较强。寿命长,可达500~600年。

三、主要分布

麻栎主要分布于河南、山东、辽宁、河北、山西、江苏、安徽、浙江、江西、福建、湖北、湖南、广东、海南、广西、四川、贵州、云南等省区。在辽宁生于土层肥厚的低山缓坡,在河北、山东常生于海拔1 000 m以下阳坡,在西南地区分布至海拔2 200 m。中原地区主要分布于舞钢、叶县、栾川、鲁山、林州、确山、泌阳、淅川、南召、方城等县(市),造林绿化树种。

四、引种繁育与造林绿化

(一)引种繁育苗木技术

1. 苗圃地的选择

圃地选择在交通便利、水源条件较好、土壤深厚肥沃、排水良好的缓坡或平坡荒地;不宜选择常年耕作的熟土,因易发生苗木病虫害。由于麻栎对土壤要求不严,可选择酸性、中性或微碱性土壤育苗,均能生长良好。

2. 苗圃地整地做床

9～10 月，先清除圃地杂草、杂灌，全面翻垦晾晒土壤，深 20～25 cm，同时用生石灰每亩撒入 9～10 kg 对土壤消毒；第二年 3 月进行土壤耙耕，施入育苗基肥，即农家肥或饼肥均匀施入土中，每亩施用 1 000 kg，平整土地，细致做床，苗床宽 1～1. 2 m、床高 18～20 cm，要求床面平整，土壤细碎、疏松，还要根据地形开好苗圃排水沟，沟深 20～25 cm、宽 20～30 cm 即可。

（二）大田播种与苗木保护管理

1. 种子采收

选择 30～40 年生长健壮的母树，在 10～11 月，当成熟的麻栎种子从壳斗中自然掉落在地上时及时采收，否则，容易被老鼠、野兔等野生动物采食。种子收回后，剔除病种、残种及劣质种子，留下种粒饱满、无明显病虫害的种子备用。

2. 种子处理

将采回的麻栎种子，及时用 0. 5%高锰酸钾溶液消毒处理 2～3 小时，捞出密封 0. 5～1 小时，用清水冲洗干净后阴干；再用绿色植物生长调节剂浸种 2 小时，然后用新鲜河沙与种子混匀堆藏，待种子露白后，及时播种育苗。

3. 大田播种

3 月，采用开沟点播法，将露白后的麻栎种子，按行距 28～30 cm、播幅 3～4 cm，均匀点播在宽 9～10 cm、深 2. 5～3 cm 的沟内，播种量每亩施入 140～150 kg，播后覆土 2～3 cm，稍加填压、耙平即可。

4. 肥水管理

播种后，做好防鼠保苗工作。待苗木出土后，每隔 15～20 天，苗地松土锄草一次；当苗高 20～30 cm 时即可间苗，剔除细弱病残苗，选留健壮苗，原则上苗木间距 5～6 cm。6 月初，可对苗木进行第一次施肥，苗地松土锄草后对水浇施，施肥量为每亩施入 4～5 kg；当苗高 25～30 cm 时，需对苗木进行第二次施肥，施肥量为每亩施入 9～10 kg；7～8 月，进入干旱季节，要注意抗旱保苗，可结合浇水抗旱施肥，每亩施入 5～10 kg；9 月，即立秋之前，浇"防冻肥"，即按复合肥：尿素为2∶1（复合肥须充分浸泡，待腐熟后在浇施）配施，促使苗木尽快木质化，以免遭受霜雪的危害，每亩撒入 13～15 kg 即可。

（三）主要病虫害的发生与防治技术

1. 主要虫害的发生与防治

（1）主要虫害的发生。麻栎主要虫害，一是栎毛虫，是栎类树木的食叶害虫，1 年 1 代，7～8 月发生危害，受害轻的林木，叶片残缺不全，受害严重的叶子全无，呈夏树冬景；二是果实害虫栗实象鼻虫，每 2 年发生 1 代，以老熟幼虫在土内越冬，次年继续滞育土中，第 3 年 6 月化蛹。6 月下旬至 7 月上旬为化蛹盛期，经 25 天左右成虫羽化，羽化后在土中潜伏 8 天左右成熟。8 月上旬成虫陆续出土，上树啃食嫩枝、栗苞吸取营养。8 月中旬至 9 月上旬在栗苞上钻孔产卵，成虫咬破栗苞和种皮，将卵产于栗实内。一般每个栗实产卵 1 粒。成虫飞翔能力差，善爬行，有假死性。经 10 天左右，幼虫孵化，蛀食栗实，虫粪排于蛀道内。栗子采收后幼虫继续在果实内发育，为害期 30 多天。10 月下旬至 11 月上旬老熟幼虫从果实中钻出入土，在 5～15 cm 深处做土室越冬。

(2)主要虫害的防治。栎毛虫 7~8 月发生期,可用 90%敌百虫或 80%敌敌畏乳剂或 25%亚胺硫磷乳剂均为 1 400~1 500 倍液喷杀。栗实象鼻虫,可以地面封锁和树冠喷药。7 月下旬至 8 月上旬成虫出土之际,用农药对地面实行封锁,可喷洒 50%杀螟松乳剂 500~1 000 倍液、80%敌敌畏 800 倍液等药剂;8 月中旬成虫上树补充营养和交尾产卵期间,可向树冠喷布 90%晶体敌百虫 1 000 倍液、25%蔬果磷 1 000~2 000 倍液、20%杀灭菊酯 2 000 倍液或 40%吡虫啉 1 000 倍液等药液;树体较大时,亦可按 20%杀灭菊酯:柴油为 1:20 的比例用烟雾剂进行防治,效果都很好。同时,可以人工捕杀成虫。利用成虫的假死性,于早晨露水未干时,在树下铺设塑料薄膜或床单,轻击树枝,兜杀成虫。

2. 主要病害的发生与防治

(1)主要病害的发生。麻栎主要病害是白粉病,6~8 月发生,危害叶片。在叶片上开始产生黄色小点,而后扩大发展成圆形或椭圆形病斑,表面生有白色粉状霉层。一般情况下部叶片比上部叶片多,叶片背面比正面多。霉斑早期单独分散,后联合成一个大霉斑,甚至可以覆盖全叶,严重影响光合作用,使正常新陈代谢受到干扰,造成早衰,产量受到损失。

(2)主要病害的发生。6~8 月,病害发生期,以硫黄、石硫合剂、甲基托布津、代森锰锌等无机硫和其他广谱杀菌剂为代表,对白粉病喷布防治;发生量大的白粉病几乎无治疗效果,主要用于发病前保护防治;发生严重的时期,以三唑酮(又名粉锈宁)、腈菌唑、烯唑醇、苯醚甲环唑、氟硅唑等为代表的三唑系列杀菌剂喷布,喷布 600~800 倍液即可,防治效果比第一代杀菌剂对白粉病的活性有较大提高。

五、麻栎的作用与价值

(1)食用价值。麻栎种子含淀粉和脂肪油,可酿酒和作饲料,油制肥皂;全木可以截段成段木后种植香菇和木耳。

(2)经济价值。麻栎树叶含蛋白质 13.58%,可饲柞蚕;种子含淀粉 56.4%,可作饲料和工业用淀粉;壳斗、树皮可提取栲胶。

(3)造林作用。麻栎树形高大,树冠伸展,浓荫葱郁,因其根系发达,适应性强,可作庭荫树、行道树;造林绿化与枫香、苦槠、青冈等混植,可构成城市风景林;抗火、抗烟能力较强,也是营造防风林、防火林、水源涵养林的乡土树种。

(4)环保作用。麻栎对二氧化硫的抗性和吸收能力较强,对氯气、氟化氢的抗性也较强。

(5)用材价值。麻栎木材坚硬,不变形,耐腐蚀,作建筑、枕木、车船、家具用材。

65　香　椿

香椿,学名:*Toona sinensis*,楝科香椿属,又名香椿铃、香铃子、香椿子、香椿芽、香桩头、大红椿树、椿天等,在安徽地区也有叫春苗。根有二层皮,又称椿白皮;古代称香椿为椿,称臭椿为樗。香椿,是中原地区优良乡土树种,中国珍贵树种。

一、形态特征

香椿,落叶乔木;雌雄异株,树皮粗糙,深褐色,片状脱落。叶具长柄,偶数羽状复叶,叶呈偶数羽状复叶,长 30~50 cm 或更长;小叶 16~20 个,小叶柄长 5~10 mm,对生或互生,纸质,卵状披针形或卵状长椭圆形,长 9~15 cm、宽 2.5~4 cm,先端尾尖,基部一侧圆形,另一侧楔形,不对称,边全缘或有疏离的小锯齿,两面均无毛,无斑点,背面常呈粉绿色,侧脉每边 18~24 条,平展,与中脉几成直角开出,背面略凸起;圆锥花序,两性花,白色,花期 6~8 月;果实是椭圆形蒴果,翅状种子,种子可以繁殖。长 2~3.5 cm,深褐色,有小而苍白色的皮孔,果瓣薄;种子基部通常钝,上端有膜质的长翅,下端无翅,果期 10~12 月。

二、生长习性

香椿喜温,适宜在平均气温 8~10 ℃的地区栽培,抗寒能力随树龄的增加而提高。用种子直播的一年生幼苗在-10 ℃左右可能受冻。较耐湿,适宜生长于河边、宅院周围肥沃湿润的土壤中,一般以沙壤土为好。适宜的土壤酸碱度为 pH 5.5~8.0,土壤肥沃、肥水充足的地方,生长健壮,提早成材、开花结果。

三、主要分布

香椿原产中国,主要分布于湖南、湖北、河北、河南、山东、山西、辽宁、甘肃、内蒙古、广东、广西、云南,其中尤以山东、河南、河北栽植最多。香椿是中原地区优良乡土树种,主要分布于平顶山、许昌、漯河、开封、济源、焦作、安阳、濮阳、郑州、三门峡、南阳等地;河南省舞钢市田间地头、房前屋后野生分布;信阳市有较大面积的人工林。陕西秦岭和甘肃小陇山均有天然分布。

四、引种繁育与造林绿化

(一)引种繁育苗木技术

1. 苗圃地选择

选择地势平坦、光照充足、排水良好的沙性土或土质肥沃的田块做育苗地最好;一般土地做苗圃,影响苗木生长,苗木质量差。

2. 苗圃地的整地

整地要早期动手,9~10 月,采用大型拖拉机旋耕整地,结合整地施肥,撒匀,翻透,每亩施入农家肥 5 000~8 000 kg;同时,施入过磷酸钙 100~150 kg、尿素 25 kg,撒匀深翻备播即可。

(二)大田播种与苗木保护管理

1. 种子的选择

挑选 20~30 年生健壮、无病虫害的母树采集种子。9~10 月,翅果成熟时连小枝一块儿剪下,翻晒 4~5 天,干燥净种后用干藏法储藏。胚珠滋芽力维持 2 年,第 2 年便显著减弱。胚珠空粒较多,普通带翅的胚珠纯净度为 85%~88%,每 1 kg 30 000~34 000 粒,千粒重 28~32 g，出芽率 71%~75%。

2. 保温催芽

为了保证出苗整齐，需进行催芽处理。催芽方法是：用 40 ℃的温水，浸种 5 分钟左右，不停地搅动，然后放在 20~30 ℃的水中浸泡 24 小时，种子吸足水后；捞出种子，控去多余水分，放到干净的苇席上，摊 3 cm 厚，再覆盖干净布，放在 20~25 ℃环境下保湿催芽。催芽期间，每天翻动种子 1~2 次，并用 25 ℃左右的清水淘洗 2~3 遍，控去多余的水分。有 30%的种子萌芽时，即可播种。

3. 适时播种

选当年的新种子，种子要饱满，颜色新鲜，呈红黄色，种仁黄白色，净度在 98%以上，发芽率在 40%以上。在整地的基础上，精耕细耙土壤。然后打畦，畦 1 m 宽、长 30 cm，开沟，沟宽 5~6 cm、沟深 4~5 cm，将催好芽的种子均匀地播下，覆盖 2~3 cm 厚的土。

4. 幼苗管理

种子播种后，6~7 天出苗，未出苗前严格控制浇水，以防土壤板结影响出苗。当小苗出土长出 4~6 片真叶时，应进行间苗和定苗。定苗前先浇水，以株距 18~20 cm 定苗。株高 45~50 cm 时，进行苗木的矮化处理。用 15%多效唑 200~400 倍液，每 10~15 天喷 1 次，连喷 2~3 次，即可控制徒长，促苗矮化，增加物质积累。在进行多效唑处理的同时结合摘心，可以增加分枝数。7~8 月，进入雨季，雨后或灌水后要趁早松土。此时，苗木胚根系发达，侧根细弱。在苗高 18~20 cm 时截根，深度 10~15 cm 即可。

5. 幼苗定植管理

苗圃地繁育的新生幼苗，要及时定植，或间苗，密度以每亩定植 2. 8 万~3 万株，株距 15~18 cm、行距 15~18 cm 为宜，这样管理，加速苗木快速生长，提早成苗；同时，减少次生苗木的繁育，10 月，到落叶前苗木达到高 2. 5~3 m，当年可以出圃销售。

（三）主要病虫害的发生与防治技术

1. 主要虫害的发生与防治

（1）主要虫害的发生。香椿主要害虫是桑黄萤叶甲，又称黄叶虫、黄叶甲、蓝尾叶甲，1 年发生 1 代，以老熟幼虫在土中越冬；春天，即 4 月上旬化蛹，4 月下旬开始羽化，羽化后成虫先在发芽较早的香椿、朴树、榆树上危害，当桑叶新梢长到 8~10 片叶时，转到桑叶上，成虫咀食叶片，大发生时将全部叶片吃光，残留叶脉，植株生长发育受阻，危害后的叶片呈现全部发黄，如同火烧一样。

（2）主要虫害的防治。香椿主要害虫桑黄萤叶甲发生后，4 月，采取化学防治利，用植物源农药 0. 63%烟苦参碱 500~600 倍液或生物农药 BT 2 000 倍液进行喷雾防治。5 月，成虫期，利用成虫的假死性进行捕杀；在清晨敲打树干，振落地，迅速人工捕杀。

2. 主要病害的发生与防治

（1）白粉病的发生。香椿白粉病，4~6 月发生，主要危害香椿树叶片，有时也侵染枝条。发病初期在叶面、叶背及嫩枝表面形成白色粉状物，后期逐渐扩展形成黄白色斑块，白粉层上产生初为黄色，逐渐转为黄褐色至黑褐色大小不等的小粒点，即病菌闭囊壳。严重时布满厚层白粉状菌丝，影响树冠发育和树木的生长。严重时叶片卷曲枯焦，嫩枝染病后扭曲变形，最后枯死。

(2)白粉病的防治。香椿白粉病主要防治措施,一是物理防治,11~12月,落叶后,人工及时清除病枝、病叶,集中堆沤处理或烧毁,减少初次侵染来源。二是生物防治,加强抚育管理,重视培育壮苗,使植株生长健壮,增强树体的生长势和抗病能力;合理密植,及时整枝打叶,改善通风透光条件,提高抗病能力;合理施肥,底肥需增施磷、钾肥,生长期间避免氮肥的过量使用。4~6月发生初期,采取化学防治,香椿叶芽萌动和柚梢期可喷1次5波美度的石硫合剂或高脂膜100倍液进行叶面喷雾;每8~10天喷1次,连续喷2~3次。同时,在发芽前或发病初期,可喷布40%福星乳油8 000~10 000倍液或用30%特富灵可湿性粉剂2 000倍液,或百菌清600~800倍液、40%多硫悬浮剂600倍液均匀喷洒枝叶;10~20天防治1次,发病期喷洒15%粉锈宁900~1 000倍液,或高脂膜与50%退菌特等量混用喷布,一般连续喷布2~3次即可。

(3)香椿叶锈病的发生。香椿叶锈病,4~6月发生,苗木发病较重,感病后生长势下降,叶部出现锈斑,受害植株生长衰弱,提早落叶,影响第二年香椿芽的产量。初期叶片正反两面出现橙黄色小点(病菌的夏孢子堆),散生或群生,以叶背为多,严重时可蔓延全叶,后期叶背面出现黑褐色小点(病菌的冬孢子堆),受害后使叶片逐渐变黄,造成早期脱落,影响树势生长。

(4)香椿叶锈病的防治。香椿叶锈病的主要防治措施,一是物理防治,11~12月,香椿进入落叶期,人工开展冬季清除病叶,携带林外集中烧毁,减少越冬病菌,减少第二年侵染来源和发生危害。二是生物防治,5~8月,苗木进入快速生长期,根据天气和干旱情况及时排灌,以降低湿度,创造不利于病害发生的条件;合理施肥,避免过晚或过量施用氮肥,适当增施磷钾肥,促进香椿生长健壮,提高抗病能力;合理密植,注意通风透光,改善林内小气候,减轻病害。三是采取化学防治,4~6月发生,发现香椿叶片上出现橙黄色的夏孢子堆时,初春向树枝上喷洒1~3波美度石硫合剂,或五氯酚钠350倍液的混合液1~2次,或用15%三唑酮可湿性粉剂1 500~2 000倍液,或用15%可湿性粉锈宁600~800倍液喷洒防治,喷药次数根据发病轻重而定。当夏孢子初期时,向枝上喷100倍等量式波尔多液,每隔8~10喷1次,每次每亩用药100~120 kg,连喷2~3次,有良好的效果。

五、香椿的作用与价值

(1)用材价值。香椿是中原地区优良乡土树种,原产于中国,分布于长江南北的广泛地区。落叶乔木,雌雄异株,叶呈偶数羽状复叶,圆锥花序,两性花白色,果实是椭圆形蒴果,翅状种子,种子可以繁殖。树体高大,除供椿芽食用外,在华北、华中、华东等地低山丘陵或平原地区是重要的用材树种,又为观赏及行道树种。尤其是在园林绿化中,配置于疏林,作上层滑干树种,其下栽以耐阴花木。

(2)药用价值。香椿椿芽营养丰富,并具有食疗作用,主治外感风寒、风湿痹痛、胃痛、痢疾等。香椿含钙、磷、钾、钠等成分,有补虚壮阳固精、补肾养发生发、消炎止血止痛、行气理血健胃等作用。凡肾阳虚衰、腰膝冷痛、遗精阳痿、脱发者宜食之。香椿中含维生素E和性激素物质,具有抗衰老和补阳滋阴作用,对不孕不育症有一定疗效,故有“助孕素”的美称。香椿是时令名品,含香椿素等挥发性芳香族有机物,可健脾开胃,增加食欲。香椿的挥发气味能透过蛔虫的表皮,使蛔虫不能附着在肠壁上而被排出体外,可用于治蛔虫病。香椿含有丰富的维生素C、胡萝卜素等,有助于增强机体的免疫功能,并有润滑肌肤的作用,是保健美容的良好食品。

(3)食用价值。宋·苏轼《春菜》:“岂如吾蜀富冬蔬,霜叶露芽寒更。”历史传说,早在汉朝,食用香椿,曾与荔枝一起作为南北两大贡品,深受皇帝及宫廷贵人的喜爱。宋苏轼盛赞:“椿木实而叶香可啖。”香椿被称为“树上蔬菜”,是香椿树的嫩芽。每年春季谷雨前后,香椿发的嫩芽可做成各种菜肴。它不仅营养丰富,且具有较高的药用价值。香椿叶厚芽嫩,绿叶红边,犹如玛瑙、翡翠,香味浓郁,营养之丰富远高于其他蔬菜,为宴宾之名贵佳肴。炒食、凉拌、油炸、干制和腌渍。

(4)经济价值。香椿木材黄褐色而具红色环带,纹理美丽,质坚硬,有光泽,耐腐力强,不翘,不裂,不易变形,易施工,为家具、室内装饰品及造船的优良木材,素有“中国桃花心木”之美誉。树皮可造纸,果和皮可入药,价值很高。

66 楝 树

楝树,学名:*Melia azedarach* L.,楝科楝属,又名楝、苦楝、哑巴树、紫花树、森树等,落叶乔木,中原地区优良乡土树种树。

一、形态特征

楝树,落叶乔木,高达18~20 m。树皮灰褐色,分枝生长,叶为2~3回奇数羽状复叶,小叶对生,叶片卵形、椭圆形至披针形,顶生略大,老叶无毛。有芳香,淡紫色,腋生圆锥花序;裂片卵形或长圆状卵形,先端急尖,花瓣淡紫色,倒卵状匙形,两面均被微柔毛,花药着生于裂片内侧,且互生,子房近球形,无毛,每室有胚珠,花柱细长,柱头头状,花期4~5月;核果球形至椭圆形,内果皮木质,种子椭圆形,熟时为黄色,种子黑色数粒,果期10~12月。

二、生长习性

楝树适应性较强,喜温暖、湿润气候,喜光,不耐阴凉,较耐寒冷,喜肥,耐干旱、耐瘠薄,也能生长于水边,但以在深厚、肥沃、湿润的土壤上生长较好。对土壤要求不严,在酸性土、中性土与石灰岩地区均能生长,是平原及低海拔丘陵区的良好造林树种,在土质疏松、土层深厚、水分充足、排水良好的地方,均适宜栽种楝树。

三、主要分布

楝树主要分布于河南、山东、山西、河北、湖北、安徽、浙江、广西等地;在海拔200 m左右丘陵区,广泛引种栽培。中原地区主要分布于平顶山、三门峡、安阳、许昌、漯河、南阳、濮阳、开封、郑州、新乡、焦作、济源等地,生于旷野或路旁、山沟、丘陵地带,河南省舞钢市的8个乡镇均有分布,武功乡、尹集镇、八台镇等有野生,分布在村庄、地头、林间及栽培于村庄屋前房后。

四、引种繁育与造林绿化

楝树优质苗木繁育技术，主要采取大田种子播种繁育和营养钵育苗木方法，现在分别介绍繁育技术。

（一）引种繁育苗木技术

1. 苗圃地的选择

楝树苗木繁育，要选择土质疏松、土层深厚、水分充足、排水良好的地方，尤其是地势平坦稍有缓坡、排水良好的地方做苗床最好。

2. 苗圃地整地

楝树繁育的土壤做到精耕细耙，播种前做好平整圃地、打垄、碎土，播种地还要求排水良好、平坦；同时，每亩地施入农家肥 6 000~7 000 kg、复合化肥 100~120 kg 作底肥。

（二）播种与苗木保护管理

1. 种子播种育苗

（1）采收种子。楝树 10~11 月种子成熟，其种子为肉质果，种子成熟后由绿色变为淡黄色，即可以采种，采种要选择 25 年生以上健壮、无病虫害的母树上的种子为好；采后放置在干燥通风处保存。

（2）种子处理。楝树种子种皮结构坚硬、致密，具有不透性，不经处理，种子发芽率极低。播种前将种子在阳光下暴晒 2~3 天，再放入 60~70 ℃的热水中浸泡，适当沤制 2~3 天，使果皮变软，再将其揉搓，用水将果肉淘洗干净。另一种方法是，在播种前用 0.5%高锰酸钾溶液浸泡 2~3 分钟，用清水冲洗干净即可。最后一种沙藏处理方法，在背风向阳处挖深 30 cm、宽 1 m 的浅坑，坑底铺一层厚约 10 cm 的湿沙，将种子混以 3 倍的湿沙，上盖塑料薄膜。催芽过程中要注意温度、水分和通气状态，经常翻倒种子，待有 13%种子萌动（露芽）时进行播种。用该法处理的种子发芽率可达到 80%。

（3）播种时间。楝树繁育苗木的播种季节分为 3 月春播和 9 月秋播，春播在 3~4 月上中旬播种即可。

（4）种子播种。楝树播种采取条播，条播行距 30~35 cm、株距 18~20 cm。为了使播种沟通直，应先画线，然后照线开沟，开沟深度 2~3 cm，深度要均匀，沟底要平；为防止播种沟干燥，应随开沟，随播种，随覆土。每亩按 15~20 kg 播种量进行播种。播种后应立即覆土，以免播种沟内土壤和种子干燥，要求覆土快、均匀，覆土后立即镇压。

（5）幼苗管理。楝树播种果实，种子播种后 10~15 天出苗。每个果核内有种子 4~6 粒，出苗后呈簇生状发芽出土，幼苗疏密不均，应及时进行人工间苗，为了保证苗木成活质量，选择阴雨天间苗为好；当小苗长至 5~10 cm 时间苗，按株距 13~15 cm 定苗，每簇留 1 株壮苗即可。

（6）浇水管理。苗圃地育苗，在播种后及时浇水，盖上覆盖物来保持土壤温度，一般不需要浇水。抽去覆盖物后，根据苗圃地的干旱情况适度浇水，做到见干见湿。培育大苗木的，3 年生苗木应加强土壤水、肥管理。每年施肥 3 次，浇水 4~5 次。在 5~6 月，各施一次速效肥，用尿素和磷酸二氢钾，用量以每株 0.5 kg 为宜。施用方法：在距树干 20~30 cm 处挖放射沟 4~6 条，其长度与树冠相等，宽度、深度为 20~30 cm，将肥料均匀撒入沟内,覆土,随后灌水。在生长旺季视土壤墒情适时浇水。9 月,施一次复混肥或有机肥,用量每株 2~5 kg,及时浇水。

(7)合理追肥。新生幼苗,科学追肥是培育大苗壮苗的基础,苗期追肥应以基肥为主,为使苗木生长健壮,在苗木生长期应追肥加以补充。追肥以速效性肥料为主,应掌握分期追肥、看苗巧施的原则,即根据幼苗不同的生长时期对不同营养元素的需要控制肥料的种类和数量。幼苗期,应以氮肥、磷肥为主,以促进苗木根系的生长。苗木速生期氮、磷、钾适当配合,因该期苗木生长最快,需肥水最多,应加强松土、除草。苗木硬化期,应以钾肥为主,停施氮肥。

(8)中耕除草管理。苗木生长期,应及时进行除草,并与扶苗相结合。对树穴内外的杂草、杂灌做到除早、除小、除了。每次浇水后地表土层干结时应给林地及时松土。松土除草应做到不伤害苗木根系,深度一般 10~15 cm。每簇选留健壮幼苗一株,其余补栽或移栽。1 年生苗高 1.2~2 m,每亩产苗量 5 000~6 000 株。10 月,即可起苗销售,起苗适当修剪主根,以促进侧根生长。

2. 营养钵育苗

(1)营养钵苗。就是用营养钵来育苗的方法,营养钵是当前比较常用的一种快速、方便运输造林成本低、成活率高的育苗办法。营养钵因为体积小,移植时直接把整个苗加土一起种到别的盆里,所以这种育苗办法是不会伤到根部的。用营养钵育种、育苗便于集中培育和移栽,无论发芽率、成苗率还是移栽成活率,营养钵育苗均优于苗圃地育苗。同时,提高经济效益营养钵由钵壁和营养土两部分组成。钵壁为农用塑料薄膜或稻草等材料做成的圆筒形,高 20~25 cm,直径 9~10 cm。营养土采用每亩土壤中加饼肥 50~90 kg,或腐熟的堆、厩肥 50~90 kg,拌和均匀而成,黏重土壤需掺 1/3 细砂。应在塑料大棚中进行,其过程分为营养土的配制和播种。

(2)营养土的配制。营养土要求土壤细密疏松,富含腐殖质,通气透水良好,具有一定的保水、保肥效果。营养土的组成是:田间表土 35%,腐殖土 20%,酒糟 10%,沙土 20%,有机肥料 15%,为防治楝树立枯病可加入 40%甲基托布津粉剂,1 m^2 施入 15 g。以上各成分搅拌均匀,即可备用。

(3)营养钵播种。将拌匀的营养土装入营养钵中,底层营养土要用木棍压实,营养土装至离袋口 2~3 cm 处,每袋播一粒种子,然后覆土。营养钵有次序排入整好的畦内,排好袋后喷水,让种子与土壤充分结合。

(4)营养钵育苗管理。营养钵育苗,无覆盖物,水分蒸发快,所以要注意保湿,每天的清晨和傍晚喷水一次,喷水时要做到少量勤喷。高温季节要适当多喷,阴雨天气要少喷或不喷,切忌中午高温时喷水。

(三)主要病虫害的发生与防治技术

1. 主要虫害的发生与防治

(1)主要虫害的发生。楝树主要虫害,黄刺蛾、扁刺蛾、斑衣蜡蝉是食叶害虫,5~8 月,苗木生长期,集中危害叶片、嫩梢;星天牛危害枝干,是蛀干害虫,1 年 1 代,幼虫在枝干中越冬危害。

(2)主要虫害的防治。5~8 月,苗木生长期,用溴氰菊酯 1 200~1 300 倍液,或 5%吡虫啉 1 000 倍液，或 50%杀螟松 800 倍液，在 5 月底至 6 月上旬喷布叶片，防治第一代初孵若虫。冬季造林时，尽量营造混交林，减少害虫的传播和生长；11~12 月，在枝干上寻找刺蛾和斑衣蜡蝉的卵块，人工刮除消灭。星天牛，1~4 月在树干上，对虫孔注射敌敌畏 300~400 倍液，一定用黄泥封口，可以杀死幼虫或蛹，5~7 月，人工捕捉天牛成虫。

2. 主要病害的发生与防治

（1）主要病害的发生。楝树主要病害有立枯病、溃疡病、褐斑病、丛枝病、花叶病、叶斑病，4~8 月发生或交替或集中发生危害，造成叶片早期落叶或伤害枝干，或造成树势衰弱，影响树势生长。

（2）主要病害的防治。在整个的育苗过程中，要重视病害的防治。4~8 月，苗木生长期，常用的方法有 50%扑海因处理苗圃地土壤，用量为 1 m^2 施入 35 g；0.1%~0.15%的可湿性粉剂溶液处理种子；幼苗期喷施 0.067%的 50%多菌灵溶液；大苗期喷施 0.33%的 72%农用硫酸链霉素溶液。防治病害要掌握治早、治小、治了的原则，苗圃地育苗发病率控制在 15%以内，营养钵育苗控制在 10%。

五、楝树的作用与价值

（1）用材价值。楝树材质优良，木材淡红褐色，纹理细腻美丽，有光泽，坚软适中，白度高，抗虫蛀，易加工，是制造高级家具、木雕、乐器等的优良用材。

（2）经济价值。楝树叶、枝、皮和果的皮肉中分离、提炼出的楝素可用于生产牙膏、肥皂、洗面奶、沐浴露等产品。楝的树皮、叶中含鞣质，可提取制栲胶，树皮纤维可制人造棉及造纸；楝花可提取芳香油；果核、种子可榨油，也可炼制油漆；果肉含岩藻糖，可用于酿酒。性味：苦，寒。有毒。且舒肝行气止痛、驱虫疗癣功效。用于治疗蛔虫病、虫积腹痛、疥癣瘙痒。楝树耐烟尘，抗二氧化硫能力强，并能杀菌。楝与其他树种混栽，能起到对树木虫害的防治作用。种皮结构坚硬、致密，具有不透性。

（3）景观作用。楝树，花开 4 月，有芳香，淡紫色；楝树果皮淡黄色，略有皱纹，立冬成熟，熟后经久不落，是优良的乡土绿化树种，在公园、风景区是很好的行道树、景观树。

67　枫　香

枫香，学名：*Liquidambar formosana* Hance，金缕梅科枫香树属，又名枫树、枫木、红枫、三角枫、大叶枫等，落叶乔木，是中原地区优良乡土树种。

一、形态特征

枫香，落叶乔木，高 20~30 m，胸径最大 0.5~1.0 m，树皮灰褐色，方块状剥落；小枝干后灰色，被柔毛，略有皮孔；芽体卵形，长 0.8~1.0 cm，略被微毛，鳞状苞片敷有树脂，干后棕黑色，有光泽。叶薄革质，阔卵形，掌状 3 裂，中央裂片较长，先端尾状渐尖；两侧裂片平展；基部心形；上面绿色，干后灰绿色，不发亮；下面有短柔毛，或变秃净仅在脉腋间有毛；掌状脉 3~5 条，在上下两面均显著，网脉明显可见；边缘有锯齿，齿尖有腺状突；叶柄长 10~11 cm，常有短柔毛；托叶线形，游离，或略与叶柄连生，长 1~1.4 cm，红褐色，被毛，早落。花序常多个排成总状,雄蕊多数,花丝不等长,花药比花丝略短。雌性头状花序有花24~43朵,花序柄长3~6 cm;果序圆球形,木质,直径2.5~3.5 cm;蒴果下半部藏于花序轴内,有宿存花柱及针刺状萼齿。种子多数蒴果组成,褐色,多角形或有窄翅。花4月上旬开花,9~10月果实成熟。

二、生长习性

枫香喜温暖湿润气候,性喜光,幼树稍耐阴,耐干旱瘠薄,不耐水涝。在湿润肥沃而深厚的红黄壤土上生长良好。深根性,主根粗长,抗风力强,不耐移植及修剪。种子有隔年发芽的习性,不耐寒,不耐盐碱及干旱。在海南岛常组成次生林的优势种,性耐火烧,萌生力极强。

三、主要分布

枫香主要分布于河南、山东、山西、四川、云南、西藏、广东;秦岭及淮河以南各省地区种植。黄河以北不能露地越冬,要做好防寒准备。中原地区主要分布于平顶山、三门峡、南阳、安阳、驻马店等地,河南省舞钢市南部山区的秤锤沟、五峰山、灯台架、官平院等山区野生分布面积1 000~12 000 m^2,生长在村落附近及低山的次生林中,生长良好。

四、引种繁育与造林绿化

(一)引种繁育苗木技术

1. 苗圃地的选择

枫香优质苗木育苗圃地,要选择在交通状况良好、与水源距离近、土层深厚、土壤疏松、土质较肥沃、pH 5.5~6.0的沙质壤土为佳。为了减少病害,最好选择在前茬为农作物的地块上进行育苗。不宜选择过于黏重的土壤或蔬菜地,这些土壤细菌较多,容易使幼苗发生根腐病,影响苗木生长。

2. 苗圃地的整地

9~10月,把选择好的苗圃地,用大型拖拉机旋耕整理土壤,同时,每亩施入5 000~6 000 kg农家肥、50~100 kg复合肥作底肥,经过冬天3~4个月寒冷天气的冬冻,土壤疏松,农家肥和化肥充分分解,致使土壤肥沃,有利于苗木繁育。

(二)大田播种与苗木保护管理

1. 种子采集

枫香在进行种子采集时,应选择生长10~20年以上、无病虫害发生、长势健壮、树干通直的优势树作为采种母树。10月下旬果实成熟期,即可采种。果穗球形,由多数蒴果组成。每一蒴果仅有1~2枚可孕的黑色种子,顶端具倒卵形短翅。优良饱满的种子有翅,为黑色;劣质种子无翅,为黄色,较淡。果实成熟后开裂,种子易飞散。当果实的颜色由绿变成黄褐色或稍带青色、尚未开裂时,应将其击落,以便于收集。

2. 种子晾晒

采回的果实应置于阳光下进行晾晒,一般3~5天即可。在晾晒的过程中,应常用木锨翻动果实,待蒴果裂开后将种子取出。然后用细筛除去含有的杂质即可获得纯净的枫香种子。以鲜果的重量进行计算,出种率为 1.5%~2.0%。采集的种子应装于麻袋内置于通风干燥处进行储藏。

3. 种子播种

枫香播种,可冬播,也可春播。冬播较春播发芽早而整齐。春播时间,3 月 10~20 日进行,因枫香种子籽粒小,播种前可不进行处理。播种量为每亩施入 0.5~1.0 kg。由于枫香种子的籽粒小,圃地的发芽率仅为 20%~57%。播种可采取撒播、条播两种方式进行。一是撒播,将种子均匀撒在苗床上,方法简单、省力,出苗量高,播种量为每亩施入 1.5~2 kg。二是条播,播种的行距控制在 20~24 cm,沟底的宽度为 6~9 cm,播种时将种子均匀地撒在沟内,一般播种量为每亩施入 1.0~1.5 kg。播种结束后应及时覆土,以微可见种子为佳,细土应先用筛子筛后再进行覆盖,并在其上覆盖 1 层稻草或秸秆。也可不覆土,直接将稻草或茅草覆盖在播种后的苗床上,为了防止草被风吹起,应用棍子压上,或用竹片、薄膜穹形盖好,不仅可以起到保暖、防风的作用,还可以防止鸟兽的危害,从而确保苗木繁育成功。

4. 适时揭草

枫香种子播种后 24~26 天开始发芽,40~45 天幼苗基本出齐。当幼苗基本出齐时,要及时揭覆盖的杂草、秸秆等。揭草最好分两次进行,第一次揭去 1/2,5 天后第二次揭剩下的部分,让幼苗有一个适应的过程。揭草时动作要轻,以防带出幼苗。

5. 间苗补苗

揭覆盖的杂草后,幼苗长至 3~5 cm 时,应选阴天或小雨天,及时进行间苗和补苗。将较密的苗木用人工移出,去掉泥土,将根放在 0.01%ABT3 号或 ABT6 号生根粉溶液中浸 1~2 分钟,再补栽于缺苗的苗床上,株行距一般为 5 cm × 8 cm,栽后及时浇透水。间苗后的枫香苗密度控制在每米 100 株左右即可。

6. 肥水管理

幼苗揭覆盖的杂草后 35~40 天,可选择合适的氮肥进行追施。第 1 次追肥的浓度应小于 0.1%,施肥量为每亩施入 3~5 kg。以后根据苗木的实际情况,每隔 1 个月左右追肥 1 次,施肥量为 5~6 kg。在枫香树的整个生长季节应施肥 2~3 次。前期主要施氮肥,后期施磷、钾肥。施肥时间,应选择在 16:00 以后进行。当施肥的浓度超过 0.8%时,施肥后应用清水冲洗。遇下雨时,为了防止苗木出现烂根现象,应及时排除苗圃地的积水;在遇到持续干旱的天气时,应及时浇灌苗地,满足苗木生长对水分的需求。

7. 松土除草

4~7 月在苗木生长期间,要及时松土除草。苗小时,一定要用人工拔草。枫香苗木长到 30 cm 以上时,可用 1/3 000 浓度果尔除草剂进行化学除草,每亩每次用量为 12 kg。枫香幼苗对果尔除草剂敏感,施药时应将喷雾器头对准条播行中间喷雾,注意药液不要喷洒到嫩叶和幼茎上,以免产生药害;撒播枫香苗圃地不宜使用果尔溶液进行喷雾处理;如育苗面积较大,确需进行化学除草的,可用 12 kg 果尔,加水 1 kg,与 25 kg 细沙拌匀,堆放 2 小时,摊开晾干,然后均匀撒在苗床上,并用棕把将枫香苗上的沙轻轻扫落即可,部分枫香幼苗会受到轻微药害,10~15 天后会恢复生长。

(三)主要病虫害的发生与防治技术

1. 主要虫害的发生与防治

(1)主要虫害的发生。主要害虫是天幕毛虫,1 年发生 1 代,危害特点是,刚孵化幼虫群集于一枝,吐丝结成网幕,食害嫩芽、叶片,随生长渐下移至粗枝上结网巢,白天群栖巢上,夜出取食,5 龄后期分散为害。即 5 月上中旬,幼虫转移到小枝分杈处吐丝结网,白天潜伏网中,夜间出来取食。幼虫经 4 次蜕皮,于 5 月底老熟,在叶背或果树附近的杂草上、树皮缝隙、墙角、屋檐下吐丝结茧化蛹。蛹期 12 天左右。已完成胚胎发育的幼虫在卵壳内越冬。第二年树木发芽后,幼虫孵出开始为害。成虫发生盛期在 6 月中旬,羽化后即可交尾产卵。严重时将全树叶片吃光。

(2)主要虫害的防治。一是人工摘茧,消灭蛹;二是保护天敌,把野外采摘的茧中已被寄生的蛹,捡出放回林中或不采摘;喷布药物,用 25%灭幼脲 3 号 3 500 倍液,或 20%杀灭菊酯 2 000 倍液,或 25%溴氰菊酯 2 000 倍液,用机动喷雾机于傍晚喷雾树冠,防治效果均在 90%以上,还可用氯氰菊酯 1 200 倍液药液喷入网幕内,防效达 95%以上;三是毒绳法,用 20%杀灭菊酯与机油按 1:8混合调好,纸绳浸泡 0.5 小时后,捞出晾干后绑于树干胸高处,防治效果在 90%上;四是灯光诱蛾,在危害较重林地集中设置诱虫灯,诱杀成虫,效果较好。

2. 主要病害的发生与防治

(1)主要病害的发生。枫香幼苗具有较强的适应性,因此一般不易发生病虫害。但在刚揭草时,由于苗木较为幼嫩,短期内有病虫发生立枯病或白粉病等,主要集中在 4~5 月发生危害幼苗,即苗木幼苗生长期,轻发生致使苗木有部分受害,发生严重时候致使苗木大片死亡。

(2)主要病害的防治。预防为主,可在揭草后 7~8 天,选择百菌清 1 000 倍液的药剂进行喷雾,或可用多菌灵 2 000 倍液。以后隔 20~30 天喷百菌清 1 000 倍液,或多菌灵 800~1 000 倍液 1 次;在苗木的生长期间,应做好松土除草工作。由于枫香幼苗对除草剂敏感,当发生草害时,一般采取人工拔草的方式,不可采用除草剂。

五、枫香的作用与价值

(1)园林作用。枫香可在园林中作庭荫树,可于草地孤植、丛植,或于山坡、池畔与其他树木混植。常与常绿树丛配合种植,秋季红绿相衬,显得格外美丽,具有景观作用。

(2)用材价值。枫香具有较强的耐火性和对有毒气体的抗性,木材稍坚硬,可制家具及贵重商品的装箱。具有用材作用。

(3)造林绿化作用。枫香是林场绿化、厂矿区绿化、荒山造林绿化的优良树种。但是,特别注意因不耐修剪,大树移植又较困难,故一般不宜用作行道树。

68　山拐枣

山拐枣,学名:*Poliothyrsis sinensis* Oliv.,大风子科山拐枣属,又名山杨,落叶乔木。山拐枣树干强劲,冠形发达,枝叶阔展,叶形宽大,形色美观。目前,以其作园林观赏的甚少,若能开发作为景区、公园景观树点缀或用于城镇街区行道绿化树种,定能发挥其意想不到的特色效果。山拐枣萌芽力强,生长较快,根系发达,可尝试用于丘陵、山区河岸及河道、水库上游营造水土保持林、水源涵养林。

一、形态特征

山拐枣高 7~15 m。树皮灰褐色,浅裂。小枝性脆,灰白色,幼时有短柔毛,老时无毛。叶互生,叶较大,厚纸质,卵形至卵状披针形,长 8~18 cm、宽 5~10 cm,先端渐尖或急尖,基部圆形或心形,有 2~4 个圆形紫色腺体,边缘有浅钝齿,上面深绿色,脉上有毛,下面淡绿色,有短柔毛,掌状脉,中脉上面凹,在下面突起,侧脉 5~8 对,近对生。叶柄长 3~6 cm。花单性,雌雄同序,顶生,有淡灰色毛。雌花位于花序上部,直径 6~9 mm,花瓣缺。子房卵形,1 室,有灰色毛,侧膜胎座 3 个,每个胎座上有多数胚珠,花柱 3,柱头 2 裂。萼片 5 片,卵形,长 5~8 mm,外有浅灰色毛,内有紫灰色毛。雄花位于花序下部,雄蕊多数,长 4~6 mm,分离,花药小,卵圆形。蒴果长圆形或纺缍形,长 3~4 cm,直径约 1.5 cm,外果皮革质,有灰色毡毛,内果皮木质;种子多数,周围有翅,扁平。花期 5~6 月,果期 6~9 月。

二、生长习性

山拐枣喜光、稍耐庇荫,喜湿润、稍耐旱,喜疏松、肥厚壤土。适生海拔 300~1 500 m,中性、微酸性土壤之山腰、山脚、谷地,分布林内或疏林中。

三、主要分布

山拐枣主要分布于陕西、甘肃、河南、湖北、湖南、江西、安徽、浙江、江苏、福建、广东、贵州、云南、四川。河南省舞钢市国有石漫滩林场南部秤锤沟、长岭头、官平院等野生分布,林区海拔 300~600 m 的沟谷、山坡有大量野生,多与阔叶林伴生。一般树高 8~10 m,胸径 14~20 cm,长势茂盛。

四、引种繁育与造林绿化

山拐枣为中速生长树种。树高生长,各龄级生长量不大,但中期较快。胸径生长,除初期 10 龄生长甚慢外,其他各龄级生长虽不很大,但变幅小。材积生长,随年轮增长逐次增加,且后期持续在较大的水平上。因此,如人工造林,集约经营可作为中、大径级用材来培育。拐枣繁育苗木主要用种子繁殖。在 11 月成熟时收取种子。种皮红褐色,一个果实含 3 粒种子。种皮革质,胚黄白色,不易吸收水分。于采后用湿沙层积法催芽,一层种子一层湿沙堆藏,50~60 天即可出现胚根凸起,播整好苗床(小畦),点播或条播,深 2~3 cm,4 月初即可出苗。待苗长出 3~5 片真叶时间苗,留强去弱。苗期要经常浇水、施肥,促进生长。当冬季可长到 70~100 cm。移栽到挖好的坑内。其次,也可用压条和分根法繁殖。在春季将枝条拉下,割一 1/3 的小口,压于地下,保持湿润,夏季可形成愈伤组织、生根,冬季或第二年春天可以移栽。

五、山拐枣的作用与价值

(1)观赏价值。山拐枣树干强劲,冠形发达,枝叶阔展,叶形宽大,形色美观。目前,以其作园林观赏的甚少,若能开发作为景区、公园景观树点缀或用于城镇街区行道绿化树种,定能发挥其意想不到的特色观赏效果。

(2)造林作用。山拐枣萌芽力强,生长较快,根系发达,是丘陵、山区河岸及河道、水库上游营造水土保持林、水源涵养林等绿化树种。

(3)用材作用。山拐枣木材黄白色,材质优良,结构细密,适作家具、器具优良用材。

(4)经济价值。山拐枣花多而芳香,亦为优良蜜源植物。树皮具纤维,可用作纺织、造纸原料。

第二章　野生灌木树种

69　山胡椒

山胡椒,学名:*Lindera glauca*（Sieb. et Zucc.）Bl),樟科山胡椒属,又名山花椒、狗椒(舞钢)、山龙苍、雷公尖、野胡椒、香叶子、楂子红、臭樟子、牛筋树、牛荆条、油金楠、假死柴、臭枳柴、勾樟、假干柴、鸡米风、牛筋条、诈死枫、白叶枫、老来红、臭胡椒,落叶灌木或小乔木,以其叶片气味芳香、秋季红叶且落叶晚的特点,是风景区、公园绿化的优质秋色观赏树种。

一、形态特征

山胡椒,树高可达7~8 m。树皮平滑,灰色或灰白色。冬芽长角锥形,芽鳞裸露部分红色,幼枝条白黄色,叶互生,叶片宽椭圆形、椭圆形、倒卵形到狭倒卵形,上面深绿色,下面淡绿色,秋季叶片浅红色,枯后不落,翌年新叶发出时落下。伞形花序腋生,雄花花被片黄色,椭圆形,花丝无毛,退化雌蕊细小,椭圆形,雌花花被片黄色,椭圆或倒卵形,子房椭圆形,柱头盘状;花梗熟时黑褐色;3~4月开花,7~8月结果。

二、生长习性

山胡椒为阳性树种，喜光,耐阴、耐寒,喜湿润。适宜海拔300~900 m的山坡、林缘、沟谷,中性和微酸性、疏松壤土生长良好。抗寒力强,以湿润肥沃的微酸性沙质土壤生长最为良好。耐干旱瘠薄,对土壤适应性广,根系深。

三、主要分布

山胡椒分布于河南、陕西、甘肃、山西、江苏、安徽、浙江、江西、福建、台湾、广东、广西、湖北、湖南、四川等省区。山胡椒属约100种,东西方均有分布,河南省舞钢市石漫滩林场的秤锤沟、王沟、冷风口、长岭头、人头山、灯台架、官平院、大河扒等林区分布较多,生长于阴坡、沟谷,野生。一般树高2~4 m,多伴生于乔木林荫下。

四、引种繁育与造林绿化

山胡椒叶片气味芳香,10月,具有秋季红叶、落叶晚的特点,宜作景区、公园秋色观赏树种造林绿化配植。尤其是城市绿化很受人们喜爱。其苗木繁育与引种培育,正在林区广泛育苗繁殖。其种子、叶片、果实等富含芳香油、脂肪,或可作药用,有一定的经济价值。如利用其直立性及叶面深绿、秋季变红、冬季枯叶不落的习性,在城市园林绿化中可作绿篱、林缘或墙垣的装饰。

(一)引种繁育苗木技术

1. 种子选择

山胡椒种子,选择优质饱满的种子,尤其是不能有病虫害的种子,饱满的种子出芽率高,苗木肥壮。

2. 苗圃地选择

选择土壤要求能保持水分。山胡椒喜欢潮湿的、墒情好、肥沃的土壤。繁育苗木前,每亩施入农家肥 5 000~6 000 kg,堆肥更好。在堆肥之前,从堆肥中添加大量腐烂的有机物质以增加土壤肥力。同时,防止温度高的炎热区域,避免午后的阳光暴晒。

3. 播种管理

播种后的苗圃地,在夏季炎热或干燥的地区,苗木不会生长良好。种植雄性和雌性植物彼此靠近。苗圃地建立在土壤肥沃,浇水、排水方便的地方,苗木幼苗做到经常浇水。定期浇水,同时结合施肥才能苗壮成长。

(二)造林技术

1. 造林绿化

移植栽培时,应先挖大穴定植。挖长 70 cm × 深 70 cm × 宽 70 cm 的大穴,穴内施入杂草后覆土定植,每亩栽 200~250 株即可。

2. 造林后期管理

山胡椒苗木栽后使用根施 SSAP 抗旱保湿剂,保湿苗木,促进须根茂密,生根、壮根,提升根系导管输送养分能力和成活率。栽植时间,10~11 月至第二年 3 月,造林效果好。

3. 修剪整形

山胡椒采用人工自然开心形或主干疏层形修剪,70~80 cm 定干,栽后 2~3 年开花结果。每年施肥 2~3 次,6~7 月加强复合肥施入,每亩施入 50~90 kg 复合肥,11~12 月施入复合肥 50~100 kg,3 月施入 60~70 kg 农家肥,促进苗木提早结果见效。

五、胡椒的作用与价值

(1)用材价值。胡椒木材坚硬,是农具、家具、人力车的良好材料。

(2)经济价值。胡椒叶、果皮可提芳香油;种仁油含月桂酸,油可作肥皂和润滑油。

(3)观赏价值。山胡以其叶片气味芳香、秋季红叶且落叶晚的特点,宜作景区、公园秋色观赏树种配植。

70 狭叶山胡椒

狭叶山胡椒,学名:*Lindera angustifolia* Cheng,樟科山胡椒属,落叶灌木或小乔木,狭叶山胡椒以其叶片直立、光亮,秋季红叶且落叶晚的特点,是园林栽培、风景区秋色观赏优良树种。

一、形态特征

狭叶山胡椒,落叶灌木或小乔木,树高 2~8 m,幼枝条黄绿色,无毛。冬芽卵形,紫褐色,芽鳞具脊;外面芽鳞无毛,内面芽鳞背面被绢质柔毛。叶互生,着生角度小,稍直立,椭圆状披针形,长6~14 cm、宽2~3 cm,先端渐尖,基部楔形,近革质,有樟香气,晚秋叶红。羽状脉,侧脉每边8~10条。伞形花序2~3生于冬芽基部,雄花序花3~4朵,花被片6,雄蕊9。雌花2~7朵,花被片6,退化雄蕊9,子房卵形,无毛,柱头头状。果球形,成熟时黑色。花期3~4月,果期9~10月。

二、生长习性

狭叶山胡椒耐干旱、耐瘠薄,适应性强,喜光,耐阴、耐湿润,喜中性、微酸性土壤,适生海拔400~1 500 m,山坡、谷地,灌丛、疏林及林荫中。

三、主要分布

狭叶山胡椒主要分布于山东、浙江、福建、安徽、江苏、江西、河南、陕西、湖北、广东、广西等省区。生于山坡灌丛或疏林中。朝鲜也有分布。河南省舞钢市境内南部山区的杨庄乡官平院、祥龙谷、长岭头、大河扒、大雾场等,海拔200~500 m以下沟谷林内、疏林中有零星分布,野生林中,树高2~4 m。

四、引种繁育与造林绿化

(一)引种繁育苗木技术

1. 苗圃地的选择

选择平坦沙壤土地,或平地或缓坡地,有浇灌条件或靠近水源,土质肥沃、排水良好的沙壤土作育苗地最好。育苗地整地,在育苗前20~30天,用大型机器进行深耕细耙,人工清除石块和杂质,充分暴晒土壤,整平整细,然后按畦宽100~120 cm、高30~40 cm开沟理墒,沟宽40~50 cm,畦长视育苗地长度而定,四周开好排水沟,做好夏季排水,确保苗木生长安全。

2. 种条扦插繁殖

选择生长正常的1~2年生幼龄植株作为母株,制作种条,在4~6月,从母株上剪下种条,粗0.5~0.7 cm以上,整理的种条要发达健壮,无病虫害及机械损伤,顶部两节各带一条分枝及5~7片叶,然后剪成25~30 cm长,做到随剪随扦插,剪口蘸水或插条下部不带分枝的蔓节浸入水中15~20分钟,最好当天切取当天育苗,宜在阴天或晴天下午气温降低、光照减弱时进行取条育苗,在整好的育苗地畦面上按行距30~40 cm开沟,然后将插条按8~9 cm排在面上,使种条斜面扦插土壤,保持顶下第一芽露出地面,然后分别由下至上覆土压实,及时浇水,浇水采取淋水方法,淋水时要做到随育随淋,最后在畦上搭棚遮阴,荫蔽度保持在75%~85%,以创造一个潮湿阴凉的环境条件,提高成活率,促进苗木快速生长。

3. 新生幼苗管理

狭叶山胡椒幼苗期间,要加强苗圃管理。晴天,每天上午10时或下午4时淋水1~2次,保持土壤湿润。扦插后10~15天,插条发根后,淋水次数可逐渐减少,可以1~2天,1~2次,新生幼苗生长20~30天,插条长出新根,随后加强肥水,浇水时,每亩施入复合肥

5~8 kg,促进幼苗快速生长,缺水或肥力,影响成活及生长。起苗时,应先把苗床淋透后再挖苗,避免伤根。把长得过长的根剪掉,只留用 5~7 cm,以利植株生长,最好当天挖苗当天定植,确保成活率。

(二)营养袋扦插育苗技术

营养袋苗便于长途运输,同时可提高苗的移栽成活率,在育苗时如苗用于出售或苗圃距椒园远,最好育营养苗。

1. 配制营养土

营养土配制是培育营养袋苗的关键,营养土配置的好坏直接影响苗木的生长发育和质量,配制营养土用的基质要根据苗圃地周围的条件而定,一般用森林土与火灰混合加适量普钙,比例 10:1:0.2 为宜,目的是使营养土养分充足,能满足苗期对营养的要求,结合配制营养土用多菌灵 300 倍液或甲基托布津 500 倍液喷洒进行土壤消毒。

2. 营养土装袋

将配置好的营养土用网眼 0.8 cm × 0.8 cm 细铁筛过筛,把材料混合均匀,装入规格 10 cm × 12 cm 的塑料膜袋中,然后整齐地摆放在苗床上,摆放袋数以方便管理为准,一般以每行 15~20 袋为宜,要求装袋要满,摆放要端正,袋与袋之间要压紧,不留空隙,苗床摆满后用土将苗床四周的袋子围起,高度以袋子高度的 1/2 即可,以保持苗床的水分和温度,一般每亩摆放 9 万~10 万袋。

3. 种条扦插

营养土装袋摆放好后 1~2 天,即可扦插,扦插时用小木棍在袋中插一小洞,顺孔把处理好的扦条插入,然后用手轻压袋土,使营养土与插条充分接触,并及时淋水,淋水做到随插随淋,以后隔天或 2~3 天淋 1 次水,插条发芽生根后确保袋内湿润,满足生长所需的水分即可,最后在畦面上搭棚遮阴,荫蔽度保持在 85%~90%,以创造一个潮湿阴凉的环境条件,提高苗的成活率。

五、狭叶山胡椒的作用与价值

(1)经济价值。狭叶山胡椒种子油可制肥皂及润滑油。叶可提取芳香油,用于配制化妆品及皂用香精。

(2)造林绿化作用。狭叶山胡椒适应性强,耐干旱、耐瘠薄,冠幅圆正,叶片直立、光亮,10 月秋季,红叶满树,且落叶晚,是园林栽培、风景区绿化、荒山造林等秋色观赏优良树种。

71　溲　疏

溲疏,学名:*Deutzia scabra* Thunb,虎耳草科溲疏属,又名空疏、巨骨、空木、卯花等,落叶灌木。溲疏树姿小巧美丽,花冠致密,初夏白花满树,洁净素雅。是庭园栽培、风景区、社区、公园造林绿化的优良观赏树种。

一、形态特征

溲疏,树高 1~2 m。树皮成薄片状剥落,小枝中空,红褐色,幼时有星状毛,老枝光滑。

叶对生,有短柄;叶片卵形至卵状披针形,长 5~11 cm、宽 2~5 cm,顶端尖,基部稍圆,边缘有小锯齿,两面均有星状毛,粗糙。圆锥花序、伞房花序、聚伞花序或总状花序几种。花白色或带粉红色斑点;萼筒钟状,与子房壁合生,木质化,裂片 5,直立,果时宿存;长 5~9 cm,花瓣 5 枚,白色或外面略带红晕。花瓣长圆形,外面有星状毛,柱头常下延;蒴果近球形,顶端扁平具短喙。花期 4~6 月,果期 9~11 月。

二、生长习性

溲疏适应性强,耐干旱,性喜光、稍耐阴,喜温暖、湿润环境,亦耐寒,喜中性、微酸性土壤。海拔 300~1 000 m 的沟谷、岩边疏林或灌从中有生长。溲疏根、叶、果均可药用。溲疏性强健,萌芽力强,耐修剪。又是良好的春花盆景材料。多见于山谷、路边、岩缝及丘陵低山灌丛中。对土壤的要求不严,但以腐殖质 pH6~8 且排水良好的土壤为宜,生长健壮。

三、主要分布

溲疏主要分布于河北、河南、山东、山西、安徽、四川、湖北、湖南、广东、广西、云南、贵州、浙江等地,我国有 53 种(其中 2 种为引种或已归化种)、1 亚种、19 变种,西南部的云南、贵州分布最多。河南省舞钢市主要分布于南部山区杨庄乡的官平院、长岭头,尹集镇的九头崖、王沟、秤锤沟、大河扒、老虎爬等林区,约 5 种,多见于沟谷、悬崖边及岩缝中。

四、引种繁育与造林绿化

溲疏主要采取扦插、播种、压条或分株繁殖,苗木成活率高。

(一)种条扦插技术

溲疏极易成活,6~7 月,用当年生枝条,即软材插,10~15 天即可生根,成活率均可达 95%;3 月上旬,即在春季萌芽前用硬材插,成活率均可达 90%。移植宜在落叶期进行。栽后每年冬季或早春应修剪枯枝。花谢后残花序要及时剪除。

(二)种子大田播种技术

种子播种,在 10~11 月采种,晒干脱粒后密封干藏,第二年 3 月春播,在平坦肥沃、浇水方便、运输条件好的地方繁育。播种采取撒播或条播,条距 12~17 cm,每亩用种量约 0. 25~0. 3 kg。覆土以不见种子为度,播后盖草,待幼苗出土后揭草搭棚遮阴。幼苗生长缓慢,1 年生苗高 20~30 cm,需留圃培养 3~4 年方可出圃定植。溲疏在园林中可粗放管理。因小枝寿命较短,故经数年后应将植株重剪更新,这样可以促使生长旺盛而开花多,早日成苗出圃销售。

(三)虫害的防治技术

溲疏主要虫害有红蜘蛛、蚜虫,为害叶片,影响树势生长,3 月至 4 月下旬,可喷洒敌敌畏 1 200~1 300 倍液进行防治,也可用吡虫啉 1 200~1 500 倍液喷洒。

五、溲疏的作用与价值

(1)观赏价值。溲疏树姿小巧美丽,花冠致密,初夏白花满树,洁净素雅。国内外庭园久经栽培。若与花期相近的山梅花配置,以次第开花,可延长树丛的错落观花期。花枝也可供瓶插观赏。

(2)药用价值。溲疏根、叶、果均可药用。

(3)盆景作用。溲疏性强健,萌芽力强,耐修剪。又是良好的春花盆景材料。花枝可供瓶插观赏。

(4)园林作用。溲疏适合丛状造林绿地的草坪、路边的绿化、山坡及林缘造林,也可作花篱及风景区种植材料。

72　小花溲疏

小花溲疏,学名:*Deutzia parviflora* Bunge,虎耳草科溲疏属。落叶小灌木。小花溲疏花色淡雅,虽小但繁密,开花之时正值夏季少花季节,是园林绿化的优良树种。

一、形态特征

小花溲疏树高 1~2 m;树皮灰褐色,剥裂;老枝灰褐色或灰色,表皮片状脱落;花枝长 3~8 cm,具 4~6 叶,褐色,被星状毛。叶纸质,卵形、椭圆状卵形或卵状披针形,长 3~6 cm、宽 2~4. 5 cm,先端急尖或短渐尖,基部阔楔形或圆形,边缘具细锯齿,上面疏被 5 辐线星状毛,下面被大小不等 6~12 辐线星状毛,叶柄长 3~8 mm,疏被星状毛。伞房花序,多花;花序梗被长柔毛和星状毛;花蕾球形或倒卵形;花冠直径 8~15 cm,花瓣 5,白色,圆状倒卵形。蒴果扁球形,种子多数,细小。花期 6 月,果期 8~9 月。

二、生长习性

小花溲疏性喜光,稍耐阴,耐寒性较强,耐干旱,不耐积水,对土壤要求不严,喜深厚肥沃的沙质壤土,在轻黏土中也可正常生长,在盐碱土中生长不良。萌芽力强,耐修剪。生长于海拔 400~1 500 m 的沟谷、岩边疏林或灌丛中。

三、主要分布

小花溲疏主要分布于河南、吉林、辽宁、内蒙古、河北、山西、陕西、甘肃、湖北等地区。河南省舞钢市主要分布于南部的九头崖、大河扒、官平院、王沟、灯台架、秤锤沟等山区,海拔 200~400 m,阳坡少,阴坡沟谷、悬崖下部两侧及岩缝中分布较多,野生分布。

四、引种繁育与造林绿化

小花溲疏优良苗木的繁殖,可采用播种、扦插、分株等方法进行。由于其种子细小、糠状,播种繁殖受自然影响较大,且长势缓慢、开花晚。而分株虽然具有长势快、成活率高等特点,但操作复杂且数量较少。故此,小花溲疏的繁殖多采用扦插繁殖技术进行。

(一)扦插繁育技术

1. 种条的采集

7 月上旬,选取一年生半木质化的枝条,剪成长度 12 cm 左右的插穗,插穗上剪口为平口,下剪口为马蹄形,20 个插穗一捆,浸泡在 ABT 生根剂溶液中浸泡 12 小时。

2. 扦插基质是准备

扦插基质可采用素沙土或粗河沙，施用前要喷洒 0.2%高锰酸钾溶液进行消毒。

3. 种条扦插

然后进行扦插，株行距为 6 cm × 7 cm，扦插后马上喷一次透水，然后搭设塑料拱棚，拱棚上搭设遮阴网，只许其见早上 8 点以前及下午 18 点以后的阳光，其余时间遮阴。每天对插穗喷两次雾，保持棚内湿度不低于 80%，15 天左右可生根。在生根半个月后，每隔 10 天喷施一次 0.2%磷酸二氢钾和 0.5%尿素的混合溶液进行施肥，利于插穗长根长叶。

4. 冬季苗木防寒

冬季采取防寒措施，翌年 3 月末可进行移栽，培育大苗。

5. 幼苗培育

小花溲疏常见的株形是丛生圆头形，苗木定植后，对所选留的主枝进行重短截，促使其生发分枝。冬季修剪时，将细弱枝及根茎部萌生的根蘖苗疏除。对于生长枝较弱的细弯枝，可截去全长枝条的 1/5，只保留枝条中饱满的花芽，对长势较旺、顶端稍重的直立长花枝选择 3~4 个缓放，其余过长的花枝采取回缩方法处理；对于徒长枝可对其重短截，促其多生分枝，增加开花枝条，也可留作更新枝备用。

（二）造林绿化技术

1. 造林时间

栽植宜在早春 3 月下旬以前及 11 月中旬前后进行。栽植时苗子应尽量带土球，以保证其存活率。

2. 施肥浇水

栽植前应施用底肥。底肥可使用经腐熟发酵的牛马粪或鸡粪，底肥需与栽植土充分拌匀。栽植时应将回填土分层踏实，然后浇头水，7~8 天后浇二水，再过 7~8 天浇三水。小花溲疏喜肥，除在种植时施用底肥外，在栽培中还应施用追肥。一般来说，追肥以肥效较快的化肥为宜，本着量少次多的原则施用。初夏时节可施用尿素，促其长枝长叶，初秋则应施用磷钾复合肥，促其新生枝条木质化。秋末结合浇冻水施用芝麻酱渣或者腐叶肥。施用方法采用环施或穴施均可。值得一提的是，如果树木移栽后长势较弱，可采用叶面喷施的方法，可促其生长，提高长势。小花溲疏喜湿润环境，除栽植时要浇好头三水外，在整个生长期内要保持土壤湿润。一般来说，可于 4 月、5 月、6 月三个月，每月浇 1~2 次透水，7~8 月为降水期，如不是过于干旱，可不浇水。9~10 月及 11 月初浇 1~2 次透水即可。12 月初浇封冻水。第二年早春 3 月浇解冻水。小花溲疏的根系较浅，虽然较耐旱，但充足的水分可使其枝繁叶茂，故生长期的浇水不可忽视。

3. 防治病虫害

一是虫害的防治。危害小花溲疏的害虫有朱砂叶螨和双斑白粉虱，如有朱砂叶螨发生，可于危害期喷施 1.8%爱福丁乳油 3 000 倍液进行杀灭，也可于早春发芽前喷施波美度石榴合剂，消灭越冬螨体。如果有双斑白粉虱发生，可在其低龄幼虫期喷洒 25%扑虱灵可湿性颗粒 1 000 倍液或 10%吡虫啉可湿性颗粒 2 000 倍液进行杀灭。

二是病害的防治。小花溲疏的常见病害是煤污病，此病多发生在夏季高温高湿期，在栽培管理中，应加强树体修剪，使植株通风透光。平时管理还要注意防治虫害。如果有发生,可用75%甲基托布津可湿性颗粒1 000倍液进行喷洒,连续喷3~4次,可有效控制住病情。

五、小花溲疏的作用与价值

(1)绿化作用。小花溲疏花色淡雅素丽,花虽小但繁密,开花之时正值少花的夏季,是园林绿化的好材料。其鲜花枝还可供瓶插观赏。

(2)药用价值。小花溲疏功效应用:解热,发汗解表,宣肺止咳,用于治疗感冒咳嗽、寒咳寒嗽、支气管炎。

(3)园林作用。小花溲疏花色淡雅,在园林绿化中可用作自然式花篱,也可丛植点缀于草坪、林缘,也可片植,还可用于点缀假山。

73　长梗溲疏

长梗溲疏,学名:*Deutziavil morinae* Lem,虎耳草科溲疏属,灌木。长梗溲疏对物种多样性具有较大的价值,以其低矮、花密洁白、耐阴性强的特性,是风景区、公园、小区绿化立体植物景观树种。

一、形态特征

长梗溲疏,小灌木,高1~2 m。1年生小枝淡褐色,被星状毛,2年生枝栗褐色,枝皮略剥落。叶长圆状披针形,先端渐尖或尖,基部圆或宽楔形,具细锯齿,上面粗糙,被星状毛,辐射枝4~6,下面灰白色,密被星状毛,沿中脉星状毛中央有直立长单毛。花,伞房花序,疏松,径5~7 cm;花梗被星状毛;萼裂片披针形,较萼筒长,密被星状毛;花瓣白色,倒卵圆形或倒卵形,长6~9 mm;雄蕊花丝具2裂齿,呈V形。果,蒴果近球形,径3.5~5 mm。花期5~6月,果期8~9月。

二、生长习性

长梗溲疏适应性强,喜散光,喜湿润、稍耐干旱,喜中性、微酸性疏松土壤。适生海拔300~1 500 m的山谷、沟边、岩缝及山坡灌丛中,野生生长;土壤肥沃的地方生长良好。

三、主要分布

长梗溲疏主要分布于四川、河南、湖北、陕西等地。尤其是湖北建始、巴东、宜昌兴山、神农架、十堰等地生长较多。河南省舞钢市南部国有石漫滩林场官平院、老虎爬、灯台架、大河扒、秤锤沟、瓦庙沟海拔350~500 m的沟谷、崖边均有分布,野生。属小灌木野生种,多生于阴处、沟谷沿岸、岩石缝隙间。

四、引种繁育与造林绿化

长梗溲疏是城乡绿化、荒山造林、家庭栽培观赏的优良树种,苗木繁殖技术,一是扦插,二是播种,三是压条,四是分株。林业生产上主要采用播种和扦插。

(一)引种繁育苗木技术

1. 种子采收

10~11 月,种子采收,采收后及时储藏,3 月上旬进行播种。考虑到播种到发芽长枝时间长,一般结果 3~4 年。

2. 种子播种

采取条播或撒播。不管是条播还是撒播,都应做到:在播种前,对种子进行筛选、浸泡消毒、晾干处理,尽量选择颗粒饱满、外壳没有破损的种子。

3. 苗圃地选地

选择疏松透气、排水良好的土壤,然后用多菌灵对土壤进行简单的消毒处理,消毒完后,在苗床上喷淋一遍水。在保证土壤水分充足情况下,再均匀撒播种子。如果是条播,间距保持在 15~20 cm;撒完后盖上一层沙土,再覆上一层草卷或薄膜。出芽或者形成幼苗后,揭开草卷或者薄膜,然后对幼苗搭建遮阳棚,遮阳棚高 1.5~2.0 m,技术保护幼苗进行遮阴防晒处理,同时,做好浇水施肥管理,每亩施入 5~10 kg 复合肥,浇水 3~4 次,促进苗木快速生长。

(二)种条扦插育苗技术

1. 扦插时间

6~7 月,这个时期扦插成活率高,苗株成型时间快,能提早开花结果,见效快。

2. 种条扦插

扦插技术,一种是软枝扦插,一种是硬枝扦插。软枝扦插,也叫半嫩枝扦插。一般在开花期过后进行,做法也比较简单。先选取当年生比较健壮的植株,从枝条中段剪取插穗,然后每段插穗留两个节点和两枚叶片。叶片剪除一半,插穗上端平口、下端斜口,在下端节保留 2~3 cm。剪好后放入多菌灵溶液中浸泡消毒处理。然后选用配好的珍珠岩和草炭土为基质进行扦插。硬枝扦插,2 月早春树液流动前,选取一年生比较健壮的植株进行沙藏。然后在 3 月取出后插穗修剪,扦插方法与软枝扦插一样。

(三)种条压条育苗技术

这种技术方法比较适合盆栽,培育时间长,需要 345~360 天时间。一般在 3 月进行,做法是将基部过长枝进行刻伤处理,然后埋土或用基质进行包裹。等到次年春季生根后再割离, 形成新植株,进行分栽。

(四)种条分株育苗技术

这样的育苗可以盆栽和大田造林应用。与压条类似,做法简单,成活率比较高。必须选择比较健壮的、无病虫危害的母株,然后将蘖枝苗从母株进行隔离取下,然后进行分栽或造林。

(五)种条盆栽育苗应用技术

盆栽采取 4 个步骤:选株,配土,栽植,缓苗。

1. 选择优良健壮的种条

从前期繁殖的苗株里面,选取根系发达、枝条健壮和表面无明显病虫害的苗株,先脱土用多菌灵或者波尔多液进行消毒杀菌处理。

2. 科学配制营养土

溲疏对盆土要求不高，一般就是疏松肥沃、排水良好的沙质土壤就行，黏土也行。配土，一般选择园（山、丘陵、山坡）土、有机肥（含腐殖质）、沙按照 2:1:1的比例配置均匀搅拌即可。盆栽为四个步骤：选株，配土，栽植，缓苗。

3. 盆栽种植

一是在盆底放上一层薄薄的粗砂，二是再放一层 5~9 cm 的底土。一手拿着晾干的溲疏苗株，然后将苗株放在盆中位置，一边回土一边扶正。当回至离盆缘 4~6 cm 时，把苗株往上提一提，不让根系压得过于紧密。然后浇透水进行缓苗。

4. 幼苗缓苗管理

浇完水后，我们将栽植好的溲疏盆栽放置于阴凉通风处。缓苗期间保持土壤湿润，但不能过湿。8~12 天后即可进入正常养护，浇水 2~3 次，保湿保墒，促进苗木成活快速生长。

五、长梗溲疏的作用与价值

（1）园林绿化作用。长梗溲疏对物种多样性具有较大的价值，以其低矮、花密洁白、耐阴性强等特性，宜作立体植物景观配植，或作游园草坪、景观石点缀配景。

（2）经济价值。长梗溲疏树根、叶、果具有一定的药用价值。长梗溲疏为野生植物，对物种多样性具有较大的价值。

74　山梅花

山梅花，学名：*Philadelphus incanus*，虎耳草科山梅花属，又名毛叶木通，落叶灌木。山梅花花多、芳香、美丽，色泽鲜艳、花期较长，是园林绿化、风景区、城乡绿化、小区美化的优良的观花树种。

一、形态特征

山梅花树高 1~3.5 m。2 年生小枝灰褐色，表皮呈片状脱落，1 年生小枝浅褐色或紫红色，被微柔毛或有时无毛。叶卵形或阔卵形，先端急尖，基部圆形，花枝上叶较小，卵形、椭圆形至卵状披针形，先端渐尖，基部阔楔形或近圆形，边缘具疏锯齿，上面被刚毛，下面密被白色长粗毛。总状花序有花 5~7 朵，疏被长柔毛或无毛；上部密被白色长柔毛；花萼外面密被紧贴糙伏毛；萼筒钟形，裂片卵形，先端骤渐尖；花冠盘状，直径 2.5~3.5 cm，花瓣白色，卵形或近圆形，基部急收狭，花盘无毛；花柱无毛，近先端稍分裂，柱头棒形。蒴果倒卵形，长 7~9 mm，直径 4~7 mm；种子具短尾。花期 5~6 月，果期 7~8 月。

二、生长习性

山梅花喜光，喜温暖，耐寒、耐热，怕干旱、怕水涝。适宜中性、微酸土壤，一般山坡地生长势良好。适生海拔 300~1 500 m 的山脚、谷地林下、疏林或灌丛中。

三、主要分布

山梅花主要分布于山西、陕西、甘肃、河南、湖北、安徽和四川等地，野生生长；湖北、河南等地平原、浅山丘陵有栽培。河南省舞钢市国有石漫滩林场三林区瓦庙沟、秤锤沟，四林区灯台架、老虎爬、大河扒、庙街乡的老金山、人头山等有野生分布；海拔 260~500 m 沟谷、山脚有零星分布。多生于沟谷沿岸疏林、灌丛或林下。

四、引种繁育与造林绿化

山梅花花芳香、色泽鲜艳、美丽、多朵聚焦，花期较久，很受人们喜爱，随着乡村振兴发展，农村、城乡开始引种造林绿化，并开展苗木繁育。山梅花繁育技术，主要采取种子播种、种条扦插、种条压条和分株法繁殖育苗。

（一）引种繁育苗木技术

1. 采集种子

选择优良健壮的、没有病虫害的母树作良种采集。

2. 选择苗圃地

选择土壤肥沃、浇水排灌方便、管理条件好的地方育苗。

3. 种子播种

3 月上旬播种，注意其种子细小，采取条播进行，播种后覆以 2~3 cm 厚细细的薄土。种子播种繁育的苗木，3~5 年才能开花观赏。

（二）种条扦插、压条、分株育苗技术

扦插、压条、分株育苗时间为 3~4 月，气温适宜、墒情好，有利于种条成活、出芽率高。一般采取扦插、压条、分株育苗的，注意一定在 3 月萌芽前进行。苗期应遮阴。移栽应于 10~11 月深秋或早春 3 月进行。扦插、压条、分株繁育的育苗 2~3 年即可开花。

（三）造林绿化技术

1. 造林绿化的目的

山梅花造林可绿化荒山，保持水土流失，美化环境，提高观赏价值。

2. 造林时间

一般造林成活率高的时间为 10~12 月或第二年 2~3 月，其他时间栽植，投入大、费工费时、成活率低。

3. 造林后期管理

山梅花树性强健、管理粗放，施肥浇水、修剪整形后，花开鲜艳、花大更美。人工根据植株的长势和生理特点，合理浇水，每年浇水 2~3 次、施入农家肥或复合肥 4~5 次，每亩每次施入 25~35 kg。尤其是造林树木进入冬季，11~12 月在树木周围，即树冠垂直挖浅沟施入肥料，浅沟要围绕树冠投影一周，深 35~40 cm、宽 20~35 cm，施入有机肥或复合肥，每亩每次施入 45~55 kg，施入肥料后，即封冻前灌 1 次透水。春季，3~4 月，在树木周围再次挖浅沟深 20~30 cm、宽 15~25 cm 即可，施以磷钾肥，以满足植株花芽分化所需养分，从而提高开花、结果能力。

(四)防治病虫害技术

山梅花主要虫害是刺蛾、大蓑蛾、蚜虫等。4~5 月发生,危害叶片,影响树木生长。防治技术,刺蛾,应在 11~12 月或 1~2 月,人工杀死在树干上的茧;4~6 月,喷布药物吡虫啉 100~1 200 倍液,杀死 2~3 龄幼虫,或使用 90%晶体敌百虫 800~1 000 倍液,80%敌敌畏乳剂 1 200~1 300 倍液。防治大蓑蛾应喷布用 90%敌百虫 900~1 000 倍液、或苦参碱 100~1 200 倍液,或甲维盐灭幼脲 800~1 000 倍液。防治蚜虫可喷布 2.5%阿维高效氯氰菊酯乳油 1 000~1 200 倍液,或 50%抗蚜威 2 000 倍液,或 50%溴氰菊酯 2 500~2 800 倍液。山梅花主要病害是流胶病、枯枝病、叶斑病等。防治流胶病、枯枝病、叶斑病,3~6 月,喷布百菌清 600~800 倍液,或喷施 900~1 000 倍液的 20%粉锈宁可湿性粉剂,或 65%福美铁可湿性粉剂 900~1 000 倍液,或 70%甲基托布津可湿性粉剂,喷 3~4 次即可。

五、山梅花的作用与价值

(1)观赏价值。山梅花色泽鲜艳、美丽芳香、花香四溢、多朵聚焦,花期较久,为优良的造林绿化观赏花木。

(2)园林绿化作用。山梅花是风景区、主题公园、城乡绿化、小区建设的点缀树木,可配植于园林小品,丛植、片植于草坪、山坡、林缘,造林绿化,更适合城市社区小游园点缀美化。

(3)切花作用。山梅花 1~2 年生枝条,芽眼丰富、花芽饱满,是作切花的优良材料。

(4)药用价值。山梅花茎、叶可入药,根皮用于治疗挫伤、腰胁痛、胃痛、头痛。夏秋采集,晒干或鲜用。叶片清热利湿,用于治疗膀胱炎、黄疸型肝炎。

75　东北茶藨子

东北茶藨子,学名:*Ribes mandshuricum*,虎耳草科茶藨子属,落叶灌木,其生长矮小,树形奇特,秋季果红剔透;耐阴特性,用于园林绿化、城乡美化、小区造林等,在林下种植,具美化立体景观效果,是盆景观赏的良好树种,具有较高的经济价值和生态价值。

一、形态特征

东北茶藨子树高 1~2 m,小枝灰色或褐灰色。皮纵向或长条状剥落,嫩枝褐色,具短柔毛或近无毛,无刺。芽卵圆形或长圆形,先端稍钝或急尖,具数枚棕褐色鳞片,外面微被短柔毛。叶长 5~9 cm,宽几与长相似,基部心脏形,幼时两面被灰白色平贴短柔毛,下面甚密,老时毛甚稀疏,常掌状 3 裂,稀 5 裂,裂片卵状三角形,先端急尖至短渐尖,边缘具不整齐粗锐锯齿或重锯齿。花两性,具花多达 40 朵,花序轴和花梗密被短柔毛。花萼萼片倒卵状舌形或近舌形,先端圆钝,反折;花瓣近匙形,宽稍短于长,先端圆钝或截形,果实球形,直径 7~8 mm,红色,无毛,味酸可食;种子多数,圆形。花期 4~6 月,果期 8~9 月。

二、生长习性

东北茶藨子适应性强,耐阴,喜湿润,喜中性、微酸性肥沃壤土。适宜海拔 200~1 900

m,野生生长,尤其是在山坡、山谷阔叶林或杂木林下生长良好。

三、主要分布

东北茶藨子主要分布于黑龙江(小兴安岭、完达山、伊春、带岭、饶河、尚志、老爷岭)、吉林(安图、长白山、桦甸、敦化、临江)、辽宁(西丰、丹东、抚顺、本溪、草河口、宽甸、凤城、桓仁、凌源)、内蒙古(呼伦贝尔盟、昭乌达盟)、河北(赤城、涞水、内邱)、山西(兴县、介休、沁县)、陕西(宝鸡、周至、太白山、洛南)、甘肃(兰州、平凉)、河南(舞钢、西峡、嵩县)等地,野生分布。河南省舞钢市国有石漫滩林场三林区大虎山、秤锤沟,四林区大河扒、老虎爬、灯台架、大雾场等地有零星分布,野生,呈匍匐状小灌木生于谷地林荫下。

四、引种繁育与造林绿化

东北茶藨子繁育苗木技术如下。

(一)播种繁育苗木技术

1. 采收种子

东北茶藨子树,8 月下旬至 9 月,当东北茶藨子的果实呈红紫色时即可采摘。采摘时,要选择树木生长健壮、无病虫害的母树上的果实。采后果实放入盆中,充分搓破浆果,再用清水漂去果肉、果皮等,然后将饱满的种子置于报纸上,阳光下晾晒 2~3 天,当种子含水率达 5%~6%时,用塑料袋封存,冷藏于 0~3 ℃的冰箱中。

2. 种子处理

东北茶藨子的种子具有千粒重小、种皮坚硬、透水透气性差等缺点,其发芽率极低,未经处理直播的东北茶藨子种子其出苗率仅为 1%~2%,需经过混沙变温层积处理,具体的处理方式为:将调制后的湿种子用 38 ℃清水浸泡 24 小时,捞出后与河沙(用 0.3%高锰酸钾浸泡 6 小时进行消毒)混匀(种子:湿河沙=1:3,体积比后,置于 25~30 ℃的条件下 45 天,后转至 15~20 ℃的室温下层积,大概 6 天开始有种子发芽,此时需适当增加沙子含水量,出芽持续 5~7 天,发芽率较低,仅为 32%,发芽期间种子的芽较长,可达 1~1.5 cm,但不影响之后的播种育苗。种子混沙层积期间,注意保持沙子湿润,并每日上下翻动。

3. 苗圃地整地

以宽 1.2 m、高 30~40 cm 做床,床面土块打碎、耙细。

4. 技术播种

4 月至 5 月上旬进行播种。东北茶藨子种子千粒重为 7.1~7.5 g,属小粒种子,其播种量为每亩播种 0.5~1.0 kg。将种子与多菌灵混拌后,在床面上均匀扬撒播种,之后覆土压实并覆盖苇帘。

5. 种子播种后的管理

播种后的 7~10 天即可出苗。播种后一般每天浇水 1 次,其间要及时除草,并做好水量的管理,必要时需搭遮阴网。第二年春换床,再培育 12 个月,即可出圃。

(二)造林绿化技术

东北茶藨子一般在 3 月造林绿化或 10~11 月植树绿化。选择苗木有两种,一是人工苗圃地繁育的苗木,又叫实生种子苗木。实生苗营建栽培园因苗木较小,密度适当加大,定植株行距 1 m × 1 m，每公顷为一个小区。穴的规格为：40 cm × 40 cm × 40 cm；每穴栽植 2~3 株。二是选择野生苗。东北茶藨子具有较强的适应性，但是坐果率较低，主要是春季的大风所致，因此园址选择的关键是避开风口。此外，园址应以平地为宜，土层深厚，土壤以透气性较好的沙壤土、壤土、轻黏壤土为佳。移植在早春东北茶藨子未萌动前进行，按设计要求移植、定植、整形修剪，保留干高 0.3~0.6 m；带土坨，用编织袋包裹根系，每株挂上标签并运回。移植后立即定植，定植株行距：2.5 m × 3 m，挖好后，先施土杂粪，后盖土踩实，并修剪定干，每亩为一个小区；明穴客土整地，规格：50 cm × 50 cm × 50 cm；每穴栽植一株，栽植时要培表土，踏实，浇水并修剪定干。

（三）造林绿化苗木的管理技术

一是浇水施肥。东北茶藨子在整个生长发育过程中，氮、磷、钾是主要营养元素，农家肥和化肥要做到合理搭配。基肥采取秋施，即 9~10 月，以施腐熟农家肥为主，施肥量控制在每亩施入 5 000~8 000 kg，施入肥料后，及时浇一次透水。二是土壤管理。建园后要不断地进行树盘的管理，每年要结合除草，翻耕树盘 2~3 次，保持树盘土壤疏松、无杂草，随树冠的扩展逐年扩穴。行间 12 月除草 3~4 次。三是树木修剪整形。定植当年距地面 25~30 cm 高度定干，选留 3~4 个不同方向的枝条作为主枝；每年春季树液未萌动前进行修剪，修剪目的主要是调节当年结果与下一年的结果潜力，幼树要保持地上部与地下部的平衡，促进树冠长成；主枝上一般选留 2~3 个侧枝，侧枝修剪要注意剪口下留外芽，进入盛果期后，一般剪掉主侧枝的延长枝的 1/3，使之促发新枝，在花芽量有余的情况下，可以把较弱小枝疏去，衰老枝给以更新。

五、东北茶藨子的作用与价值

（1）经济价值。东北茶藨子果实营养极为丰富，一磅鲜果含热量 240 cal、蛋白质 7.6 g、脂肪 0.4 g、钙 267 毫克、铁 34.9 g、维生素 A10~20 g、维生素 C889 g，可制作饮料及酿酒。

（2）绿化作用。东北茶藨子树冠优美、果实鲜艳，小灌木，生长矮小，树形奇特，秋季果红、剔透漂亮，用于园林绿化、城乡美化、小区造林等，于林下种植，具美化环境的景观效果，是盆景观赏的优良树种。具有较高的经济价值和生态价值。

76　牛鼻栓

牛鼻栓，学名：*Fortunearia* Rehd. et Wils，牛鼻栓科牛鼻栓属，又名连合子、木里仙、千斤力等，落叶灌木或落叶小乔木。牛鼻栓主干稍低，干形多弯，树冠挺阔，叶片宽大，是森林景观搭配、公园观赏树种。

一、形态特征

牛鼻栓树高 3~8 m。嫩枝有灰褐色柔毛，老枝有稀疏皮孔。单叶互生，叶片膜质，倒卵形或倒卵状椭圆形，长 5~16 cm、宽 3~9cm，先端渐尖，基部圆形或钝，稍偏斜，缘具波状锯齿；叶脉深入齿端小尖头，沿主脉和下面有星状毛。雌雄同株，雄花序呈短葇荑状，萠果木质，卵圆形，长1.5 cm，有白色皮孔，沿室间2片开裂，每片2浅裂。种子卵圆形，长约1 cm，暗棕色，有光泽。花期4~5月，果期7~8月。

二、生长习性

牛鼻栓喜光、稍耐阴，适宜中性、微酸性、湿润肥沃土壤。适生海拔300~800 m的谷地、山腰林下或疏林内。

三、主要分布

牛鼻栓主要分布于陕西、江苏、安徽、浙江、江西、河南、湖北、四川等地。河南省舞钢市南山200~600 m海拔山坡、谷地林内或林缘均有分布。多与阔叶林伴生，河道、山谷沿边生长良好。

四、引种繁育与造林绿化

牛鼻栓常生于山坡杂木林中或岩隙中野生。花期4~5月，果期7~8月。药用价值高，但苗木无法大规模人工种殖。其大田繁育技术目前还有待进一步研究。

五、牛鼻栓的作用与价值

(1)观赏价值。牛鼻栓主干稍低，干形多弯，树冠挺阔，叶片宽大，是森林景观搭配、公园观赏树种。

(2)药用价值。牛鼻栓枝、叶、根可入药，具有益气、止血之功效。常用于气虚劳伤乏力、创伤出血。性味苦、涩，性平。归经归脾、肝经。枝叶春、夏季采摘，根全年可采，晒干。

77　山白树

山白树，学名：*Sinowilsonia henryi* Hemsl.，金缕梅科山白树属，落叶灌木或小乔木。山白树为中国特树种，树干耸直，树形卵圆形，嫩叶苍翠欲滴，叶片疏密得当，果序悬垂，如一串铃铛随风飘荡，甚为美观，具有很高的观赏价值，可用于庭院绿化、行道树。山白树根系发达，喜水，能耐间歇性的短期水浸，固土能力强，又是营造固岸护滩林的优良树种。山白树为国家Ⅱ级保护树种。

一、形态特征

山白树高8~10 m。嫩枝有灰黄色星状茸毛；老枝枝冠松散、秃净，略有皮孔。芽体无鳞状苞片，有星状茸毛。叶纸质或膜质，倒卵形，叶色特显浅绿。长10~17 cm、宽6~9 cm，先端急尖，基部圆形或微心形，脉上略有毛，网脉明显，边缘密生小齿突。雄花总状花序，萼筒极短，萼齿匙形，雄蕊近于无柄，花丝极短，与萼齿基部合生，花药2室。雌花穗状花序，与花序轴均有星状茸毛，苞片披针形，有星状茸毛；萼筒壶形，子房上位，有星毛，藏于萼筒内。果序长10~20 cm。蒴果无柄，卵圆形，长1 cm，种子长黑色，有光泽，种脐灰白色。

二、生长习性

山白树喜光、喜肥、耐湿润。喜中性、微酸性疏松土壤。适生海拔 300 ~ 1 500 m 的山地、河谷壤土。

三、主要分布

山白树主要分布于湖北(神农架、保康和竹溪)、四川(青川和城口)、河南(舞钢、辉县、济源和嵩县)、陕西(户县、太白山和丹凤)及甘肃(天水、康县和文县)等地。河南省舞钢市国有石漫滩林场三林区瓦庙沟、大石棚、秤锤沟,四林区大河扒、老虎爬等山区有野生。海拔 300 ~ 550 m 的沟谷、山腰坡地有散生。多与阔叶林混生。

山白树是古老的物种,是金缕梅科较为原始性和孤立的一个属,是白垩纪—老第三纪常见或处于优势的古老成分。

山白树为中国特有,有较重要的科学价值和应用价值,于园林中培育应用,不仅增加了城市园林绿地系统的植物物种多样性,增加生态效益和观赏效益,对其迁地保存,对普及植物学知识,提高人们环保意识都有重要意义。

四、引种繁育与造林绿化

(一)引种繁育苗木技术

1. 种子采收

山白树通常用种子繁殖。种子在 10 月中旬成熟,采收时连同果穗一起采回,置室外晾干,去除果皮待用。

2. 种子储藏

在当年 11 月上旬进行湿沙层积法催芽,其方法是:在露天地选择地势较高、土壤干燥的地方,挖深、宽各 65 cm 的坑,在坑底先垫 15 ~ 20 cm 厚的粗河沙,在中央竖 9 cm 粗细的草束,然后将种子与 3 倍的湿沙混匀,放入坑内,离地面 18 cm 时覆湿沙 28 ~ 35 cm,最后再覆土 14 cm 堆成屋脊形,并在周围挖好排水沟,防止积水造成种子霉烂。经过层积处理后的种子用 45 ℃温水浸泡 48 小时,然后用 5%福尔马林浸种 30 分钟,封闭 2 小时进行消毒即可进行播种。

3. 苗圃地选择

选择地势平坦、土层较厚、土质较肥沃、光照充足、排灌条件较好的地块,细致整地播种。

4. 种子播种

播前深翻土壤,拣除杂物,做床。床高 10 ~ 12 cm、宽 1 ~ 11 cm,床面均匀铺厚 5 cm 的腐殖质土。播种在第二年 4 月中上旬进行。在苗床上横向开深 3 cm、宽 9 cm 的沟,沟间距 28 ~ 30 cm。将种子均匀撒入沟内,覆盖 2 ~ 3 cm 的腐殖质土,耙平,稍作镇压、浇水,再覆盖一层薄土保墒,以后根据土壤干湿情况适当浇水,大约半月后开始出苗,28 ~ 30 天后苗即可出齐,此时应搭好高 75 cm 的荫棚,避免日灼。随后的管理同一般育苗要求,6 月上旬进行间苗、松土、除草和施肥等,以保证植株生长旺盛。随着苗木的生长,遮阴时间可逐渐缩短,至 8 月中旬可撤除荫棚。山白树的出苗率可达 95%以上,一年生苗高 30 ~ 50

cm,地径粗 0.5~1.0 cm 以上,2 年生山白树苗可以出圃移栽定植。

(二)造林绿化

(1)造林中,用于荒山绿,最佳造林株行距为 1 m × 2 m 或 2 m × 3 m,适应性强,成活率高,抗病虫害。

(2)城乡绿化中,多选用景区、小区美化用途,是人们喜爱的观赏树和绿化树。

五、山白树的作用与价值

(1)生态作用。山白树为中国特有,具有很多应用价值,于园林中培育应用,不仅增加了城市园林绿地系统的植物物种多样性,提高生态效益和观赏效益,而且对其迁地保存,对普及植物学知识,提高人们的环保意识等方面,都有重要意义。

(2)观赏价值。山白树为中国特有,树干耸直,树形卵圆形,嫩叶苍翠欲滴,叶片疏密得当,果序悬垂,如一串铃铛随风飘荡,甚为美观,是庭院绿化和行道树树种,具有很高的观赏价值。

(3)造林绿化作用。山白树根系发达,喜水,能耐间歇性的短期水浸,固土能力强,是营造固岸护滩林的优良树种。

(4)用材价值。山白树木料结构细致,心材边材不甚分明,纹理通直,材质坚硬,是制造家具等的优良木材,具有一定的经济价值。

78　华北绣线菊

华北绣线菊,学名:*Spiraea fritschiana* Schneid,蔷薇科绣线菊属,落叶灌木。其树姿优美,枝叶繁密,是园林绿化中优良的观花观叶树种。

一、形态特征

华北绣线菊高 1~2 m。枝条粗壮,小枝具明显棱角,叶片卵形、椭圆卵形或椭圆长圆形,边缘有不整齐重锯齿或单锯齿,上面深绿色,下面浅绿色,叶柄幼时具短柔毛。复伞房花序顶生于当年生直立新枝上,多花,无毛;苞片披针形或线形,萼筒钟状,花瓣卵形,先端圆钝,白色,子房具短柔毛,蓇葖果开张,花柱顶生,5 月开花,7~8 月结果。

二、生长习性

华北绣线菊喜散光,耐寒、耐阴、耐旱,喜中性、微酸性疏松土壤。分布于海拔 200~1 000 m 的山坡、谷地,多生于岩石缝中。

三、主要分布

华北绣线菊主要分布于河南、陕西、山东、江苏、浙江等地。河南省舞钢市南部九头崖、灯台架、官平院、长岭头、秤锤沟、王沟、旁背山等山区有野生分布,海拔 300~600 m 的沟谷沿岸有分布。生于疏林、灌丛或林缘。

四、引种繁育与造林绿化

(一)引种繁育苗木技术

1. 采收种子

种子一般2~3天开始开花结实,4天以后可以正常结实。种子无明显的休眠习性。

2. 种子处理

湿沙催芽3~5天即可,或将种子放在温水(30 ℃)中浸泡24小时,取出放在培养皿内垫有湿润滤纸中,在18~20 ℃的室内8~10天就开始发芽,10天左右发芽结束,发芽率达80%~95%。种子在初夏成熟期较干燥时,可以采后即播。

3. 大田露地播种

3~4月即可播种。播种量每亩播种10~15 kg,种子播种后覆土0.5~1.0 cm并遮阳,并覆盖地膜保墒,7~10天即可顺利出土,7天后长出初生叶。当年生苗高可达30~45 cm。移植一次即可定植,3年左右即可普遍开花。另外,采用母树下种创造适度庇荫有利于种子发芽和幼苗初期生长,可提高育苗出苗率和成苗率。

(二)种条扦插繁育技术

1. 扦插时间

3月春季用硬枝扦插,6~7月夏季可用软枝扦插。用枝剪截取1~2年生插穗,长10~15 cm,用ABT生根粉浸泡24小时,插后用遮阳网遮阴,并喷雾以保持苗床湿润,成活率达95%以上。

2. 种条扦插

嫩枝扦插育苗技术,将剪好的插穗基部浸泡在5萘乙酸中12~24小时,扦插于土壤肥沃的基质中,采用条播即可。插后架设遮阳网(透光度50%),成活率在90%以上。

五、华北绣线菊的作用与价值

(1)观赏价值。华北绣线菊花色艳丽,花朵繁茂,盛开时枝条全部为细巧的花朵所覆盖,形成一条条拱形花带,树上树下一片雪白,十分惹人喜爱。而且绣线菊繁殖容易,耐寒、耐旱,是一类极好的观花灌木,适于在城镇园林绿化中应用,具有极好的观赏价值。

(2)园林绿化作用。在城市园林植物造景中,绣线菊可以丛植于山坡、水岸、湖旁、石边、草坪角隅或建筑物前后,起到点缀或映衬作用,构建园林主景。初夏观花,秋季观叶,构筑迷人的四季景观。枝条细长且萌蘖性强,因而可以代替女贞、黄杨用作绿篱,起到阻隔作用,又可观花。由于其花期长,又可以用作花境,形成美丽的花带。

79 中华绣线菊

中华绣线菊,学名:*Spiraea chinensis* Maxim.,蔷薇科绣线菊属,落叶灌木。中华绣线菊是极好的观花灌木,适于城镇园林植物造景。

一、形态特征

中华绣线菊高1~2 m。小枝红褐色,拱形弯曲,冬芽卵形,叶片菱状卵形至倒卵形,先端急尖或圆钝，基部宽楔形或圆形，边缘有缺刻状粗锯齿，上面暗绿色，被短柔毛，脉纹深陷。伞形花序，萼筒钟状，萼片卵状披针形，花瓣近圆形，先端微凹或圆钝，白色。花盘波状圆环形；子房具短柔毛，蓇葖果开张，4~5 月开花，7~10 月结果。

二、生长习性

中华绣线菊耐微光、耐旱、耐瘠薄，适宜中性、微酸性土壤。适生海拔 500~1 800 m 的山坡、山谷岩缝或石砾间。

三、主要分布

中华绣线菊分布于河北、山东、河南等地。河南省舞钢市南部杨庄乡的长岭头、官平院、灯台架、旁背山等山区有野生；海拔 300~500 m 的沟谷、山脚有零星分布，多生于沟谷沿岸岩缝间。

四、引种繁育与造林绿化

（一）种子繁育技术

1. 选择种子

种子一般 2~3 年开始开花结实，4 年以后可以正常结实。种子无明显的休眠习性。

2. 种子处理

将种子放在温水（30 ℃）中浸泡 24 小时，取出放在培养皿内垫有湿润滤纸中，在 18~20 ℃的室内 8~10 天就开始发芽，10 天左右发芽结束，发芽率达 80%~95%。

3. 种子播种

3 月初即可播种。播后覆土 0. 5~1. 0 cm，并覆盖地膜保墒，7~10 天即可顺利出土，7 天后长出初生叶。当年生苗高可达 30~45 cm。移植一次即可定植，3 年左右即可普遍开花。

（二）种条扦插繁育技术

1. 种条时间

3 月春季用硬枝扦插，夏季可用软枝扦插。

2. 种条扦插

用枝剪截取 1~2 天生插穗，长 10~15 cm，用 ABT 生根粉浸泡 24 小时，插后用遮阳网遮阴，并喷雾以保持苗床湿润，成活率达 95%以上。

五、中华绣线菊的作用与价值

（1）观赏价值。中华绣线菊，是极好的观花灌木，适于城镇园林植物造景。可丛植于山坡、水岸、湖旁、石边、草坪、建筑物间，实现点缀、映衬效果。还可用作绿篱、花境，起到阻隔、观花兼收之效，形成美丽的花带，是优良观赏树种。

（2）园林绿化作用。中华绣线菊因花色艳丽，花朵多如繁星，满树雪白，惹人喜爱。是极好的春季观花树种，是园林绿化、城镇公园、广场或居民区园林小品植物造景树种。可丛植于山坡、水岸、石边、草坪角隅或建筑物间点缀。初夏观花,秋季观叶,构筑四季景观。

80　三裂绣线菊

三裂绣线菊,学名:*Spiraea trilobata* L.,蔷薇科绣线菊属,又名三桠绣线菊、团叶绣球、三裂叶绣线菊、蚂蚱腿、老鼠球、翠枝、三桠绣球等,落叶灌木。三裂绣线菊树姿优美,枝叶繁密,花朵小巧密集,布满枝头,宛如积雪。是园林绿地、庭院、公园、街道、山坡、行道树等绿化树种。

一、形态特征

三裂绣线菊树高1~2 m。小枝细瘦,开展,稍呈之字形弯曲。叶片近圆形,先端钝,常3裂,基部圆形、楔形或心形,边缘自中部以上有少数圆钝锯齿,基部具显著3~5脉。伞形花序具总梗,无毛,有花15~30朵,萼筒钟状,外面无毛,内面有灰白色短柔毛。花瓣宽倒卵形,花盘约有10个大小不等的裂片,排列成圆环形;子房被短柔毛。蓇葖果开张。花期5~6月,果期7~8月。

二、生长习性

三裂绣线菊喜光、稍耐阴,耐寒、耐旱、耐瘠薄,适宜微碱、中性、微酸性土壤,对土壤要求不严。适生海拔300~2 000 m的沟谷、岩缝、坡地灌丛或林内。耐修剪,性强健,生长迅速,引种栽培容易成活,在土壤深厚的腐殖质土上生长良好。

三、主要分布

三裂绣线菊主要分布于黑龙江、辽宁、内蒙古、山东、山西、河北、河南、安徽、陕西、甘肃等地山区。多生于岩石向阳坡地或灌木丛中,海拔450~2 400 m。河南省舞钢市南部秤锤沟、大河扒、官平院、长岭头、大雾场等山区林中,海拔300~500 m的谷地、崖边有野生分布。

四、引种繁育与造林绿化

三裂绣线菊,茎基部的芽萌发力强,耐修剪,栽培容易,管理粗放等。其育苗繁育主要采用播种、分株和扦插等方法进行繁殖。

(一)种子繁育技术

1. 苗圃地的选择

一定要选择阳光充足、排水良好的沙质壤土繁育或种植,也可栽培在半阴处。三裂绣线菊怕涝,不得种植于低洼处。移植宜在早春或晚秋休眠期进行,在华北地区盐碱地三裂绣线菊不喜欢生长。

2. 种子播种繁育

三裂绣线菊以秋季10月土壤上冻前至第二年3月繁育为宜。播种采用打畦,条播,行距 20~25 cm、株距 6~9 cm，每亩施入底肥 5 000~6 000 kg 农家肥和 50~60 kg 复合肥；10~15 天出芽后，浇水 3~4 次，保墒；同时，搭建小拱棚，防止日晒，促进苗木快速生长，10 月幼苗生长高 80~100 cm。播种出芽率较高，一般情况下第二年可成苗。

（二）扦插繁殖技术

扦插苗木生长快，成品苗木多，采用扦插繁殖苗木具有开花早、成型快等优点。三裂绣线菊通过扦插成活率比较高，除冬季外，春季、夏季、秋季均可繁殖；扦插繁育，在 5~9 月，选择健壮枝条，修剪 12~13 cm 枝条，带 2 片叶片扦插效果最佳。扦插技术，一是基质可选用保水性能较好的珍珠岩、蛭石或河沙。二是选取生长健壮、充实的当年生枝条作插穗，浸泡 ABT 生根粉 50 mg/L，插后浇透水并定时进行叶面喷雾。5~9 月扦插，一般 10~15 天即可生根，成活率在 80%~90%以上。

（三）造林绿化技术

1. 造林时间

造林成活率高的时间是 3 月或 10~11 月。挖树坑，挖成宽 50~55 cm、深 65~75 cm。栽植行距 100~120 cm、株距 70~80 cm。

2. 造林后生长期管理

三裂绣线菊每年施 2~3 次生物肥或农家肥或有机肥，第 1 次是 11~12 月施入底肥；第 2 次是 3~4 月施入有机肥；第 3 次在 6~7 月落花后，追施肥料。三裂绣线菊树施肥，可采取穴施的方法，即在树冠正投影线的边缘，挖一条深 30~40 cm 的环形沟，将肥料施入。此法既简便又利于根系吸收，以后随着树的生长，施肥的环形沟直径和深度也随之增加。要求排水透气良好，适时中耕。可根据树的需求合理浇水，喷施新高脂膜保肥保墒。

3. 修剪管理

修剪主要是剪去枯萎枝、徒长枝、重叠枝及病虫枝。修剪后的枝条要及时用愈伤防腐膜，使其伤口快速愈合，防止雨淋后病菌侵入，导致腐烂。在花芽分化期，喷施促花复合肥，能把植物营养生长转化成生殖营养，抑制主梢疯长，促进花芽分化，多开花。绣线菊安全越冬，须喷洒护树将军保护树体防冻，驱逐越冬病毒、虫害着落于树体繁衍，催促果树早冬眠，恢复元气。

4. 光照温度管理

在光照充足的造林地块观察温度，气温在 20~25 ℃条件下生长发育良好。冬季低于 −25 ℃温度时会发生冻害，甚至导致死亡。

5. 浇水与施肥管理

注意造林前施足基肥，一般施腐熟的粪肥，深翻树穴，将肥料与土壤拌均匀。造林后浇透水。三裂绣线菊怕水大，水大易烂根，因此平时保持土壤湿润即可。三裂绣线菊喜肥，生长盛期每月施 3~4 次腐熟的饼肥水，花期施 2~3 次磷钾肥（磷酸二氢钾），秋末施 1 次越冬肥，以腐热的粪肥或厩肥为好，冬季停止施肥，减少浇水量。

（四）防治病虫害技术

1. 叶蜂的发生与防治

（1）三裂绣线菊主要虫害是叶蜂，为食叶害虫，主要为害三裂绣线菊，通常 10 余头幼虫群集蚕食三裂绣线菊叶片,短期内可把叶片吃光,只剩下主脉,严重影响植株的生长和观赏。

(2)叶蜂发生规律,该虫1年发生2~3代,在浅土层结茧化蛹越冬。第二年3~5月间羽化后产卵于三裂绣线菊嫩叶背面。卵往往横卧排列,10~20粒为一堆。卵期3~7天,初孵幼虫先啃食卵壳和叶脉间叶肉,然后自叶缘蚕食叶片。5~6月为幼虫为害盛期。幼虫老熟后入浅土层结茧化蛹。第一代蛹期6~8天。在中午前后成虫交尾产卵活动活跃。

(3)叶蜂防治技术。注意在成虫羽化产卵盛期摘除产有卵堆的叶片;幼虫初孵化群集为害时剪除虫叶。当幼虫大量发生时,用敌百虫、敌敌畏等触杀剂1 000~1 200倍液喷杀。

2. 蚜虫的发生与防治

(1)为害方式,以群集在幼叶、嫩梢及芽上,被害叶片向下弯曲或稍横向卷曲,严重时可盖满嫩梢10 cm内和嫩梢反面,使植物营养恶化,生长停滞或延迟,严重的畸形生长。

(2)生活史及发生规律,此虫1年发生多代,以卵在寄主植物的枝条缝隙、芽苞附近越冬,第2年3~4月间越冬卵孵化,4~5月间在三裂绣线菊嫩梢上大量发生,后逐渐转移到丁香等其他木本花卉上为害,10月上中旬出现有翅蚜和无翅蚜两种分化,据查资料为有翅雄蚜和无翅雌蚜,11月上中旬产卵越冬。

(3)防治方法。一是早春刮除老树皮及剪除受害枝条,消灭越冬卵。二是注意保护和利用天敌。适当栽培一定数量的开花植物,引诱并利于天敌活动,蚜虫的天敌常见的有瓢虫、草蛉、食蚜蝇、蚜小蜂等,施用农药时尽量在天敌极少且不足以控制蚜虫密度时为宜。三是当蚜虫大量发生时,如果在越冬卵孵化后,及时喷50%抗蚜威超微可湿性粉剂1 800~2 000倍液,或50%灭蚜松(灭蚜灵)乳油1 500~2 000倍液,或50%马拉硫磷乳油1 000~1 500倍液,或吡虫啉喷布叶片即可。四是提倡使用蚜霉菌400~800倍液,掌握在蚜虫高峰前选晴天喷洒均匀。五是药液涂干。同时,在蚜虫初发时用毛刷蘸药,在树干上部或主干基部涂5~6 cm宽的药环,涂后用塑料膜包扎,可选用40%乐果乳油20~50倍液,或50%辛氰乳油1 500倍液,也可用2.5%功夫乳油1 300~1 400倍液,配制时加水50~60 kg,效果显著。六是物理机械防治。在植株林间可放置黄色粘胶板,诱粘有翅蚜虫,或雨水冲刷,夏季修剪,改善通风透光条件,保证树木健壮生长。

五、三裂绣线菊的作用与价值

(1)绿化作用。三裂绣线菊树姿优美,枝叶繁密,花朵小巧密集,布满枝头,宛如积雪。在绿地中丛植或孤植,植于庭院、公园、街道、山坡、路旁、草坪,增添春夏绿意中"雪"的色彩,别有趣味。是作花篱、花径的优良绿化树种。

(2)药用价值。三裂绣线菊叶、果入药,具有活血祛瘀、消肿止痛的功效。

(3)观赏价值。三裂绣线菊是山区、低山向阳坡地造林绿化优良观赏树种。北京常见。其耐寒冷、耐瘠薄,是理想的绿篱材料和观花灌木,具有良好的观赏价值。

81　中华石楠

中华石楠,学名:*Photinia beauverdiana* C. K. Schneid.,蔷薇科石楠属,又名石楠、波氏石楠、假思桃、牛筋木等。落叶灌木或小乔木,是园林绿化、风景区美化、行道树造林的优良树种。

一、形态特征

中华石楠树高3~10 m。小枝无毛,紫褐色,有散生灰色皮孔。叶片薄纸质,长圆形、倒卵状长圆形或卵状披针形,基部圆形或楔形,边缘有疏生具腺锯齿,侧脉9~14对。花多数,复伞房花序,直径5~7 cm;萼筒杯状,萼片三角卵形。花瓣白色,卵形或倒卵形,先端圆钝,无毛。雄蕊20,花柱2~3,基部合生。果实卵形,长7~8 mm,直径5~6 mm,红色或橘红色。花期5月,果期7~8月。

二、生长习性

中华石楠,喜光、稍耐阴,深根性,喜温暖,对土壤要求不严,但以肥沃、湿润、土层深厚、排水良好、微酸性的沙质土壤最为适宜,能耐短期-15 ℃的低温,喜温暖、湿润气候。萌芽力强,耐修剪,对烟尘和有毒气体有一定的抗性。

三、主要分布

中华石楠主要分布于陕西、河南、江苏、安徽、浙江、江西、湖南、湖北、四川、云南、贵州、广东、广西、福建等地。喜欢生长在山坡或山谷林下,海拔1 000~1 700 m。河南省舞钢市南部山区秤锤沟、大河扒、老虎爬、灯台架、官平院等林区有野生分布。

四、引种繁育与造林绿化

中华石楠枝叶疏展,冠形开阔,白色花朵,红果缀满枝头,鲜艳夺目。具有优良的观赏价值。是风景区、公园绿化的优良树种,很受人们喜爱,引种繁育蓬勃发展。

(一)种子播种繁育技术

1. 种子采种

在果实成熟期采种,采收饱满优质种子,将果实捣烂漂洗取籽晾干,采用层积沙藏至第二年春播。种子与沙的比例为1:3。

2. 苗圃地选地

选择地势平坦,土壤肥沃、深厚、松软(混入1/3河沙)的地块作为苗床进行露地大田播种繁育。2~3月,采用开沟条播,行距18~20 cm,覆土2~3 cm厚,略微镇压一下覆土,浇透水后覆草以保持土壤湿润,有利于种子出土。播种量为每亩15~18 kg,进行浇水施肥管理,搭建遮阳棚,防晒,到10月,苗木生长达到70~80 cm。

(二)种条扦插繁育技术

1. 苗圃地选择

选择排水良好、地下水位低、交通方便和水源充足的地块做苗圃地。插床宽 90~100 cm、长 20~30 m,插床四周装挡板,挡板高度为 12~15 cm。床面用高锰酸钾 200~300 倍液喷洒消毒,然后铺设基质,基质中黄心土占 70%~80%、细沙占 20%~30%,厚 10~12 cm,将床面整平,20~24 小时后即可进行扦插。

2. 种条扦插

种条扦插可在 6~7 月的雨季进行,选当年半木质化的嫩枝剪成 10~12 cm 长的段,带 1 叶 1 芽,剪去 1/3 叶片。插条采用平切口,切口要平滑,以防止其表皮和木质部撕裂而形成新的创口。用 APT 生根剂 5~6 g,加入 50%温水 0.5 kg、清水 1.5 kg、黄心土 4~5 kg 等搅成浆糊状,将插条捆成小捆蘸生根剂泥浆。种条扦插株行距为 5 cm × 7 cm,深度为插条的 2/3。应随剪随进行药剂处理随扦插,扦插完毕后立即浇透水,对叶面喷洒 1 000 倍的多菌灵和福·福锌混合液,立即搭好小拱棚,用塑料薄膜覆盖,四周密封,紧贴薄膜再覆盖透光率 50%的遮阴网。3 月上旬的早春,采一年生成熟枝条扦插繁育苗木,成活率达到 75%左右。

3. 幼苗管理

种条扦插后,种条扦插后 7~8 天,将基质含水量控制在 60%~70%,空气相对湿度以 95%为宜。种条扦插 10~15 天以后,多数插条开始生根,应将基质含水量控制在 40%左右,逐步揭膜通风,有 50%以上插条萌发出新叶时可除去薄膜。每隔 18~20 天喷 1 次多菌灵 700~800 倍液防治炭疽病和根腐病,发现病株苗木或畸形苗木,及时拔除病株并烧毁。在插条全部生根展叶后,喷施水溶性化肥(0.2%尿素)促进生长。20~30 天,应小心揭去覆草,防止将树苗拔出。树苗密度过大的应及时间苗,时间在 4~5 月,密度过小的应及时移栽或补种。将间下的苗按 25 cm × 30 cm 的株行距移植,随栽随浇水,以保证较高的成活率。在幼苗生长期间,每 10~15 天,再施入 1 次尿素或复合肥,每亩用量为 4~5 kg。7~8 月天旱时及时灌溉,涝时及时排水,保持苗圃地的土壤湿润,促进苗木快速健壮生长,早日成苗。

(三)造林绿化技术

1. 造林地或绿化景区的林地选择

选择土壤即种植地土壤,以质地疏松、肥沃、微酸性至中性为好;灌溉方便、排水良好的地方为佳。造林前,土壤翻耕深度在 30~35 cm 以上;同时,施用杀虫剂防治金龟子、金针虫等地下害虫。翻耕后将土壤整平,开排水沟,造林株行距 1.5 m × 2.0 m 或 1 m × 2.2 m。

2. 造林肥水管理

栽前施足基肥,栽后及时浇水。在定植后的缓苗期内,要特别注意水分管理,如遇连续晴天,在移栽后 3~4 天要浇一次水,以后每隔 10~12 天浇 1~2 次水;如遇连续雨天,要及时排水。15~20 天后,种苗度过缓苗期即可施肥。第二年 3 月的春季每 10~15 天施 1 次尿素或复合肥,用量为每亩施入 4~5 kg,7~8 月夏季和 9~10 月秋季每 15~20 天施 1 次复合肥,用量为每亩施入 4~5 kg,11~12 月冬季施 1 次腐熟的农家肥,用量为每亩施入 1 200~1 500 kg,以开沟埋施为好。施肥要以薄肥勤施为原则,不可一次用量过大,以免伤根烧苗,平时要及时除草松土,防止土壤板结。

3. 造林地的越冬管理

中华石楠新造林苗木,必须注意防寒,尤其是 2~3 年造林苗木,入冬后,搭建牢固的防风屏障,在南面向阳处留一开口,接受阳光照射。另外,在地面上覆盖一层稻草或其他覆盖物,以防根部受冻。

4. 整形与修剪管理

生长期,中华石楠的管理做到及时整形修剪,对枝条多而细的植株应强剪,疏除部分枝条;对枝少而粗的植株应轻剪,促进多萌发花枝。树冠小的,一般短截 1~2 年生枝,扩大树冠;树冠较大者,回缩主枝,以侧代主,缓和树势。如石楠生长旺盛,开完花后将长枝剪去,促使叶芽生长。冬季以整形为目的,疏除部分密生枝及无用枝,保持生长空间,促进新枝发育。对于用作造型的树种。一年要修剪 1~2 次,如用作绿篱,更应该经常修剪,以保持良好形态,达到优美漂亮的观赏效果。

(四)中华石楠的病虫害防治技术

1. 主要病害防治

中华石楠主要病害是叶斑病。

(1)发生规律。在石楠叶片上,初期病斑褐色,扩展后病斑呈半圆形或不规则形,灰白色稍显轮纹状;后期病斑干枯,着生黑色颗粒,严重时可引起落叶。病菌一般从伤口和皮孔侵染,病叶可作为病源引起再侵染。该病常年发生,7~8 月梅雨季节发病较重。

(2)主要防治方法。发生后及时清理病叶;发病初期喷施波尔多液 100~150 倍液、60%~75%代森锌 600~1 000 倍液等进行防治。灰霉病可用 50%多菌灵 900~1 000 倍液喷雾预防,发病期可用 1%波尔多液每 12~15 天喷 1~2 次,或用 50%代森锌 800~900 倍液喷雾防治。

2. 主要虫害防治

中华石楠主要虫害是介壳虫、石楠盘粉虱、白粉虱和蛀干害虫等。4 月上旬防治介壳虫可用灭蚜威乳油 1 000~2 000 倍液喷洒处理。石楠盘粉虱的防治,人工摘除有虫叶片,杜绝其大量繁殖和蔓延;利用其成虫对黄色有强烈趋性的特点,在羽化前两天,于植株旁布置黄板进行诱杀,杀灭效果很好;利用其主要天敌如细蜂、瓢虫、草蛉、捕食螨等进行生物防治。防治白粉虱,用 20%氰戊菊酯乳油 2 000 倍液或 10%吡虫啉可湿性粉剂 2 000 倍液对树冠喷雾,防效很好。防治蛀干害虫如天牛幼虫、吉丁虫等,可用吡虫啉 200~400 倍液或敌百虫 100~200 倍液喷洒,以喷至树干流液为止;成虫出现时,用 80%敌敌畏 1 000 倍液喷雾;9 月下旬在树干基部喷洒 80%敌敌畏或氯氰菊酯 900~1 000 倍液毒杀成虫。

五、中华石楠的作用与价值

(1)观赏价值。中华石楠枝繁叶茂,枝条能自然发展成圆形树冠,漂亮美观。其叶片翠绿色,具光泽,早春幼枝嫩叶为紫红色,枝叶浓密,老叶经过秋季后部分出现赤红色,夏季密生白色花朵,秋后鲜红果实缀满枝头,鲜艳夺目,是一个观赏价值极高的树种,作为庭荫树或进行绿篱栽植效果更佳。根据园林绿化布局需要,可修剪成球形或圆锥形等不同的造型。在园林中孤植或基础栽植均可,丛栽使其形成低矮的灌木丛,可与金叶女贞、红叶小檗、扶芳藤、俏黄芦等组成美丽的图案,获得赏心悦目的观赏效果。

(2)绿化作用。中华石楠枝叶疏展,冠形开阔,晚春密生白色花朵,秋后红果缀满枝头,鲜艳夺目。春花秋实,具有一定的观赏价值。可用作景区、公园植物景观配植。亦可开发作为盆景材料。

(3)用材作用。中华石楠木材坚硬,可作小型家具、农具、伞柄、秤杆、算盘珠等用材。

(4)药用价值。中华石楠味辛、苦,性平,根、叶可入药,有行气活血、祛风止痛功效,主治风湿痹痛、四肢酸软、头风头痛、跌打损伤等。

82 花 椒

花椒,学名 *Zanthoxylum bungeanum* Maxim.,芸香科花椒属,又名秦椒、川椒、山椒等,落叶灌木或小乔木,中原地区优良乡土树种。

一、形态特征

花椒树高可达6~7.5 m,枝有短刺,当年生枝被短柔毛;叶轴常有甚狭窄的叶翼;小叶对生,卵形、椭圆形,稀披针形,叶缘有细裂齿,齿缝有油点。叶背被柔毛,叶背干有红褐色斑纹。花序顶生或生于侧枝之顶,花被片黄绿色,形状及大小大致相同;花柱斜向背弯,果紫红色,散生微凸起的油点,花期4~5月,果期8~10月。

二、生长习性

花椒喜光,耐寒,耐旱,适宜温暖、湿润及土层深厚肥沃的壤土、沙壤土,萌蘖性强,抗病能力强,隐芽寿命长,故耐强修剪。不耐涝,短期积水可致死亡。幼苗在约-18 ℃时受冻害,15年生植株在-25 ℃低温时冻死,北方常种植在背风向阳处。喜深厚肥沃、湿润的沙壤土或钙质土,对土壤pH值要求不严。过分干旱瘠薄生长不良,忌积水。根系发达,萌芽力强,耐修剪。通常3~5龄开始结果,10龄后进入盛果期,寿命长。

三、主要分布

中原地区主要分布于舞钢、叶县、汝州、郏县、宝丰、南召、舞阳、鲁山、西峡、栾川、方城、确山、泌阳、林州、辉县、济源、嵩县、卢氏、渑池等地;中国主要分布于河南、山东、辽宁、河北、山西、陕西、江苏、浙江、安徽、江西、西藏、陕西、甘肃等地,喜温暖湿润气候。至长江流域各地,西南各地有栽培,华北、西北南部、四川为主要产区。

四、引种繁育与造林绿化

花椒优质苗木的繁殖技术主要采用播种、嫁接、扦插和分株四种方法。林业生产中,林农喜欢以播种繁殖为主。

（一）引种繁育苗木技术

1. 苗圃地的选择

花椒树苗木繁育，要选择良好的地方作育苗地，选择在地势平坦、土壤肥沃、土层深厚、质地疏松、排水良好的微酸性沙壤土，并且交通方便的地方为好。

2. 苗圃地整地

11~12 月，冬季，采用大型拖拉机旋耕，深翻耙平。每亩施入 4 000~5 000 kg 农家肥，第二年 2~3 月，精耕细耙，整好苗床备播。

3. 种子采收

8~9 月，当花椒种皮发红、种子发黑，有芳香的花椒气味时，即达到成熟，可人工采集种子，将种子与壳分离后把种子放在背阴处凉干，进行储藏备用。

4. 种子的储藏

一是沙藏方法，是在背风向阳、排水良好的地方，挖深 70~80 cm、肚大口小的土坑，将 1 份种子和 3 份湿沙(马粪最好)搅拌均匀后，放入坑内，上面覆土 10~15 cm 厚，堆成丘形，以防雨水浸入。第 2 年春季取出播种。二是牛马粪储藏方法。少量育苗用种子时，可将种子混入牛粪或黏土泥浆中，堆到墙角或贴到墙上，次年打碎粪块，连种子一齐播入土壤内。三是水浸处理方法，如果未经处理，播种前将种子用水浸泡后，同草木灰搅在一起，进行揉搓，去掉种皮蜡质。即可下地播种育苗。

5. 种子播种

3 月中旬至 4 月上旬，在已经整好的苗圃地上，做成 10~15 cm 长、1 m 宽的平畦，每畦开沟 3~5 行，沟深 1.5~2 cm，然后将种子均匀放入沟内，覆土后轻轻镇压，每亩播种量为 4.5~5 kg。

6. 苗期管理

幼苗出土前，要经常浇水，保持表土湿润。一是夏季管理，6~8 月，幼苗生长 5~6 m 高时，进行间苗，8~10 m 远留一株。要做到及时中耕、拔草、追肥、治虫、浇水，促使苗木健壮生长。苗木长到 20~30 m 高时，即可出圃栽植或销售。定植是关键，以芽刚开始萌动时栽植成活率最高，栽后应浇透水，生长季节追肥 2~3 次，干旱时结合浇水。二是越冬管理，9~10 月，秋季的水肥管理，花椒进入 8 月下旬后应停止追施氮肥，以防后季疯长。同时基肥应尽早于 9~10 月施入，有利于提高树体的营养水平。三是修剪管理。9~10 月对直立旺长枝采取拉、别和摘心等措施来削弱旺长枝的长势，控制旺树效果明显，并适时喷施护树将军保温防冻，阻碍病菌着落于树体繁衍，同时可提高树体的抗寒能力。

7. 肥水管理

2~3 月，初春土壤解冻后，将花椒根系周围的土壤深刨 30~50 cm，每株施有机肥 30~35 kg；4 月中旬萌芽期、7 月下旬采果后，每株各施标准化肥 0.4 kg。施肥后及时浇一遍透水。5~8 月，叶面喷肥用 3%的磷酸二氢钾和 0.5%的尿素混合溶液，每年叶面喷肥 5~6 次，开花期喷第一次，花后 9~10 天喷第二次，间隔 9~10 天再喷第三次，7 月上中旬和果实采收后各喷一次。

(二)主要病虫害的发生与防治技术

1. 主要虫害的发生与防治

(1)主要虫害的发生。花椒主要害虫是金龟子类、花椒、跳甲、花椒凤蝶、刺蛾、大袋蛾、蚜虫、介壳虫、红蜘蛛、虎天牛等。经常危害的是花椒虎天牛、花椒介壳虫、花椒红蜘蛛。一是花椒虎天牛,5月幼虫钻食木质部并将粪便排出虫道。蛀道一般0.8 cm × 1 cm,扁圆形,向上倾斜,与树干呈40°~45°角。幼虫共5龄,以老熟幼虫在蛀道内化蛹。6月,受害椒树开始枯萎。二是花椒介壳虫,为害花椒的蚧类统称,有草履蚧、桑盾蚧、杨白片盾蚧、梨园盾蚧等。它们的特点都是依靠其特有的刺吸性口器,吸食植物芽、叶、嫩枝的汁液。造成枯梢、黄叶,树势衰弱,严重时死亡。三是花椒红蜘蛛,又名山楂叶螨、山楂红蜘蛛,1年发生6~9代,以受精雌成虫越冬。在花椒发芽时开始危害。第一代幼虫在花序伸长期开始出现,盛花期危害最盛。交配后产卵于叶背主脉两侧。花椒红蜘蛛也可孤雌生殖,其后代为雄虫。每年发生的轻重与该地区的温湿度有很大的关系,高温干旱有利于发生。四是花椒瘿蚊,又名椒干瘿蚊。可使受害的嫩枝因受刺激引起组织增生,形成柱状虫瘿,使受害枝生长受阻,后期枯干,而且常致使树势衰老而死亡。

(2)主要虫害的防治。一是花椒虎天牛的防治,清除虫源,及时收集当年枯萎死亡植株,集中烧毁。在7月的晴天早晨和下午人工捕捉成虫。二是花椒介壳虫的防治,由于蚧类成虫体表覆盖蜡质或介壳,药剂难以渗入,防治效果不佳。因此,蚧类防治重点在若虫期。冬、春用草把或刷子抹杀主干或枝条上越冬的雌虫和茧内雄蛹。花椒介壳虫发生期,可选择内吸性杀虫剂,以40%速扑杀800~1 000倍液效果好。介壳虫自然界有很多天敌,如一些寄生蜂、瓢虫、草蛉等。三是花椒红蜘蛛的防治,在4~5月,害螨盛孵期、高发期用25%杀螨净500倍液、73%克螨特3 000倍液防治;或用内吸性杀虫剂氯氰菊酯1 000倍液;40%速扑杀800~1 000倍液。害螨有很多天敌,如一些捕食螨类、瓢虫等,田间尽量少用广谱性杀虫剂,以保护天敌。四是花椒瘿蚊的防治,发生期,人工剪去虫害枝,并在修剪口及时涂抹愈伤防腐膜保护伤口,防止病菌侵入,及时收集病虫枝烧掉或深埋,配合在树体上涂抹护树将军阻碍病菌着落于树体繁衍,以减少病菌成活率。在花椒采收后及时喷洒吡虫啉1 000倍液或苦参碱1 200倍液防治。

2. 主要病害的发生与防治

(1)主要病害的发生。一是花椒根腐病,常发生在苗圃和成年椒园中,是由腐皮镰孢菌引起的一种土传病害。受害植株根部变色腐烂,有异臭味,根皮与木质部脱离,木质部呈黑色。地上部分叶形小而色黄,枝条发育不全,严重时全株死亡。二是花椒锈病,是花椒叶部重要病害之一。危害严重时,花椒提早落叶,直接影响次年的挂果。发病初期,在叶子正面出现2~3 mm水渍状褪绿斑,并在与病斑相对的叶背面出现黄橘色的疱状物,为夏孢子堆。本病由花椒鞘锈菌引起。夏孢子和冬孢子阶段发生在花椒树上。花椒锈病的发生主要与气候有关。凡是降雨量多、特别是在第三季度雨量多、降雨天数多的条件下,危害很容易发生。

(2)主要病害的防治。一是花椒根腐病的防治。合理调整布局,改良排水不畅、环境阴湿的椒园,使其通风干燥。做好苗期管理,严选苗圃,以15%粉锈宁500~600倍液消毒土壤。高床深沟,重施基肥。及时拔除病苗。移苗时用50%甲基托布津500倍液浸根24

小时。用生石灰消毒土壤。并用甲基托布津500~800倍液,或15%粉锈宁500~800倍液灌根。4月,用15%粉锈宁300~500倍液对成年树灌根,能有效阻止发病。夏季灌根能减缓发病的严重程度,冬季灌根能减少病原菌的越冬结构。及时挖除病死根,死树,并烧毁,消除病染原。二是花椒锈病的防治。在未发病时,可喷布波尔多液或0.1~0.2波美度石硫合剂,或在6月至7月下旬对花椒用百菌清200~400倍液进行喷雾保护。对已发病的可喷15%的粉锈宁可湿性粉剂1 000倍液,控制夏孢子堆产生。发病盛期可喷雾1:2:200倍波尔多液,或0.1~0.2波美度石硫合剂,或15%可湿性粉锈宁粉剂1 000~1 500倍液。加强肥水管理,铲除杂草,合理修剪。晚秋及时清除枯枝落叶、杂草并烧毁。

五、花椒的作用与价值

(1)造林作用。花椒果实金秋红果美丽,具有良好的观赏价值;同时,又是重要的食用香料树种,很受人们喜爱。园林建设、公园的山坡、城乡郊区的"四旁"、居民区绿化美化都可以种植,也可以作刺篱。花椒也是干旱半干旱山区重要的水土保持造林树种。

(2)经济价值。花椒果皮是香精和香料的原料,种子是优良的木本油料,油饼可用作肥料或饲料,叶可代果做调料、食用或制作椒茶等,具有良好的经济效益。

83　吴茱萸

吴茱萸,学名:*Tetradium ruticarpum*(A. Jussieu) T. G. Hartley,芸香科吴茱萸属,又名吴萸、茶辣、漆辣子、臭辣子树等,小乔木或灌木。吴茱萸树干光滑,树冠紧凑,叶片墨绿,花开树梢,美观大方。是园林绿化美化树种,用于公园、城镇广场栽培点缀,亦能起到意想不到的观赏效果。吴茱萸花是优良的药用蜜源。

一、形态特征

吴茱萸树高3~8 m,奇数羽状复叶,对生。小叶5~11片,小叶薄至厚纸质,卵形、椭圆形或披针形,长6~18 cm,全缘或浅波浪状,小叶两面被长柔毛,油点大且多。花序顶生,雄花序彼此疏离,雌花序密集或疏离。萼片及花瓣均5片,雄花退化,雌蕊4~5深裂,子房及花柱下部被疏长毛。果密集或疏离,暗紫红色。种子近圆球形,褐黑色,有光泽。花期4~6月,果期8~10月。

二、生长习性

吴茱萸喜光、耐湿,对土壤要求不严。适生海拔100~1 000 m的谷地、山地河岸疏林、灌丛或空旷地。吴茱萸生长多见于向阳坡地。吴茱萸喜阳光充足、温暖的气候环境。虽然也较为耐寒,但冬季严寒多风且干燥的地区则生长不良。在阴湿地带病害多,结果少,亦不适宜生长。除过于黏重而干燥的黄泥外,中性、微碱性或微酸性的土壤都能种植生长,尤以土层深厚、疏松肥沃、排水良好的壤土或沙质壤土为好。不耐涝,低洼积水的土地不宜生长。

三、主要分布

吴茱萸主要分布于河南、秦岭以南各地，但海南未见有自然分布，曾引进栽培，均生长不良。各地有少量或大量栽种。尤其是秦岭以南及伏牛山以东地域均有分布，多地区有人工栽培。河南省舞钢市南部长岭头、官平院、灯台架、秤锤沟等丘陵、山地有野生分布，多散生于河谷、山脚林缘、空旷、光照良好之地。

四、引种繁育与造林绿化

吴茱萸苗木繁育主要采取根插繁殖、分蘖繁殖、枝插繁殖、种子繁殖等技术。

（一）种条根插繁育技术

1. 种条采收

选择树龄 4~6 年生、长势旺盛、根系发达的树作为母株。

2. 种条修剪

2 月至 3 月上旬，刨开树根周围的土壤，切取 0.5~1.0 cm 粗的侧根，截成长 18~20 cm 的小段，作为种条插穗。

3. 扦插种条与保护

插入苗床沟内深 10~12 cm，株距 8~10 cm。插后施焦泥灰，覆细土，耙平，压实，浇少量人粪尿，铺盖稻草，以保持土壤湿润。扦插后 25~30 天长出新芽后，再施稀人粪尿，以后看苗施肥。第二年春苗高 60~70 cm 以上时，即可移栽。2~3 年后便能开花结果。此法简便易行，繁殖快，成活率高达 80%以上，而且生长快，结果早，因而是产地普遍采用的繁殖方法。

（二）种条分蘖繁育技术

1. 选择种条

吴茱萸具有分蘖力强的特点，可在 12 月下旬选健壮母株。

2. 修剪分蘖枝条与保护

吴茱萸，在其周围约 0.6 m 处，挖开表土，使其露出侧根。在侧根上，每隔 7~10 cm 用刀砍伤根皮，然后覆厚 5~7 cm 的细土，再施腐熟厩肥或稀薄人粪尿。最后盖垃圾或稻草。第二年春，伤口处就会萌芽，出土后除去覆盖的稻草，施稀人粪尿。待苗稍大后，即可截取移栽。用此法繁殖简便，成活率高，但植株长势弱，结果少，产量低。

（三）种条枝插繁育技术

1. 种条选择

3 月早春植株萌发前，选 1~2 年生无病虫害的健壮枝条，以上年生长的春梢为佳，剪成 18~20 cm 的小段，每段带芽 2~3 个，上端剪口离芽眼 1~2 cm，下端截面稍斜。扦插前，将插枝用 300 mg/L 萘乙酸或吲哚乙酸浸基部 12~14 小时，或用 100 mg/L 2,4-D 浸 20~24 小时，以利生根，提高成活率。

2. 扦插种条

按行距 25~30 cm、株距 10~12 cm，将插枝斜插在苗床上，入土深 12~14 cm，再覆土压实。插后浇水遮阴，并保持土壤湿润和周围环境空气相对湿度在 83%左右。一周后，插枝陆续长出芽梢新叶,此时可适量喷淋氮肥,作叶面追肥。35~45 天后生根,地上部芽也抽生新枝。当年苗高可达 0.6~1 m,翌年就可移栽。此法繁殖快,对母株损伤小,结果早,但成活率较低。

(四)种子繁育技术

种子繁殖法,由于此法繁殖慢,且易发生变异,难以保持母株的优良性状,因此生产上很少采用。但是种子繁育的苗木生长快、适应性强、抗病虫害等。

1. 苗圃地选择

苗圃地选择在土质肥沃、疏松、排水良好的土地,12 月拖拉机旋耕土地,深翻暴晒几天后,再碎土耙平备用。

2. 种子播种

一是选择优良、无病虫害的种子;二是整地做畦,做成宽 1~1.3 m 的畦,畦面按 15~18 cm 的行距开沟,作苗床用。播种时间, 春季在 3 月至 4 月初或秋季 11~12 月间进行。按株行距 2.5~3 m 开穴。穴宽 0.5~0.7 m、深约 0.5 m。穴内施腐熟人粪尿和土杂肥,并加入少量磷、钾肥。春季播种 20~30 天苗木出芽,冬季第二年 3 月出芽;随后浇水保湿保护,9~10 月苗木生长高 60~80 cm,第 2 年就可移栽。

3. 苗木培育

选择健壮苗木栽培。人工定植苗木,每穴定植 1 苗,栽后覆土到穴深一半时,将苗缓缓向上提一下,使苗根理直舒展,而后覆土踏实浇水。到成活前,必须及时浇水,保持土壤湿润。成活后,一般不需浇水,但要及时中耕除草,合理施肥。3 月早春芽萌发前,施 1 次人粪尿,数量视植株大小而定。2~3 年生的小树,每株用肥 5 kg 左右;10 年以上的大树,每株 10~15 kg。开花前再施肥 1 次,每株施土杂肥 10~40 kg,以促进多孕花。开花后增施一次磷钾肥,每株施过磷酸钙 1~2 kg,再撒草木灰 1.5~2.5 kg,有利于果实增大饱满,并可减少落果,提高产量。秋末冬初,再施过冬肥,每株施厩肥、焦泥灰或垃圾 18~20 kg,并培土于植株基部,以利保暖防冻。

4. 修剪整枝

11~12 月,冬季落叶后到第二年 3 月发芽前,进行适当修剪。幼树在离地 1~1.3 m 高处,剪去顶心,促使分枝。老树适当剪去过密或重叠枝条,保留健壮、芽苞肥大的枝条。同时剪去有病虫害的枝条,并将病枝集中烧毁。

5. 果实采收

吴茱萸栽植后 2~3 年开始开花结果,5~6 年大量结果,健壮植株可连续结果 20~30 年。采收时间因品种而异,7 月至 8 月上旬,当果实由绿转为橙黄色时就可采收。选晴天上午有露水时,将吴茱萸果穗成串剪下,注意不要折断果枝,以免影响来年开花结果。3 年生树,每株大可收鲜果 2~5 kg,6~7 年生树可收 10~15 kg。摘下的果实,放阳光下暴晒,并经常翻动,晚上收回摊开,忌堆积。连晒 7~8 天即可全干。也可用 60 ℃以下低温烘干。干后用手搓揉,使果实与果柄分离,然后筛去果柄、杂质即成。一般每 2~3 kg 鲜果可得干品 1 kg。商品质量以干燥、饱满、坚实、无梗、无杂质而香气浓郁者为佳。

（五）防治病虫害技术

1. 防治病害

吴茱萸主要病害是煤污病、锈病。

（1）煤污病，又名烟霉病，由真菌中的一种子囊菌引起，5月至6月中旬发生，当蚜虫、长绒棉蚧在吴茱萸上为害时，被害处叶片、嫩梢和树干上就会诱发出不规则黑褐色煤状斑，导致吴茱萸树势衰弱，开花结果枝少。当蚜虫、蚧类害虫发生期，喷布吡虫啉1 000~1 200倍液或氯氰菊酯800~1 000倍液，每隔7~10天喷1次，连喷2~3次；煤污病发生期，喷半量式波尔多液150~200倍液，每隔10~14天喷1次，连喷2~3次，剪除病枝、过密枝，改善通气性。

（2）锈病，是一种由担子菌引起的叶部病害。5~7月发生为害，逐步严重。发病初期，叶片上出现黄绿色小点，逐渐变成橙黄色微突起的病斑，担子菌大量繁殖后，病斑不断增多，以致叶片枯死。可剪除病枝、病叶，集中烧毁；发病初期，用0.3波美度的石硫合剂或97%敌锈钠原粉400~500倍液或25%粉锈宁可湿性粉剂1 500~2 000倍液喷雾，每隔7~10天喷1次，连喷2~3次。

2. 防治虫害

吴茱萸主要虫害是褐天牛、桔凤蝶、桑白盾蚧，危害枝干或叶片。

（1）褐天牛，又名蛀干虫，属鞘翅目天牛科。7~10月为害严重。幼虫常从离树干基部30~100 cm处钻蛀树干，咬食木质部，蛀空树干，导致植株枯死。可在树干下部100 cm内用石灰刷白，减少或防止成虫在上面产卵；5~7月成虫盛发期，进行人工捕杀，并用小刀在产卵裂口刮除卵粒及初孵幼虫；幼虫蛀入木质部后，用钢丝经蛀孔钩杀幼虫，或用棉球浸上80%敌敌畏原液塞入蛀孔，并用泥土封住孔口，毒杀害虫；也可用其天敌天牛肿腿蜂，进行生物防治。

（2）桔凤蝶，又名花椒凤蝶，3月开始为害，5~7月为害严重。它以幼虫咬食幼芽、嫩叶，造成缺刻或孔洞甚至秃枝。一年发生3~4代，以蛹附在枝条上越冬。对低龄幼虫，可喷90%敌百虫800~1 000倍液，每隔5~7天喷一次，连喷2~3次；3龄以后幼虫，用青虫菌粉300~500倍液喷雾，每隔9~10天1次，连喷2~3次。

（3）桑白盾蚧，又名桑白蚧、黄点介壳虫，属同翅目盾蚧科，是吴茱萸主产区近年大发生的一种新害虫。它以成虫刺吸枝干汁液造成为害，并诱发煤污病和膏药病。一年发生3代，每年5月中旬、7月中旬及9月上旬为各代幼虫发生期。可用人工捕杀，蚧虫越冬期，用8波美度右硫合剂喷洒枝干，幼虫孵化盛期，用50%杀螟松乳剂800~1 000倍液喷雾；保护天敌红点唇瓢虫，进行生物防治。

五、吴茱萸的作用与价值

（1）观赏价值。吴茱萸树干光滑，树冠紧凑，叶片墨绿，花开树梢，美观大方。是园林绿化美化树种，用于公园、城镇广场、城乡建设栽培点缀，能够起到意想不到的观赏效果。

（2）蜜源作用。吴茱萸树冠紧凑，枝繁叶茂，花繁茂蜜多，是优良的药用蜜源。

（3）药用价值。吴茱萸嫩果经炮制即是传统中药吴茱萸，为苦味健胃剂和镇痛剂，其性热、味苦辛，具温中、止痛、理气、燥湿功效。用于治疗肝胃虚寒、厥阴头痛、脏寒吐泻、脘腹胀痛、经行腹痛、五更泄泻、高血压症、脚气、疝气、口疮溃疡、齿痛、湿疹、黄水疮，又作驱蛔虫药。

84　白背叶

白背叶，学名：*Mallotus apelta*（Lour.） Muell. Arg，大戟科野桐属植物，又名酒药子树、野桐、白背桐、吊粟、白鹤草、叶下白、白背木、白背娘、白朴树、白帽顶等，落叶灌木或小乔木，是园林景观优良野生树种。

一、形态特征

白背叶树高 2~3 m。小枝、叶柄、花序均密被淡黄色星状柔毛，散生橙黄色颗粒状腺体。单叶互生，卵形或心形，顶端急尖或渐尖，基部截平或稍心形，边缘具疏齿，叶面黄绿色，叶背具灰白色星状茸毛，基出脉 5 条，侧脉 6~7 对。雌雄异株，雄花序为圆锥花序或穗状，长 15~30 cm。多朵簇生于苞腋，花蕾卵形或球形，花萼裂片 4，外面密生淡黄色星状毛。雌花序穗状，长 15~30 cm，花萼裂片 3~5 枚，外面密生灰白色星状毛，花柱 3~4 枚，柱头密生羽毛状突起。蒴果近球形，密生被灰白色星状毛的软刺，种子近球形，褐色或黑色，具皱纹。花期 6~9 月，果期 8~11 月。

二、生长习性

白背叶喜光亦耐阴，耐湿润，喜深厚疏松土壤。喜生于海拔 150~1 000 m 的山脚、山谷林下或灌丛中。是荒地的造林树种。茎皮可供编织；种子含油率达 36%，含 a-粗糠柴酸，可供制油漆，是合成大环香料、杀菌剂、润滑剂等原料。

三、主要分布

白背叶主要分布于云南、广西、湖南、江西、福建、广东、海南、湖北、安徽、江苏、河南等地，野生分布。河南省舞钢市南部山区的长岭头、大河扒、老虎爬、灯台架、秤锤沟、人头山、瓦房沟、蚂蚁山等地野生分布，海拔 200~400 m 的山坡、谷地均有野生。多生于林下或灌丛。

四、引种繁育与造林绿化

白背叶，落叶灌木或小乔木，树形灌状，叶片似楸，色泛黄绿，花、果序似毛绒，形如穗、棒，垂于枝头。其形态奇异少见，可观赏性强。目前，选其作园林景观树的稀少。若能科学选作景园景观树，乔灌搭配，丛植林缘、路边；或作城镇园林小品点缀，定能丰富春观叶、夏观花、秋观果的理想观赏效应。当前，白背叶的繁育、造林绿化、园林美化研究工作被林业科技人员重视和培育。

五、白背叶的作用与价值

（1）观赏价值。白背叶树形灌状，叶片似楸，色泛黄绿，花、果序似毛绒，形如穗、棒，垂于枝头。其形态奇异少见,具有良好的观赏价值。

(2)绿化作用。白背叶在园林景观中应用,可选作景园景观树,乔灌搭配,丛植林缘、路边,或作城镇园林小品点缀。具有春观叶、夏观花、秋观果的理想观赏价值。

(3)应用价值。白背叶根、叶可入药,根具有柔肝活血、健脾化湿、收敛固脱之功效,可用于治疗慢性肝炎、肝脾肿大、子宫脱垂、脱肛、白带、妊娠水肿。叶用于治疗中耳炎、疖肿、跌打损伤、外伤出血。

85　黄　栌

黄栌,学名:*Cotinus coggygria* Scop.,漆树科黄栌属,又名红叶、红叶树、红栌木、红叶黄栌、黄道栌、黄溜子、黄龙头、黄栌材、黄栌柴、黄栌会等,落叶乔木或小灌木,既是中国北方著名的观叶树种,又是河南省山区野生优良乡土树种。

一、形态特征

黄栌平均高 7~10 m。木材坚硬,黄色,树冠圆球形。树皮暗灰褐色,嫩枝紫褐色,有蜡粉;叶倒卵形,先端圆或微凹,无毛或仅下面脉上有短柔毛,叶柄细长;花黄绿色;果序长 5~20 cm,许多不孕花的花梗伸长成粉红色羽毛状,果肾形。花期 4~5 月,果实成熟期 6~7 月。

二、生长习性

黄栌喜光,耐阴、耐寒、耐旱,对土壤要求不严,耐瘠薄;不耐水湿及黏土。对二氧化硫有较强的抗性,滞尘能力强。萌蘖性强,耐修剪,根系发达,生长快。秋季温度降至 5 ℃,日温差在 10 ℃以上时,4~5 天叶可转红。在平原地区,因温差不够,秋叶难以转红变艳。

三、主要分布

黄栌主要分布于河南、山东、北京、山西、陕西、甘肃、四川、云南、河北、湖北、湖南、浙江等地。中原地区主要分布于济源、漯河、许昌、周口、安阳、郑州、开封、新乡、洛阳、三门峡、焦作、平顶山、南阳、驻马店、信阳等地,种植或野生生长,河南省舞钢市南部灯台架、长岭头、官平院、秤锤沟、瓦房沟、支鼓山、五座窑等山区海拔 200~800 m 的沟谷、坡地、山脊均有分布。山脊、山坡灌丛或草丛多有片状野生,阔叶林下有散生。国有石漫滩林场四林区灯台架西坡 1 株,树高 5 m,胸径达 28 cm。

四、引种繁育与造林绿化

黄栌优良苗木繁育技术主要采用种子播种育苗分株和根插繁育。

(一)引种繁育苗木技术

1. 苗圃地的选择

要选择地势较高、土壤肥沃、土层深厚、水肥条件好,灌溉、排水方便的沙壤土为育苗地。土壤黏度较大时,可结合整地加入适量细沙或蛭石进行土壤改良,切忌选择土壤黏重、内涝地块。

2. 苗圃地整地

整地时间以3月上中旬为宜。整地时施足基肥,每亩施腐熟有机肥3 000~4 000 kg,并施30~50 kg复合肥,深翻耙细,拣去草根、杂物等。

3. 采收种子

6~7月,果实成熟后,选择结果早、无病虫害、健壮、5~10年生品质优良的健壮母树,即6月下旬至7月上旬果实成熟变为黄褐色时,及时采收,否则遇风容易将种子全部吹落。将种子采集后风干,去杂,过筛,精选,晾干,存放到干燥阴凉处备用,并防止虫害、鼠害。种子经湿沙储藏40~60天播种。

4. 种实处理

黄栌果皮有坚实的栅栏细胞层,阻碍水分的渗透,因此必须在播种前先进行种子处理。一般于1月上旬先将种子风选或水选除去秕种,然后加入清水,用手揉搓几分钟,洗去种皮上的黏着物,滤净水,重换清水并加入适量的高锰酸钾或多菌灵,浸泡2~3天,捞出掺2倍的细沙,混匀后储藏于背阴处,令其自然结冰进行低温处理。2月中旬选背风向阳、地势高燥处挖深40~45 cm、长宽60~80 cm的催芽坑,然后将种沙混合物移入坑内,上覆10~14 cm的细沙,中间插草束通气,坑的四周挖排水沟,以防积水。在催芽过程中,应注意经常翻倒,并保持一定的湿度,使种子接受外界条件均匀一致,发芽势整齐,同时防止种子腐烂。3月下旬至4月上旬种子吸水膨胀,开始萌芽,待有25%~30%种子露白即可播种。

5. 土壤消毒

播种前3~4天用40%福尔马林加水50倍或多菌灵50%可湿性粉剂每平方米1.5 g进行土壤消毒,或每亩施50~100 kg硫酸亚铁以防幼苗立枯病。另用吡虫啉700~800倍液每亩施入150~200 kg以消灭地下害虫,从而保护播种后的种子和幼苗生长。

6. 大田播种

黄栌树播种时间以3月下旬至4月上旬为宜。育苗做低床为主,为了便于采光,采取南北行向做床,苗床宽1.2~1.5 m,长视地形条件而定,床面低于步道10~20 m,播前3~4天用福尔马林或多菌灵进行土壤消毒,灌足底水。待水落干后按行距33~35 cm拉线开沟,将种沙混合物稀疏撒播,每亩用种量6~7 kg。下种后覆土1.5~2 cm,轻轻镇压、整平后覆盖地膜。同时在苗床四周开排水沟,以利秋季排水。注意种子发芽前不要灌水。一般播后14~20天苗木出芽出齐。

7. 浇水施肥

黄栌苗木新苗出土后,在苗木生长期浇水要足,在幼苗出土后20天以内严格控制浇水,在不致产生旱害的情况下尽量减少浇水,10~15天浇水一次;7~9月,雨水多的季节做好排水,以防积水导致苗木根系腐烂。6~8月苗木进入快速生长期,当苗木肥力不足时,结合浇水每亩施入10~15 kg复合肥。

8. 苗木管理

黄栌繁育的幼苗,主茎有倾斜生长特点,苗木适当密植。幼苗要加强管理,在苗木长出2~3片真叶时进行间苗。在叶子相互重叠时,要及时进行留优去劣,除去发育不良、有病虫害、有机械损伤和过密的幼苗，苗木株距保持 6~9 cm 为宜。

(二)主要病虫害的发生与防治技术

1. 主要虫害的发生与防治

(1)主要虫害的发生。黄栌虫害在河南主要有红蜘蛛、蚜虫。红蜘蛛、蚜虫在苗木生长期，是全年发生的虫害，主要危害叶片，受害严重时，将会影响苗木的生长，或导致大部分幼苗死亡。

(2)主要虫害的防治。5~6 月，在红蜘蛛发生危害初期，可喷清水冲洗或喷 0.1~0.3 波美度石硫合剂清洗。或喷洒用 20%三氯杀螨醇乳油 800 倍液或 73%克螨特乳油 2 000 倍液等杀螨剂。在蚜虫危害期，喷药灭蚜威 1 000~1 200 倍液防治。喷药时一定抓住初发期，喷洒要均匀。每隔 10~15 天喷布 1 次，连续喷药 2~3 次即可控制。

2. 主要病害的发生与防治

(1)白粉病的发生。黄栌主要病害是白粉病。4 月下旬至 9 月发生危害，初期叶片出现针头状白色粉点，逐渐扩大成污白色圆形斑，病斑周围呈放射状，至后期病斑连成片，严重时整叶布满厚厚一层白粉，全树大多数叶片为白粉覆盖。白粉病由下而上发生。植株密度大、通风不良发病重，通风透光地方的树发病轻。受白粉病危害，可导致叶片干枯或提早脱落；有的被白粉病覆盖后影响光合作用，致使叶色不正，不但使树势生长衰弱，而且导致秋季红叶不红，变为灰黄色或污白色，严重影响红叶的观赏效果。

(2)白粉病的防治。3 月下旬至 4 月中旬，在地面上撒硫黄粉，黄栌发芽前在树冠上喷洒 3 波美度石硫合剂。5~9 月，在发病初期喷洒 20%粉锈宁 800~1 000 倍液 1 次；或喷洒 70%甲基托布津 1 000~1 500 倍液，每隔 9~10 天喷布 1 次，连续 2~3 次即可。

五、黄栌树的作用与价值

(1)景观作用。黄栌叶片秋季变红，鲜艳夺目，著名的北京香山红叶就是该树种，在园林绿化风景区、公园、庭园中，可作为片林或景点绿化树种；在山地、水库周围可以营造风景林或荒山造林。是中国重要的观赏红叶树种。历来被文人墨客比作“叠翠烟罗寻旧梦”和“雾中之花”，故又有“烟树”之称。具夏赏“紫烟”、秋观红叶的赏景传统。

(2)化工作用。野生黄栌是利用价值较大的资源型植物。其木材黄色，可提取黄色的工业染料，树皮和叶片还可提栲胶，在化工方面已有将其作为鞣化剂的应用，叶片含有芳香油，可做调香原料，并且黄栌叶片中丰富的花青素含量正在逐渐引起人们的重视，越来越多的学者已经开始进行黄栌色素方面的研究，有望开发为新的天然食用色素。

(3)造林作用。黄栌在园林中适宜丛植于草坪、土丘或山坡，亦可混植于其他树群尤其是常绿树群中。黄栌花后久留不落的不孕花的花梗呈粉红色羽毛状，在枝头形成似云似雾的景观；黄栌也是良好的造林树种，是营建水土保持林、生态景观林的首选树种。也常有以其野生根桩栽培、整修，制成自然式盆景。

(4)用材价值。黄栌木材坚硬，黄色，是制作家具或用于雕刻的原料。

86　盐肤木

盐肤木，学名：*Rhus chinensis* Mill.，漆树科盐肤木属，又名肤拉头，落叶小乔木或灌木，是造林绿化、观赏、制造农家肥、保持水土流失、药用等优良树种。

一、形态特征

盐肤木树高 2～8 m。小枝棕褐色，被锈色柔毛，具圆形小皮孔。奇数羽状复叶，有小叶 3～6 对，纸质，边缘具粗钝锯齿，背面密被灰褐色毛，叶轴具宽的叶状翅，密被锈色柔毛。小叶椭圆状卵形或长圆形，长 6～12 cm、宽 3～7 cm，先端急尖，基部圆形，叶面暗绿色，叶背粉绿色，叶面沿中脉疏被柔毛，叶背被锈色柔毛。圆锥花序宽大，多分枝，雌雄同株。雄花序长 30～40 cm，密被锈色柔毛，花乳白色。花萼外面被微柔毛，裂片长卵形，边缘具细睫毛，花瓣倒卵状长圆形，雌花花萼裂片较短，外面被微柔毛，花瓣椭圆状卵形。子房卵形，长约 1 mm，密被白色微柔毛，花柱 3，柱头头状。核果扁球形，径 4～5 mm，成熟时红色。花期 6～8 月，果期 9～10 月。

二、生长习性

盐肤木喜光、喜温暖，耐寒、耐湿润，适应性强，对土壤要求不严。海拔 150～2 000 m，酸性、中性、碱性土壤或干旱瘠薄之地，阳坡、沟谷、溪边疏林或灌丛均有分布。根系发达，萌蘖力强，生长快。

三、主要分布

盐肤木主要分布于云南、四川、贵州、广西、广东、台湾、江西、湖南、河南等地，生于海拔 280～2 800 m 的山坡、沟谷的疏林或灌丛中。东北、内蒙古和新疆有生长分布，河南省舞钢市境内杨庄乡瓦房沟、五座窑、火烧寺等地，海拔 500 m 以下的丘陵、山脚、谷地、河边有野生。空旷坡地多有片状萌生，林下或疏木多散生。

四、引种繁育与造林绿化

盐肤木生长快，结果早，造林 3 年开始结实，种子量较大，容易采集，繁育苗木方便，所以，林农主要采用种子繁育。

（一）引种繁育苗木技术

1. 采收种子

人工采收，10 月种子成熟即可采收，采收的种子去除杂物，晾干备用。

2. 种子播种

播种方法，9～10 月秋播或 3 月春播。秋播可采收后随采随播。有条件的地方采用人工植苗造林。苗圃地选择土壤肥沃、浇水方便的地方，做苗床打畦。

3. 种子处理

播种时间，春季 3 月中旬至 4 月上旬。播种前用 40～50 ℃温水加入草木灰调成糊状,搓洗盐肤木种子。用清水掺入10%浓度的石灰水搅拌均匀,将种子放入浸泡3~5天后摊放在簸箕上,盖上草帘,每天淋水一次,待种子"露白"后,方可播种。播种量为每亩播种11~13 kg。

4. 播种方法

将种子均匀撒在苗床上,然后用细沙覆盖种子,其厚度以不见种子为宜。再用稻草或松针、谷壳盖上,然后喷洒清粪水,至湿透苗床为止。幼苗出土前要经常浇水,使苗床保持湿润,在幼苗大量出土后,应在阴天或少雨天揭去覆盖物炼苗。苗期要加强田间管理,以保苗木健壮。

(二)造林绿化技术

1. 造林地的选地

盐肤木对土壤、水分、气候等条件要求不高,是荒山绿化的主要树种。选地造林时可选择海拔50 m以上、1 000 m以下的山地。母岩以花岗岩、板岩、页岩发育的山地黄壤、黄棕壤均可。土层深厚、肥沃地生长良好。

2. 造林地的整地

盐肤木造林地用拖拉机整地,人工采用带状、全垦、大穴整地。带状整地,可以得到较多的自然光照,提高土壤温度,降低湿度。穴垦整地穴规格长、宽、高为60 cm × 60 cm × 60 cm。有条件的地方先施基肥,每穴放入0. 25 kg的过磷酸钙或等量的复合钾肥,与土壤拌匀,准备造林。

3. 造林栽植苗木

盐肤木造林株行距为1. 5 m × 1. 5 m或1. 5 m × 2 m或2 m × 2 m。种植后浇水,封土高出地面20~30 cm,保湿保墒,防止春季大风吹倒、吹歪,影响成活率。

4. 苗木修剪整形

盐肤木一般不要修枝,采用自然整枝,个别单株分叉太多,可剪除分枝,保留一根主干就可以了,或根据不同的经营目的采用不同的经营方式。

5. 施肥管理

盐肤木对肥料没有特殊要求。有条件的地方早期可采取间种绿肥,结合抚育,将绿肥翻埋地下;或者在抚育时每亩施化肥50~60 kg。盐肤木初期生长缓慢,中期生长迅速,年高生长量可达25~30 cm。盐肤木林地土壤有黄壤、黄棕壤。土层肥厚,杂草、灌木生长迅速,而盐肤木生长缓慢,造林后要连续抚育5年以上。前3年每年抚育两次,以后每年1次,锄抚1~2次等,抚育时间应在植被生长旺盛以前的月份进行,植树带上的杂草、灌木全部清除,保留带上的箭竹灌木也要拦腰斩断。海拔高、植被稀少的迹地,可进行弱度抚育,抚育次数和年限可以减少、缩短。

(三)防治病虫害

(1)盐肤木主要病害是白粉病、叶斑病。一是白粉病。4~5月春季或9~10月秋季,低温多雨时易发,主要为害叶片。防治方法:清洁田园,清除病残株;发病时用1:1:120波尔多液或50%可湿性甲基托布津1 000倍液喷施。二是叶斑病。6~8月夏季发生,主要为害叶片。防治方法:5波美度石硫合剂或多菌灵600~700倍液喷布即可。

(2)盐肤木主要虫害是银纹夜蛾。6~7月发生,危害叶片,当幼虫咬食叶片时防治。

防治方法：一是人工捕杀成虫或诱杀灯诱杀成虫，成虫有趋光性，5~7 月每亩林地挂诱杀灯 1~2 台即可；或用 90%敌百虫 800 倍液喷雾即可。

五、盐肤木的作用与价值

(1)观赏价值。盐肤木枝冠开张，羽叶壮阔，花开枝梢，秋色红叶。用于森林公园、风景区景观树点缀美化，观叶、观花、观果兼融，美不胜收，具有良好的观赏作用。

(2)经济价值。盐肤木可作经济树种造林；皮部、种子可榨油；花开盛夏，蜜粉丰富，为优质蜜源植物；亦是常用中药五倍子培育寄主树种。其嫩茎叶营养丰富，民间常采其叶作养猪饲料。幼枝、叶还可作土农药等。全树可入药，有清热解毒、舒筋活络、散瘀止血、涩肠止泻之效。

(3)造林绿化作用。盐肤木适应性强，生长快，耐干旱瘠薄，根蘖力强，是重要的造林及园林绿化树种。如在有机茶园的周围栽植割青铺园，可以解决茶园的施肥问题，又有利于水土保持。其花是初秋的优质蜜粉源。

(4)肥料作用。盐肤木，小灌木，鲜嫩茎叶中含氮 0.43%、磷酸 0.11%、氧化钾 0.43%。每年 5~10 月可割青 2~3 次，成片栽植年累计采青可达每亩 2~3 t，因其茎叶柔软多汁，易腐烂分解，是一种很好的绿肥。盐肤木的嫩茎叶可作为野生蔬菜食用，又为山区群众养猪的野生饲料。

87　肉花卫矛

肉花卫矛，学名：*Euonymus carnosus* Hemsl.，卫矛科卫矛属，半常绿灌木或小乔木，其树姿优美，秋季叶、果泛红，果实下垂，观赏性佳。可用于风景区、公园景观点缀，城乡广场、街区小品美化，孤植、群植于草坪、庭院、湖岸、河边，是极好的防护林优良树种。

一、形态特征

肉花卫矛树高 3~8 m。单叶对生，近革质，长圆状椭圆形，长 5~10 cm、宽 3~6 cm。聚伞花序有花 5~15 朵，花黄绿色，花瓣圆形，表面有窝状皱纹或光滑。蒴果近球形，有 4 条翅状棱，初黄色，成熟时红色。种子数颗，亮黑色，假种皮红色。花期 5~6 月，果期 8~10 月。

二、生长习性

肉花卫矛喜温暖湿润气候，耐半阴、耐寒，不耐积水，耐盐碱。适宜海拔 200~1 000 m，碱性、中性及微酸性土壤，谷地、山脚林缘、疏林或灌丛有野生生长。对土壤要求不严，适应性强。

三、主要分布

肉花卫矛主要分布于辽宁、河北、河南、山东、甘肃、安徽、江苏、浙江、福建、江西、湖北、四川等地。河南省舞钢市南部山地瓦庙沟、秤锤沟、大河扒、葡萄架、官平院、九头崖、人头山等山区有灌木状零星野生。

四、引种繁育与造林绿化

(一)引种繁育苗木技术

肉花卫矛主要用种子繁殖苗木,种子苗木适应性强,生长快。

1. 种子采收

肉花卫矛11月上旬进入果熟期,选择优良健壮母树上的种子采收,当果皮开裂前采收,不然种子容易散失。采收后,结果日晒待蒴果开裂放在通风干燥处晒干,种子量少可用手搓,然后用簸箕或筛子除去果壳等杂质。种子处理干净后即冬藏,采用干藏效果好,即是将种子完全晾干后装在密封的容器内放入地下室储藏。

2. 苗圃地选择

圃地应选择地势平缓、土质疏松、透水性好、不易积水且有灌溉条件的沙壤土,要求土壤有机质含量较高。土壤酸碱性适中,pH值在6.5~7.5。

3. 种子处理

采集后的种子进行干藏,11月采收,放置到第二年1月下旬取出种子,人工进行催芽。先用28~30 ℃温水浸泡20~24小时,捞出后拌入2~3倍的湿沙,堆置背阴处沙藏,上盖湿润草帘防干,并经常洒水保持一定的湿度。3月中旬土地解冻后将种子移至背风向阳处,并适当补充水分催芽。为防止种子发霉,应经常翻倒。4月初待50%的种子露白时即可播种。

4. 种子播种

肉花卫矛播种前,清理圃内杂物,做到地平、土碎、肥均,做床整畦。播种采用条播,苗床的规格为长宽高100 cm × 120 cm × 60 cm,床间距为25~30 cm。先将腐熟饼肥铺于床面,厚度为5~6 cm,施肥量每亩施入300~350 kg;同时施入森得保粉剂每亩施入15~20 kg,黑矾8~9 kg,以防新生苗木病虫害。播种方法:播种前5~7天做床灌水,播种方法采用苗床开沟条播,行距25~30 cm,沟深2~3 cm,播种每亩4.5~5 kg,播完种子将土耧平盖住种子,覆土厚1~1.5 cm,然后铺1层稻草,稻草的厚度以看不见床面为宜,铺完稻草立即浇透水。

(二)苗木造林移植保护技术

1. 肥水管理

3~4月播种后,15~20天出苗,出苗后要及时撤掉稻草和除草间苗,当苗高4~5 cm时定苗移植,苗距20~25 cm。幼苗期不灌水,待苗高达7~8 cm再灌水,以后每隔20~30天,土壤较干时灌水1次;在5~6月,各追施1次生物肥或复合肥,每次每亩施5~6 kg,并用0.4%尿素和0.4%磷酸二氢钾,叶面喷肥3~4次;及时中耕除草。

2. 造林修剪

选择健壮苗木,3~4月可以移植造林,及时移苗扩大株行距,促进苗木快速生长,可按株距80 cm、行距100~110 cm栽植。5~12月,每隔50~60天追肥1次,连续施肥3~4次;经过1~2年技术培育即可移植分株;或隔1株去1株,连续培育,继续培养大苗。生长期,要注意修剪疏除下部萌生的侧枝、萌蘖,并要及时摘心,控其生长,促主干生长。

3. 苗木生长期管理

肉花卫矛生性强健，适应性强，栽培管理简便，定植时每株施 2~3 kg 农家肥或堆肥作底肥，生长期一般不需再追化肥，可每年入冬时施 1 次腐熟有机肥作基肥。从 3 月春季萌动至 5 月可灌水 2~3 次，夏季天旱时可酌情浇水，入冬前灌 1 次封冻水。9~10 月秋季落叶后可适当疏剪，疏去一些过密枝、病枯枝、徒长枝，使枝条分布均匀，生长健壮。

五、肉花卫矛的作用与价值

（1）防护林作用。肉花卫矛树姿优美，秋季叶、果泛红，果实下垂，观赏性佳。是风景区、森林公园、城乡小区、城镇广场、街区、庭院、湖岸、河边的最佳防护林优良树种。

（2）造林作用。肉花卫矛枝繁叶茂，9~10 月叶色深红并伴以下垂的果实，极具观赏价值；适应性强，生长快，是孤植、群植、草坪绿化、庭院、林缘等造林优良树种。

88　栓翅卫矛

栓翅卫矛，学名：*Euonymus phellomanus* Loes.，卫矛科卫矛属植物，又名鬼见愁等，半常绿灌木，其枝冠开张，枝具四棱栓翅，叶色深绿，花淡绿色，秋叶火红，果色艳丽。具有显著季相特征，实为观叶、观花、观果、观枝四季景观树种。

一、形态特征

栓翅卫矛树高 1~3 m。枝条硬直，具 4 列纵栓翅。单叶对生，长椭圆形或椭圆倒披针形，长 5~8 cm、宽 3~5 cm，先端渐尖，边缘具细锯齿。聚伞花序，2~3 次分枝，花 7~15 朵，白绿色。雄蕊花柱头圆钝而小。蒴果 4 棱，倒圆心状，熟时红色。种子椭圆状，种皮棕色，假种皮橘红色。花期 6~7 月，果期 8~10 月。

二、生长习性

栓翅卫矛喜光、耐阴、耐瘠薄，适应性强，对土壤要求不严。生于海拔 350 m 以上山地，适宜中性、碱性、微酸性土壤，谷地、山坡灌丛或林中。同时，对温度极为敏感，可抗极端最高气温 36 ℃、极端最低气温 ~35 ℃。

三、主要分布

栓翅卫矛主要分布于甘肃、陕西、河南、宁夏、四川、湖北等地，野生分布。河南省舞钢市南部旁背山、九头崖、官平院等山地海拔 300 m 以上亦有分布，多生于山谷陡坡、裸岩，林下或灌丛内。

四、引种繁育与造林绿化

（一）引种繁育苗木技术

栓翅卫矛适应性强，其苗木繁育主要采用播种技术。

1. 种子采种

选择优良健壮、无病虫害危害的母树种子作良种。

2. 种子播种

播种时间即春季或秋季进行。一是秋播,秋季播种的种子不必处理,采种后即在 10 月下旬播种,采用条播进行,播幅宽 8~9 cm,行距宽 18~20 cm,沟深 3.5~4 cm,覆土厚度 2~2.5 cm,播后及时浇水,保湿保墒。二是春播,春播将处理过的种子在 3 月至 4 月下旬开始播种(技术同秋播)。注意播种期,3~4 月春播播种期随气温而定,一般地表气温 10 ℃以上、5~6 cm 土层平均地温 8~10 ℃为宜。

3. 种子播种量

每亩播种量 10~11 kg。千粒重 27g 左右,发芽率可达 65%~70%,播种方法采用条播法。播幅 3~5 cm,行距 10~15 cm,覆土厚度 0.1~0.3 cm,用腐殖质土覆盖,保湿保暖保墒。

(二)造林绿化技术

1. 苗木选择

栓翅卫矛属浅根性树种,选择根系发达、健壮,侧根及毛细根比较发达的苗木。起苗根幅根据苗木大小来决定,要求根幅达到 30 cm 或 35 cm 或 40 cm,并带土球。远距离运输时根系要用草袋、草绳包扎,防止根系失水,并防止土球在运输途中颠簸损坏。

2. 苗木栽植

造林栽植时间,3 月 20~30 日起苗栽植。带土球栽植一年四季均可以,但以春季或秋季两季栽植最好,成活率可达 100%。挖坑,坑长、宽、高分别为 50 cm × 50 cm × 50 cm,要求坑的大小上下一致,有利于疏松土壤和苗根舒展,促进栽植成活和提高生长量。该树种对气温很敏感,发芽极早。如裸根移栽,要早起苗,早栽植。栽植方法:对立地条件较差、土壤黏重贫瘠的地块,要求提前一年整好地,挖大坑换客土,施用充分腐熟的有机肥 50~60 kg,改良土壤。栽植前,根据不同环境条件,进行选择和设计。栽植方式为独植、对植、列植、自由式等形式。栽植时株施复合肥 30~40 g 与土壤掺拌均匀,将苗木扶直,分层填土踏实,适当深栽,栽植后及时灌足定根水。施肥方法:半圆形或辐射状开沟施入,有条件的还可施有机肥。灌水,要根据地下水位深浅、降水量多少和土壤墒情,确定灌水次数和灌水量。一般在引黄灌溉区每年灌水 4~5 次,扬黄灌溉区每年灌水 8~10 次。灌水方式有漫灌、滴灌、喷灌等。降水量在 400 mm 以上的地区可免灌水。

3. 整形修剪

6~8 月,夏剪为主,11~12 月冬剪为辅,冬剪和夏剪相结合;控制高生长,促进主枝加粗生长,促发侧枝生长,形成牢固的骨架,迅速扩大树冠,使树冠主、侧枝结构合理,通风透光;抑制营养生长,促进生殖生长,多开花结果,提高观赏价值。注意:整形修剪之前,首先须全面掌握栓翅卫矛的芽、枝、花及各器官的生长规律和特点。根据多年的实地观察和修剪实践,栓翅卫矛的芽分为顶芽、腋芽和不定芽。在一年生新枝顶端有 5~8 个不等的顶芽,春季发芽时长出 5~8 个新枝,其中中间的一个顶芽萌发的枝条生长较高、较粗,高度 30~40 cm,基径粗 0.3~0.5 cm;周边顶芽萌发的枝条较短、较细,高度为 30~35 cm,基径粗 0.2~0.4 cm。第二年再从每个枝头的顶芽长出 5~8 个不等的新枝。依次类推,枝条越长越多,而且冠幅形成明显的年生长层次。随着枝条的增多,树体供给的营养、水分分散,后期顶端新生的枝条越来越细弱。另外,顶芽生长的枝条夹角小,树冠高度增加快,冠径扩大慢,内膛枝老化干枯,通风透光性能差。在顶芽萌发生长时,腋芽一般不萌发,即使有少量腋芽萌发,由于内膛欠光照,只能长成 4~5 cm 的细小枝条,2~3 年后干枯死亡。不定芽在无外伤损失的情况下亦不发芽。如果进行人工回缩和重短截后。腋芽代替顶芽长出许多旺盛的新枝,在主干和主枝基部不定芽萌发出无数个新枝。栓翅卫矛芽和枝的生长特点充分显示了自身原始灌丛生长的遗传习性。栓翅卫矛的花为聚伞花序,随着上年枝的顶芽萌发从叶腋间同期长出。掌握了栓翅卫矛芽、枝、花的这些生长习性和特点,进行科学合理的修剪。树形,根据栓翅卫矛生长习性及修剪实践,选择自然圆头型树形。这种树形具有整形修剪简便、冠幅美观、观赏性强的特点。冬季修剪时间,11~12 月进行;必须在 3 月 15 日前结束,但在有金龟子严重为害的地区,可推迟到 4 月中下旬修剪;夏季修剪时间为 4~7 月。

五、栓翅卫矛的作用与价值

(1)观赏价值。栓翅卫矛枝冠开张,枝具四棱栓翅,叶色深绿,花淡绿色,秋叶火红,果色艳丽。具有显著季相特征,实为观叶、观花、观果、观枝四季景观树种。

(2)绿化作用。栓翅卫矛是森林公园、景区及城市园林绿化、美化“四观”树种,尤其是广场、公园、机关、学校、部队、厂矿、居民区点缀或道路、草坪、墙垣、假山石旁配植的绿化树种。

(3)防护林作用。栓翅卫矛叶含卫矛碱,对二氧化硫有较强的抗性,有净化城市空气功能。是工厂、矿区、城镇周边净化空气的良好造林防护林树种,有益于人民身体健康。

(4)油料作用。栓翅卫矛种子可榨油,用于工业原料。

89 西南卫矛

西南卫矛,学名:*Euonymus hamiltonianus* Wall. ex Roxb.,卫矛科卫矛属植物,落叶灌木或小乔木。西南卫矛树姿优美,枝叶茂密,叶片硕大,叶色浓绿光亮,红色蒴果挂满枝,绿叶红果,妙趣横生,是一种优良的观枝、观叶、观果树种。每当中国北方冬季来临,或万木凋零,或漫天飞雪,而西南卫矛树冠外围却布满翠绿的枝条,依然显示出勃勃生机,是美丽的冬景树种。

一、形态特征

西南卫矛树高 2~5 m。小枝有时具小木栓棱,叶片大,较厚,近革质。卵状椭圆形、长方椭圆形,长 7~13 cm、宽 7~8 cm。蒴果较大,直径 1~1.5 cm。花期 5~6 月,果期 9 月。

二、生长习性

西南卫矛喜光、稍耐阴,喜湿润,喜土壤深厚疏松。适生海拔 300~2 000 m,中性、微碱、微酸性土壤,山脚、河谷林内、林缘或灌丛中。

三、主要分布

西南卫矛主要分布于甘肃、陕西、四川、湖南、湖北、江西、安徽、浙江、福建、广东、广西及河南等地。目前，多有人工栽培。河南省舞钢市国有石漫滩林场三林区瓦庙沟、对眼沟、秤锤沟，四林区老虎爬沟、大河扒有零星分布。野生于山地河谷林缘、疏林中。

四、引种繁育与造林绿化

西南卫矛主要采用播种、扦插和嫁接等方法繁殖苗木。

（一）引种繁育苗木技术

1. 采种与种子处理

种子选择，选择20~30年生以上、光照充足、无病虫害的结果树为采种母树。当果实有部分开裂露出粉红色假种皮时，表明种子已充分成熟，应及时采种。采得的鲜果摊开晾干，使果皮开裂，敲打揉搓脱出种子。经过风选和筛选除去果壳等杂物，得到带有假种皮的种子。西南卫矛的假种皮富含油脂，储藏期间易招致虫害或滋生霉菌而使种子腐烂，故可将种子置于水中浸沤48~72小时，或直接放入草木灰水中搓揉，去除假种皮，置阴凉通风处晾干，直播或室外挖坑混沙沙藏过冬。

2. 苗圃地整地

选择深厚、肥沃、排水良好、有充足水源的地块作苗圃地。冬前要深耕不耙，开春顶凌旋耕细耙，施足底肥。做成高床，床面宽50~60 cm，床高20~25 cm，床沟25~30 cm，床面土壤细碎，整平，每亩用20~30 kg硫酸亚铁均匀撒于床面对土壤消毒。

3. 种子播种

采用条播进行，行距20~25 cm，一垄双行，开沟深1.5~2 cm，播后覆1~1.5 cm细土，然后盖草或覆地膜。出苗前经常保持床面土壤湿润。还可以采用早春2月在日光温室内平畦育苗，至4~5月苗木高达10~15 cm时，移入大田进行培养，效果也很好。该方法幼苗期集中管理，省时省工，幼苗移植成活率高，返苗快，大田圃地苗密度均匀、生长一致，苗木质量好、规格高，值得推广。

（二）种条扦插繁育技术

1. 种条选择

西南卫矛主要用嫩枝扦插育苗，效果很好。选取2~3年生幼树上当年生半木质化枝条作插穗，剪成8~9 cm长，粗度0.5~1.1 cm以上，去掉梢端幼嫩部分，每插穗要求2节以上，保留上部2片叶子，每片叶子再剪留1/2。

2. 种条扦插

插穗剪好后，每50根扎1捆，下端放入每1 kg水加0.5 g浓度的ABT生根粉1号或6号溶液中浸泡0.5~1小时，随即扦插。扦插密度5 cm × 5 cm。扦插基质用消过毒的粗河沙，插床配备自动间歇式喷雾装置。20~30天插穗可形成愈伤组织，40天以后开始生根。扦插成活率可至80%以上，插穗生根成活后可移入大田培养。

3. 苗木嫁接

嫁接育苗也是解决种源不足的一种办法。砧木选用1~2年生丝棉木，芽接，春、夏、秋三季均可进行,亲和力强,愈合好,成活率高。芽接的1年生留床平茬苗,当年高度可达1.5~1.8 m。最高可达2.2 m。地径可达3.2~3.5 cm;3年生嫁接苗胸径可达4.5~5.0 cm,高度可达3~4 m。

4.新生苗木管护

种子播种后25~30天,苗木开始发芽出土。基本出齐苗时,可逐渐揭去盖草或地膜。西南卫矛抗性较强,山区野生林分或人工栽培植株至今未发现什么明显病虫害,故苗期管理主要是松土除草和浇水施肥,只要水肥跟上,可连续生长,直到9月底10月初高生长仍不停止。1年生苗在6月中旬至8月中旬应搭棚遮阴,透光率50%左右即可,9月下旬,立秋前后应及时拆除荫棚,随后加强浇水、施肥管理,促进苗木快速生长。

五、西南卫矛的作用与价值

(1)观赏价值。西南卫矛树姿优美,枝叶茂密,叶片硕大,叶色浓绿光亮,红色蒴果挂满枝头,绿叶红果,妙趣横生。为优良观叶、观果、观枝树种和美丽的冬季景观树种。

(2)绿化作用。西南卫矛可选作景区、公园观赏树配植,城镇绿化、美化景观点缀,姿色宜人,据其姿态,近年多有作为树桩盆景栽培树种。

(3)用材。西南卫矛木材色黄白,材质细腻,是加工细工雕刻工艺品的树种。

90　茶条槭

茶条槭,学名:*Acerginnala* Maxim.,槭树科槭属植物,落叶灌木或小乔木。茶条槭叶形美丽,幼果泛红,秋叶红艳,引人入胜。为北方优良观赏绿化树种,适于森林公园、景区乔灌结合,立体景观配植;城镇绿化宜孤植、列植、丛植,凸显其叶、花、果观赏点缀效果。据其灌木、根系发达特性,亦是营造水土保持林、河道护岸林的造林绿化树种,既有防护效能,又能美化环境,一举兼得。

一、形态特征

茶条槭树高3~6 m。树皮粗糙、微纵裂,灰色。小枝细瘦,无毛,当年生枝绿色或紫绿色,多年生枝黄褐色。单叶对生,叶纸质,叶片长圆卵形或长圆椭圆形,长6~10 cm、宽4~6 cm,3~5浅裂;裂叶锐尖或长锐尖,边缘具不整齐钝尖锯齿;上面深绿色,下面淡绿色,基部圆形、截形或心脏形。伞房花序,长6 cm,具多花;花杂性,雌雄同株;萼片5,卵形,黄绿色;花瓣5,长圆卵形,白色;雄蕊8,子房密被长柔毛。果实黄绿色或黄褐色,翅果长2.5~3 cm,翅宽0.8 cm,中段较宽,近于直立或成锐角。花期5月,果期8~10月。

二、生长习性

茶条槭属阳性树种,喜光、稍耐旱、耐阴,对土壤pH值要求不严,根系发达,喜疏松土壤。生于海拔200~800 m,耐寒,喜湿润土壤,耐瘠薄,抗性强,适应性广。常多生长于海拔800 m以下的河岸、向阳山坡、湿草地,散生或形成丛林,在半阳坡或半阴坡杂木林缘也有分布。

三、主要分布

茶条槭主要分布于黑龙江、吉林、辽宁、内蒙古、河北、山西、河南、陕西、甘肃等地。河南省舞钢市南部九头崖、秤锤沟、长岭头、官平院、祥龙谷等山区 200~500 m 山脚、谷地有大量分布，多为灌木状与灌丛混生，林下少见分布。

四、引种繁育与造林绿化

（一）引种繁育苗木技术

1. 种子采收

茶条槭果熟期为 9~10 月，翅果成熟后不凋落，采种时选择黄褐色成熟果实，人工采集后，搓去果翅，去除杂质即为种子。种子呈长条形，收集的种子装袋后放入种子窖低温储藏。

2. 种子催芽

茶条槭种子具有深休眠特性，种子不经处理直接浸种，萌芽率不会超过 30%。所以种子的催芽处理对播种育苗尤为关键。播种前 30 天，将低温储藏的种子取出后，用 1%浓度的过氧化氢浸泡 48 小时后，冷水浸泡 72 小时或 96 小时，均匀混入 3 倍体积的细沙，保持温度 5~10 ℃，湿度 60%~70%，18~20 天后，1/3 种子开裂即可播种。

3. 种子播种

茶条槭喜湿润，应选择离水源较近或浇水方便的地块，以土壤肥沃、排水性好的沙壤土为最佳。春季播种，播种地应提前秋季深翻，播种前做宽 0.5~0.8 m 长度适宜的苗床，结合整地施入基肥，每平方米施腐熟农家肥 10~15 kg。耙细表层土壤后，喷施 0.5%的高锰酸钾溶液进行土壤消毒，浇透水后即可播种。用播种器进行条播，每亩播种量为 12~15 kg，播种后用过筛的细土覆盖，以不露出种子为宜，镇压后覆盖草帘保湿。

4. 新生苗木保护

种子播种后，真叶出苗期，其间的管理是茶条槭播种育苗成功与否的关键。其间要注意观察，保证床面始终湿润，浇水时以床面稍见积水为宜。播种后 10 天左右种子萌芽出苗，此时要及时除去草帘，以免子叶扎入草帘后被带出。大部分子叶出土后，用代森锰锌 400~500 倍液均匀喷雾，可有效防止立枯病等病害的发生。长出真叶后即进入苗期，对水分的要求仍以保证床面始终湿润为宜。浇水要少量多次，以床面稍见积水为宜，水分过大容易造成根部腐烂。浇水时间一般为早上 8 时前和下午 4 时后。小苗开始扎根后，应适当减少浇水量，促进小苗根系的生长。加强茶条槭实生苗蹲苗期的管理，在根系发育完全前，生长较慢，因此杂草对小苗的影响较大，及时除草是保证苗木质量的关键。一般采用人工除草的方式，做到除早、除小、除了，结合除草可适当松土，除草后及时浇水，防止根系透风死亡。间苗追肥。当小苗长出 2 片真叶后可进行第 1 次间苗与补植，小苗不耐移栽，因此间苗与补植应在雨天或阴天进行，对移栽的苗要适当遮阳。小苗长出 4 片真叶后可进行第 2 次间苗。茶条槭播种育苗第 1 年需追肥两次，一次在 6 月生长速生期，为了促进根系生长，每 1 m^2 施入磷酸二氢钾 8~10 g；另一次在生长停止前 1 个月，为了促进苗木木质化，每 1 m^2 施入氮肥 10~12 g。

(二)防治病虫害技术

茶条槭病虫害主要是红蜘蛛和叶斑病。红蜘蛛和叶斑病主要为害叶片。红蜘蛛和叶斑病发生危害时间为6~7月,在6月红蜘蛛虫害发生时,可将苗床均匀喷施敌克松和乐斯本600倍液进行防治。对叶斑病可在叶面喷施代森锰锌或多菌灵400~500倍液进行防治。

五、茶条槭的作用与价值

(1)观赏价值。茶条槭叶形美丽,幼果泛红,秋叶红艳,引人入胜,为北方优良观赏绿化树种。

(2)绿化作用。茶条槭可用于森林公园、景区乔灌结合,立体景观配植;城镇绿化宜孤植、列植、丛植,凸显其叶、花、果观赏点缀效果的优良树种。

(3)防护林作用。茶条槭根系发达特性,是营造水土保持林、河道护岸林的造林树种,既有防护效能,又能美化环境,一举兼得。

(4)经济价值。茶条槭嫩叶可加工茶叶,具生津止渴、退热明目之功效。木材供薪炭及小件农具制作。树皮纤维可做纸浆、人造棉。其花为良好蜜源,种子可榨油。

91　薄叶鼠李

薄叶鼠李,学名:*Rhamnus leptophylla* Schneid.,鼠李科鼠李属,又名郊李子、白色木、白赤木、细叶鼠李、蜡子树等,灌木。鼠李为优良的用材树种和庭院绿化树种。

一、形态特征

薄叶鼠李树高2~4 m。小枝对生或近对生,有时小枝端具刺状,褐色或黄褐色,平滑无毛,有光泽。叶对生或近对生,纸质。倒卵形至倒卵状椭圆形,长3~8 cm、宽2~5 cm,顶端短突尖或锐尖,基部楔形,边缘具圆齿或钝锯齿,叶面深绿色,无毛或中脉被疏毛,背面浅绿色,脉腋有簇毛,侧脉每边3~5条,叶柄长0.8~2 cm。雌雄异株,花单性, 4基数。雄花簇生于短枝端,雌花簇生枝端或下部叶腋,花柱2半裂。核果球形,直径5~6 mm,分核2~3,成熟时黑色。种子宽倒卵圆形。花期4~5月,果期5~10月。

二、生长习性

薄叶鼠李是中国特有种。适应性强,耐阴,稍耐旱,喜土壤疏松性好。适生海拔300~2 000 m,中性、微酸性及石灰岩风化土壤,山谷、山坡之灌丛、林内或林缘。

三、主要分布

薄叶鼠李主要分布于陕西、河南、山东、安徽、浙江、江西、福建、广东、广西、湖南、湖北、四川、云南、贵州等地。河南省舞钢市南部山区围子园、秤锤沟、九头崖、祥龙谷、官平院等山区有野生分布,海拔200~400 m的沟谷、山脚林下或疏林内,多为小灌木状野生。

四、引种繁育与造林绿化

薄叶鼠李主要采用扦插的快速繁殖技术，准备选择好土壤肥沃的地方作苗圃地，做好苗床，选择健壮优良的种条，对种条材料进行处理，3～4月扦插，生长期5～9月扦插后的肥水管理等，选择河沙做基质，扦插生根率高。

五、薄叶鼠李的作用与价值

(1)药用价值。薄叶鼠李全部入药，有清热、解毒、活血、利水行气、消积通便、止咳等功效。

(2)造林绿化作用。薄叶鼠李适应性强，是荒山、小区、城乡绿化、风景区、行道树、路边、山谷、山坡等绿化树种。

92　猫　乳

猫乳，学名：*Rhamnella franguloides* (Maxim.) Weberb.，鼠李科猫乳属，又名鼠矢枣、山黄、长叶绿柴、七里头。落叶灌木或小乔木，幼枝绿色，被短柔毛或密柔毛。成熟时红色或橘红色。树势瘦小，叶、果精巧，是森林公园植物景观搭配，植于景观石边、草坪角隅的绿化树种。

一、形态特征

猫乳树高2～8 m。幼枝绿色，被短柔毛或密柔毛。叶倒卵状矩圆形、矩圆形或长椭圆形，长4～10 cm、宽3～5 cm，顶端尾状渐尖或短渐尖，基部圆形，边缘具细锯齿，上面绿色，无毛，下面黄绿色，被柔毛或仅沿脉被柔毛，侧脉每边5～11条。叶柄长2～6 mm，被密柔毛。聚伞花序，两性，多花腋生，花黄绿色。萼片三角状卵形，边缘被疏短毛。花瓣宽倒卵形，顶端微凹。核果圆柱形，长7～9 mm，直径3～5 mm，成熟时红色或橘红色。花期5～7月，果期7～10月。

二、生长习性

猫乳耐阴，喜湿润、中性、微酸性壤土。生于海拔350～1 000 m的山坡、谷地疏林和林中。

三、主要分布

猫乳主要分布于河北、山西、陕西、山东、江苏、安徽、浙江、江西、河南、湖北、湖南等地。河南省舞钢市南部秤锤沟、祥龙谷、官平院、九头崖、灯台架等山地沟谷、山脚阔叶林下有散生野生。

四、引种繁育与造林绿化

猫乳是鼠李科的落叶灌木或乔木，它的花期为5～7月。它喜欢在半阴的环境中生长，最好种植在土壤疏松、肥沃的位置，此外还要保持土壤的湿润。一般常用的繁殖方法为播种法。猫乳是一种半阴的树种，一般在养护时可以使用高大的乔木来遮阴。最好是在疏松、排水能力较好的土壤中进行种植。在湿润的环境中，它能生长得更好，所以土壤微湿为佳。猫乳苗木繁育主要是种子繁殖，催芽后进行种植即可，随后加强肥水管理，促进苗木快长。

五、猫乳的作用与价值

(1)观赏价值。猫乳树势瘦小，叶、果精巧。用作森林公园植物景观搭配，植于景观石边、草坪绿化等，具有观赏价值。

(2)制作盆景。猫乳借其细叶红果之美，其根桩用于制作盆景，颇具品位、妙趣横生，具有美化环境的作用。

(3)药用价值。猫乳果实及根入药，味苦，性平。归经，归脾、肝、肾经。具有补脾益肾、疗疮之功效。用于治疗体质虚弱、劳伤乏力、疥疮。

93 牛奶子

牛奶子，学名：*Elaeagnus umbellate* Thunb.，胡颓子科胡颓子属，又名剪子果、甜枣、麦粒子等，落叶直立灌木。牛奶子果实可生食，制果酒、果酱等，叶作土农药，可杀棉蚜虫；果实、根和叶亦可入药。亦是观赏植物。牛奶子树势一般，枝冠开张，花开芳香，叶奇果红，可作山地公园、风景区稀有景观植物点缀，打造观叶、观花、赏果趣味景观。

一、形态特征

牛奶子树高1~4 m，具刺。小枝开展，多分枝，幼枝密被银白色和少数黄褐色鳞片，老枝灰黑色。芽银白色、褐色或锈色。叶厚纸质，椭圆形至卵状椭圆形或倒卵状披针形，长3~8 cm、宽1~3.2 cm，顶端钝形或渐尖，基部圆形至楔形，边缘全缘或波状，叶背密被银白色和散生少数褐色鳞片，侧脉5~7对。花先叶开放，黄白色，芳香。密被银白色盾形鳞片，单生或成对生于幼叶腋。果实近球形或卵圆形，直径3~4 mm，长5~7 mm，幼时绿色，被银白色鳞片和腺点，成熟时红色。花期4~6月，果期7~8月。

二、生长习性

牛奶子喜光、稍耐庇荫，喜湿润、稍耐旱，喜疏松、深厚土壤。适生海拔200~2 000 m，中性及微酸、微碱性土壤，山脚、谷地。疏林、林缘、灌丛中或荒坡。

三、主要分布

牛奶子主要分布于辽宁、湖北、湖南、陕西、甘肃、青海、宁夏等地。世界上许多大的植物园都有栽培。有人工栽培。河南省舞钢市国有石漫滩林场南部秤锤沟、九头崖、灯台架、大河扒、老虎爬、官平院、祥龙谷等林区海拔300~500 m的谷地、山腰林下、林缘或灌丛中有零星分布。

四、引种繁育与造林绿化

牛奶子以其形色，培养根桩盆景，造就艺术精品，美观好看；牛奶子果实可食，味酸甜，具有很高的营养价值。富含糖类、有机酸、矿质营养、粗蛋白、粗脂肪、多种维生素、多种氨基酸、番茄红素及核黄素等营养物质。为天然饮料资源，开发利用果实酿酒、制作果汁饮料、果酱等。苗木繁育与造林是林业生产、乡村振兴发展产业经济的新课题，研究繁育受到科技人员的关注，前景广阔。

五、牛奶子的作用与价值

(1)观赏价值。牛奶子树势一般，枝冠开张，花开芳香，叶奇果红，是山地公园、风景区稀有景观植物点缀，打造观叶、观花、赏果趣味景观树种。以其形色，培养根桩盆景，造就艺术精品，更加具有观赏价值。

(2)食用价值。牛奶子果实可食，味酸甜，具有很高的营养价值。富含糖类、有机酸、矿质营养、粗蛋白、粗脂肪、多种维生素、多种氨基酸、番茄红素及核黄素等营养物质。为天然饮料资源，开发利用果实酿酒，制作果汁饮料、果酱等。发展产业经济，前景广阔。

(3)药用价值。牛奶子根、茎、叶、果均可入药，具有活血行气、止咳、止血、祛风等功效，主治肝炎、肺虚、跌打损伤、泻痢等。叶作土农药，可杀棉蚜虫等。

94　八角枫

八角枫，学名：*Alangium chinense* (Lour.) Harms，八角枫科八角枫属，又名白金条、白龙须、八角梧桐、割舌罗、野罗桐、花冠木、华瓜木、木八角等，落叶灌木或小乔木。是良好的观赏树种。根系发达，适应性强，又可作为交通干道两边的防护林树种。

一、形态特征

八角枫小枝略呈“之”字形，幼枝紫绿色，无毛或有稀疏的疏柔毛。叶纸质，掌状单叶，近圆形或椭圆形，顶端短锐尖或钝尖，基部两侧常不对称，阔楔形、截形或近心形，长13~19 cm、宽9~15 cm，不分裂或3~7裂，基出脉3~5，呈掌状，侧脉3~5对。聚伞花序，腋生，被稀疏微柔毛，多花性。总花梗长1~2 cm，花冠圆筒形，花瓣6~8，初为白色，后变黄色。核果卵圆形，成熟时黑色，种子1颗。花期5~7月，果期8~9月。

二、生长习性

八角枫性喜光、稍耐阴，喜肥厚、疏松、湿润土壤，具一定耐寒性。适生海拔200~1 500 m的丘陵、山地或疏林中。萌芽力强，根系发达，适应性强。

三、主要分布

八角枫主要分布于河南、陕西、甘肃、江苏、浙江、安徽、福建、台湾、江西、湖北、湖南、四川、贵州、云南、广东、广西和西藏南部。生于山地或疏林中。河南分布较广，河南省舞钢市南部长岭头、九头崖、旁背山、官平院、灯台架、老虎爬等山区有野生分布。

四、引种繁育与造林绿化

八角枫主要采用种子繁育苗木，种子繁育苗木生长快、结果早。

（一）引种繁育苗木技术

种子播种，2~3 月播种，按行距 15~20 cm、株距 2~3 cm，采用开浅沟条播，用种量每亩 5~6 kg，播后覆土 2~5 cm 或用草木灰覆盖，15~20 天出苗，浇水保湿，搭建遮阳棚防晒；出苗后及时间苗，保持株距 5~6 cm。8~9 月，当苗高 80~90 cm 时，可出圃移栽，11~12 月冬季落叶后或 3~4 月春季萌发前起苗，带土定植，行株距保持在 2.5 m × 2 m 即可。

（二）分株繁殖苗木技术

11~12 月冬季或 3~4 月春季，挖取老树的分蘖苗栽种。或先提前把 1 年生或 2 年生苗木的根挖伤或铲伤，促使多生幼苗，第二年 3~4 月，选高 60~90 cm 的幼苗，连根挖起栽种，移植大田，加强肥水管理，促进苗木快速生长。尤其是育苗移栽的，发芽时要揭去盖草，并经常注意浇水。苗出齐后，要除草、追肥一次。苗高 10~13 cm 时，要松土、追肥一次。11~12 月冬季落叶后，再中耕除草、追肥 1 次。移栽后的 2 年或 3 年中，每年要中耕除草 2~3 次；第 1 次在春季发叶前，第 2 次在 6 月，第 3 次在冬季落叶后。每次中耕除草后都要追肥，促进苗木健壮生长。

五、八角枫的作用与价值

（1）观赏价值。八角枫株丛宽阔，根部发达，适宜山坡造林，对涵养水源、防止水土流失有良好作用。八角枫叶形好，花色美，花期长。宜于城镇小区点缀，或作庭院绿荫、观赏树种。

（2）用材价值。八角枫木材可作家具及天花板，树皮纤维可编绳索。

（3）药用价值。八角枫根、茎、叶、花入药，根、茎为历史传统中药材，可除湿、舒筋活络、散瘀止痛，常用于治疗风湿痹痛、四肢麻木、跌打损伤。叶用于治疗跌打骨折、外伤出血。花用于治疗头风痛及胸腹胀满等。

（4）绿化作用。八角枫是良好的观赏树种。根系发达，适应性强，又可作为交通干道两边的防护林树种。

95　华山矾

华山矾，学名：*Symplocos chinensis*，山矾科山矾属，又名米糁、土黄柴、米碎花、糯米树、羊子屎等。落叶灌木或小乔木，华山矾树形小巧，枝冠玲珑，花开洁白，致密似绒，美丽诱人。据其特色，宜作公园、景区春季观花植物景观配植；或城区广场草坪、游园空旷地及园林小品孤植点缀，可发挥其画龙点睛的观赏效果。其花开稠密，亦为蜜源植物树种。

一、形态特征

华山矾树高 2~4 m。嫩枝、叶柄、叶背均被灰黄色皱曲柔毛。叶纸质，椭圆形或倒卵形,长4~7 cm、宽3~5 cm,先端急尖或短尖,有时圆,基部楔形或圆形,边缘有细尖锯齿,叶面有短柔毛;侧脉每边4~7条。圆锥花序顶生或腋生,花萼长2~3 cm。花冠白色,芳香。雄蕊多十数,呈放射状布满花冠,子房2室。核果卵状圆球形,熟时蓝黑色。花期4~5月,果期8~9月。

二、生长习性

华山矾喜光、稍耐阴,耐旱、耐瘠薄,喜中性、微酸性土壤。适生海拔300~1 000 m的山区沟谷、山坡灌丛、荒野或阔叶林中。

三、主要分布

华山矾主要分布于安徽、河南、陕西、四川、贵州、云南、广西等地。河南省舞钢市南部山地瓦房沟、秤锤沟、人头山、九头崖等山区有野生分布。海拔260 m以上谷地、山坡、山脊灌丛、疏林或林下均有大量分布。

四、引种繁育与造林绿化

华山矾苗木繁育技术,主要采取种子繁殖,一般3~4月春季播种,在土壤肥沃、湿润的土壤上播种,采用条播进行,播种后14~15天即可出苗,随后加强肥水管理即可。另外,采用分根繁殖苗木也可以,即当2~3年生的老根尚未萌芽前,挖出全株。分成若干块,再行分根栽植大田,加强肥水管理、搭建遮阳棚防晒保护即可。

五、华山矾的作用与价值

(1)观赏价值。华山矾树形小巧,枝冠玲珑,花开洁白,致密似绒,美丽诱人。其特色,宜作公园、景区春季观花植物景观配植;或城区广场草坪、游园空旷地及园林小品孤植点缀,可发挥其画龙点睛的观赏效果。

(2)造林绿化作用。华山矾适应性强,生长快,枝繁叶茂,其花开稠密,是优良蜜源植物树种。

(3)经济价值。华山矾种子可榨油,用于制肥皂的原料。

(4)药用价值。华山矾根、叶入药,根解表退热、解毒除烦。治感冒发热、心烦口渴、疟疾、腰腿痛、狂犬咬伤、毒蛇咬伤。叶作外用治外伤出血。

96　野茉莉

野茉莉,学名:*Styrax japonicus* Sieb. et Zucc.,安息香科野茉莉属,又名灰驴腿植物,灌木或落叶小乔木。其树形优美,枝叶浓密,花形奇特,垂若欲滴,金钟倒挂。花开似桃、似梅、似梨、似茉莉,洁白如雪,芳香宜人;秋季球果垂挂,恰似珍珠,更加令人称奇。实为园林观赏优良树种。

一、形态特征

野茉莉高 4~8 m。树皮暗褐色或灰褐色，平滑。嫩枝稍扁，开始具柔毛，后脱变无毛，暗紫色。叶互生，纸质或近革质，椭圆形至卵状椭圆形，长 4~10 cm、宽 3~5 cm，顶端急尖或钝渐尖，基部楔形或宽楔形，边近全缘或仅上部具疏离锯齿，叶面脉疏被星状毛，背面主、侧脉接合处有白色长髯毛，侧脉每边 5~7 条，两面具明显隆起。叶柄长 5~10 mm。总状花序，顶生。花 5~8 朵，长 5~8 cm，亦有叶腋生花，花序梗无毛。花白色，长 2~3 cm，花梗纤细，开花时下垂，长 2~4 cm，无毛。花萼漏斗状，膜质，长 4~5 mm、宽 3~5 mm，无毛，萼齿短而不规则。花冠裂片卵形、倒卵形或椭圆形，长 1.5~2.5 mm、宽 5~7 mm，两面均被星状细柔毛，花蕾荷包状，覆瓦状排列。花冠管长 3~5 mm，花丝扁平，下部被白色长柔毛，花药长圆形，边缘被星状毛。果实卵形，熟时淡褐色。长 0.8~1.5 cm，直径 0.8~1 cm，顶端具短尖头，外面密被灰色星状茸毛，有不规则皱纹。种子褐色，有深皱纹。花期 4~6 月，果期 9~11 月。

二、生长习性

野茉莉是阳性树种，喜光、稍耐庇荫，喜中性、酸性、疏松、深厚、肥沃土壤。适生海拔 400~1 500 m 的山区谷地、山脚、山腰疏林或密林中。

三、主要分布

野茉莉主要分布于陕西、河南、山东，黄河以南各省区。河南省舞钢市南部九头崖、长岭头、官平院、大河扒、灯台架、围子园等山地有野生分布；海拔 300~500 m 的沟谷、坡地疏林或密林中有少量分布，林外少见。

四、引种繁育与造林绿化

野茉莉是造林绿化优良观赏树种，可用于公园、景区步道、溪流两旁、水滨湖畔、山坡谷地常绿、落叶混交搭配，林缘孤植、群植，效果佳。可作城镇行道树，居民区、庭园观赏栽培，填补传统观赏树种单一，提高城市园林景观品位。还可用于营造水土保持林；根桩制作树桩盆景，亦是栩栩如生，具有观赏价值，其苗木繁育技术主要是采用种子繁育。

（一）引种繁育苗木技术

1. 采收种子

9 月底采集成熟果实，在晒场风干后，干藏种子备用。

2. 种子播种

3 月春播，发芽率可达 80%；如果采回果实即去壳，周内冬播发芽率 95%以上。无论秋播或春播，种子处理技巧都在于去掉锈褐色的种皮，使之易透水，进气打破种子休眠，缩短萌芽期。另外，播前采用 0.05%赤霉素浸种催芽后进行条播，每亩播种量 10~15 kg。15~20 天出芽，保湿保墒，浇水管护。

（二）扦插育苗技术

1. 扦插育苗时间

可以 3 月进行或 9 月进行。

2. 种条选择

选成年树上 1~2 年生健壮枝条，剪成 12~15 cm，用 5M 生根粉水溶液或 1000-AR 萘乙酸溶液蘸种条基端 3~5 s，取出晾干即可扦插。

3. 种条扦插

按株距 2~3 cm、行距 20~25 cm，种条直接扦插于插床上，插深 2~3 cm，长地上应留 3~4 个腋芽，地下须埋入 2~3 个，插后常浇水，保持床面湿度 40%；6~7 月夏季，或 9 月秋季要盖遮阳网；3~4 月，春插 30~35 天生根，夏、秋插 25 天生根。生根后，浇水保湿管理 60~80 天，可出圃造林或用于盆栽。

（三）造林绿化技术

（1）造林地选择，选择背风向阳、土层深厚、土坡肥沃的山窝，山脚作造林地，也可在湿润的荒地、行道、房前屋后栽植。母树林或油料林可按 3 m × 3 m 距离打穴，工艺、工业用材可按 1.5 m × 1.5 m 距离打穴。要求穴宽 1 m 见方，深 0.6 m。回填表土，每穴施入有机肥 15 kg、钾肥 0.5 kg 作基肥。种植时间以 2 月下旬为宜。用 1 年生大苗造林，如果上山有困难，可采取切干造林。从根的上部起，主干留 10~15 cm 高截干，栽植后成活率更高，成活后生长势也强。在栽植穴中挖小穴栽植，要求苗根舒展、苗身端正，踩紧土峨，松土培蔸。栽植后浇定根水。栽植当年至林地郁闭，每年要中耕除草 1~2 次，结合中耕施肥，冬施有机肥，夏施速效氮肥，秋施磷钾复合肥。用材林应逐年修剪下部老枝；油料林高 5 m 后用多效唑 300 倍液喷树顶每周 1 次，连喷 3~4 次。将植株高度控制在 6 m 左右即可。

五、野茉莉的作用与价值

（1）观赏价值。野茉莉树形优美，枝叶浓密，花形奇特，垂若欲滴，金钟倒挂。花开似桃、似梅、似梨、似茉莉，洁白如雪，芳香宜人；秋季球果垂挂，恰似珍珠，更加令人称奇。是园林观赏树种。

（2）绿化作用。野茉莉可用于公园、景区步道、溪流两旁、水滨湖畔、山坡谷地常绿、落叶混交搭配，林缘孤植、群植，效果佳。可作城镇行道树，居民区、庭园观赏栽培，填补传统观赏树种单一，提高城市园林景观品位。还可用于营造水土保持林等。

（3）用材价植。野茉莉木材黄白色至淡褐色，纹理致密，材质稍坚硬，可作器具、雕刻等细工用材。

（4）油料。野茉莉种子可榨油，制作肥皂、润滑油原料，油粕可作肥料。

97　海州常山

海州常山，学名：*Clerodendrum trichotomum* Thunb.，牡荆亚科大青属，灌木或小乔木，又名臭梧桐、追骨风、香楸、山芝麻叶、臭芙蓉，马鞭草等。花果期长，变幻多彩、形色美丽。

具白、红、蓝花果共存，缤纷亮丽，实为特色花果观赏植物。嫩叶营养丰富，食用价值高。早春采其嫩叶，焯制晒干，常年可食。山区林农民称其为“山芝麻叶”，具有长期食用的历史传统。

一、形态特征

海州常山高 1~3 m。幼枝叶多少被黄褐色柔毛，老枝灰白色，具皮孔，髓白色，有淡黄色薄片状横隔。叶对生，具臭椿叶样气味，纸质，卵形、卵状椭圆形，长 6~15 cm、宽 4~13 cm，顶端渐尖，基部宽楔形至截形，表面深绿色，背面浅绿色，幼叶被白色短柔毛，老时表面无毛，背面被短柔毛或沿脉毛较密，侧脉 3~5 对，全缘或具波状齿，叶柄长 3~7 cm。伞房状聚伞花序，顶生或腋生，二歧分枝，疏散。末次分枝花 3 朵，花序长 8~17 cm，花序柄长 3~5.5 cm，多少被黄褐色柔毛。苞片叶状，椭圆形，早落。花萼蕾时绿白色，后紫红色，基部合生，中部略膨大，有 5 棱脊，顶端 5 深裂，裂片三角状披针形或卵形，顶端尖。花香，花冠白色或红色。花冠管细，长 2~3 mm，顶端 5 裂，裂片长椭圆形，雄蕊 4，花丝与花柱同伸出花冠外，柱头 2 裂。核果近球形，直径 6~7 mm，包藏于宿萼内，成熟时外果皮蓝紫色。花期 5~6 月，果期 6~10 月。

二、生长习性

海州常山萌蘖力强，喜阳光、稍耐阴、稍耐旱，喜湿润、深厚、疏松土壤，对土壤酸碱度要求不严。适生海拔 100~2 000 m 的丘陵、山地田边、沟旁、村旁或荒野、灌丛、疏林中。

三、主要分布

海州常山主要分布于辽宁、甘肃、陕西、河南以及华北、中南、西南各地。河南省舞钢市境内杨庄乡、尚店镇、尹集镇、庙街乡等山区有野生分布。海拔 80~500 m 的平原、丘陵、山地、旷野灌丛或林下有片状野生。山地多生于沟谷沿岸。

四、引种繁育与造林绿化

（一）种子播种繁育技术

选择种子，秋天采收成熟浆果，除去果皮、果肉、果柄及瘪种子等杂物，阴干后用 50% 多菌灵 700~800 倍液进行消毒，即可秋天播种。也可将其沙藏后置于 0~5 ℃ 的地方储藏，第二年 3 月下旬至 4 月上中旬露地播种。土壤质地宜选用沙壤土，整平耙细，进行条播，行距 40~45 cm，沟深 2.5~3 cm，播后 15~20 天出苗，苗木生长期及时松土除草，6 月中旬、7 月中旬各追肥 1 次，每次每平方米施尿素 10~15 g，施后及时浇水。雨季严防田间积水。实生苗须 3~5 年后开花。

（二）种条扦插繁育技术

扦插时间，6~7 月；选择河沙与土 1:1混合为苗床扦插基质，选取 1 年生木质化、生长健壮、无病虫害、腋芽饱满的枝条剪留 12~15 cm，去掉下部 2/3 长度插穗上的叶片。插条下剪口在叶或腋芽下端 0.5~1.0 cm 处，上剪口在叶或腋芽上端 0.5~1.0 cm 处，剪口平面形，亦可保留顶芽。剪口要平滑、不裂口、不撕皮。为促进生根，提高插穗的繁殖效果，在扦插前对插穗要进行一定的处理。有条件的话,扦插时采用 ABT2 号生根粉,可大大提高生根率。方法是 1 g 生根粉蘸根;扦插前将枝条基部浸蘸 2~4 小时,将处理好的插穗立即插在苗床上,株行距 10 cm × 10 cm,深度为 8~10 cm,插后压实,使基质与插条密接,然后喷透水。

(三)种苗分株繁育技术

海州常山树株根系极易萌蘖,在成年树的周围形成不定根的新株,因此采用分株繁殖较为方便。秋后或早春植株萌动前,将成树周围的根蘖小苗从根茎处挖出,使分开的各株有良好的根系,适当修剪枝条,栽植于挖好的树坑中即可成活。分株的苗木当年便能开花。

(四)造林绿化技术

1. 造林栽植时间

春季 3~4 月,定植前施足腐熟的有机肥,然后埋土,栽后及时浇 3 遍水。为了保持海州常山旺盛生长,将植株栽于土壤深厚、光照条件好的环境下,以利于其生长良好。栽植土壤须增施有机肥,并在生长初期保持灌水,保证成活。为促进植株萌芽强,扩大株丛,每年须增施追肥,促进旺盛生长。

2. 水肥管理

对于定植后的树木,每年从萌芽至开花初期,可灌水 2~3 次,如遇夏季干旱灌水 2~3 次,秋冬时灌 1 次封冻水。除当年定植时施足底肥外,每年早春可在树木根际处沟施适量的磷钾肥或腐熟的堆肥,按每株 5 kg,覆土后浇水,以促进多开花。但是秋季不要施肥,以增加植株抗寒性能,有利于越冬。

3. 整形修剪

当幼树的主干长至 1.5~2 m 时,可根据需要截干,也可在主干 30 cm 以内短截,培养丛枝灌木。同时留 4~5 个强壮枝作主枝培养,使其上下错落分布。短截主枝先端,剪口下留一个下芽或侧芽。主枝与主干角度小则留下芽,反之留侧芽。过密的侧枝应及早疏剪。当主枝延长到一定程度,互相间隔较大时,宜留强壮分枝作侧枝培养,使主枝、侧枝均能受到充分阳光。逐步疏剪中心主枝以前所留下的辅养枝,随时剪去徒长枝、萌蘖枝等。每年秋季落叶后或早春萌芽前,应适度修枝整形,疏剪枯枝、过密树及徒长枝,使枝长分布均匀,使来年生长旺盛,开花繁茂。枝条萌芽力强,于生长早期剪去主干或摘去顶芽,促进侧枝萌生。在生长旺盛,花蕾未形成前,通过修剪保持株形圆满。多年老树要重剪,以利于更新复壮。

五、海州常山的作用与价值

(1)观赏价值。海州常山花序大,花果期长,变幻多彩、形色美丽。具白、红、蓝花果共存,缤纷亮丽,实为特色花果观赏植物。

(2)绿化作用。海州常山萌蘖力强,繁殖容易,成景快,成本低,景区、公园可开发利用其植于道旁、河边、湖岸、隙地等空旷、闲置之处,可达到绿化、造景速成之效果。可与常绿植物搭配点缀,以期得失互补,各显其色的绿化作用。

(3)食用价值。海州常山嫩叶营养丰富,食用价值高。早春采其嫩叶,焯制晒干,常年可食。该地民间称其为“山芝麻叶”，具有长期食用的历史传统。近年食者甚多，多有饭馆、酒店作为山野菜烹饪各种美食，深得食客青睐。亦有商家经干品包装，作为商品礼包营销，供不应求。民间以其作为土特产馈赠亲朋好友。据其趋势，若能合理规划、科学种植、规模发展，实行种植、加工、销售一条龙，推动农村产业化经济，效益可观，前景广阔。

（4）药用价值。海州常山花为良好蜜源。根、茎、叶、花入药，有祛风湿、清热利尿、止痛、平肝、降压之效。

98　荚　蒾

荚蒾，学名：*Viburnum dilatatum* Thunb.，忍冬科荚蒾属，落叶灌木。荚蒾枝叶稠密，树冠球状，叶形美观，花白果红。春夏花开雪白，布满枝头；秋冬红果累累，叶、花、果兼融，是优良观赏树种。

一、形态特征

荚蒾树高2~3 m。当年枝叶、花序均密被黄色或黄绿色刚毛状粗毛及簇状短毛，二年生小枝暗紫褐色，被疏毛或无毛，有凸起的垫状物。叶对生，厚纸质，叶面上下明显凹凸不平。宽倒卵形、倒卵形，长4~10 cm。顶端急尖，基部圆形至钝形或微心形，边缘有牙齿状锯齿，齿端突尖。脉上密毛，脉腋集聚簇状毛，具黄色或近无色透亮腺点，近基部两侧有腺体。侧脉6~8对，直达齿端。复伞形式聚伞花序，稠密，直径4~10 cm，总花梗长1~2 cm，萼和花冠外面均有簇状糙毛。萼筒有暗红色微细腺点，萼齿卵形。花冠白色，辐射状。果实红色，椭圆状卵圆形，长7~8 mm。种子扁卵形。花期5~6月，果期8~9月。

二、生长习性

荚蒾喜光、喜湿润，耐阴，喜中性、微酸性、深厚疏松土壤。适生海拔200~1 000 m的山腰、山谷密林、疏林、林缘及灌丛中，各地有人工栽培。

三、主要分布

荚蒾主要分布于河北南部、陕西南部、江苏、安徽、浙江、江西、福建、台湾、河南南部、湖北、湖南、广东北部、广西北部、四川、贵州及云南，产华北以南各省区。河南省舞钢市南部九头崖、秤锤沟、老虎爬、灯台架、祥龙谷等山地野生，海拔300~500 m的谷地、山脚、山腰均有野生分布。多呈灌丛状生于国有林场阔叶林下或疏林内。

四、引种繁育与造林绿化

（一）引种繁育苗木技术

1. 种子采收

荚蒾果实为核果，外果皮和内果皮肉质，果核多呈压扁状，内果皮木质，坚韧，黄色至灰褐色，内含有一粒种子。果核与种皮不易分离，种皮膜质，随着成熟逐渐长成形。9~10月进行秋冬采种，种子具休眠期。荚蒾种子休眠一般采用冷暖层积交替处理来打破种子的休眠。由于荚蒾种子的胚在果实成熟时还未完全成熟而使种子处于休眠状态,在种子胚发育和萌发前一般需要高温层积处理或者冷层积处理,或者两种处理交替使用。解除休眠在第二年3~4月播种。

2. 种子播种

解除休眠的种子,第二年3~4月才能播种。选择肥沃、浇灌方便的大田作苗圃地。播种采用条播,畦宽100~120 cm,株距2~3 cm、行距15~20 cm即可,播种后浇水,覆土1~1.5 cm,保湿保墒,促进苗木快速生长。

(二)造林绿化技术

1. 苗木选择与保护

苗木选择带土球移植是提高成活率的关键措施,还可以缩短起苗到栽植时间。最好做到当天起苗当天栽植。如果运输距离过长,途中一定要严密覆盖,防止因风吹造成严重失水,影响成活率。根据荚蒾土球大小,严格按照技术要求挖好树坑,坑尽可能挖大点,土球放入后,周围最少要有20~30 cm填土空间,将所填土充分踩实,使土球和周围新土紧密结合。

2. 肥水管理

3~4月,浇第1次水,尽量把围堰做大一些,以便储存更多的水,使土球充分渗透。第1次充分浇透水非常重要,带土球的荚蒾,只有当新根萌出扎入周围新添土内,浇水才能和日常管理一样。栽植深度以新土下沉后,荚蒾基部原土即与地平面平行或稍低于地面3~5 cm为准;栽植过浅,根系易干燥失水,抗旱性差,根茎易受灼伤;栽植过深,造成根茎窒息,导致荚蒾生长衰落。修好灌水围堰后,解开捆扎在树冠上的草绳,使枝条舒展。同时,控制水分,荚蒾幼苗移植后,水分管理是保证栽植成活的关键,新移植的荚蒾栽种后,须保证连续灌3次透水,确保土壤充分吸水并与根系紧密接合,以后根据土壤和气候条件适时补水,新移植的荚蒾根系吸水功能减弱。在日常养护管理时,只要保持根系土壤适当湿润即可,灌水量及灌水次数可根据树木生长情况及土壤、气候条件决定,做到适时适量,否则土壤含水量过大,反而会影响土壤透气性能,抑制根系呼吸,对发根不利,严重时导致烂根、整树枯亡;施肥,促进新植荚蒾地下部根系生长恢复和地上部枝叶萌发生长,有计划地合理追施一些有机肥料,更是改良土壤结构、提高土壤有机质含量、增加土壤肥力的有效措施。新植荚蒾基肥补给,应在树体确定成活后进行,用量一次不可太多,以免烧伤新根。施肥选择天气晴朗、土壤干燥时进行,施充分腐熟的有机肥。荚蒾要定期施肥。在荚蒾休眠期或秋季树木落叶后至土壤结冻前施肥,能确保树木正常生长发育。

3. 整形修剪

3~4月荚蒾在栽植前需修剪。适当剪去一些枝叶及断枝,减少水分蒸腾,保持树体水分代谢平衡,有利于树木成活,尽快恢复生长。荚蒾在栽植后,5月进行定植整形修剪,修剪苗木高度一致,修剪掉多余的枝条或受伤的枝条,伤口修剪平整,有利于伤口愈合和生长;5~8月,及时人工锄草松土,新植荚蒾栽植后要视情况松土。及时清除杂草,并清理运出,保持苗圃地清洁、通风透光,促进苗木生长。

(三)防治病虫害技术

荚蒾主要病虫害是蚜虫、叶螨等,5~8月,夏季易发生蚜虫、叶螨类,危害叶片枝梢等;

可以在11~12月，进行越冬虫源防治，人工喷布溴氰菊酯800~900倍液，或树干涂抹石硫合剂，杀死越冬虫害或病菌，以控制第二年发生量。5~6月病害发生前喷洒65%代森锰锌600倍液、50%石硫合剂500~800倍液，4~5月，喷布灭蚜威900~1 000倍液，防治蚜虫，可起到保护作用。平时养护管理中及时剪除患病枝叶。

五、荚蒾的作用与价值

(1)观赏价值。荚蒾枝叶稠密，树冠球状，叶形美观，花白果红。春夏花开雪白，布满枝头；秋冬红果累累，叶、花、果兼融，为观赏佳品树种。

(2)绿化作用。荚蒾可用于森林公园、绿地公园、景区和城镇人行道、篱墙、小区隙地、草坪广场、园林小品等配植点缀。孤植、列植或丛植，各具景观效果，令人赏心悦目。荚蒾还是制作盆景的良好素材，具有良好的绿化价值。

(3)经济价值。荚蒾树皮纤维可制绳和人造棉。种子可榨油，制肥皂和润滑油。

(4)食用价值。荚蒾果可食，亦可酿酒。根及枝叶入药，根辛、涩，凉。用于治疗瘰疬、跌打损伤。枝叶酸、微寒，用于治疗疔疮发热、暑热感冒，外用于过敏性皮炎。

99　黑果荚蒾

黑果荚蒾，学名：*Viburnum melanocarpum* Hsu，忍冬科荚蒾属植物，为中国的特有植物，落叶灌木。黑果荚蒾长势不及荚蒾，其冠形疏散，枝叶稍稀，花白果黑，果实稀少。宜作山地公园、景区和城镇街区叶花主体观赏点缀。亦作树桩盆景材料。

一、形态特征

黑果荚蒾高1~3 m。当年生小枝浅灰黑色，疏被黄色簇状短毛，二年生枝红褐色而无毛。叶对生，纸质，倒卵形、圆状倒卵形或宽椭圆形，长6~10 cm。顶端短渐尖，基部圆形、浅心形或宽楔形，边缘有小牙齿，齿顶有小凸尖，上面有光泽，背面中脉及侧脉有少数长伏毛，脉腋少数聚簇状毛。侧脉6~7对，呈上面凹陷、背面凸起状，小脉横列。叶柄长1~2 cm。复伞形式聚伞花序，生短枝顶端，直径4~5 cm，散生微细腺点，总花梗长1.5~3 cm，第一级辐射枝5条，花生于二级和三级辐射枝上。萼筒筒状倒圆锥形，长1.5~1.6 mm，少被簇状微毛，具红褐色微细腺点，萼齿宽卵形。花冠白色，辐射状，直径约5 mm。裂片宽卵形，雄蕊花药宽椭圆形，柱头头状。果实由暗紫红色转为酱黑色，有光泽，椭圆状圆形，长0.8~1.0 cm。种子扁，卵圆形，长约8 mm，直径约6 mm，腹面中央有1条纵向隆起的脊。花期4~5月，果期8~10月。

二、生长习性

黑果荚蒾为中国特有植物树种。喜光、耐阴，喜湿润、稍耐旱，喜中性、微酸性、深厚疏松土壤。适生海拔350~1 000 m的山区谷地、山脚、山腰，多生于林下及疏林中。

三、主要分布

黑果荚蒾主要分布于江苏南部、安徽南部和西部、浙江东部和西北部、江西(庐山)及河南(舞钢、鸡公山)。生于山地林中或山谷溪涧旁灌丛中,海拔约1 000 m。河南省舞钢市国有石漫滩林场秤锤沟、王沟、冷风口、老虎爬、大河扒、灯台架、长岭头、官平院、祥龙谷等山区野生;海拔350~500 m,山腰、谷地林下或疏林中有零星分布。

四、引种繁育与造林绿化

黑果荚蒾引种繁育苗木。

(一)种子采收

9~10月,种子进入成熟期,人工及时采收种子,果实由暗紫红色转为酱黑色,有光泽,椭圆状圆形,长0.8~1.0 cm。种子扁,卵圆形,长约8 mm,直径约6 mm,腹面中央有1条纵向隆起的脊。成熟的种子需要高温层积处理或者冷层积处理,或者两种处理交替使用。解除休眠在第二年3~4月播种。

(二)种子播种

解除休眠的种子,第二年3~4月才能播种。选择肥沃、浇灌方便的大田作苗圃地。播种采用条播,畦宽100~120 cm,株距2~3 cm、行距15~20 cm即可,播种后浇水,覆土1~1.5 cm,保湿保墒,促进苗木快速生长。

五、黑果荚蒾的作用与价值

(1)观赏价值。黑果荚蒾长势不及荚蒾,其冠形疏散,枝叶稍稀,花白果黑,果实稀少。但是,可用于森林公园、山地公园、小区景区、城乡绿化和城镇街区叶花主体观赏造林。

(2)盆景作用。黑果荚蒾为落叶灌木,适应性强,好管理,亦作树桩盆景材料。

100　六道木

六道木,学名:*Abelia biflora* Turcz.,忍冬科六道木属,落叶灌木。六道木枝干弯垂,冠形阔展,叶色深绿;花形管状,花白绣美、清爽晶莹。宜用于森林公园、景区乔灌搭配,山脚、崖边、林缘、路边丛植、群植或孤植;城镇行道、水边、宅旁绿化点缀等,效果俱佳。也可制作观叶观花盆景,是城乡绿化的优良景观树种。

一、形态特征

六道木高1~3 m。幼枝被倒生硬毛,老枝无毛,灰褐色,树干及老枝具明显六棱特征。叶对生,半革质。矩圆形至矩圆状披针形,长4~6 cm、宽2~3 cm,顶端尖至渐尖,基部钝至楔形,全缘,或中上部羽状浅裂,至1~4对粗齿。叶面深绿色,背面白绿色,两面疏被柔毛,脉上密被长柔毛,边缘有睫毛。叶柄长2~4 mm,被硬毛。花单生,着小枝叶腋。萼筒圆柱形,疏生短硬毛,萼齿4,狭椭圆形或倒卵状矩圆形,花冠白色、淡黄色,狭漏斗形或高脚碟形，外面被短柔毛4裂，裂片圆形。果实具硬毛，种子圆柱形。花期4~6月，果期8~9月。

二、生长习性

六道木喜光，耐旱，抗寒，喜湿润、疏松中性、微酸性土壤。适生海拔400~3 000 m的山地林下、疏林、灌丛或草坡。多有人工绿化栽培。

三、主要分布

六道木主要分布于河北、山西、陕西、宁夏南部、甘肃东南部、安徽、浙江、江西、福建、河南、湖北、四川、贵州、云南及西藏等地。河南省舞钢市国有石漫滩林场围子园、灯台架、秤锤沟、大雾场、长岭头、官平院、瓦房沟、祥龙谷。林区海拔400~600 m，谷地、山腰天然次生林下有片状或散生。

四、引种繁育与造林绿化

(一)引种繁育育苗技术

1. 苗圃地的选择

育苗地以地势平坦、排水良好、土层深厚较肥沃的沙壤土或壤土为宜。

2. 整地与施肥

采用条播繁育，做床做畦，在做床前，将圃地深翻25~30 cm，然后将土耙细耙平，达到地平、土细。翻地时要施足底肥，同时要用硫酸亚铁进行土壤消毒。

3. 种子处理

种子催芽，先用40 ℃温水浸泡20~24小时，后换凉水泡72小时，捞出放入0.5%高锰酸钾液中消毒3~4小时，然后混3倍湿沙，置15~20 ℃室内25~30天，保持种沙湿润，干时喷水，每天翻动，后移至-5~10 ℃冷室中50~60天，注意种沙不能干，天暖见种子1/3裂嘴时下种，适时早播。

4. 种子播种

3月至4月上旬播种，采用床作播种，播种前灌透底水，使土壤充分湿润，然后将种子和沙一起均匀撒播于床上，床面覆一层沙土，以盖上种子为限。播种后盖草帘防晒，每亩播种量8~10 kg。

(二)造林绿化技术

1. 造林地的选择

六道木喜光照，稍耐阴，养护时放在全日照的地方较好。

2. 人工浇水

4~9月，植株完全成活后，可按不干不浇、浇则浇透的方法进行浇水，夏天和开花时要适当加大浇水量，开花时浇水不足会缩短开花时间。

3. 施肥管理

六道木喜肥，平时可薄肥勤施，4月花前，或5月花后，要适当增加施肥密度，肥料以有机肥为主，11~12月冬季植株停止生长后不要再施肥。

(三)防治病虫害技术

(1)六道木主要虫害是蚜虫,4~5月蚜虫发生,危害叶片、嫩芽,可用石硫合剂防治,或蚜虫为害期,喷施3%快杀乳油2 000倍液,或20%康福多8 000倍液防治。

(2)六道木主要病害是煤污病。煤污病是蚜虫的排泄物引发的,4~6月,发生煤污病时迅速摘除病叶,喷施石硫合剂和百菌清等杀菌类药防治,防止病源扩散。

五、六道木的作用与价值

(1)观赏价值。六道木枝干弯垂,冠形阔展,叶色深绿,花形管状,花白秀美,清爽晶莹。为优良景观树种。

(2)造林绿化作用。六道木用于森林公园、景区乔灌搭配,山脚、崖边、林缘、路边丛植、群植或孤植,城镇行道、水边、宅旁绿化点缀等,效果俱佳。六道木对土壤要求不严,易成活,管理粗放,是观叶、观花盆景绿化树种。

(3)用材价值。六道木干茎韧性强,不易折断,是制作拐杖的良好材料。亦可作烟袋杆和小型工艺品。

(4)行道树作用。枝叶繁茂、秀气,幼枝纤细微垂,叶密集、鲜绿;花管状、淡黄、晶莹俊俏,花冠幽雅整洁,耐修剪,为优良的行道和绿篱树种。

101　金银忍冬

金银忍冬,学名:*Lonicera maackii*(Rupr.) Maxim.,忍冬科忍冬属植物,又名金银木、树金银、木银花、金银藤、千层皮、鸡骨头等,落叶灌木。金银忍冬花果并美,具有较高的观赏价值。春夏满树繁花,金银色彩相映,别致清雅芳香;秋后红果满枝,鲜艳晶莹透亮。且挂果期长,经冬不凋,可与冬雪辉映,给人以瑞雪纷纷点点红之美感。故适合公园、景区山坡、林缘、路边点缀,城镇街区隙地、水滨、草坪及园林小品栽培观赏。也是优良的蜜源树种。

一、形态特征

金银忍冬树高2~6 m,茎干直径最大10 cm。幼枝、叶、花被短柔毛和微腺毛。叶对生,纸质,卵状椭圆形或卵状披针形,长5~8 cm,顶端渐尖或长渐尖,基部宽楔形至圆形,叶柄长2~5 mm。花两性,唇形花冠,芳香,生幼枝叶腋,总花梗长1~2 cm,苞片条形,有时条状倒披针形而呈叶状,长3~6 mm;小苞片顶端截形;相邻两萼筒分离,无毛或疏生微腺毛,萼檐钟状,萼齿宽三角形或披针形。花冠随时间长短,由白色变为黄色,长2 cm,外被短伏毛或无毛,唇形,筒长约为唇瓣的1/2,内被柔毛;雄蕊与花柱短于花冠。果实暗红色,圆形,直径5~6 mm,种子表面具浅凹点。花期5~6月,果期8~10月。

二、生长习性

金银忍冬性喜强光、稍耐阴,喜湿润、稍耐旱,较耐寒,耐中性、微酸性疏松土壤。适生海拔400~2 000 m的沟谷、山腰林内、林缘或灌木丛中。

三、主要分布

金银忍冬主要分布于河南、山东、湖北、湖南、河北、广东、广西等地。河南省舞钢市国有石漫滩林场南部秤锤沟、围子园、王沟、长岭头、灯台架、官平院、祥龙谷等山区野生，海拔 400~600 m 的谷地、山腰天然阔叶次生林庇荫下有少量分布。

四、引种繁育与造林绿化

金银忍冬主要采用播种和扦插两种繁殖方法。3 月春季可以播种繁殖，6~7 月夏季可以采用当年生半木质化枝条进行嫩枝扦插。也可以秋季选取一年生健壮饱满枝条进行硬枝扦插。

（一）引种繁育苗木技术

1. 种子采收

每年 10~11 月果实充分成熟后采集，采收后将果实捣碎，用水淘洗，搓去果肉，水选得纯净种子，阴干，干藏至第二年 1 月中下旬，取出种子催芽。

2. 种子处理

种子先用温水浸种 3 小时，捞出后拌入 2~3 倍的湿沙，置于背风向阳处增温催芽，外盖塑料薄膜保湿，经常翻倒，补水保温。3 月中下旬，种子开始萌动即可播种。

3. 种子播种

播种采用苗床开沟条播，行距 20~25 cm，沟深 2~3 cm，播种量每亩为 4~5 kg，覆土约 1 cm，然后盖农膜保墒增地温。播后 20~30 天可出苗，出苗后揭去农膜并及时间苗。当苗高 4~5 cm 时定苗，苗距 10~15 cm。5 月、6 月各追施一次尿素，每次每亩施 15~20 kg。及时浇水，中耕除草，当年苗可达 40 cm 以上。

（二）种条扦插繁育技术

1. 种条选择

首先要选健壮母株上当年生的枝条；9 月秋末采用硬枝扦插，用小拱棚或阳畦保湿保温。10~11 月树木已落叶 1/3 以上时取当年生壮枝，剪成长 10 cm 左右的插条准备扦插。

2. 扦插处理

金银木每年都会长出较多新枝，因此应该将部分老枝剪去，以起到整形修剪、更新枝条的作用，如此处理也有助于生产出品质优良的金银木插条。扦插时间为 6~8 月；扦插前用 100 mg/L ABT 生根粉泡 2 小时；深 2~2.5 cm；温度保持在 20~30 ℃，保持一定湿度，则成活率达 98%以上。

3. 扦插密度

密度为 5 cm × 10 cm，200 株/m^2，插深为插条的 3/4，插后浇一次透水。一般封冻前能生根，第二年 3~4 月萌芽抽枝。

4. 扦插后的管理

扦插前用 ABT 生根粉溶液处理 10~12 分钟。苗木成活后每 25~30 天施一次尿素，每次每亩施 5~10 kg，9~10 月立秋后施一次复合肥，以促苗茎干增粗及木质化。当年苗高达 50 cm 以上。也可在 6 月中下旬进行嫩枝扦插，管理得当，成活率也较高，也可以秋季选取一年生健壮饱满枝条进行硬枝扦插。剪取插条长 15~20 cm,保留顶部 2~4 片叶。将插条插入干净的细河沙中,深度为其长度的 1/3~1/2。插后适当遮阴保湿,待根系足壮后移植于圃地。新生苗木生长后第 2 年春天,及时移苗扩大株行距,可按 40 cm × 50 cm 株行距栽植。每年追肥 3~4 次,经 2 年培育即可出圃。或者隔一株去一株,变成 50 cm × 80 cm,继续培养大苗。若培养成乔木状树形,应移苗后选一壮枝短截定干,其余枝条疏除,以后下部萌生的侧枝、萌蘖要及时摘心,控其生长,促主干生长,培育优质苗木。

五、金银忍冬的作用与价值

(1)观赏价值。金银忍冬花果并美,春夏满树繁花,金银色彩相映,别致清雅芳香;秋后红果满枝,鲜艳晶莹透亮。且挂果期长,经冬不凋,可与冬雪辉映,给人以瑞雪纷纷点点红之美感。故适合公园、景区山坡、林缘、路边点缀,城镇街区隙地、水滨、草坪及园林小品栽培观赏,具有较高的观赏价值。

(2)经济价值。金银忍冬花朵清雅芳香,引来蜂飞蝶绕,因而金银忍冬又是优良的蜜源树种。茎皮可制人造棉,种子油可制肥皂。

(3)药用价值。金银忍冬,全株入药,具有提高免疫力、解热、抗炎等功效。根解毒截疟,茎叶祛风解毒、活血祛瘀,花味淡、性平,祛风解表、消肿解毒。

(4)园林绿化作用。金银忍冬花是优良的蜜源,果是鸟的美食,可作庭园绿化树种。金银忍冬春末夏初繁花满树,黄白间杂,芳香四溢;秋后红果满枝头,晶莹剔透,鲜艳夺目,而且挂果期长,经冬不凋,可与瑞雪相辉映,是一种叶、花、果俱美的花木,是园林中庭院、水滨、草坪栽培绿化树种。

102 葱皮忍冬

葱皮忍冬,学名:*Lonicera ferdinandii* Franch.,忍冬科忍冬属植物,半常绿或落叶灌木,其树势开张,枝叶疏展,花形色彩变幻,果红玲珑剔透,为理想花果观赏树种。适宜公园、景区观赏点缀,独植、行植或丛植林下、林缘、草边、水边、路边俱佳。其树桩亦为制作盆景的优品材料,易培养,成型快。叶、花、果观赏价值得天独厚,更能增添盆景观赏韵味树种。

一、形态特征

葱皮忍冬树高 1~3 m。幼枝有密或疏刚毛,兼生微毛和红褐色腺。老干枝皮常具纵向葱皮状剥落。叶对生,厚纸质,卵形至卵状披针形,顶端尖或短渐尖,基部圆形、截形至浅心形,边缘有时波状,有睫毛,上面疏生刚伏毛或近无毛,叶背和总花梗都有刚伏毛和红褐色腺。叶柄和总花梗极短。长 3~10 cm。苞片大,叶状,披针形至卵形。花两性,唇形花冠,芳香。幼时外面密生直糙毛,内有长柔毛;萼齿三角形,顶端稍尖,被睫毛;花冠初时白色,后变淡黄色,长 1.5~1.7 cm,外面密被短刚伏毛、微硬毛及腺毛。萼筒基部一侧肿大,上唇浅 4 裂,下唇细长反曲,花柱有柔毛。果实红色,透亮,卵圆形。种子椭圆形,长 6~7 mm,扁平,密生小凹孔。花期 4~6 月,果期 9~10 月。

二、生长习性

葱皮忍冬喜散光、耐阴、耐旱，喜湿润、疏松、中性、微酸、微碱性土壤。适生海拔 300~2 000 m 的山地沟谷、山腰之密林、疏林或阴坡灌丛中。

三、主要分布

葱皮忍冬主要分布于黑龙江、吉林、辽宁、河北、河南、山东、山西、四川北部等。河南省舞钢市国有石漫滩林场南部秤锤沟、王沟、蝴蝶溪、长岭头、官平院、祥龙谷、老虎爬等林区有零星分布，多呈灌丛状生于谷地、山脚林下或阴坡灌丛中。

四、引种繁育与造林绿化

葱皮忍冬苗木繁育采用播种、扦插、分株繁殖，林农多进行扦插和分株繁殖。

（一）种条扦插繁育技术

1. 种条选择

选择健壮母树枝条为种条。

2. 种条扦插

在秋季 7~8 月进行温室或拱棚绿枝扦插，如温度 25~30 ℃，15~20 天即可生根。冬季 10 月或春季 3 月进行硬枝扦插，硬枝扦插可在温室扦插或露地扦插。露地扦插选阴雨天成活率较高，剪取 1~2 年生健壮枝条作插穗，长度 15~20 cm，采用覆地膜垄插，垄宽 40 cm、垄距 20 cm，每垄插 2 行，株距 10 cm。

3. 插后管理

人工及时浇透水，生长期 5~8 月，浇水 2~3 次，除草保湿保墒，促进苗木生长。

（二）种条分株繁育技术

种条分株在 10 月秋季落叶后或 3 月早春发芽前，将母株旁新生幼枝连根挖出移栽。此法繁殖量少，投工多，但繁殖成活率高。

（三）种子播种繁育技术

9~10 月果实成熟后，采回放入布袋中捣烂，用水洗去果肉，种子捞出后阴干，按种子 3 倍的干净湿沙混匀沙藏，第 2 年春季 4 月上旬播种。未经处理的种子，播前先把种子放在 25 ℃温水中浸泡 24 小时，取出与湿沙混拌，置于室内，每天搅拌一次，待 1/3 以上的种子裂口时播种。圃地秋季深翻施有机肥，灌足冬水，春季播前做床，苗床可做成平床，宽 1.2 m。开沟条播，行距 25 cm，沟深 2~3 cm，播后覆土 1 cm，盖以稻草，每天早晨喷水 1 次，保持湿润，约 15 天出苗，出苗后分次揭去稻草，仍需每天喷水。为防止立枯病，待苗高 10 cm 时，可喷一次 200~300 倍波尔多液。

五、葱皮忍冬的作用与价值

（1）观赏价值。葱皮忍冬树势开张，枝叶疏展，其花形色彩变幻，果红玲珑剔透，为理想花果观赏树种。适宜公园、景区观赏点缀。独植、行植或丛植林下、林缘、草边、水边、路边俱佳。其树桩亦为制作盆景的优品材料，易培养，成型快。叶、花、果欣赏价值得天独厚，更能增添盆景观赏韵味。

(2)经济价值。葱皮忍冬叶和花蕾含有氯原酸、黄酮。枝条韧皮纤维可制绳索、麻袋，造纸原料。可入药，有清热解毒、散风消肿之功效，民间常用花蕾、叶治疗伤风感冒诸症。

103　锦鸡儿

锦鸡儿，学名：*Caragana sinica* (Buc'hoz) Rehder，豆科锦鸡儿属植物，又名老虎刺、小叶锦鸡儿、黄雀花、土黄豆、粘粘袜、酱瓣子、阳雀花、红花锦鸡儿等，落叶小灌木。锦鸡儿枝叶细碎，花冠蝶形，黄色带红，形似金雀，小巧玲珑。可丛植草地、坡地、山石旁或作地被植物。其形矮小，花开似雀、似蝶。花、叶、枝等具有良好的观赏价值。

一、形态特征

锦鸡儿高0.5~1 m。树皮绿褐色或灰褐色，小枝细长，叶片假掌状，近革质。具条棱，托叶在长枝者成细针刺，长3~4 mm，小叶4，楔状倒卵形，先端圆钝或微凹，具刺尖，基部楔形。上面深绿色，下面淡绿色，无毛，有时被疏柔毛。花萼管状，紫红色，萼齿三角形，花冠黄色、紫红色或淡红色。荚果圆筒形，花期4~6月，果期6~7月。

二、生长习性

锦鸡儿喜光，耐旱、耐寒，耐瘠薄土壤，对土壤酸碱度要求不严格。适生海拔300~2 000 m，生长在山地阳坡或山脊，荒坡或岩缝中。

三、主要分布

锦鸡儿主要分布于黑龙江、吉林、辽宁、河北、山东、山西、河南及甘肃南部。舞钢市国有石漫滩林场一林区黄山、马鞍山，三林区大虎山、二虎山，四林区老虎爬、灯台架，五林区稠子印、龙王撞、五峰山海拔300~800 m的山脊、山顶有片状野生。多以小灌丛状生于荒坡或矮灌丛。

四、引种繁育与造林绿化

(一)种子播种繁育技术

1. 种子采收

锦鸡儿8~9月种子成熟，果实由绿色变为褐色时，需要及时采收，采回后置于箩筐中，暴晒数日，待其种壳开裂后取出种子备用。

2. 种子播种

具备秋季播种条件的，可以随采随播，不具备秋季播种条件的，可将种子储藏起来，待到次年春暖花开时播种。春季播种，苗床场地要在冬季进行深翻，使土坯经过长时间冷冻，恢复和改善土壤的团粒结构，提高土壤的透气渗水能力，增加土壤的肥效，消灭或减少土壤中的病菌和虫卵。在3月上中旬，再进行翻整耙细，制作露地苗床。苗床的大小可根据种子的多少而定，一般长为400~600 cm、宽为100~120 cm、高为25~30 cm，沟宽为40~45 cm。苗床做好以后，可用40%的福尔马林加水150~200倍稀释成水溶液，每1 m^2用药水10~15 kg，喷洒苗床表面，再用塑料薄膜密封盖严，7~10天后揭开薄膜，平整苗床，即可进行播种。锦鸡儿的种子经过冬季的储藏，播种前可用30 ℃的温水浸泡种子，倒入容器的水量为种子重量的4~5倍。倒入时要搅动，使之浸水受热均匀，当水温降至与自然气温接近时，停止搅动，浸泡48~72小时，待种子充分吸足水分后，从水中捞起置于大小适宜的竹制容器中，上面用毛巾覆盖，置于18~25 ℃的室内进行催芽，每天用25 ℃的温水冲淋2~3次，并且每天早晚各翻动一次，待种脐开裂后便可播种。锦鸡儿播种，可用条播的方法进行，沟条的行距为15 cm。种子播入后，覆土盖好，再用细孔喷壶把水喷透。干燥地区可用塑料薄膜覆盖，这样既保温又保湿；湿润地区可用稻草覆盖，保持土壤湿润。播种后给水要均匀，苗床温度控制在25 ℃左右。经过催芽处理的种子，胚芽很快出土，这时应选在阴天或傍晚揭去覆盖物，让幼小苗株接受弱阳光照射。这时有的地区上午10时至下午5时阳光强烈，应根据本地区的实际情况，做好搭棚遮阴工作，让幼苗接受40%~60%的光照度。

（二）蘖芽分株繁育技术

锦鸡儿是一种萌发能力较强的植物，幼苗栽培3~5年的植株，在其茎基部能萌发较多的蘖芽。同时，这些蘖芽就能在其基部萌发生活根。在园林、公园、庭院栽培的植株，如果5年以上不进行分株繁殖，大的植株反而生长不好，开花少，挂果稀，失去观赏价值。因此，大丛母株必须进行分株栽培。分株锦鸡儿的蘖芽，可以加快苗木繁育；分株栽培，宜在2~3月早春树液尚未萌动时进行。分株时，先将全株挖起，剔去多余的附着土，然后依其自然缝隙，用锋利快刀切开，使其成为数丛。为了不影响当年开花观赏，株丛可稍大一些，其分切以3~5株为一丛。操作时，要精心保护好侧根和须根，切口皮层不能破裂，并用硫黄粉或消石灰涂抹，使其尽快干燥，保持好植株伤流液体。分株苗的栽培，可根据绿化美化的需要，进行露地栽培。操作时挖坑要大，直径为60~80 cm，深度为45~50 cm，坑底要填放含磷、钾元素较多的长效有机肥，上面回填肥沃的沙质土壤，然后把分株苗植于大坑中央，覆土压实，把水灌透，一星期后再灌水一次，一般植株就能成活萌发新芽。经过切割重新栽培的植株，长势特别好，4~5月，花繁叶茂，观赏价值更高。

（三）造林栽植技术

1. 秋季栽培

9月秋季栽培后，苗木进入休眠期，根系在冬季充分适应新的环境，第二年成活率高。9~10月，锦鸡儿便落叶进入冬季休眠，营养生长基本停止，芽苞分化饱满，这时是挖掘、运输、分切、栽培的最佳季节。栽培后至晚秋初冬，此时的地温正适宜于被切断根系的伤口愈合，来年早春土壤地温稍有回升，便开始萌发须根和侧根，待大气气温逐渐升高时，芽苞便开始萌动，这时植株便利用新根吸收水分和养分，满足其生长的需要。

2. 春季栽培

锦鸡儿春季栽培也能开花挂果，但是，一定要在树液尚未流动的时候，带土团挖取苗株，随挖随栽。如果要异地栽培，就应用草绳、塑料薄膜包扎，栽培后要把水灌透，注意保墒，这样才能不影响开花。同时，被切断根系的伤口也能很快愈合，萌发新根，因为植株栽培后，自身的养分就能满足其花芽、叶芽萌发的需要，等到气温回升，根系已经形成，具备了吸收功能，这时植株便伸枝展叶，吸收阳光进行光合作用，而源源不断地供给植株生长所需要的养分，为其当年的营养生长和来年的开花结果打好基础。

3. 科学施肥

锦鸡儿性喜湿润肥沃的土壤，但是，也能耐干旱、耐贫瘠，忌水涝，对土壤要求不严，在荒山野外，还能在山石缝隙处生长。锦鸡儿萌发力强，枝叶繁茂，花多果多，在生长季节加强肥水管理从萌芽时结合浇水，用 1∶2 000 的氨水溶液进行浇灌，因为氨水具有比尿素、硫酸铵等固态氮肥更好的促进生长的作用。施用这种肥料，植株很快萌发新芽，这时，还应根据树形，进行疏芽。发芽后要加强氮肥的供给，可用沤制的油枯水，以 1∶15 的浓度进行有效追施，必要时，还可用 0.1%的尿素水溶液进行根外喷施。新芽长定后改施以磷、钾肥为主的肥料，浓度为 1∶10 或 1∶15。同时，还可用 0.1%的磷酸二氢钾水溶液进行有效喷施。充足的养料是锦鸡儿茁壮成长的食粮，但施肥时，一定要根据植株的长势，不宜多施，以满足其生长为度。秋季落叶后，可在植株周围 60~80 cm 处进行环状挖沟，追施长效有机肥，增加土壤肥力，为来年的生长打好基础。

4. 管理技术

(1)浇水锦鸡儿喜欢的土壤水分，以干润为主。但是，因树桩盆景土壤极少，水就比地栽植株消失得快，因此需要给花盆及时供水。树桩盆景的浇水，要根据土壤的保水保肥性能而定。盆土中的养分，必须经过土壤微生物的分解，并且将其溶解于水中，植株才能吸收，但是，这种分解作用需要在土壤空气状态良好情况下才能分解充分，否则其效果就不好。尤其是盆土含水过多，微生物分解能力和活动受到抑制，就直接影响植株体对盆土中养分的吸收。因此，给锦鸡儿浇水，既要保持盆土的湿润，又要使土壤中有一定的空气，如果盆土的保水能力强，其保肥能力也强，从而也就使植株生长过程有充足的水分和养分；相反，如果盆土保水保肥力差，植株生长缺水缺肥，其生长发育必定受到抑制，严重时，甚至干枯，最后死亡，多数的盆栽植株死亡大多是这个原因。3 月春季，每隔 3~4 天浇水 1 次，夏季每天早晚各浇水 1 次，秋季每星期浇水 2~3 次，冬季每月浇水 1~2 次就可以了。

(2)光照。锦鸡儿在营养生长、开花、结果过程中，如果没有充足的阳光作用就不能完成其生长过程。因此，地栽植株一定要挑选向阳地方栽培，使其一年四季都有足够的阳光照射。锦鸡儿的生殖生长需要较长的光照，才能开花结果。这里所说的长日照，就是它每天需要的黑暗时间是较短的，只有这样才能促进花芽的形成、开花和结果。

五、锦鸡儿的作用与价值

(1)观赏价值。锦鸡儿花朵鲜艳，状如蝴蝶的花蕾，枝叶细碎，花冠蝶形，盛开时呈现黄色带红，形似金雀，小巧玲珑，极为美丽。花、叶、枝具有良好的观赏价值。

(2)绿化作用。锦鸡儿在园林庭院作绿化美化栽培。丛植草地、坡地，山石旁可良好栽培。因其形矮小，花开似雀、似蝶，作为培养袖珍树桩盆景之用，堪称精品。

104　山麻杆

山麻杆，学名：*Alchornea davidii* Franch.，大戟科山麻杆属植物，落叶灌木。山麻杆萌蘖性强，生长迅速，自然繁殖能力强。其茎干直立通达，株形矮壮，片状丛生，枝冠少见，干茎粗细、高低匀称。叶片硕大，幼时红色或紫红色。其叶色、叶形变化丰富，观赏价值高，为独具形态、鲜艳美丽的园景、庭院观赏树种。

一、形态特征

山麻杆，直立丛生落叶灌木，树高 1～3 m。嫩枝被灰白色短茸毛，一年生小枝具微柔毛。叶互生，薄纸质，幼叶近紫红。阔卵形或近圆形，顶端渐尖，基部心形、浅心形；边缘具粗锯齿或具细齿，齿端具腺体，上面沿叶脉具短柔毛，下面被短柔毛，基部具斑状腺体多个，基出脉 3 条。长 8～14 cm、宽 7～13 cm。雌雄异株，雄花序穗状，葇荑花序，着生一年生枝落叶痕腋部。苞片卵形，顶端近急尖，具柔毛，未开花时覆瓦状密生。雄花 5～6 朵，簇生苞腋，无毛，基部具关节；雌花序总状，顶生，长 4～7 cm，花 4～7 朵，各部均被短柔毛。蒴果近球形，种子卵状三角形。花期 3～5 月，果期 6～7 月。

二、生长习性

山麻杆阳性，喜光，喜湿润、疏松、深厚、酸碱度适中土壤。适生海拔 100～700 m，沟谷、溪畔、山脚灌丛或旷野均有分布。

三、主要分布

山麻杆主要分布于陕西南部、四川东部和中部、云南（昭通、永善、富宁、普洱、勐海、江川和元江）、贵州、广西北部、河南、湖北、湖南、江西、江苏、福建西部、浙江。河南省舞钢市境内武功乡平原、尹集镇丘陵、杨庄乡山地海拔 80～400 m，山脚、谷地、河岸、田边、古老村旁，旷野、林缘或灌丛均有片丛状分布。谷地林下亦有生长。

四、引种繁育与造林绿化

山麻杆既可用种子播种，又可取其营养枝条进行扦插繁殖，同时，还可在其基部切取生根蘖芽进行分株繁殖。

（一）种子播种繁育技术

1. 种子采收

山麻杆果实 7～8 月成熟，即可采收，采收后，阴干种壳便可取出种子储藏备用。

2. 种子播种

播种时间，3 月中下旬进行播种，对其萌发生长极为有利。播种前，应在房前屋侧挑选地势稍高、土质疏松肥沃的地方进行翻整，制作露地苗床，苗床的大小可根据种子的多少自己决定。苗床做好后，还要进行药物消毒，一般可用 1 000～1 500 倍氟氯氰菊酯水溶液和 1 000 倍高锰酸钾水溶液进行喷洒，再用塑料薄膜覆盖，密封 24～36 小时，再晾晒数日便可播种。播种时,种子要用 40 ℃左右的温开水浸泡,再用 0.1%的多菌灵水溶液浸泡,然后捞起种子,直接播种在苗床内。山麻杆适宜保湿浅播,以促进发芽,播种初期种子要求土壤绝对湿润,但覆土不能太厚,一般以细砂土盖住种子为宜,床上用竹条拱架,覆盖塑料薄膜,以保持苗床湿润和温度。出苗以前,应注意通风,不断调节苗床的温度,如果温度在 25 ℃左右,经过 15~25 天,胚芽便破土而出,新生苗木加强保湿浇水,搭建遮阳棚保护,促进苗木快速生长。

(二)种条扦插繁育技术

1.种条选择

山麻杆扦插是繁殖中最为简便的方法。扦插时间,2~3 月挑选生长一年的枝条作插穗,每段长 12~15 cm,一般保持 3~4 个节间,顶端削成 45°的斜面,基部平截,注意保持茎干皮层,剪口要光滑,皮层不能破裂。

2.种条处理

插条剪好的种条,置于阴凉通风处,待其切口干燥后便可进行扦插。扦插苗床,要选地势稍高、背风向阳的地方,翻整土地,制作露地苗床。苗床的大小可根据枝条的多少而定,最好床上铺一层素黄砂土,厚度为 25~30 cm,用 3 000 倍的高锰酸钾水溶液进行消毒,稍晒一晒,便可进行扦插。插入土壤的深度为插穗长度的 1/2,填土压实,用细孔喷壶把水喷透。苗床上用竹条拱架,架上覆盖塑料薄膜,以利保温保湿。山麻杆插条,皮层带有根的原始体,扦插后生根较快,成活率高,但要注意空气相对湿度不宜过大,以免烂茎。

(三)造林绿化技术

山麻杆造林选择肥沃土壤或山地、山坡、荒山等地块。栽植后,山麻杆性喜湿润土壤,在生长季节不耐干旱,不论露地栽培还是盆栽,都应随时补充水分。露地栽培的植株,在春季的干燥季节,每 7~10 天灌透水 1 次,以利土壤中肥料的分解,使植株开始活动时就有充足的水分和养分。夏季雨水多,可以不浇水,如若遇上伏旱,可每星期灌水 2 次。秋季要控制浇水,以土壤干润即可,以利植株进行花芽分化。冬季浇水更少,一般在入冬前灌水 1 次即可。盆栽植株,要经常保持土壤湿润,随时补充水分。在花盆和基质的通透性都较好的前提下,春季 7~8 天浇水 2~3 次,夏季每天浇水 1 次,秋季每 3~4 天浇水 1 次,冬季每 10~15 天喷水 1 次即可。除了加强浇水保湿管理,施肥也要加强。山麻杆喜肥不择肥,使用有机肥和无机肥。有机肥可用禽类粪便沤制的液体肥料,3 月春季新芽萌动时进行有效浇灌。大田露地栽培的植株,可在植株周围挖放射状浅沟,重施一次肥,然后回土填平,9~10 月,秋季再施一次即可满足植株生长的需要。盆栽植株,在施足基肥的同时,注意随时追肥,春季,每 15~20 天追施一次,以有机肥和无机肥交叉施入,无机肥不可用农用化肥或劣质化肥,以免烧根灼叶,应到化学药剂商店买氮、磷、钾等元素配合好的等量式肥料,浓度以 0.1%~0.2%为宜。夏季施肥要降低浓度,秋季施肥要减少次数,冬季停施。

五、山麻杆的作用与价值

(1)观赏价值。山麻杆萌蘖性强,生长迅速,自然繁殖能力强。其茎干直立通达,株形矮壮,片状丛生,枝冠少见,干茎粗细、高低匀称。叶片硕大,幼时红色或紫红色。其叶色、叶形变化丰富,观赏价值高,为独具形态、鲜艳美丽的园景、庭院观赏树种。

(2)绿化作用。山麻杆适于景园、湿地旷地、亭台缘丛植,庭院、别墅角隅丛植或门侧、窗前孤植,也可路边、水滨列植观赏。目前,采用该种作绿化观赏的很少,若能就地取材,科学应用,合理点缀,成本低,且不失其较高的观赏性。

(3)经济价值。山麻杆茎皮含纤维43%,可做絮棉、造纸原料,其叶营养丰富,为优质牲畜饲料。

105　桑　树

桑树,学名:*Morus alba* Linn,桑科桑属,又名家桑、桑食、黑食等,灌木或落叶乔木。桑树,生命力极其旺盛,植株高大,郁闭度高,根系发达,可以保持水土,萌生能力极强,耐砍伐,种子容易发芽,自播能力强,桑叶可作饲料,经济价值极高,是中原地区优良乡土树种,又是荒山造林的优良乡土树种。

一、形态特征

桑树属落叶乔木,树高达10~15 m,胸径1~2 m。树冠倒卵圆形;叶卵形或宽卵形,先端尖或渐短尖,基部圆或心形,锯齿粗钝,幼树之叶常有浅裂、深裂,上面无毛,下面沿叶脉疏生毛,脉腋簇生毛。花期4月;果为聚花果(桑椹),紫黑色、淡红色或白色,多汁味甜。果熟期5~7月。

二、生长习性

桑树喜光,对气候、土壤适应性都很强。耐寒,耐-30~-40 ℃的低温;耐旱,不耐水湿。也可在温暖湿润的环境生长。喜深厚、疏松、肥沃的土壤。抗风,耐烟尘,抗有毒气体。根系发达,生长快,萌芽力强,耐修剪,寿命长。

三、主要分布

桑树主要分布于河南、山东、河北、青海、甘肃、陕西、广东、广西、四川、云南等地。中原地区主要分布于平顶山、三门峡、漯河、周口、驻马店、信阳、许昌、南阳等地,散生种植或集中采果种植。

四、引种繁育与造林绿化

桑树是荒山造林的优良乡土树种,耐寒耐旱耐山火,生命力极其旺盛,植株高大,郁闭度高,根系发达,可以保持水土,萌生能力极强,耐砍伐,种子容易发芽,自播能力强,桑叶可作饲料,经济价值极高,有着与其他树种不可比拟的生态效益、经济效益和社会效益。为此,山西省早在2012年就把桑树确定为重要造林树种,并在全省大力推广。桑树属速生木本植物,抗污染、抗风、耐盐碱,适生性强,生命力很强,管理容易。桑树树冠丰满,枝叶茂密,不仅作为园林绿化、风沙防护、水源涵养、水土保持的首选树种,也是价值极高的经济林树种。桑树优良苗木繁育技术主要是,通过优良种子大田播种、大田种条扦插、母树分根、砧木嫁接繁育等均可培育苗木。其种子播种育苗技术如下。

(一)引种繁育苗木技术

1. 采收种子

桑树采种应该选择母树生长健壮、无病虫害的大树。当桑树果实充分成熟时人工采收。采后的果实堆放在晒场上,堆放2~3天,堆放时候要用草珊子或麻袋片覆盖。在堆放过程中要注意经常翻动,防止温度过高发热,影响种子的成活率。然后进行洗种,淘洗前,先将桑椹捣烂,然后放入细眼箩内,用净水漂洗,得到饱满的种子。洗净的种子需摊放在通风处晾干,不可暴晒,以免降低发芽率。

2. 种子储藏

桑树春播的种子,需要用低温、干燥等方法储藏,抑制其呼吸作用,减少种子内养分的消耗,才能出芽率高。储藏技术方法:把充分干燥的桑籽装入塑料袋,贮放在3~4 ℃低温的冰箱或冷库内;也可把桑籽装进布袋,储藏在以生石灰为干燥材料的容器内。桑籽重量为生石灰的1.4~1.9倍,两者之间用物隔开。容器内留1/3的空隙,密封后放置于阴凉干燥处。应特别注意:桑树种子在温暖多湿的环境下随意放置,造成种子发芽率低。

3. 苗圃地的选择

桑树苗圃地应选择地势平坦、土壤肥沃、日照充足、排灌便利,同时没有种植过桑树的地块为宜。

4. 苗圃地的整理

为了给桑树繁育苗木创造良好的生长条件,苗圃地要深耕、施基肥、做畦。深耕的目的是提高土壤肥力和出苗率。施基肥的目的是让苗木能在较长时间内吸收到养分,基肥以有机肥为主,每亩施腐熟农家肥400~500 kg和化肥40~50 kg,结合深耕把基肥翻入土中。做畦时精耕细耙,耙匀基肥,然后起畦,要求做到畦面平、土粒细。畦宽90~120 cm、高20~25 cm,畦间距30~40 cm即可。

5. 播种时间

桑树种子育苗,播种方法分为秋播和春播。当年采种,当年播种,播种时间,9月中下旬播种,即秋播;种子采收后,第2年3月播种育苗的,即春播。

6. 播种方法

桑树春播种子育苗,播种前,用39~40 ℃的温水浸泡,并不停地搅拌,待水凉后继续浸泡12~24小时,捞出后稍加晾干即可播种。播种方法分撒播和条播两种。撒播是将桑籽用4~5倍沙子或细土拌匀后,均匀地撒在已整好的畦面上,然后用扫帚轻扫畦面,并用木板轻轻镇压,使桑籽与土壤紧密接触。条播是先在畦面上开播种沟,然后将种子撒在播种沟内,覆土厚0.5~1.0 cm。播种沟与畦向垂直,沟距15~20 cm,沟深8~10 cm、宽8~10 cm,沟底要平坦,泥土要充分打碎,略压实,保证出苗整齐。每亩用种量撒播为0.75~1.5 kg、条播为0.5~1.0 kg即可。春播和夏播均可当年出圃。每亩出苗1.5万~2.0万株。

(二)大田浇水施肥管理与保护

播种后的苗圃管理水平直接影响到苗木的质量和数量。苗期要加强科学技术管理,其主要工作环节如下。

1. 浇水排灌

播种后要保持土壤湿润,每隔 24 小时浇水灌溉一次,灌水不宜高于畦面,要速灌速排,以免受涝,及时排掉苗圃积水。

2. 覆盖揭草

从播种到出苗,春播 10~15 天,夏播 8~10 天。此时期,桑种子吸水膨胀,快速萌芽生长。及时补充水分是出苗率高的保障。幼苗出苗前覆盖草苫子或遮阴网防晒;幼苗出齐后就可揭除盖草,以利吸收阳光。揭草宜在阴天或傍晚进行,如遇干旱或日晒过猛,应分次揭草,以防桑苗灼伤。从出苗到长出 5~6 片真叶时是缓慢生长期。但是,此时期根系生长快,地上部分生长慢。

3. 幼苗管理

桑树苗长出 2~3 片叶时,及时进行第一次间苗,按株距 3~4 cm,把过密的、细小的幼苗拔去;在桑苗长出 5~6 片叶时再间苗一次,株距 4~5 cm。苗木过疏的地方,在雨后进行移苗补植。两次间苗后,一般每亩留苗量 3 000~4 000 株为宜;以培养砧木为目的时,通常每亩留苗 3 万株左右。

4. 施肥追肥

苗期追肥 2~3 次,追肥可用尿素,追肥时间在幼苗长出 3~4 片叶时进行,每亩用尿素 3~4 kg,施肥后用树叶将苗木抖动一次,避免肥料沾在叶片上将其灼伤,然后淋水。

5. 清理除草

幼苗期,在揭去盖草后,及时除草。6~8 月,高温时期苗木处于幼龄阶段,易受灼伤而影响成活。秋播是在秋分前后,即秋季气温高、干旱,应注意加强肥水管理。

(三)主要病虫害的发生与防治

1. 主要虫害的发生与防治

(1)主要虫害的发生。桑树主要虫害是地下害虫,分别是地老虎、蝼蛄等。4~9 月,在地下交替危害,主要危害幼苗根系。

(2)主要虫害的防治。桑树主要害虫有地老虎、蝼蛄等,及时发现虫害,及时立即喷杀虫剂,可用森得宝 1 kg 兑水 2 kg,拌沙或细土 20~25 kg,制成毒土,傍晚撒于桑根附近,效果较好。

2. 主要病害的发生与防治

(1)主要病害的发生。桑树主要病害是猝倒病,该病害主要危害苗木,尤其是在苗期发生后,造成新生幼苗猝倒或死亡苗株的症状,影响新生苗木速生快长。

(2)主要病害的防治。在苗圃地,发现有新生幼苗猝倒或死亡苗株时,应立即用多菌灵 500~800 倍液喷洒幼苗或 50%甲基托布津 300~400 倍液防治;在苗木生长期,人工及时开展调查,观察苗木的生长状况,做好预防;即在苗圃地种子播种后,及时用 50%多菌灵 300~400 倍液淋施幼苗喷布 1~2 次,预防病害的发生,减少苗木死亡,确保苗木质量,促进苗木健壮生长。

五、桑树培育的目的

(1)绿化作用。桑树树冠丰满,枝叶茂密,秋叶金黄,适生性强,管理容易,是美丽乡村、居民新村、厂矿绿地美化环境树种,又是农村"四旁"绿化的主要树种,在城乡造林中广泛应用,起到绿化作用。

(2)景观作用。在园林、风景区、山庄绿化中与各类花、灌木等搭配,培育种植成树坛、树丛或与其他树种混植作为风景林,其果能吸引鸟类,宜构成鸟语花香的自然景观,起到景观作用。

(3)经济价值。桑树经济价值很高,叶可以饲蚕或作为畜牧养殖饲料;根、果入药,果酿酒;木材供雕刻;茎皮是制蜡纸、皮纸和人造棉的原料。

106 异叶榕

异叶榕,学名:*Ficus heteromorpha*,桑科榕属,又名奶浆果,落叶灌木或小乔木。异叶榕为亚热带第三纪残遗植物稀有种,对生态环境要求局限敏感,使其分布范围狭小,个体数量少,零散分布在沟谷落叶阔叶林下。异叶榕枝干粗壮,叶大形异,形态微妙,是观赏灌木。

一、形态特征

异叶榕高2~5 m。树皮灰褐色。小枝红褐色,节短。叶多形,琴形、椭圆形、椭圆状披针形,长10~18 cm、宽4~7 cm。先端渐尖或为尾状,基部圆形或浅心形,表面略粗糙,背面有细小钟乳体,全缘或微波状,基生侧脉较短,侧脉6~15 对,红色。叶柄长2~6 cm,红色。托叶披针形,长约1 cm。榕果成对生短枝叶腋,稀单生,无总梗,果球形或圆锥状球形,光滑,直径6~10 mm,成熟时紫黑色。顶生苞片脐状,基生苞片3 枚,卵圆形,雄花与雌花同生于一榕果中;雄花散生内壁,花被片4~5,匙形,雄蕊2~3;雌花花被片5~6,子房光滑,花柱短;雌花花被片4~5,包围子房,花柱侧生,柱头笔状,被柔毛。瘦果光滑。花期4~5 月,果期5~7 月。

二、生长习性

异叶榕喜散光,耐阴,喜湿润、疏松、肥厚的中性、微酸性土壤。适生海拔350~800 m的山地、山谷、凹坡地之林中。

三、主要分布

异叶榕主要分布于长江流域中下游及华南地区,北至陕西、湖北、河南。河南省舞钢市国有石漫滩林场南部秤锤沟、王沟、长岭头、老虎爬、灯台架、官平院、大雾场等有野生分布,林区海拔350~500 m 的谷地阔叶林内有小片状野生。多为灌木状,大径植株少见。

四、引种繁育与造林绿化

异叶榕为亚热带第三纪残遗植物稀有种。对生态环境要求局限敏感,使其分布范围狭小,个体数量少,零散分布在沟谷落叶阔叶林下。故对于植物系统演化、物种起源与发展、物种区系地理研究和分析具有特殊意义。异叶榕枝干粗壮,叶大形异,形态微妙。可尝试用于公园、景区乔冠搭配点缀，以观赏灌木植于林荫内，尽显其特色景观品位，引人入胜，令人称奇。其苗木繁育有待进一步的研究实验。该树作为学术稀缺物种，应予以加强保护，进行多方面的科学研究，繁育发展。

五、异叶榕的作用与价值

（1）观赏价值。异叶榕枝干粗壮，叶大形异，形态微妙，是观赏灌木，具有特色景观品位。

（2）造纸作用。异叶榕树皮含纤维素可达50%，是造纸、人造棉优质原料。

107　蜡　梅

蜡梅树，学名：*Chimonanthus praecox*（Linn.）Link，蜡梅科蜡梅属，又名金梅、香梅花、香梅、干枝梅、腊梅、蜡花、黄梅花等，落叶灌木。中原地区优良乡土树种，是冬季观赏的主要花木。

一、形态特征

蜡梅，落叶灌木，株高达3~4 m，单叶对生，花被外轮蜡黄色，中轮有紫色条纹，有浓香，先叶开放，花着生于第二年生枝条叶腋内，芳香，直径2~4 cm；花被片圆形、长圆形、倒卵形、椭圆形或匙形，长5~19 mm、宽5~14 mm，无毛，内部花被片比外部花被片短；果托坛状，小瘦果种子状，果熟期8月。果托近木质化，坛状或倒卵状椭圆形，长2~4 cm，直径1~2.4 cm，口部收缩，并具有钻状披针形的被毛附生物。花期11月至第二年3月，果期4~11月。

二、生长习性

蜡梅性喜阳光，能耐阴、耐寒、耐旱，忌渍水，喜欢土层深厚、肥沃、疏松、排水良好的微酸性沙质壤土，在盐碱地上生长不良；树体生长势强，分枝旺盛，根茎部易生萌蘖。发枝力强，耐修剪。蜡梅花在霜雪寒天傲然开放，花黄似蜡，浓香扑鼻，是冬季观赏主要花木。怕风，较耐寒，在不低于-15 ℃时能安全越冬，花期遇-10 ℃低温，花朵受冻害。

三、主要分布

蜡梅主要分布于河南、山东、江苏、安徽、浙江、福建、江西、湖南、湖北、陕西、四川、贵州、云南、广西、广东等地。中原地区主要分布于许昌、周口、安阳、郑州、开封、新乡、洛阳、三门峡、焦作、平顶山、南阳、驻马店、信阳等地，河南省鄢陵县姚家花园为蜡梅苗木生产之传统中心。河南省舞钢市长岭头、围子园等山区有野生分布。

四、引种繁育与造林绿化

蜡梅优质苗木繁殖主要采取以嫁接为主，分株、播种、扦插、压条繁育为辅。嫁接以切接为主，可采用靠接和芽接。切接多在3~4月进行，当叶芽萌动有麦粒大小时嫁接最易成活。

(一)引种繁育苗木技术

1. 苗圃地的选择

苗圃地选择土层深厚、肥沃、疏松、排水良好的微酸性沙质壤土为好,其他的土壤、盐碱土壤等地苗木生长不良。

2. 苗圃地的整理

苗圃地选好后,在播前,深翻土地,施足基肥,每亩施基肥 3 500~6 000 kg,以农家肥为主,均匀地撒到地面上。深翻 30~35 cm,整平耙细做畦,做好备播。

3. 采收种子

蜡梅 8~9 月果实成熟后即可采收,可随采随播,或湿沙层积储藏,备播。

4. 种子播种

8~9 月果实成熟后采收,可随采随播;夏季 6 月采种的种子,随采随播最好。采取条播进行,播前浸种催芽 24 小时,保证苗齐发芽早。10 天发芽,当年生苗高 10~20 cm;如果第二年播种的,将种子湿沙层积储藏至第二年 2 月下旬至 3 月中旬条播。种子干藏到第二年的,播前应先做浸种处理,方法是先用 60 ℃左右的温水加 0. 5%洗衣粉泡半天,戴上手套反复揉搓,然后用清水洗净,再用清水浸泡 6~7 天,每 1~2 天换水一次,待有少量种子露白时捞出滤干待播。按照行距 20~25 cm,覆土厚 2~2. 5 cm,播后 18~30 天出土出芽,初期适当遮阳,搭建遮阳网防晒。

5. 浇水管理

4~7 月,苗木生长期,做到平时浇水以维持土壤半墒状态为佳,雨季注意排水,防止土壤积水。干旱季节及时补充水分,开花期间,土壤保持适度干旱,不宜浇水过多。7~8 月,夏季每天早晚各浇一次水,水量保持浇透为止。

6. 施肥管理

12 月至第二年 2 月开花期,或花谢前后施一次充分腐熟的有机肥或生物肥;3 月上旬,春季新叶萌发后至 6 月的生长季节,每 10~15 天施一次腐熟的饼肥水为好;7~8 月的花芽分化期,追施腐熟的有机肥和磷钾肥混合液,每亩施入 10~15 kg;秋后再施一次有机肥。每次施肥后都要及时浇水、松土,以保持土壤疏松,促进苗木快速生长。

(二)主要病虫害的发生与防治技术

1. 主要虫害的发生与防治

(1)主要虫害的发生。蜡梅树主要害虫有蚜虫、介壳虫、卷叶蛾、刺蛾等。一是卷叶蛾,5~6 月,主要以蜡梅的叶片为食,还会钻进果实中吃果实,也被称为卷叶虫,卷叶蛾的幼虫咬食新芽、嫩叶和花蕾,仅留表皮呈网孔状,并叶片纵卷,潜藏叶内连续危害植株,严重影响植株的生长和开花。二是刺蛾,5~8 月,成虫的体长为 12~13 mm,体暗灰褐色,腹面及足色深,幼虫一共 8 龄,6 龄起可食全叶,以蜡梅的叶片为食,在蜡梅虫害防治中,这是一种比较常见的虫害之一。三是介壳虫,介壳虫的出现与环境有何密切关系,比如当雨水较多、蜡梅又缺乏光照、强风侵袭等,都可能导致介壳虫的出现,它会对蜡梅的枝叶产生极大的危害,会导致开花困难或者花朵较少。四是蚜虫,蚜虫会吸食蜡梅的叶片、茎杆、嫩头和嫩穗汁液,它一般体长 1. 5~4. 9 mm,表面光滑,尾片圆锥形、指形、剑形,分为有翅、无翅两种类型，体色为黑色。以上这些害虫呈交替危害或集中危害，造成树势衰弱，影响生长开花。

（2）主要虫害的防治。一是卷叶蛾防治，卷叶蛾一般在夜间活动，如果虫害较轻，可以将卷叶摘除；在幼虫发生期，可以用75%辛硫磷1 000倍液喷杀幼虫；在生长期，苗圃地挂诱杀剂瓶，每亩挂3~5个即可。诱杀剂的配置，应该选用糖5~6 kg、酒2~2.5 kg、醋4~5 kg、水100 kg，配成溶液诱杀成虫。二是刺蛾防治，检查植株树基周围的土壤中是否有虫茧，如果有，要及时地清除；有幼虫出现时，喷洒80%敌敌畏乳油1 200倍液，或50%辛硫磷乳油1 000倍液；如果不慎被刺蛾刺中，可用肥皂水涂抹，严重的话应该及时就医。三是介壳虫防治，当介壳没有形成之前，可以用药物进行喷洒，一般7~10天1次，连续3~4次即可，药物以40%氯氰菊酯1 000倍液，或50%马拉硫磷1 500倍液为主，此外还要注意合理的养护技巧。四是蚜虫防治，如果发现大量蚜虫，一定要及时防治，方法是用50%马拉松乳剂1 000倍液，或50%杀螟松乳剂1 000倍液进行喷洒，而在施用药剂的时候，可以加入1%肥皂水来提高黏附力，能使防治效果更好；还可用50%辛硫磷或50%杀螟松1 200倍液防治。

2. 主要病害的发生与防治

（1）主要病害的发生。主要病害为炭疽病、叶斑病及黑斑病。一是炭疽病症状，病害多发生在叶尖和叶缘处，病斑近椭圆形，淡红色至灰白色，边缘红褐色或褐色，其上散生黑色小点，病斑易破裂。炭疽病是真菌病害，病原是一种盘长孢菌。二是叶斑病症状，叶面病斑初为圆形，褐色，随后逐渐扩大为不规则形，病斑中央变浅褐色或灰白色，深色。后期病斑中央散生小黑点。叶斑病是真菌中的一种盾霉菌侵染所致。三是黑斑病症状被侵害的叶片上，病斑近圆形或相互融合，呈不规则形，初为褐色，后中央逐渐褪为近白色，边缘仍为褐色。病斑两面着生稀散的暗褐色霉丛，以表面为多。

（2）主要病害的防治。炭疽病和叶斑病及黑斑病的防治方法，一是清除病落叶，集中销毁，减少侵染源。二是药剂防治。发病严重时可喷洒50%多菌灵可湿性粉剂1 000倍液。另外，病菌在病落叶上越冬，所以，11~12月，冬季集中清扫林下落叶，消灭在树叶杂草中越冬的病菌和害虫、虫卵等，减少第二年的危害。

五、蜡梅的作用与价值

（1）景观作用。蜡梅是一种先花后叶的植物，蜡梅开花在数九寒冬之时，正月开春之前，为百花之先，因此又有“凌寒独自开”“为有暗香来”的优美诗句，又被人称为寒客。百花凋零的隆冬，蜡梅斗寒傲霜，在凄风雪雨中绽放花蕾，有着在强暴面前永不屈服的性格，这种坚韧不拔、百折不挠、独立自强的精神品质深受人们喜爱。

（2）饮品作用。蜡梅叶对生，属于落叶灌木，常丛生。花在寒冬腊月独自开放，黄似蜡染，香郁扑鼻，可冲泡茶饮。冲泡蜡梅花茶时，加一点红糖或蜂蜜混合饮用，蜡梅的寒香与蜂蜜的甜润加在一起，口感绵软细腻，爽口柔和，也可以与其他花茶搭配食用，常常喝一点蜡梅花茶，有美白护肤的作用。其茶淡雅、清香，女性朋友较为喜爱。

108　山茱萸

山茱萸,学名:*Cornus officinalis* Sieb. et Zucc.,山茱萸科山茱萸属,又名山萸肉、肉枣、鸡足、萸肉、药枣、天木籽、实枣儿等,落叶乔木或灌木。中原地区优良乡土树种。

一、形态特征

山茱萸落叶乔木或灌木,树皮灰褐色。小枝细圆柱形,无毛。叶对生,纸质,上面绿色,无毛,下面浅绿色;叶柄细圆柱形,上面有浅沟,下面圆形。总苞片卵形,带紫色。总花梗粗壮,灰色短柔毛。花小,两性花,先叶开放,无毛;花瓣舌状披针形,黄色,向外反卷;花梗纤细。核果长椭圆形,红色或紫红色;核骨质,狭椭圆形,有几条不整齐的肋纹。核果长1.2~1.7 cm,直径5~7 mm。花期3~4月,果期9~10月。

二、生长习性

山茱萸为暖温带阳性树种,喜充足的光照,抗寒性强,较耐阴,生长适温为20~30 ℃,超过35 ℃则生长不良。可耐短暂的-18 ℃低温,生长良好,通常在山坡中下部地段,阴坡、阳坡、谷地及河两岸等地均生长良好、山茱萸宜栽于排水良好、富含有机质、肥沃的沙壤土中。黏土要混入适量河沙,增加排水及透气性能,生长势健壮。

三、主要分布

山茱萸主要分布于河南、山西、陕西、甘肃、山东、江苏、浙江、安徽、江西、湖南等地。山茱萸喜温暖气候,多生于山沟、溪旁;喜适湿而排水良好处。在海拔400~1 800 m的区域,其中600~1 300 m比较适宜。中原地区主要分布于漯河、许昌、周口、安阳、郑州、开封、新乡、洛阳、三门峡、焦作、平顶山、南阳、驻马店、信阳等地,河南省舞钢市有100年树龄的山茱萸1株,在尚店镇杨庄村石家组,栗树庙河西下河小路南,该树胸径75 cm,树高13.1 m,枝下高3.1 m,冠幅28.6 m。立地条件为河边石质性黄棕壤,土层薄。

四、引种繁育与造林绿化

山茱萸优质苗木繁育是种子播种,种子出芽生长的苗木是实生苗,但是繁育难度大,而且繁育出的小苗定植后10年以上才能结果,而嫁接苗2~3年便可开花结果。采用嫁接苗可使山茱萸早结果,早获益,也是当今林农必须学习的。

(一)引种繁育苗木技术

1.苗圃地的选择

育苗地要选择肥沃深厚、地势比较平整、土质疏松、背风向阳、有水浇条件的地方,以保证能随时灌水的地方为好。

2.苗圃地的整地

播种前,育苗地一定要深耕细耙,整平、整细,保证疏松、细碎、平整,无树根,无石块、瓦片,翻耕深度在20~30 cm以上,重要的是结合深耕施入腐熟农家肥,每亩施入4 000~

5 000 kg。

3. 种子采收

种子要选生长健壮、处于结果盛期、无大小年的优良母树。采种时间为 9~10 月，采摘完全成熟、粒大饱满、无病虫害、无损伤、色深红的果实。将采摘的果实除去果肉清洗干净，晾干备用。

4. 种子催芽

种子处理好坏直接关系到出苗率，非常关键。先将种子放到 5%碱水中，用手搓，然后加开水烫，边倒开水边搅拌，直到开水将种子浸没。待水稍凉，再用手搓一次，用冷水泡 24 小时后，再将种子捞出摊在水泥地上晒 8 小时，如此反复，最少 3~4 天，待有 90%种壳有裂口，用湿沙与种子按 4∶1混合后沙藏即可。同时，经常喷水保湿，勤检查，以防种子发生霉烂，第 2 年春开坑取种即可播种。这种处理办法适合春播时采用，出芽率高。如果选择秋播，只需用不低于 70~75 ℃的温水将种子浸泡 2~3 天即可播种，种子浸泡注意待水凉透后要及时更换热水，下种后用薄膜覆盖催芽。

5. 大田播种

3~4 月，即春播育苗在春分前后进行，将上一年秋天沙藏的种子挖出播种，播前在畦上按 30~35 cm 行距，开深 5~7 cm 的浅沟，将种子均匀撒入沟内，覆土 3~4 cm，播种后注意保持土壤湿润，40~50 天可出苗。用种量每亩 90~120 kg 即可。

6. 幼苗管理

幼苗长出 2 片真叶时进行间苗，苗距 7~8 cm，除杂草，6 月上旬中耕，12 月，入冬前浇水 1 次，并给幼苗根部培土，以便安全越冬。由于山茱萸种皮坚硬，不易发芽，不管是春播还是秋播，播种后都应及时用地膜覆盖，以保温保湿。正常情况下幼苗 1 年便可出齐。齐苗后要加强管理，适时松土除草，视土壤墒情浇水、施肥促进幼苗生长，培育至苗高 80~100 cm 时，便可出圃定植。

7. 苗木修剪

苗木生长期，及时中耕除草 4~6 次；5~7 月增施过磷酸钙，促进花芽分化，提高坐果率；冬季增施腊肥，亦能平衡结果大小年差异。夏季生长期苗木进行培土 1~2 次，以防苗木倒伏。幼树高 50~70 cm 时，修剪掉枝梢或嫩头，选留 3~5 个主枝，主枝上应该选留 2~3 个副主枝，形成自然开心形。幼树以整形为主，修剪为辅。又因山茱萸长、中、短果枝均以顶端花芽结果为主，各类果枝不宜短截。成年树在 3 月或 10 月进行修剪，调节生长与结果之间的矛盾，更新结果枝群，保留生长枝，进行短截，促进分枝，提早丰产丰收。

（二）主要病虫害的发生与防治技术

1. 主要虫害的发生与防治

（1）主要虫害的发生。一是蛀果蛾，又名萸肉食心虫、萸肉虫，蛀食果肉，虫害率较高。在果实成熟期，为害更为严重。其 1 年发生 1 代，以老熟幼虫在树下土内结茧越冬，第二年 7 月至 9 月上旬化蛹，蛹期 10~15 天，7 月下旬、8 月中旬为化蛹盛期。9~10 月幼虫为害果实，11 月开始入土越冬。二是大蓑蛾，其幼虫咬食叶片，严重时，可将山茱萸树叶全部吃光，使其长势减弱，果实减少，影响第 2 年的坐果率。三是木橑尺蠖，又名造桥虫，幼虫咬食叶片，仅留叶脉，造成枝条光秃，使树势生长减弱，当年结果少，第 2 年也不能结果。其虫卵产在山茱萸树枝分叉下部的树皮缝内。四是叶蝉,危害症状:成虫刺吸嫩枝和叶片,严重的使枝条干枯、落叶,影响树木生长。五是刺蛾类,其低龄幼虫啮食叶肉,高龄幼虫多沿叶缘蚕食,影响树势,造成落花落果,降低产量。六是木囊蛾,幼虫群集蛀入木质部内形成不规则的坑道,使树木生长衰弱,并易感染真菌病害,引起死亡。七是介壳虫类,以草履蚧、牡蛎蚧为多,若虫孵化出土后,爬至枝条嫩梢吸食汁液,轻者使枝条生长不良,重者引起落叶,致使枝条枯死,易招致霉菌寄生,严重影响树木生长。八是绿腿腹露蝗,又名蝗虫,咬食叶片,甚至吃光叶片,仅剩下叶脉,影响植株的生长。6~7月危害最严重。

(2)主要虫害的防治。一是蛀果蛾防治,即在成虫羽化盛期,喷2.5%的溴氰菊酯5 000~8 000倍液或20%杀灭菊酯2 000~4 000倍液进行防治;或用2.5%的敌百虫1 000倍液喷布,进行土壤消毒处理,可杀灭越冬虫茧,或用5%西维因粉2.5 kg进行土壤消毒,可杀灭越冬虫;利用食醋加敌百虫制成毒饵,诱杀成蛾;采收果实后及时加工,不宜存放过久,以减少害虫的蔓延。二是绿腿腹露蝗防治,3月或10月除草集中烧掉,可以杀灭越冬卵块,或1~2龄若虫集中危害时,进行人工捕杀,或在早晨趁有露水时,喷5%的敌百虫粉剂,每亩使用量25 kg。三是介壳虫类防治,4月,在若虫期,可喷洒5%吡虫啉1 200倍液或40%的氯氰菊酯1 000~1 200倍液,每隔8~10天喷1次,连续喷3~4次。四是木囊蛾防治,采用灯光诱杀,5~6月成虫羽化期用黑灯光诱杀成虫,或喷布药物防治,初孵幼虫期,用50%的硫磷乳剂400倍液喷洒树干毒杀幼虫,当幼虫蛀入木质部后,用80%的敌敌畏50倍液注入虫孔后用黏土密封,即可杀死幼虫。五是叶蝉防治,用灭幼脲3号2 000~3 000倍液或菊酯类药5 000~8 000倍液喷雾。六是刺蛾类防治,灯光诱杀,在羽化期于19:00~21:00设置黑光灯诱杀成虫,每亩设置2~3个;或消灭越冬茧,利用刺蛾越冬期历时长,结茧越冬的习性,分别用敲、掘翻、挖等方法消灭树干上越冬茧;5~8月幼虫期,喷洒溴氰菊酯5 000~8 000倍液、90%的敌百虫800倍液或80%的敌敌畏1 000倍液、50%的马拉硫磷1 500倍液。七是木橑尺蠖防治,在7月幼虫盛期,对1~2龄的幼树,要及时喷布90%的敌百虫1 000倍液进行防治;2月,早春时,可在树木周围1 m范围内,挖土灭蛹,或在地面撒甲基异磷酸,消灭准备羽化的蛹,减少来年危害。八是大蓑蛾防治,人工捕杀,尤其在冬季落叶后,冬春季结合整枝,摘取挂在树枝上的袋囊;苗圃地安装黑光灯,诱杀成蛾,或在发生期,喷洒10%杀灭菊酯2 000~3 000倍液或90%的敌百虫800~1 000倍液。

2. 主要病害的发生与防治

(1)主要病害的发生。一是角斑病,主要危害叶片,引起早期叶片枯萎,形成大量落叶,树势早衰,幼树挂果推迟。该病在新老园地均有发生,在山区调查,重病园地被害株率高达90%以上,叶片受害率在80%左右,分布广、为害大。病斑因受叶脉限制形成多角形,降雨量多,则危害严重,落叶后相继落果,凡土质不好、干旱贫瘠、营养不良的树易感病,而发育旺盛的则比较抗病。二是炭疽病,主要危害果实,6月中旬就有黑果和半黑果的发生,产区群众称为"黑疤痢"。不管老区和新园地均有不同程度的出现,果实被害率为29%~50%,重者可达80%以上。果实感病后,初为褐色斑点,大小不等,再扩展为圆形或椭圆形,呈不规则大块黑斑。感病部位下陷,逐步坏死,失水而变为黑褐色枯斑,严重的形成僵果脱落或不脱落。病菌在果实的病组织内越冬,翌年环境条件适宜时,由风、雨传播危害果实而感病。病害的严重程度与种植密度、地势与地形有关,树荫下、潮湿排水不良、通风透光差的发病重,7~8 月多雨高温为发病盛期。三是白粉病,主要危害叶片,叶片患病后,自尖端向内逐渐失去绿色,正面变成灰褐色或淡黄色褐斑,背面生有白粉状病斑,以后散生褐色至黑色小黑粒,最后干枯死亡。四是灰色膏药病,该病主要危害枝干。在皮层上形成圆圈、椭圆形或不规则厚膜,形似膏药。所以,称它为灰色膏药病。在成年植株上发生,通常活枝和死枝都能受害。受害后,树势减弱,甚至枯死。

(2)主要病害的防治。一是角斑病的防治,加强经营管理,增强树势,提高抗病能力;3 月,春季发芽前清除树下落叶,减少侵染来源,6 月开始,每月喷洒 1∶1∶100 波尔多液 1 次,共喷 3~4 次,也可喷洒 400~500 倍代森锌。二是炭疽病的防治,9 月,秋季果实采收后,及时剪除病枝、摘除病果,集中深埋,冬季将枯枝落叶、病残体烧毁,减少越冬菌源;同时,增施磷钾肥,提高植株抗病力;加强田间管理,进行修剪、浇水、施肥,促进生长健壮,增强抗病力;4~6 月在初发病期,喷 1∶1∶100 波尔多液,中期每月上中旬喷 50%的多菌灵 800~1 000 倍液,8~9 月每隔 10~15 天喷 1 次,连续喷 2 次;或及时喷施 25%吡虫啉 1 000 倍液,或苦参碱 1 000~2 000 倍液进行防治。三是白粉病的防治,合理密植,使林间通风透光,促使植株健壮;3~5 月,在发病初期,喷 50%的托布津 800~1 000 倍液。四是灰色膏药病的防治,培养实生苗,砍去有膏药病的老树,合理更新,或人工用刀刮去病菌膜,枝干上涂刷石灰乳或喷 5 波美度石硫合剂进行保护;或消灭介壳虫,即 5~6 月,夏季喷 4 波美度石硫合剂;或在发病初期,喷 1∶1∶100 波尔多液,每 8~10 天喷 1 次,连续喷布 3~4 次即可。

五、山茱萸的作用与价值

(1)经济价值。山茱萸种子是绿色保健食品开发的原料,可加工成饮料、果酱、蜜饯及罐头等多种食品。

(2)观赏价值。山茱萸先开花后萌叶,秋季红果累累,绯红欲滴,艳丽悦目,为秋冬季观果佳品,在城乡园林绿化中很受欢迎,还可在庭园、风景区花坛内单植或片植,景观效果十分美丽。森林公园或自然风景区中成丛种植,初夏观花,入深秋观果,以增旅游情趣。尤其是盆栽观果可达 3 个月之久,在花卉市场十分畅销。

(3)药用价值。山茱萸果又可入药,有健胃、补肾,收敛强壮之效,可治腰疼症。

109　白鹃梅

白鹃梅,学名:*Exochorda racemosa* (Lindl.) Rehd.,蔷薇科白鹃梅属,又名白绢梅、金瓜果、茧子花、龙白芽等,半常绿或落叶小乔木或灌木。白鹃梅姿态秀美,叶片光洁,花开时洁白如雪,光彩照人,是良好的优良观赏树木。

一、形态特征

白鹃梅高 2~6 m。枝条细弱开展,小枝圆柱形,微有棱角,无毛。冬芽三角卵形,平滑无毛,暗紫红色。叶片椭圆形、长椭圆形,先端圆钝,基部楔形或宽楔形,上下两面无毛,全缘。叶柄短,近于无柄。总状花序无毛,顶生总状花序,无毛。萼筒浅钟状。花瓣 5,倒卵形,先端钝,基部有短爪,白色。雄蕊 15~20,心皮 5,花柱分离。蒴果倒圆锥形,无毛,有 5

脊。花期4~5月,果期6~8月。

二、生长习性

白鹃梅喜光、耐寒、耐旱、稍耐阴,适应性强。在海拔300~700 m的山坡、山脊、林荫干旱瘠薄土壤上均能生长。

三、主要分布

白鹃梅主要分布于河南、江西、江苏、浙江等地。河南省舞钢市南部围子园、九头崖、官平院、老虎爬、大雾场、秤垂沟等地有野生分布,山区海拔300 m以上山坡、山脊均有片状或散生分部,多与黄荆等灌丛伴生。

四、引种繁育与造林绿化

白鹃梅姿态秀美,早春开花,满树洁白,如雪似梅,果形奇异,美丽无瑕。用于造林绿化、园景草坪、林缘美化、路边美化及假山、石景间配植,可与常绿树搭配丛植,宛若层林点雪,凸显景观观赏价值。正在城乡绿化中广泛应用。白鹃梅繁育苗木以播种繁育为主,也可扦插繁殖。播种于9月采种,第二年3月播种。扦插多用休眠枝,3~4月早春萌芽前进行即可。

五、白鹃梅的作用与价值

(1)观赏价值。白鹃梅姿态秀美,叶片光洁,花开时洁白如雪,光彩照人,是优良观赏树种。森林公园、旅游区若能借其自然资源开辟观花节、采摘节,开发地方特产、美食,不仅可丰富旅游产品项目,又能取得可观的经济效益。

(2)园林绿化作用。白鹃梅在草坪、亭园、林缘、路边、假山、庭院角隅可作为点缀树种。老树古桩又是制作树桩盆景的材料,具有良好的绿化价值。

(3)食用价值。白鹃梅盛花前将花蕾连带嫩梢采下,用开水烫后晒干可作蔬菜,山区林农称为山珍。花及嫩叶含钙、铁、锌、维生素等及多种营养成分,是极好的优质食材。民间常于4~5月间采摘花蕾嫩叶,鲜、干皆宜。可炒食、做汤、凉拌,风味独特。鲜花叶亦可焯制干品,用来炖肉、蒸鱼、煮汤、做馅等,更是美味佳肴。近来还多有每逢节日,以白鹃梅干菜作为礼品馈赠亲朋好友,深受人们喜爱。

(4)药用价值。白鹃梅花、叶含有多种维生素和微量元素,故可入药,有益肝明目、提高免疫力、抗氧化等多种保健功能。根皮、树皮可用于治疗腰、膝酸痛。

110 西北栒子

西北栒子,学名:*Cotoneaster zabelii* Schneid.,蔷薇科栒子属植物,落叶灌木,为中国的特有植物。西北栒子树形矮小,野生数量少,秋果鲜红剔透。可通过播种、扦插繁殖,培育扩大种源,用于森林景观匍地观果树种。以其叶奇果艳特点,亦是稀缺珍贵的盆景树种。

一、形态特征

西北栒子高 1~2 m。枝条细瘦开张,小枝圆柱形,深红褐色,幼时密被带黄色柔毛,老时无毛。叶片椭圆形至卵形,长 1.5~3 cm、宽约 2 cm,先端多数圆钝,稀微缺,基部圆形或宽楔形,全缘,上面具稀疏柔毛,下面密被黄色或灰色茸毛。花 3~13 朵成下垂聚伞花序,萼筒钟状,外面被柔毛。花瓣直立,倒卵形或近圆形,直径 2~3 mm,先端圆钝,浅红色;雄蕊 18~20,花柱 2,离生,子房先端具柔毛。果实倒卵形至卵球形,直径 7~8 mm,鲜红色,常具 2 小核。花期 5~6 月,果期 8~9 月。

二、生长习性

西北栒子耐阴、耐湿润,适宜中性、微酸性土壤,为我国特有植物。生于海拔 400~1 500 m 的沟谷地、阴坡林荫及灌木丛中。

三、主要分布

西北栒子主要分布于青海、陕西、甘肃、宁夏、河北、河南、山东、山西、湖北、湖南等地。河南省舞钢市国有石漫滩林场三林区秤锤沟,四林区大河扒、老虎爬有零星分布。

四、引种繁育与造林绿化

西北栒子树形矮小,野生数量少,秋果鲜红剔透。可通过播种、扦插繁殖,培育扩大种源,用于森林景观deleted观果植物。以其叶奇果艳特点,也是稀缺珍贵的盆景素材。

(一)种子播种育苗技术

西北栒子的种子 8~9 月成熟,采收种子可以 9~10 月直接秋天播种;3 月春季播种,可以储藏备用,进行湿砂存积春天播种,新鲜种子可采后即播;干藏种子宜在春季早期 1~2 月播种。移植宜在春季早期进行,大苗需带土球。

(二)种条扦插育苗技术

扦插繁殖可在 3 月春天或 6~7 月梅雨季节实行,春插要保温、保湿,用山泥或泥炭土作基质,梅雨季节扦插更要用透气性好的基质,以夏天嫩枝扦插成活率高。扦插后,苗棚温度保持在 28 ℃左右,湿度保持在 90%以上,每天 8:00~9:00、16:00~17:00 各喷水 1 次,但不使土壤过湿,以保持叶面湿润为宜。为防止病菌感染,插后第 7~8 天喷 1 次 0.2%的多菌灵药液进行全面消毒。注意其生长习性,西北栒子喜温暖湿润的半阴环境,耐干燥和瘠薄的土地,不耐湿热,有一定的耐寒性,怕积水。

五、西北栒子的作用与价值。

(1)观赏价值。其果实鲜红美观,在风景区、小区绿化中栽植,具有良好的观果作用。

(2)盆景作用。其叶奇果艳是制作珍贵的盆景材料。

第三章 野生落叶果树树种

111 君迁子

君迁子,学名:*Diospyros lotus* L.,柿科柿属,又名黑枣、软枣、牛奶枣、野柿子、丁香枣、梬枣、小柿等,落叶乔木,其果实经过霜冻后可以生食,是中原地区优良乡土树种,又是国家珍贵树种。

一、形态特征

君迁子,落叶乔木,高25~30 m,胸高直径可达1.3 m;树冠近球形或扁球形;树皮灰黑色或灰褐色;小枝褐色或棕色;嫩枝通常淡灰色,有时带紫色。冬芽带棕色。叶椭圆形至长椭圆形,上面深绿色,有光泽,下面绿色或粉绿色,有柔毛;叶柄有时有短柔毛,上面有沟。雄花腋生;花萼钟形;花冠壶形,带红色或淡黄色。果近球形或椭圆形,长6~7 mm,初熟时为淡黄色,后则变为蓝黑色,常被有白色薄蜡层,8室;种子长圆形,褐色,侧扁。基部常有宿存的星芒状毛;果翅狭,条形或阔条形,长12~20 mm、宽3~6 mm,具近于平行的脉。花期5~6月,果期10~11月。

二、生长习性

君迁子,喜光,也耐半阴,较耐寒,既耐旱,也耐水湿,生性强健。喜肥沃深厚的土壤,较耐瘠薄,对土壤要求不严,有一定的耐盐碱力,在pH8.7、含盐量0.17%的轻度盐碱土上能正常生长。寿命较长,浅根系,但根系发达,具有移栽后3年内生长较慢,3年后则长势迅速。抗二氧化硫的能力较强。

三、主要分布

君迁子,主要分布于河南、山东、辽宁、河北、山西、陕西、甘肃、江苏、浙江、安徽、江西、湖南、湖北、贵州、四川、云南、西藏等省区;生于海拔500~2 300 m的山地、山坡、山谷的灌丛中,或在林缘。中原地区主要分布于平顶山、三门峡、洛阳、安阳、南阳、焦作、驻马店等地,河南省舞钢市浅山丘陵到处可见野生生长。

四、引种繁育与造林绿化

(一)苗圃地选择与整地

1.引种繁育苗木技术

苗圃地要及早选好,早备苗床。选背风向阳、土壤疏松、肥力较高的土壤作圃地,交通运输方便为佳。

2. 苗圃地的整地

11 月上旬深耕细耙，建议采用大型拖拉机旋耕土地，每亩施农家肥 4 000 kg、过磷酸钙 100～200 kg 作基肥；再用硫酸亚铁 15 kg、3% 呋喃丹颗粒剂 5 kg 进行土壤消毒和灭虫。最后，做成深沟高床，床宽 120 cm、高 25 cm。

3. 种子采收

10 月，君迁子种子可以采收，果实成熟后，选择在干形好、树形端正的植株上采摘果实，将果实置于阴凉干燥处摊开进行晾干，然后将种子取出，洗净晾干后装入干净布袋中保存备播。

4. 种子处理

3 月下旬，将种子浸泡在 40 ℃温水中两天，种子膨胀后再进行播种。采用温水催芽，播前用冷开水浸种 2 天，置于有草袋垫盖的箩筐中，每天喷洒 40 ℃的温水催芽，保持种间温度在 20～50 ℃进行催芽。

5. 种子播种

3 月上旬播种。采用条播，行距 30 cm，播深 2 cm，播后盖土齐床面，再覆盖稻草，有条件的地方搭盖小拱棚保温。每亩用种量 12 cm。

6. 苗木管理

育苗期，应加强水肥管理、病虫害防治和锄草、松土等基础工作。播种的苗床应选择阳光充足，且排水良好处，播种后覆土 0. 5 cm，用脚轻踩后立即用浸灌法浇一次透水，苗子出齐 30 天后，齐苗后每隔 10 天喷施 0. 2%的尿素溶液或磷酸二氢钾溶液 1 次；苗高 20 cm 后，每隔 15 天每亩沟施尿素化肥 100～150 kg；5 月间苗，每亩留苗 4 000～5 000 株。当苗高 35～40 cm 时摘心；同时，可选择阴天进行间苗，然后追施氮肥。第二年 3 月，及时揭除覆盖的杂草、稻草等，4 月初，无霜冻后拆除拱棚。在生长期，经常除草松土，雨后排除积水，旱时进行灌水，强化管理，才能培育壮苗。

7. 大苗移栽

大苗木培育，3 月上旬，苗圃苗木可进行移栽，栽植株行距为 4 cm × 6 cm，君迁子根系发达，且毛细根较多，移栽时 9～10 cm 以下的苗子可裸根栽植，9～10 cm 以上的苗子则应带土球，但土球可以稍微挖小点，为树干直径 5 倍即可，高度为直径的 60%。君迁子的栽植时间在春季和秋末落叶后均可，因为其萌芽相对较晚，故此可以适当晚栽，但必须在萌芽前栽植完毕，如果在萌芽后栽植则成活率不高。

8. 大苗管理

新移栽的苗木，栽植时要施用一些经腐熟发酵的农家肥作基肥，基肥要与栽植土充分拌匀，回填土壤时要注意分层踏实土壤，然后及时浇第一次水，4～5 天后浇第二次水，再过 8～10 天浇三水。在此后的管理中，可视土壤墒情来浇水，总的原则是使土壤保持大半墒状态。每次浇水后要及时进行松土。夏季雨天应及时将积水排除。秋末浇足浇透防冻水。翌年早春及时浇解冻水，萌芽期施用一次氮肥，如植株长势不佳，5 月用 0. 5%尿素溶液进行叶面喷雾，8～10 天一次，连续喷洒 2～3 次可见效。7 月施用一次磷钾肥，秋末浇好封冻水。第三年按第二年方法进行浇水施肥。从第四年起，每年秋末施用一次农家肥，浇好解冻水，封冻水要浇足浇透，其他时间可靠自然降水生长，如不是特别干旱，不用单独浇水。

(二)主要病虫害的发生与防治技术

1. 主要虫害的发生与防治

(1)主要虫害的发生。君迁子主要害虫有吹绵蚧、刺蛾和柿毛虫,危害新生枝梢和叶片。一是吹绵蚧,繁殖能力强,一年发生多代。卵孵化为若虫,经过短时间爬行,营固定生活,即形成介壳。它的抗药能力强,一般药剂难以进入体内,防治比较困难。因此,一旦发生,不易清除干净。吹绵蚧危害叶片、枝条和果实。吹绵蚧往往是雄性有翅,能飞,雌虫和幼虫一经羽化,终生寄居在枝叶或果实上,造成叶片发黄、枝梢枯萎、树势衰退,且易诱发煤烟病。二是刺蛾,河南平顶山、河北、山西、山东菏泽等地,1 年发生 1 代,湖北、浙江等长江下游地区 1 年发生 2 代,少数 3 代。均以老熟幼虫在树下 3~6 cm 土层内结茧以前蛹越冬。1 代区 5 月中旬开始化蛹,6 月上旬开始羽化、产卵,发生期不整齐,6 月至 8 月上旬均可见初孵幼虫,8 月为害最重,8 月下旬开始陆续老熟入土结茧越冬。2~3 代区 4 月中旬开始化蛹,5 月至 6 月上旬羽化。第 1 代幼虫发生期为 5 月至 7 月中旬。第 2 代幼虫发生期为 7 月至 9 月中旬。第 3 代幼虫发生期为 9~10 月。三是柿毛虫,1 年发生 1 代,以卵块在树体上、石块、梯田壁等处越冬。3 月中旬,发芽时开始孵化,初龄幼虫日间多群栖,夜间取食,受惊扰吐丝下垂借风力传播,故称秋千毛虫。2 龄后分散取食,日间栖息在树杈、皮缝或树下土石缝中,傍晚成群上树取食。幼虫期 50~60 天,6 月中下旬开始陆续老熟爬到隐蔽处结薄茧化蛹,蛹期 10~15 天。7 月成虫大量羽化。成虫有趋光性,雄蛾白天飞舞于冠上枝叶间,雌体大、笨重,很少飞行。常在化蛹处附近产卵,在树上多产于枝干的阴面,卵 400~500 粒成块,形状不规则,上覆雌蛾腹末的黄褐色鳞毛,每雌产卵 1~2 块,400~1 200 粒。

(2)主要虫害的防治。君迁子主要害虫有吹绵蚧、刺蛾和柿毛虫。一是吹绵蚧,3~6 月,可在若虫孵化繁盛期,用 10%吡虫啉可湿性粉剂 2 000 倍液杀灭。二是刺蛾,可在其幼虫期喷洒 25%高渗苯氧威可湿性粉剂 300 倍液进行防治。三是柿毛虫,可在其幼虫期喷洒 20%除虫脲 7 000 倍液进行杀灭,也可在树干上直接喷洒高浓度触杀剂。或利用幼虫白天下树潜伏习性在树干基部堆砖石瓦块,诱集 2 龄后幼虫,白天捕杀。或在树干直接喷洒残效期长的高浓度触杀剂。5 月初,可喷施 50%的敌敌畏 800~1 000 倍液,或 35%的四甲基硫环磷乳油 1 500 倍液,或 2. 5%的溴氰菊酯 1 500 倍液,或 20%的速灭杀丁 6 000 倍液等防治。

2. 主要病害的发生与防治

(1)主要病害的发生。君迁子主要病害发生在生长期,即 4~8 月。一是炭疽病,主要危害新梢和果实,也时常侵染叶片。以菌丝体在枝梢、病果、叶根及冬芽中越冬。第二年长出分生孢子,借雨水、昆虫传播,从伤口或直接侵入;高温高湿季节为发病高峰期。新梢受伤害后,其下部木质腐朽,病梢极易折断;果实遭受伤害后,表层会着生有病斑,果内形成黑色硬块,果实常早期脱落;叶片遭侵害后,会出现不规则形黑褐色长斑。二是圆斑病,主要危害叶片和果蒂,叶片受害初期产生浅褐色圆形小斑点,病斑渐变为深褐色,发病严重时,病叶在 7 天内即可变成红色并脱落,仅留柿果,接着果实也变色、脱落,果蒂上的病斑圆形、褐色,出现时间晚于叶片,病斑一般也较小。圆斑病菌以未成熟的子囊果在病叶上越冬,如上一年病叶多,当年夏季雨水多,树势衰弱时,病害发生严重。三是角斑病,主要危害叶片,病菌以菌型体或子座在病落叶上越冬,早春发生多因孢子借雨水传播,从气孔侵入。叶片受伤后着生有多角形病斑,叶面斑点中央灰白色至灰色或淡灰褐色,病斑边像有黑色细线圈,发生严重时可致使叶片提早脱落。

(2)主要病害的防治。一是炭疽病的防治,秋末冬初彻底清除落叶,集中烧毁。如有发生,可于6月上中旬落花后,子囊孢子大量飞散以前,用65%代森锌可湿性粉剂500倍液喷洒1~2次,可有效控制住病情。二是圆斑病的防治,加强水肥管理,及时去除病果、病枝,如有发生,可用25%炭特灵可湿性粉剂500倍液或50%苯菌灵可湿性粉剂1 000倍液进行喷雾,每8~10天一次,连续喷3~4次,可有效控制病状。三是角斑病,加强水肥管理,提高植株的防病能力,如有发生,可用20%代森锰锌可湿性颗粒500倍液、65%代森锌可湿性颗粒500倍液喷雾,每7~8天1次,连续喷2~3次,可有效控制住病态。

五、君迁子的作用与价值

(1)园林绿化作用。君迁子是中原地区优良乡土树种,又是国家珍贵树种,人们非常喜欢,所以广泛栽植作园庭树或行道树。

(2)经济价值。君迁子树皮和枝皮含鞣质,可提取栲胶,亦可作纤维原料;可作嫁接胡桃的砧木。君迁子未熟果实可提制柿漆,供医药和涂料用。木材质硬,耐磨损,可作纺织木梭、雕刻、小用具等,又材色淡褐,纹理美丽,可作精美家具和文具。树皮可供提取单宁和制人造棉。

(3)食用价值。君迁子成熟果实可供食用,亦可制成柿饼,入药可止消渴,去烦热;又可供制糖、酿酒、制醋;果实、嫩叶均可供提取丙种维生素。未熟果实可提制柿漆,供医药和涂料用。

112　银　杏

银杏,学名:*Ginkgo biloba* L.,银杏科银杏属,又名白果树、公孙树等,落叶乔木,是中原地区优良乡土树种,又是国家珍贵树种。

一、形态特征

银杏,落叶乔木。叶扇形,在长枝上散生,在短枝上簇生;球花单性,雌雄异株,4月上旬至中旬开花;核果状,雌株一般20年左右开始结实,500年生的大树仍能正常结实。3月下旬至4月上旬萌动展叶, 9~10月上旬果实成熟,10~11月落叶越冬。

二、生长习性

银杏为喜光树种,深根性,对气候、土壤的适应性较宽,能在高温多雨及雨量稀少、冬季寒冷的地方生长。喜温、光照,耐热、耐寒、耐瘠薄。土壤为黄壤或黄棕壤,pH5~6。初期生长较慢,萌蘖性强。银杏寿命长,中国有3 000年以上的古树。

三、主要分布

银杏主要分布于河南、山东、江苏等地。北京、辽宁、广州、贵州、云南等地均有栽培，江苏省邳州市居多，以生产种子为目的，栽培区常用实生苗、移植苗或根蘖苗进行嫁接，可提前在8~10年生时开花结实，实生苗一般在20年后才开始结种子。全国各地栽培的银杏，数百年或千年以上的老树到处可见。中原地区主要分布于驻马店、许昌、周口、安阳、郑州、开封、新乡、洛阳、三门峡、焦作、平顶山、南阳等地，河南省舞钢市100年树龄银杏树一株，该树为公树，生长在杨庄乡袁老庄村彭家岗西，砖场北边山坡地里，是当地老人彭运泽的父亲亲手所植。该树高12 m，胸径32 cm，枝下高3.5 m，冠幅8.5 m。立地条件为黄黏土厚土层，目前生长健壮。

四、引种繁育与造林绿化

银杏优质苗木的繁殖方法很多，在林果生产中，采用的方法有播种嫁接技术。

（一）引种繁育苗木技术

1. 苗圃地的选择

银杏苗木繁育的苗圃地，要选择地势平坦、土壤肥沃、土层深厚、质地疏松、排水良好的微酸性砂壤土，并且交通方便的地方为好。

2. 苗圃地整地

11~12月，冬季，采用大型拖拉机旋耕，深翻耙平。每亩施入5 000~6 000 kg农家肥，第二年2~3月，进行春播，同时，精耕细耙，整好苗床备播。

3. 采收种子

种子要选择优质良种、树体健壮的无病虫害的大树，作为采集种子的母树，种子饱满、色泽鲜艳，出芽率高。

4. 种子采收

10月上中旬，当银杏果实外种皮由绿色变为橙黄色及果实出现白霜和软化特征时即为最佳采收时期。此期可人工集中采收果实，采果要从树冠外部到内部，从枝梢到内膛“一遍净”摘果，尽量不要伤害枝梢，保证枝梢健壮完整，收采后的果实应集中堆放，以防散失。在采收果实时，存在采收期提早或延后现象，提早采收的果实，质量次、产量低，并影响种子繁育能力，发芽率低；过晚采收，果实容易散失，也影响产量和经济效益等。

5. 种子处理

银杏种子采收后，要把种子堆放于光照充足的地方，堆放厚度为20~35 cm，果实表面要覆盖些湿秸秆或湿草或湿麻袋，用于遮阳防止日晒，3~5天后，果实外种皮腐烂，可人工除掉果实外种皮（用手搓揉或用脚轻轻踩一踩，手要戴上胶手套，脚要穿上长筒胶鞋，千万不要让腐烂的银杏果实外种皮接触皮肤，若接触皮肤会产生瘙痒，严重时会出现皮炎和水疱），去除外种皮的果实而迅速用清水冲洗干净。清洗后的种子应堆放在背阴、凉爽的地方，堆放的厚度为3~5 cm，阴凉3~5天后，可进行分选储藏。

6. 种子分级

为了保证果品质量，需要将果实按果粒重量、品质和外观情况进行分级，一级果实每千克360粒,二级果品为361~440粒,三级果实为441~520粒,四级果实为521~600粒,等外品为601粒以上。分级后的果实可以及时上市销售。若要准备储藏的商品果实或作种子储藏的果实,应认真选种,选择种皮外观洁白有光泽、种仁淡绿色、摇晃无声音、投入水中下沉的优质种子,同时剔除嫩果、破壳果等。

7. 果实储藏

银杏果实的储藏可在低温湿润的室内储放,也可在1~3 ℃的冷库中冷藏或沙藏存放。但经过试验证明无论作为商品果或是作为种子育苗果储放果实,最佳储藏果实的方法是沙藏。储藏果实应选择干燥、背阴、凉爽的地方,挖宽80 cm、深100 cm的坑(若储藏量大,坑的长度可伸长),在坑的底部铺10 cm厚的湿河沙(沙的湿度为手握成团,手松即散,但不成流沙。河沙干净、卫生)。放入种子20 cm,再放一层10 cm厚的湿河沙(湿度同上),再放一层20 cm厚的种子,而后再铺10~20 cm厚的湿河沙,储藏量大时每隔1 m插入1小捆玉米秸(5~8棵)以便通气。日后随气温下降增加盖沙的厚度,天气特别寒冷时,再覆10 cm厚的沙或土壤。同时,每隔20~30天检查1次,防止种子霉烂、干燥和鼠害。沙藏的果实作为用种繁育苗木时出芽率可达93%以上,并且出芽整齐一致;作为商用果品销售用果时,果实鲜艳、质量好,效益更高。

8. 大田播种

选择好苗圃并精耕细耙,在3月中旬进行点播,宽行40~45 cm,株距15~18 cm,播深3~4 cm,覆土厚3~4 cm;每隔8~10 cm播一粒种子,覆土后稍加镇压,用地膜相覆盖。每亩用量在48~50 kg即可。

9. 嫁接苗木

3月中旬,人工进行嫁接,对培育的1~2年生实生苗作砧木,剪取良种母树树冠外中上部1~3年生的粗壮果枝作接穗,每穗留2个饱满芽,接穗下端削成2.5~3 cm长的条形,呈内薄外厚。砧木桩剪成10~15 cm高,上端剪除掉,选一光滑面,用刀向下劈,深度同接穗削面,将接穗对准形成层向下插紧,抹上湿泥土,再用塑料薄膜包扎紧。10~15天后嫁接芽眼即可长出新芽。当天气干旱时,浇灌一次水,6月中旬可以去掉嫁接口处的塑料薄膜,日后逐步加强肥水管理,培养成优质壮苗,可适时出圃销售。

10. 苗木生长期管理

4月下旬,当幼苗长至10~15 cm时,及时松土除草,同时,科学施肥,5月中旬每亩施入复合化肥20 cm,7月中旬每亩再施复合肥25~30 kg,施肥时应距离苗株5~10 cm为准,以免肥力烧伤苗木。在5~8月,土壤干旱时适时浇水,汛期应注意排涝。

11. 苗木移植

6~8月,新生银杏苗木,当银杏直径在5 cm以下,可以裸根种植,6 cm以上一般要带土培。裸根栽植的苗木,当年是缓苗期。而带土坨的苗木当年能生长。小苗成行栽好后用水漫灌。而大树栽植,最好是栽前将坑中灌满水,待坑中水渗完后,将大树植入坑中捣实,让坑中的水返上来滋润根部。下次浇水宜在坑边挖引水沟盛满水,让水慢慢渗透到银杏的根部,提高苗木的成活率,移栽苗木千万不要大水漫灌,很多人移栽银杏不活的主要原因不是干死的,而是泡死的。因为银杏的根系呼吸量大,大水漫灌,使根系缺氧窒息而发不出新根,根系逐渐腐烂。有些银杏即使死了,它的叶子还能展开,甚至第二年、第三年还能发芽,但是叶子很小,待它体内的营养耗光了,它才不发叶了。这就是银杏的“假活”现象。而有些银杏种下后第一年不发叶,甚至第二年也不发叶,如果掐皮,会发现皮是新鲜的,枝条也不干缩,这种树不一定是死的,说不定第三年就能发出叶子来。这种现象又称为银杏的“假死”现象。确定银杏“假死”还是“假活”,不能光看叶,重要的是看根。所以购买大苗,特别是从外购进的假植苗,一定要看根是否发黑,如果是,说明这苗是假活苗,再便宜也不能要。新鲜的苗应该是根的木质部发白,根皮略呈红色,和木质部紧贴。

12. 苗木管理

银杏一般不用修剪,因为银杏新梢抽发量少,即使是苗圃里的苗木,也应尽量地保持多的枝叶,以利其加速增粗。将要出售苗木的前一年,将 1.8 m 以下的枝条剪去,经过一年的生长,可将剪口长满,表皮光滑,枝干直立。

13. 施肥中耕

银杏苗木在生长期,适当中耕可以改善土壤的通透条件,中耕对银杏的须根起到了修剪作用,可以刺激更多的须根萌发,中耕的次数春秋各一次即可;同时,7~9 月追施 2 次复合肥,快速促进苗木生长,提早成苗。银杏树可以根据叶用、材用、观赏等用途的不同,如播种繁殖多用于大面积绿化用苗或制作丛株式盆景等,选择育苗的方法,从而繁育大量的优质苗木。

(二)主要病虫害的发生与防治技术

1. 主要虫害的发生与防治

(1)主要虫害的发生。一是银杏大蚕蛾。1 年发生 1 代。以幼虫取食叶片。初孵幼虫有群居习惯。1~2 龄幼虫能从叶缘取食,但食量很小,4 龄后分散为害,食量渐增,5 龄进入暴食期,可将叶片全部吃光。二是桃蛀螟。1 年发生 1 代。幼虫孵化后先做短距离爬行,后蛀入种核内为害,将种核全部吃光或只剩下一部分,1 头幼虫一生只取食 1 个种实。三是枯叶夜蛾。以成虫吸食果实汁液,银杏果实受害 3~10 天内即脱落。卵多产于通草、十大功劳等寄主的叶背上,幼虫老熟后入土室化蛹。

(2)主要害虫的防治。银杏主要害虫防治方法,一是银杏大蚕蛾,8~9 月,用黑光灯诱杀成虫。在幼虫 3 龄前摘除群集危害的叶片。发生严重时,在低龄幼虫期喷洒 2%溴氰菊酯 2 500 倍液或 90%敌百虫 1 500~2 000 倍液。二是桃蛀螟,在第 1 代成虫羽化时用 80%敌敌畏 1 000 倍液防治。卵孵化盛期可喷洒 40%杀螟松 1 000 倍液,7 天后喷第 2 次药,杀灭卵孵幼虫。三是枯叶夜蛾,以成虫吸食果实汁液,银杏果实受害 3~10 天内即脱落。及时铲除银杏周围的通草寄主植物。5 月至 6 月中旬,喷洒 50%敌百虫 500 倍液,9~10 天后再用药 1 次,黄昏用药效果最佳。

2. 主要病害的发生与防治

(1)主要病害的发生。银杏的主要病害,一是茎腐病。在高温下苗木受损害,抗病性减弱,病菌滋生快,从苗木伤口侵入,引起病害发生。另外,苗圃地低洼积水,苗木生长不良容易发病。二是霉烂病,在储藏期危害银杏种仁,在温度 20 ℃左右、湿度较大的条件下蔓延致病,未成熟或破碎种子发病较多。三是叶枯病,病原菌主要在落叶上越冬,第二年 3 月间形成孢子,侵染新叶。苗木 6 月初发病,8~9 月为发病盛期。通常苗木发病率比大树高。

（2）主要病害的防治。银杏的主要病害防治，一是茎腐病，苗木生长期，茎腐病主要危害1~2年生幼苗，在6~8月气象延续燥热时发病重。提早播种，在高温季节来临之前提高幼苗木质化程度，加强对茎腐病的抵挡力，并进行苗圃泥土消毒，适当遮阴，及时灌溉。在发病初期用50%甲基托布津1 000倍液进行防治。二是霉烂病，种子必须充分成熟后采收，同时避免损害种皮。储藏前要充分晾干，拣去碎种、病种，储藏室要维持低温，并留意通风。储藏前用0.5%高锰酸钾溶液浸种30分钟，或用40%甲醛稀释10倍液喷洒消毒。三是叶枯病的防治，加强管理，消除落叶，恰当施肥。合理配植树种，避免与水杉、松、茶、葡萄套种。幼树和大树在7月上旬发病初期用40%多菌灵500倍液进行防治，苗木防治时间大约在6月上旬到8月下旬，同时加入0.5%磷酸二氢钾、0.2%尿素液进行喷施，加强其抗性。

五、银杏的作用与价值

（1）食用价值。银杏又名白果树、公孙树，曾是仅遗存于我国的珍稀树种之一，素有“活化石”之称。银杏的果实和叶子均有很高的食用价值。

（2）景观作用。银杏树姿雄伟壮丽，叶形秀美，寿命长，少病虫害，最适宜作庭荫树、行道树和观赏树，在园林绿化、城乡美化、小区建设中广泛应用，具有良好的观赏价值；但是，注意作行道树时多用雄株，以避免种实污染行人衣物。银杏适应能力强，是速生丰产林、农田防护林、护路林、护岸林、护滩林、护村林、林粮间作及“四旁”绿化的景观树种。

（3）用材价值。银杏材质坚密细致，富弹性，易加工，边材、心材区分不明显，不易反翘或开裂，纹理直，有光泽，是家具、雕刻、绘图板、建筑、室内装修用的优良木材。因此，银杏又是速生珍贵的用材树种。

（4）药用价值。银杏种子食用，营养丰富，但因含有氢氰酸，不可多食，以免中毒，种仁可入药，有止咳化痰、补肺、通经、利尿之效；捣烂涂于手脚上，有治皮肤皲裂之效。外种皮及叶有毒，有杀虫之效；花有蜜，是良好的蜜源树种。

（5）造林作用。银杏树形优美，春夏季叶色嫩绿，秋季变成黄色，颇为美观，具有绿化环境、涵养水源，防风固沙，净化空气、保持水土、防治虫害、调节气温、调节心理、药物药用等作用，是一个良好的山区、平原造林、乡村绿化和景区观赏树种。

113　山核桃

山核桃，学名：*Carya illinoensis*，胡桃科山核桃属，又名核桃楸、胡桃楸、小核桃、山哈、野核桃等，落叶乔木，是中原地区优良乡土树种。

一、形态特征

山核桃，落叶乔木，树高达11~23 m，胸径35~63 cm；树皮平滑，灰白色，光滑；小枝细瘦，新枝密，由橙黄色腺体逐渐稀疏，当年生枝紫灰色。单数羽状复叶互生；小叶5~7，对生，披针形或倒卵状披针形，叶长9~17 cm、宽2.4~5.1 cm。花单性，雌雄同株，雄花葇荑花序3条成一束，腋生，长10~14 cm；花下有1苞片和2小苞片；雌花序穗状，直立，花序轴密生腺体,有花 2~5 朵。果实核果状,核倒卵形或椭圆状卵形,外果皮密生鳞状腺体。成熟时 4 瓣开裂,长 2~2.6 cm,直径 1.5~2.1 mm,内果皮硬,淡灰黄褐色,厚 1.1 mm;花期 3~4 月,9 月果成熟。

二、生长习性

山核桃喜光照、喜温暖、喜湿润气候,耐寒、耐干旱、耐瘠薄,怕积水,适应性强,在土壤肥沃、腐殖质丰富的深厚砂石山坡地生长健壮,结果率高;年平均温度 15.2 ℃为宜,能耐最高温度 40 ℃,较耐寒,-15 ℃也不受冻害。适生于浅山丘陵的疏林中,与其他杂灌木林混生生长。

三、主要分布

山核桃主要分布于浙江、安徽、湖南、贵州等地,主要产于浙皖交界的天目山区。山核桃的果实由于具有极高的营养价值和独特的口感风味,自古就被人们称作长寿果,当今又是人们欢迎的高档坚果。山核桃约有 19 个种,中国为原产地之一。中原地区主要分布于济源、安阳、新乡、洛阳、三门峡、焦作、平顶山、南阳、驻马店、漯河等地。

四、引种繁育与造林绿化

(一)引种繁育苗木技术

1. 苗圃地的选择

山核桃幼苗怕强烈日照、怕积水,苗木繁育苗圃地要选择地势平坦、排水良好、灌溉方便、土壤肥沃的沙壤土为好,或选择阴坡,避免光照强烈,影响苗木生长。

2. 苗圃地整地

10 月,山核桃苗木一年生苗主根较长,播种前苗圃地需深耕。在整地时,尽量用大型拖拉机旋耕,施入基肥,每亩施入 6 000~8 000 kg,同时,施入复合肥 50~60 kg,耕翻 30~35 cm,然后整平做畦。若土壤干旱起坷垃,可浇地后耕翻。

3. 种子采收

选择 20 年以上生长树龄山核桃作为采种母树。尽量选择向阳山坡、无病虫害、果实大、饱满、壳薄、大小年不明显、产量高的母树林采种。9 月上旬果实进入成熟期,选择充分成熟、自落果实最佳。

4. 种子储藏

山核桃的种子,采收后及时处理,用水浮去空籽和不饱满种子,摊在背阴处,通风晾晒,3~4 天,即可储藏。春播的种子需储藏过冬,储藏方法一是干藏,二是沙藏;林业生产中,林农以沙藏为好。沙藏具体方法为:将阴干好的种子用湿沙(粗沙)分层储藏,沙的含水量 3%~4%,沙以不粘手为好,一层种子、厚 8~10 cm,然后再覆一层沙、厚 7~9 cm,堆高至 40~80 cm,宽 30~40 cm,长度不限,种子数量大的中间要放入玉米秆或稻草包以便通气,每隔 10~15 天翻堆检查一次,发现有霉变、不新鲜的种子,及时挑选出集中销毁。种子催芽,第二年 3 月,春播种前 28~30 天,加大沙的湿度,含水量 5.6%~7.1%进行催芽,同时,及时检查,如发现种子开裂发芽,应及时分批播种。

5. 大田播种

山核桃播种分秋播、冬播及春播三种，以秋播为好，出芽率高。但是，山核桃壳厚，难发芽。催芽过的山核桃种子，9 月播种当年可发芽出土，年内苗高可达 10 cm。冬播 12 月至第二年 1 月未经催芽，一般当年生根不出土。秋播要盖草覆地膜（拱形），并注意做好"四防"：防冻、防旱、防烂根、防鼠害。2～3 月，春季播种的，3 月底前完成，播前种子要选择催过芽的种子。山核桃播种采用条播，条距 18～21 cm，株距 4～9 cm，上覆土 4～5 cm，种子横放为好，每亩播种量 120～150 kg。播种以后要及时覆玉米秆、杂稻草等，便于保墒、保湿，以防土壤板结，利于幼苗出土、出芽一致整齐。每亩产苗量 7 000～8 000 株。有条件的最好覆盖地膜，出芽率高，苗木生长快。

6. 幼苗期管护

4 月，山核桃幼苗出土后，浇水保湿，同时，及时管理，进行中耕除草；5～6 月，雨季来临之前，园地中耕 10～15 cm，晒墒除草，疏松土壤。幼苗出土最怕土壤板结、炎日晒伤苗。除草时，在根部尽量用人工手拔草，高温季节在早晚进行，雨季要及时排水，防止烂根。6～9 月，搭阴棚或防晒网，防止苗木强光照晒。

7. 苗木夏季管护

苗木生长期，4～5 月，可施入 0.5%～1.0%的化肥，最好结合浇一次水浇施；6～8 月，进入夏季，气温高、干旱，及时浇水，施入肥料每月 2～3 次。前期以生物肥为主，中后期以磷、钾肥为主。

8. 施肥管理

施肥方法，采取沟施，在苗圃地行间苗木的 25～30 cm 处挖一条深、宽 10～15 cm 的横沟，将肥施入后再覆盖表土。可以穴施，在树干周围呈放射状挖小穴深 10～15 cm，将肥施后盖回表土。施肥量，苗木生长期，每亩施入 20～25 kg 即可；施肥时间，秋季在 8 月下旬至 9 月下旬，春季在 3 月下旬至 4 月上旬，第二年追肥。5 月，对圃内的二年苗，每亩追施尿素 15～20 kg。定苗后的幼苗，每亩追施尿素 5～7 kg，追肥结合浇水。6～8 月，除草，中耕与施肥。苗圃地结合除草进行耕锄多次。7 月间苗木第二次追肥，一般用量为每亩追磷酸二铵 25～30 kg，或尿素 20～25 kg，也可用碳酸氢铵 40～50 kg，随追施随浇水。追肥时且要防止肥料溅沾于叶片上。大雨之后要排水，防涝。施基肥，11～12 月，基肥最好在晚秋或落叶前后施入，以防止开展沟伤根而引起伤流。施肥方法，可开环状沟施入，也可以结合秋冬苗圃地松土，进行均匀的撒施。基肥农家肥为主，每亩施入 1 800～2 000 kg，磷肥 50～100 kg。

9. 冬耕清圃

11～12 月，一年生苗木的苗圃地松土，有利蓄雪松土，改良土壤，又可翻出越冬的虫茧、幼虫，冻死、晒死和被益鸟消灭。消除苗圃内的枯枝、落叶、杂草及树下的石块，以消灭越冬的病源和害虫。

10. 出圃假植

二年生的苗木，进入 10～12 月，待出圃的核桃苗木，尤其是幼苗易遭冻害，因此需要出圃的苗木，必须在落叶后、封冻前起苗假植。刨苗时要稍远离茎下橛，深挖保护根系。随刨随分级。合格苗应具备根系良好、基干粗壮、高度 1 m 以上、芽子饱满、无检疫对象。

按 20~50 株捆好,竖放在储放沟内。沟宽 1.5 m、深 1 m 左右,沟内铺 10 cm 湿沙,放上苗木,解捆充填根部沙子,使之充分均匀,厚度在 30~40 cm,然后盖以湿土,覆埋苗茎 2/3 左右,以防止苗茎失水抽干。最好围绕储苗沟修建排水小沟,防止冬季雪水入沟。

(二)主要病虫害的发生与防治技术

1. 主要虫害的发生与防治

(1)主要虫害的发生。山核桃主要食叶害虫有黄刺蛾、金龟子、核桃举肢蛾。一是黄刺蛾,幼虫食叶,低龄幼虫啃食叶肉,使叶片成网眼状,老熟龄幼虫将叶片食成缺刻和孔洞,严重时只残留主脉和叶柄。二是金龟子,是杂食性害虫。啮食植物根或幼苗等地下部分,为主要的地下害虫。危害山核桃树的叶、花、芽及果实等地上部分。成虫咬食叶片成网状孔洞和缺刻,严重时仅剩主脉,群集危害时更为严重。傍晚至晚上 10 时咬食叶片最盛。三是核桃举肢蛾,以幼虫蛀入山核桃果内以后,随着幼虫的生长,纵横穿食为害,被害的果皮发黑,并开始凹陷,致使核桃仁(子叶)发育不良,表现干缩而黑,故称为“核桃黑”。有的幼虫早期侵入硬壳内蛀食为害,使核桃仁枯干,或有的蛀食果柄等引起早期落果,严重影响山核桃产量。

(2)主要虫害的防治。4 月,花前,喷布 40%吡虫啉乳剂 1 000~1 200 倍液,可防治花期的杂食性金龟子成虫。幼苗出土后,投放用 50%敌百虫 100 倍液处理的青菜毒饵,诱杀为害幼苗的金龟子或大灰象甲。同时人工捕捉各种金龟子。此期陆续发生,7 月间防治举肢蛾兼治其他害虫,8 月间单喷 1 次 50%敌敌畏乳剂 1 500 倍液。进入 8 月中下旬、在树干上绑草把、树下堆集石块瓦片,诱集越冬害虫,集中捕杀。6~7 月是高温多雨季节,病害虫害易发生。6 月中旬,喷布 1∶2∶200 倍波尔多液 1 次。7 月上旬,喷布 40%马拉松 800 倍液,或 50%敌敌畏 1 500 倍液,喷布树冠防治黄刺蛾等各种害虫。7~8 月是核桃害虫的盛发阶段,不可掉以轻心。危害核桃果的核桃举肢蛾,6 月下旬至 7 月发生,呈现为核桃表皮上有白色水珠流出,7~8 天后,可看出一针眼大小的黑褐色小点,以后为一条条的褐色痕迹,后期核桃果皮为黑色。自果实硬核开始,间隔 10~15 天,喷布氯氰菊酯乳剂 1 200~1 500 倍液,或 50%杀螟松 1 000 倍液,或 2.5%溴氰菊酯 2 000~3 000 倍液 2~3 次。发现被害果后及时打落,剥下青皮深埋或压碎烧毁等。

2. 主要病害的发生与防治

(1)主要病害的发生。山核桃主要病害是核桃黑斑病、核桃枝枯病。发生症状如下,一是核桃黑斑病,在枝梢或芽内越冬,第二年 3 月,细菌借风雨传播,主要危害幼果、叶片、嫩枝;二是枝枯病,其发病初期在苗木中上部半木质化枝干的近基部生浅褐色至褐色长椭圆形病斑,后扩展成环状,稍凹陷。后期病斑上散生黑色小粒点。受害叶色变淡,叶肉变薄,叶脉隆起,并不断扩展下移,引起叶片青枯脱落,叶芽萎缩。这时,在春梢与老枝交界处,出现坏死组织,呈现棕褐色,发病重时,营养物质与水分不能正常交换,从而引起致病部以上的枝叶枯死,影响生长。

(2)主要病害的防治。3 月上旬,喷布 3~5 波美度石硫合剂,即发芽前,防治核桃黑斑病、枝枯病等病害;5 月上中旬,即谢花后,喷布 1∶2∶200 倍的波尔多液,防治核桃黑斑病。幼果感病最初在幼果青皮上显一褐色小点,以后逐渐扩大变成暗黑色,最后核仁黑腐落地;叶片感病,当病斑成片时,叶片变黑脱落;叶柄和嫩梢受害,病部稍向上凹陷,呈褐色病斑，严重时可使枝条枯死。6~7 月，苗木进入高温多雨季节，病害虫害易发生。6 月中旬，及时喷布 1∶2∶200 倍波尔多液 1 次。7 月上旬，喷布 40%马拉松 800 倍液，或 50%敌敌畏 1 200~1 500 倍液，既防治黑斑病，又防治各种害虫。7 月至 8 月上旬，喷布 70%托布津 800~1 000 倍液或甲基托布津 1 200~1 300 倍液，或 2.5%溴氰菊酯 1 500~3 000 倍液，有效地防治黑斑病的发生，同时，兼治核桃举肢蛾等害虫。

五、山核桃树的作用与价值

（1）造林作用。山核桃树干端直，树冠近广卵形，根系发达，耐水湿，可孤植、丛植于湖畔、草坪等，宜作庭荫树、行道树，尤其是在浅山丘陵、河流沿岸和平原地区绿化造林及城乡绿化中，很受人们喜爱，是造林树种和果品、用材兼用的树种。

（2）食用价值。山核桃果实是一种营养价值极高的食品，山核桃食品作为山区林农致富的特产对外销售，很受人们欢迎。

（3）工业作用。山核桃果壳可制活性炭，果壳、果皮、枝叶可生产天然植物燃料，总苞可提取单宁，木材可制作家具及供军工用。

114　杏　树

杏树，学名 *Armeniaca vulgaris* Lam.，蔷薇科李属，又名山杏、杏、北梅、归勒斯、杏花，落叶乔木，是中原地区优良乡土树种。

一、形态特征

杏树，落叶乔木，树高达 12~16 m，树冠圆整，树皮黑褐色，有不规则纵裂；小枝红褐色；叶宽，呈卵形或卵状椭圆形，基部近圆或微心形，有钝锯齿，背面中脉基部两侧疏生柔毛或簇生毛，叶柄带红色无毛。花两性，单生，白色、淡粉红色、粉红色，径 2.3~2.4 cm，萼紫红色，先叶开放。果球形，米黄色、白色、红色、杏黄色，一侧有红晕，径 2~3 cm，有沟槽及有细柔毛。核扁平光滑。花期 3~4 月，果熟期 6~7 月。

二、生长习性

杏树喜光，光照不足时枝叶徒长。耐干旱、耐瘠薄、耐寒，能抗-40 ℃的低温，亦耐高温。喜干燥气候，怕水湿，温度高时生长不良。对土壤要求不严，喜土层深厚、排水良好的沙壤土、砾壤土。稍耐盐碱。成枝力较差，不耐修剪。根系发达，寿命长达 300 年。

三、主要分布

杏树主要分布于河南、山东、山西、河北、北京、安徽、陕西、新疆、甘肃、吉林、辽宁等地，中国各地多数为发展栽培，少数地区野生分布，在新疆伊犁一带野生成纯林或与野苹果林混生，种植海拔可达 400~2 900 m。野杏主产于我国北部地区，栽培或野生，尤其在河南、河北、山西等地普遍野生，山东、江苏等地种植。中原地区主要分布于郑州、开封、周口、商丘、漯河、济源、安阳、新乡、洛阳、三门峡、焦作、平顶山、南阳、驻马店等地。舞钢市国有石漫滩林场三、四、五林区有分布，多生于沟谷沿岸、灌丛或林下。

四、引种繁育与造林绿化

杏树优良品种苗木，主要是通过实生苗木作砧木，嫁接繁育而成，需要嫁接的砧木是用山毛桃和山杏种子培育的苗木。所以，嫁接杏树品种苗木，要培育砧木苗木，其主要技术如下。

（一）引种繁育苗木技术

1. 苗圃地的选择

杏树适应性较强，对土壤条件要求不严，苗圃地要选择土层深厚、土壤疏松、肥力一般、排水良好的土地即可。

2. 苗圃地的整地

已经选择的每亩施入 1 500~3 000 kg 农家肥作基肥，同时播种前，要进行深翻土地，精耕细耙，播种前，在条播沟顺沟内施用森得保粉剂或水剂喷布的毒饵，防治地下害虫。种子一定要选用上年采集的充分成熟、籽粒饱满的种子。

3. 种子选择

杏树良种嫁接的砧木苗木，主要用山杏或山桃作砧木，但是，山桃作砧木表现不如山杏好，因为山桃品种没有山杏品种的寿命长，山桃品种嫁接后的山杏果实品质差，所以嫁接繁育品种杏树尽量选择使用山杏品种作杏树砧木苗木。

4. 种子采收

6 月，山杏果实呈橙黄色时，即可选择无病、健壮的植株，采下果实，去除果肉取其种子或发酵后洗净取出种子，晾干后，入袋存放备用。

5. 种子储藏

用山杏、山桃等种子作砧木培育苗木的种子，必须把山杏、山桃种子进行后熟才能出苗，所以山杏、山桃的种子均需在沙里储藏 70~80 天，第二年才能下地育苗。11~12 月，大雪后沙藏。先将种子浸湿，与 3~5 倍的湿沙混合，入储藏沟或木箱、果筐内沙藏，保持湿度，温度控制在 0~5 ℃，并经常检查。干时加水混拌后，重新放置。储藏沟的四周筑埂，严防冬季雨雪水流入，导致水分过多，沤烂种子。

6. 良种保存

为了保证第 2 年嫁接品种苗木的芽子质量和出芽率，一定要在上一年的冬季修枝修剪时，把剪掉的良种枝条进行保存，一般用沙子冬季沟藏。1~2 月，冬藏期间，沙子过干时，种子完不成后熟作用；枝条的芽眼受到损伤。过湿，枝条烂芽，种子不透气，不能进行后熟作用。木箱室内储藏时易失水干燥，应适度加水调节湿度。室外沟藏时，注意防止雨雪水入沟。2 月下旬，要上下翻动储放的种子，防止温度不均，发芽不整齐，并及时除去过厚的覆盖物，防止种条芽子过早发芽不能使用。

7. 种子催芽

一是冬藏种子的催芽。将冬藏的种子连同沙子一起，放于向阳的地方，平铺在地上，厚度在 20~25 cm，淋上温水，上覆一层地膜，四周压实，然后搭一个倾斜状的小塑料棚，利用日光升温催芽。一般 5~7 天，大部分种子可露嘴，即可分别播种，发芽的先播种。少量的种子，可放入木箱或花盆内，放在烧火的炕上，保持在 20 ℃催芽。二是未冬藏的种子破壳取种催芽。没有来得及进行冬藏处理的种子，可破壳取仁进行催芽，但发芽率较低。少量繁育苗木时，可以使用该方法。

8. 大田播种

开沟播种，即行距 25~35 cm、株距 12~15 cm 点播。每点放种子 1~2 粒，播后覆土 5~7 cm。播幅采用宽窄行进行播种，即每两行留一空行，以便于田间管理和嫁接。根据育苗量的多少采收种子。一般山杏果实的出种率为 15%~30%，每 1 kg 种子 800~1 500 粒，发芽率为 80%左右，每亩播种量为 15~30 kg。

9. 苗木管理

3~4 月，出苗后，当幼苗长高 15~25 cm 时，要及时松土锄草，同时，可以追施少量复合肥，每亩施入 3~5 kg 即可，可加速苗木生长。有条件的可配合浇水，效果更佳。若是干旱苗圃地无法浇水，追施化肥最好在雨后墒情好时进行，以防烧伤苗木。幼苗期的苗田，还易出现病虫鼠害，常使苗木子叶被刨食、苗茎被咬断等，要及时喷布灭幼脲 3 号 2 000 倍液或阿维菌素 6 000~8 000 药物等进行病虫鼠害的防治。6~7 月进行夏剪。苗木茎干中下部的二次枝，可在 7 月逐渐疏除。整形带处的分枝，可接整形要求，选留 3~4 个，其余疏除。砧木苗离地 10 cm 处的分枝全部疏除，以利进行芽接。6~8 月，对达到高度的苗茎，可进行剪梢处理，有利苗干的充实与加粗、中部芽腿的分化。当苗木生长高达 30~60 cm 以上时，可进行摘心打头，促进苗木加粗生长。6 月下旬，苗木根径达 0.5~1 cm 时，即可进行嫁接。

10. 杏树良种苗木夏季嫁接时间

6~9 月，以“丁”字形芽接（该方法又称为热粘皮）法为好。此时，气温高、湿度大，砧木基部木质化不久，分生组织旺盛。嫁接时的伤口伤流胶少，成活率高；苗木砧木的粗度在 0.7 cm 左右，嫁接也有利于成活。若砧木过粗，易流胶，成活率低。夏季雨水多，在雨后嫁接比久旱的雨前嫁接好，因此在干旱时期的芽接前 3~5 天需浇水，当墒情好时才能嫁接，成活率高。因此，此方法易操作，总体成活率可高达 90%以上。

11. 准备工具及材料

嫁接刀，可自己制作：选取一段旧钢锯条（12 cm 左右），在砂轮上粗磨，将有齿的一面磨平，前端开刃，呈圆肚形，长 2.5~3 cm，刀尖背部稍磨去一部分，使成为尖形 ，再用细磨石磨快。刀柄部分套上粗细适宜的塑料管，两侧用薄竹木片等插紧即可。刀柄长度以握在手中尾部不露出为宜。这样在砧木苗密集处嫁接可灵活转动无阻。一是绑缚条，选取厚度适宜和弹性较强（拉长后能逐渐收缩复原）的塑料布，将其卷 10 余层如蛋卷状，用裁刀裁切成条，宽度为 0.5~1 cm，裁好后每 100 条或 50 条为一捆，再切成长 10~12 cm 的小段，捆成小把备用。二是保湿材料。保湿布，可以用旧麻袋制作，保湿布用于覆盖运送和短时间存放接穗条。罐头瓶，每人一只，内盛半瓶清水，嫁接时储放接穗，使之不失水，随用随取。另外还需备好劳动防护用品如草帽、坐垫及防暑药品等，做好人工防晒工作，便利嫁接。

12. 良种接穗采集和保存

（1）接穗采集。接穗要选择品种纯正、生长健壮、色泽鲜艳、无病虫损伤的当年生条。

再根据砧木粗细采集。但芽体过大、基部生长突出变形者不宜采用。采集时间以清晨为佳,此时气温低,水分蒸发量小,苗木含水饱满、湿润。剪穗时剪口要平整,切勿撕伤穗皮。采下的接穗除去嫩梢和叶片,仅留下 0.8~1.0 cm 长叶柄,随即用湿布包好。捆绑和运输时要避免勒伤、擦伤。

(2)接穗保存。采好的接穗宜存放于冷库或阴凉湿润的果窖等处。这里介绍几种简便有效的存放办法。第一,将捆扎成把的接穗梢部向上装于编织袋内,袋口系绳,吊放于水井内,先将接穗基部在水中浸蘸一下,然后提离水面,一般可存放 5~7 cm 即可。第二,在背阴地深挖 30 cm 的坑,长宽以能放入接穗为度,用湿土埋住,上面再覆盖杂草等遮阴物,也可保存 6~7 天以上。第三,接穗较少时,可用脸盆盛半盆清水,将接穗基部浸入水中,存放于阴凉的土窑洞中,1~2 天换一次水,可存放数日。

13. 杏树良种夏季嫁接

一是嫁接选芽。选取接穗中间饱满新鲜芽,从芽以上 0.5 cm 处横切一刀(切时用刀围接穗滚动少半圈)深达木质部,然后从芽下方约 0.8 cm 处斜向上部连木质部渐渐加深切削,切入到芽上部横切刀口处停刀(操作时勿握条太重,以免擦伤其他接芽)。以拇指和食指轻捏接芽两侧,慢慢掰下芽皮,切勿掐伤芽体。取下的芽呈盾牌形,长 1.2~1.5 cm、宽 0.5~0.6 cm。芽片内侧可明显见到两个小白点,下部为叶柄着生点,上部为芽生长点。凡芽生长点变黑、褐、黄色或脱落擦伤者,皆弃之不用。二是砧木处理。选砧木距地面 5~10 cm 外表光滑无节处横切一刀(刀刃稍滚动小半圈),以切透皮层、不伤木质部为度。再从横切口向下纵切长 1.5 cm(比接芽略长),深度同横刀口 ,使呈"丁"字形。然后用刀顺纵切口左右扭动撬开皮层。三是嫁接芽子。在用刀撬开皮层的同时,左手捏住接芽叶柄,将砧木轻轻压下呈倾斜,边用刀撬边插入接芽。插入接芽时勿在砧木上摩擦,以保护生长点,并使接芽上平面与砧木丁字口上平面紧密吻合。四是绑缚芽子。嫁接完毕,即用塑料条包扎。要求一要绑紧,使接芽与砧木紧密结合,不留空隙。二要严,"丁"字形切口要包严,不使外露,这既可防止水分蒸发,有利接芽成活,又可防止害虫在伤口产卵,孵化后幼虫钻蛀为害,导致接芽枯死。三要快,这是嫁接成活的关键。应尽量减少接芽暴露时间,熟练操作技术,提高嫁接速度。缚条时用左手捏住缚条一端,右手拉住另一端,从"丁"字口上端往下缠绕两三圈,使包住下部切口,再螺旋形上绕,使上下两层交叉,然后把缚条两端向上再交叉拉紧打结。该法包扎的优点是可防止雨水浸入引起烂芽 ,还可结合剪砧剪断缚条接口,不须专门解绑,省时省工。一般在次年 3 月萌芽前在接芽上部 0.5~1 cm 处剪除砧梢。也有用高效抽枝宝等植物生长剂涂抹接芽,当年剪砧抽枝促长,加快育苗。

14. 杏树良种苗木春季嫁接

杏树品种苗木春季嫁接是对 0.7 cm 粗度的砧木苗木或 2 年生以上的砧木苗木进行的嫁接。嫁接的时间为 3 月上旬,即一般在砧木苗木芽萌动前或开始萌动而未展叶时进行,过早则伤口愈合慢且易遭不良气候或病虫损害,过晚则易引起树势衰弱,甚至到冬季死亡。根据实践经验,春季嫁接在萌芽前 10 天到萌芽期为最佳,同时在气温较高、晴朗的天气嫁接成活率较高,若是用储藏的接穗,可嫁接到 4 月中旬以后。嫁接方法,即嫁接的接穗采自结果的优良母树,采下后去叶留柄,剪除基部瘦芽段和先端未充实的部分。最好随采随用。外地调进的接穗需保湿运输。调进后可临时储放，少量接穗可吊挂在深井的水面之上，数量较多时，需放背阴处，充填湿沙覆盖储藏。芽接的操作方法是：左手持接穗，右手持嫁接刀，自芽下 1.5 cm 处由浅及深，削至芽上 1 cm 处，深度达枝条的 1/3～1/4。在芽上 1 cm 处横刻一刀，一次可将一根条的芽削好待取。在砧木光滑处，距地面 5～10 cm，横割一刀，然后在横口的中央纵刻一刀呈“T”字形，深及木质部。用左手拇指、食指取下削好的接芽，右手挑起砧木纵切口的树皮，自上而下插入接芽，接芽的芽上切口与砧木横切口对齐。速度要快，不要弄脏芽片。然后用塑料条或绳先自芽体上方自上而下绕绑数道，芽体基部要绑紧，叶柄外露，以利检查成活。半个月后，凡接芽叶柄一触脱落者，证明已接活，叶柄干枯不落，则接芽没有成活，要继续补接。成活后解绑的时间一般在 25～30 天即可。

15. 春接苗木管理

5 月以后，一般是在接后 25～30 天，新梢长到 20～25 cm 时，解绑比较合适。最好支架苗后解绑。当苗木新梢长到 20～30 cm 时，需要设立支柱或支架，防止大风吹折劈接芽新梢。6 月上中旬，赶在雨季来临之前，及时对苗圃地普锄一遍，晒墒。疏松土壤，除杂草。除萌芽。3 月下旬嫁接后把砧木萌发的芽子应及时去掉。未接活的砧蘖可保留一个生长，以后加粗后进行芽接。接活的接芽萌发后，复芽接穗只留 1 个芽生长，其余除掉。补苗、定苗。4 月中旬，技术对双株苗拔掉，分栽移栽到缺株苗的地方。移栽最好在 4 片真叶之前进行，一定要带土移栽，并立即浇水保障成活率，当苗木生长到高 0.6～1 m 苗木地径生长达到 0.7～1.0 cm 时即可进行补嫁接苗木。

16. 春接苗木肥水管理

幼苗施肥。在 5～7 月，当年的小苗，在高温干旱的天气下，要及时对每亩追苗圃施入尿素 3～5 kg，随后及时浇水。二年生嫁接苗，每亩追尿素 15～20 kg 或复合肥 20～40 kg，也要及时浇水漫灌，促进苗木快速生长。苗木追肥。8～9 月，此期是高温、多雨季节，苗木进入速生阶段，成品苗要达到一定高度和粗度，必须根据情况进行追肥管理。瘠薄地，苗木生长弱，前期追肥而无水浇，不能发挥作用，可充分利用汛期有利时机，每亩追标准氮肥 20～25 kg。土质肥沃，苗木生长旺盛，可酌情少追或不追，避免苗木过度生长，才能保证苗木快速成苗出圃。

17. 培育的优质苗木出圃

苗木出圃。11～12 月，当苗木落叶之后，即可出圃栽植。出圃时应离干稍远些挖苗，深挖、宽刨，防止刨裂根段，避免枝干、芽体受伤。出圃后分级，消毒，然后栽植、假值或外运。消毒的方法：将根部、苗茎喷 5 波美度石硫合剂，喷量要大，或用 1∶1∶100 倍波尔多液浸苗 20 分钟，然后用清水冲洗掉根部沾着的药剂。

18. 苗木假植

苗木要求随出圃随栽植，不能马上栽植，而又要出圃的苗子，应在背风、干燥、不积水的地方，开深 1～1.5 m、长度视苗木多少而定的储放沟，以南北向较好。分清品种，成 45°角斜放。放一行，堆一层土，埋土至根劲部，再放下一行。适当浇水密合根部土壤。封冻后，加厚土层，以埋至苗木的整形带处为宜。

19. 苗木越冬

如果苗木在冬季不能及时出圃，一定要 11～12 月对苗圃地的苗木进行清理，主要是清理苗圃地的落叶杂草，剪除苗茎的病虫枝，一起销毁。然后普浇封冻水，以保证苗木安全越冬。

(二) 主要病虫害的发生与防治技术

1. 主要虫害的发生与防治

(1) 主要虫害的发生。杏树主要虫害分别是杏象甲、蚜虫、红蜘蛛、球坚蚧、舟形毛虫等，危害较重，它们交替危害或集中危害或重叠危害，危害枝梢、叶片、果实等，尤其是杏树介壳虫，也称为杏虱子，主要种是朝鲜球坚蚧，是一种发生非常普遍的害虫，以若虫、雌成虫固着在枝条上、树干上嫩皮处，结球累累。终生刺吸汁液，一般发生密度很大，使树势衰弱，严重时枝条干枯死亡。

(2) 主要虫害的防治。一是冬季防治，即 11～12 月，从入冬到发芽前，清除果园内的枯枝、落叶，剪掉病枝，集中销毁，刮除老树皮，清除越冬病虫源，减少病虫基数。二是开花前防治，3 月，用 5 波美度石硫合剂喷枝干，防治球坚蚧和其他越冬虫卵。发芽后使用吡虫啉 4 000～5 000 倍液并加对氯氰菊酯 2 000～3 000 倍液，可杀灭蚜虫，也可兼治杏仁蜂。坐果后可用蚜灭净 1 500 倍液防治蚜虫。三是春季防治。3 月中旬至 4 月上旬是杏象甲出土上树危害期，利用其假死性，清晨摇树，人工捕杀，清除虫果，并及时喷 20%速扑杀 2 000 倍液和 50%多菌灵 600 倍液混合液。杏象甲，可选用其他杀虫杀菌剂混用。4 月中旬喷 40%菊马乳油 1 000 倍液和速克灵 200 倍液，可防治桃蚜。6 月中旬用灭扫利 2 000～3 000 倍液、速扑杀 1 000 倍液和多霉清 1 500 倍液防治红蜘蛛、蚧类等病虫，并人工捕杀红颈天牛成虫。7～8 月，人工捕杀群集而未分散的舟形毛虫，或及时喷速灭杀丁 2 000 倍液进行防治。

2. 主要病害的发生与防治

(1) 主要病害的发生。一是杏树褐腐病，主要危害果实，也侵染花和叶片，果实从幼果到成熟期均可感病。发病初期果面出现褐色圆形病斑，稍凹陷，病斑扩展迅速，变软腐烂。后期病斑表面产生黄褐色绒状颗粒，呈轮纹状排列，即为病菌的分生孢子梗和分生孢子，病果多早期脱落。二是杏疮痂病，病菌主要危害果实和新梢，幼果发病快而重，染病果多在肩部产生淡褐色圆形斑点，直径 2～3 mm，病斑后期变为紫褐色，表皮木栓化，发病严重时常多个小病斑连成一片，但深入果肉较浅。新梢上的病斑褐色，椭圆形，稍隆起，常发生流胶。三是杏细菌性穿孔病，该病主要危害叶片，也危害果实和新梢。叶片受害后，病斑初期为水渍状小点，以后扩大成圆形或不规则形病斑，直径约 2 mm，周围似水渍状，略带黄绿色晕环，空气湿润时，病斑背面有黄色菌脓，病健组织交界处发生一圈裂纹，病死组织干枯脱落，形成穿孔。

(2) 主要病害的防治。一是杏褐腐病。杏树芽萌动前，喷 4～5 波美度石硫合剂或 1∶1∶100 波尔多液，杏落花后立即喷大生 M-45，800 倍液或 80%代森锰锌 600～800 倍液，以后每 10～15 天喷一次 50%多菌灵可湿性粉剂 600 倍液或 70%甲基托布津 600～800 倍液或 75%百菌清可湿性粉剂 500～600 倍液。二是杏细菌性穿孔病，多施有机肥，避免偏施氮肥，使树体健壮，增强抗病力。合理修剪，使果园通风透光。结合冬剪剪除树上病枯枝。杏树发芽前,全树喷3~5波美度石硫合剂。三是疮痂病的防治,用1∶1∶100波尔多液或15%络氨铜800倍喷雾,铲除越冬病源;生长季节,从小杏脱萼期开始,每隔9~10天喷一次硫酸锌石灰液(硫酸锌1份、石灰4份、水240份),或叶枯唑1 500倍液或2%春雷霉素2 000倍液喷雾。人工防治。合理修剪,适时夏剪,改善园内光照条件,冬季清理病果落叶,集中烧毁,消灭病源。

五、杏树的作用与价值

(1)食用价值。杏树是重要的经济果树,果实色艳味美,具有营养保健价值。果实味道酸甜,果肉多汁,营养丰富,果仁还具有药用价值。杏是常见水果之一,含有丰富的营养。杏子可制成杏脯、杏酱等;杏仁主要用来榨油,也可制成食品,还有药用,有止咳、润肠之功效。

(2)造林作用。杏树适应性强,在河南、河北、山东、山西等作北方大面积荒山造林树种。是北方优良果树。其栽培历史长达2 500年以上,黄河流域各省为其分布中心。杏木质地坚硬,是做家具的好材料。

(3)园林作用。杏树早春开花,先花后叶;可与苍松、翠柏配植于池旁湖畔或植于山石崖边、庭院堂前,极具观赏性。

(4)经济价值。杏树枝条可作燃料,杏叶可作饲料。

115 桃 树

桃树,学名:*Amygdaluspersica*,蔷薇科、桃属,又名山桃、桃、毛桃等,落叶小乔木,是中原地区优良乡土树种。

一、形态特征

桃树,落叶小乔木,树皮黑色,高达8 m,小枝红褐色或褐绿色,无毛。芽密被灰色茸毛。叶椭圆状披针形,长7~15 cm。花单生,径约2.7 cm,粉红色。果近球形,径5~8 cm,表面密被茸毛。花期3~4月,先叶开放,果6~9月成熟。

二、生长习性

桃树喜光,不耐阴。耐干旱气候,有一定的耐寒力,冬季低温在-25 ℃以下容易发生冻害,幼苗在华北地区应稍保护。对土壤要求不严,耐贫瘠、盐碱、干旱,须排水良好,不耐积水及地下水位过高。在黏重土壤栽种易发生流胶病。通常2~3年始花,4~5年后进入盛花期,20~24年衰老。病虫害较多,对有害气体抗性强。7~8月为花芽分化期。浅根性,根蘖性强,生长迅速,寿命短。

三、主要分布

桃树原产于我国,在我国已有几千年的栽培历史。主要分布于河南、河北、山东、山西、陕西、江苏、浙江、新疆、安徽等地,栽培范围较广,目前我国栽培面积近200万亩。尤其值得注意的是，在河南省舞钢市、甘肃省和陕西省至今还分布着大量的野生桃树，主要种类包括山桃，为常见的果树及观赏花木。中原地区主要分布于平顶山、南阳、驻马店、信阳、郑州、开封、周口、商丘、漯河、济源、安阳、新乡、洛阳、三门峡、焦作等地。

四、引种繁育与造林绿化

桃树优良苗木的繁育主要是嫁接、播种，亦可压条繁殖，用1~2龄实生苗或山桃苗作砧木，可以嫁接繁育苗木。

(一)引种繁育苗木技术

1. 苗圃地的选择

桃树苗圃地应选择在平坦、肥沃、沙壤土、浇水方便的地方。

2. 苗圃地的整地

苗圃地选择好后，在秋季用大型拖拉机进行旋耕、深翻熟化。一般深翻25~30 cm。同时施入粗农家肥作底肥，每亩施肥5 000~6 000 kg，以增加活土层，提高肥力。

3. 种子选择

砧木的优劣，对桃树的生长和结实影响极大，要培育优良苗木，必须选择适合当地自然条件的砧木。桃树的砧木一般采用山桃和毛桃，山区宜用山桃，平原宜用毛桃，杏和李也可作为桃树的砧木。

4. 种子采集

繁殖砧木苗所用的种子最好在生长健壮、无病虫害的优良母株上采集。果实必须充分成熟，种仁饱满方可采收，因为未成熟的种子，种胚发育不完全，内部营养不足，生活力弱，发芽率低，影响出苗，故不宜采用。将采摘成熟后的果实去除果肉，取出种子，放在通风背阴处晾干，且不可日晒。待种子充分阴干后装入袋内，放通风干燥的屋内储藏。

5. 种子的层积处理

种子采收以后，必须经过一定时间的后熟过程，才能萌发芽眼。其后熟过程需要一定的温度、水分和空气条件，如果环境条件不适宜，则后熟过程进行缓慢或停止。对种子进行层积处理是最常用的一种人工促进种子后熟的方法，因此春播的种子必须在播种前进行层积处理，以保证其后熟过程顺利进行。种子层积处理的方法是先将细沙冲洗干净，除去种子中的有机杂质和秕粒，以防引起种子霉烂，一般采用冬季露天沟藏。选择地势较高、排水良好的背阴处挖沟，沟深60~90 cm，长宽可依种子多少而定，但不宜过长和太宽。沟底先铺一层湿沙，然后放一层种子，再铺一层湿沙，再放一层种子，层层相间存放，沙的湿度以手握成团而不滴水为宜。当层积堆到离地面8~10 cm时可覆盖湿沙达到平面，然后用土培成脊形。沟的四周应挖排水沟，以防雨雪水侵入，沟中每隔1.5 m左右，竖插一捆玉米秸以利透气。在沙藏的后期应注意检查1~2次，上下翻动，以通气散热，沟内温度保持在0~7 ℃为宜，如果沙子干燥，应适当洒水，增加湿度，如果发现有少量霉烂的种子，应立即剔除，以防蔓延。

6. 播种前的准备

一是鉴定种子生活力，为确定种子质量和计划播种量，防止由于种子在储藏过程中生活力降低而影响育苗任务的完成，因此在播种前必须鉴定种子的生活力，凡种子饱满，种胚和子叶均为白色,半透明,有弹性,无霉味,就是好种子。也可做一下发芽试验,计算其发芽率,用以判断种子的生活力。二是浸种催芽,浸种可使种子在短时间内吸收大量水分,加速种子内部的生理变化,缩短后熟过程。特别是未经层积的种子,播种前必须浸种,以促使萌发,经过沙藏但未萌动的种子,再经浸种,萌发更快。浸种方法有冷水和开水两种。冷水浸种是将种子放在冷水中浸泡5~6天,每天换水,待种子吸足水后即可播种。如播种时间紧迫,种子又未经沙藏,可把种子进行开水浸种,将种子在开水中浸没半分钟,再放在冷水泡2~3天,待种壳有部分裂口时即可播种,但应注意切勿烫伤种胚。此外,也可将硬壳敲开利用种仁播种。

7. 大田播种时期与方法

大田播种,在播种前要培垄做畦,垄距48~58 cm,高12~16 cm,尽量要南北向,以利于受光。垄面要镇压,上实下松,干旱地区,作垄后要灌足水,待水渗下后再播种。桃的播种时期可分秋播和春播。秋播是在初冬土壤封冻以前进行,此时播种,种子不需要沙藏,直接可以播种,且出苗早而强壮;春播则在早春土壤解冻后进行,必须是经过层积处理的种子,在整好的苗圃地上按一定株行距点播,每垄可播2行,按行距25~30 cm开沟,株距12~15 cm点种。为了利于幼苗生长,种子应尽量侧放,使种尖与地平行,覆土厚度为种子直径的2~3倍,覆土后稍镇压,每亩用种量40~50 kg。

8. 播种后的管理

在风大、干旱地区,播后应盖稻草,以保墒防风,便于幼苗出土。如土壤过干,幼芽不能出土时一般不宜浇蒙头大水,最好用喷壶勤喷水,或勤浇小水。直至出苗,当有20%左右的幼苗出土时,可去除覆盖物。在幼苗出现3~4片叶时,如过密进行间苗移栽,株距以18~20 cm为宜,移植前两天浇水或在阴雨傍晚移栽,严防伤害苗根。在幼苗生长过程中要随时进行浇水、中耕除草和防治病虫害,经常保持土松草净墒情好,在5~6月间结合浇水,每亩可追施硫铵9~10 kg,以促其生长,使其尽早达到嫁接标准。

9. 苗木嫁接

为了确保苗木品种纯正,应选择在品种纯正、树势健壮、丰产稳产、果实品种优良、无病虫害、已进入结果期的母树上选取接穗,选取时应剪取1年生、生长充实、芽眼饱满的枝条作接穗。一是春季嫁接方法。2月中旬至4月底,此时砧木水分已经上升,可在其距地面8~10 cm处剪断,用切接法嫁接上品种接穗即可。此法成活率最高。二是夏季嫁接方法。5月初至8月上旬,此时树液流动旺盛,桃树发芽展叶,新生芽苞尚未饱满,是芽接的好时期。可在生长枝或发芽枝的下段削取休眠芽作接穗,在砧木距地面10 cm左右的朝阳面光滑处进行芽接。14~15天后,接口部位明显出现臃肿,并分泌出一些胶体,接芽眼呈碧绿状,就表明已经接活。2~3天后,在接口上部0.5 cm处向外剪除砧干(剪口呈马蹄形,以利伤口愈合)。待新梢长到6 cm左右时,在砧木贴干插支撑柱,缚好新梢,引导向上方向生长。若没有嫁接成活,可迅速进行二次嫁接。三是秋季嫁接方法。7月至9月底,此时当年新生芽苞叶片已长成,可削取带有叶柄的接穗进行芽接。嫁接后7~8天,如果保留的叶柄一触即掉,证明已嫁接成活。接活后的植株,可在第二年初春萌芽以前,即3月中旬,在接口上部0.5~1 cm处剪去砧干即可。四是冬季嫁接方法。11月至第二年1月底,砧木树液停止流动,可采用根茎嫁接法。即把根茎上段的砧干剪掉,扒去根茎周围土壤进行枝接，枝接后轻轻将湿润的细土覆在周围并让接穗露出少许，再盖上地膜，保墒、保温和防寒，以利越冬。第二年春季，凡成活接穗，会迅速发芽。3月下旬至4月中旬揭去地膜即可。在7月至8月中旬采用"丁"字形芽接方法嫁接。首先从品种优良、生长健壮的桃树上采取生长充实、芽子饱满的1年生枝条作接穗。不要用花芽和盲芽。削取芽片，然后在砧木干离地5~7 cm处横切一刀，深达木质部，在横刀口中下部用刀尖由下向上纵切一刀，距离约是芽片的1/4至横刀口处，刀尖左右撬动，随将削成1.5~2 cm长的芽片插入，用薄膜条绑紧即可。芽接9~10天后检查成活，结合检查随时解绑，未活的及时补接，直至砧木全部接活，以达到第二年出圃整齐。

10.接后苗木管理

一是剪砧，在春季发芽前剪去砧冠，剪口离接芽0.2~0.3 cm，并稍微倾斜，不可过低伤害接芽。二是除萌，剪去砧冠后从砧木基部易发出大量萌芽，应及时掰除，以免消耗养分，有利接芽生长。三是施肥、灌水和中耕除草，为促使苗木健壮生长，应根据土壤肥力和苗木生产情况酌情追肥，一般在6~7月间苗木加速生长期施硫铵，每亩施入1.5~2.5 kg，并根据墒情和降雨情况适当浇水。苗木生长期要不断进行中耕除草，并防治病虫害，以保证苗木生长健壮，当年达到出圃标准。

11.嫁接后的苗木管理与施肥

嫁接3天后，如墒情不足，可浇一次透墒水；嫁接后18~20天可再浇一次水，同时除去绑缚物和基部发生的萌蘖，日后及时发现及时除萌，以防萌芽和接芽争夺养分，对整形以下萌发的副梢也应及时抹除，确保顶芽苗茁壮成长(注意松土保墒和除草)；5月底结合浇水，可少施些腐熟的农家肥，促进苗木快速生长，当年可出圃1 m以上的标准柿树苗。

12.苗木出圃

在初冬或早春栽植起苗注意不可伤根过多，劈伤的根应适度修剪。随起苗随分级，每50~100株一捆，若运输可进行包装，根部用湿草袋包严或将根部蘸泥浆，并用绳绑缚起来即可起运，或挖苗以后不栽不运，可挖东西沟，暂时假植，将苗木竖放沟内，梢向南，根部封土厚30~40 cm，以防冻害和失水，待栽时可从假植沟中将苗挖出。

(二)主要病虫害的发生与防治技术

1.主要虫害的发生与防治

(1)主要虫害的发生。桃树的主要害虫是蚜虫、潜叶蛾等。一是蚜虫，又称蜜虫、腻虫等，多属于同翅目蚜科，为刺吸式口器的害虫，常群集于叶片、嫩茎、花蕾、顶芽等部位，刺吸汁液，使叶片皱缩、卷曲、畸形，严重时引起枝叶枯萎甚至整株死亡。蚜虫分泌的蜜露还会诱发煤污病、病毒病并招来蚂蚁危害等。二是潜叶蛾，又名绘图虫、鬼画符，是危害幼食、嫩梢、叶片最严重的害虫。该虫以幼虫潜入嫩梢表面下蛀画，形成白色弯曲虫道，使叶片卷曲变硬而脱落，造成新梢生长差，影响树势和抽梢。幼虫危害的伤口，有利于溃疡病菌的侵入，常引起溃疡病的大面积发生。叶片卷曲后，又为红蜘蛛、卷叶蛾等多种害虫提供聚居和越冬场所，增加了越冬害虫的防治难度。潜叶蛾，1年发生10~15代。5月开始危害。7~9月夏秋梢抽发期为害严重，幼树及苗木抽梢不整齐的受害严重，夏梢受害重，秋梢次之，春梢基本不受害。

(2)主要虫害的防治。苗木生长期，对主要害虫蚜虫、潜叶蛾等，3月上旬，桃芽萌动期喷1次99%敌死虫200~300倍液或20%吡虫啉5 000倍液防治蚜虫。谢花后喷1次锌灰液(硫酸锌、石灰、水比例为1∶4∶120)或72%农用链霉素3 000倍液防治各类病害。4~5月喷1~2次灭幼脲3号2 000倍液或1.8%阿维菌素5 000倍液,防治潜叶蛾,阿维菌素还可兼治其他害虫。以后根据病虫害发生情况及时喷药防治。

2. 主要病害的发生与防治

(1)主要病害的发生。桃树的主要病害,一是桃流胶病,该病是生理性病害,桃树枝干、新梢、叶片、果实上都可发生流胶病,以枝干较严重。发病枝干树皮粗糙、龟裂,不易愈合,流出黄褐色透明胶状物。流胶严重时,树势衰弱,易成为桃红颈天牛的产卵场所而加速桃树死亡。发生桃流胶病的原因很多,如遭受病虫危害、施肥不当、土质黏重、排水不畅、夏季修剪过重、定植过深、连作,以及遭受雹害、旱涝、冻害、日灼等,都会引起桃流胶病发生,且老、弱树发生较重。二是桃树炭疽病,随着桃树的种植面积不断扩大,由于气候条件、品种、管理等多种因素的影响,桃树炭疽病发生较重,对桃树产量、品质影响较大。有效防治炭疽病对提高产量和效益非常重要。发生危害症状:该病主要危害果实,也能侵害叶片和新梢。幼果受害,初为淡褐色水渍状斑,后随果实膨大呈圆形或椭圆形,红褐色,中心凹陷;气候潮湿时,在病部长出橘红色小粒点,幼果染病后即停止生长,形成早期落果;气候干燥时,形成僵果。成熟果的病斑上呈明显的同心环状皱缩。叶片病斑圆形或不规则形,淡褐色。病、健部界限明显,后期病斑为灰褐色,干枯脱落,造成穿孔。新梢上的病斑呈长椭圆形,暗褐色,稍凹陷。病梢上叶片呈上卷状,严重时枝梢常枯死。发病规律:桃炭疽病是半知菌门炭疽病属的一种真菌。病菌以菌丝在病枝、病果中越冬,翌年遇适宜的温湿度条件,即当平均气温达10~12 ℃、相对湿度达80%以上时开始形成孢子,借风雨、昆虫传播,形成第1次浸染。该病为害时间长,在桃整个生育期都可浸染。高湿是本病发生与流行的主导诱因。开花及幼果期低温多雨,果实成熟期温暖,多云多雾、高湿有利于发病。管理粗放、土壤黏重、排水不良、施氮过多,造成桃树苗圃地发病严重。

(2)主要病害的防治。一是桃流胶病的防治,加强管理,促进树体正常生长;对流胶严重的枝干,于秋、冬季节进行刮治,伤口用5~6波美度石硫合剂或硫酸铜100倍液进行消毒。二是桃树炭疽病防治,不要在低洼、排水不良的黏质土壤地段建园,要起垄移植,并注意品种的选择。加强栽培管理,多施有机肥和磷钾肥,适时夏剪,改善树体结构,通风透光。结合冬季修剪,清除树上的枯枝、僵果和地面落果,集中烧毁或深埋,减少传染源,同时,在萌芽前喷3~4波美度石硫合剂加80%的五氯酚钠200~300倍液,或1∶1∶100波尔多液,铲除病源。花前喷1次药。落花后每隔9~10天喷1次药,共喷3~4次。药剂可用70%甲基托布津可湿性粉剂1 000倍液、80%炭疽福美可湿性粉剂800倍液、50%多菌灵可湿性粉剂600~800倍液、50%克菌丹400~500倍液或50%退菌特可湿性粉剂1 000倍液,即可有良好的防治效果。

五、桃树的作用与价值

(1)观赏价值。桃的品种除了采果品种外,亦有观花品种,早春盛开,娇艳动人,在城乡绿化、小区景观美化、山区造林中广泛应用,是优美的观赏树。为常见的果树及观赏花木。

(2)食用价值。果肉清津味甘,除生食之外,亦可制干、制罐头。果、叶均含杏仁酣素,全株均可入药。

116　山　楂

山楂,学名:*Crataegus pinnatifidawe*,蔷薇科山楂属,又名红果、赤爪实、山里红果、映山红果、酸枣、小叶山楂、山果子等,落叶乔木。山楂生长适应能力强,抗洪涝能力超强。枝叶繁茂,病虫害少,花、果鲜美可爱,是园林绿化、城乡建设、田旁、宅园、公园绿化的良好观赏树种和"四旁"绿化树种。

一、形态特征

山楂,落叶小乔木。枝密生,有细刺,幼枝有柔毛。小枝紫褐色,老枝灰褐色。叶片三角状卵形至棱状卵形,长 2~6 cm、宽 0.8~2.5 cm,基部截形或宽楔形,两侧各有 3~5 羽状深裂片,基部 1 对裂片分裂较深,边缘有不规则锐锯齿。复伞房花序,花序梗、花柄都有长柔毛;花白色,有独特气味。直径约 1.6 cm。山楂果深红色,有小斑点,仁果,近球形。花期 5~6 月,果期 9~10 月。

二、生长习性

山楂,喜光照,耐寒、耐瘠薄、耐干旱,适应性强,山楂为浅根性树种,主根不发达,生命力强,在丘陵山区、瘠薄山地也能生长。在肥沃的土地上栽培表现为枝繁叶茂、果实累累;侧根的分布层较浅,多分布在地表下 30~60 cm 土层内,最深可达 90~110 cm,10 cm 以上和 90 cm 以下土层内的根量很少。侧根主要分布在 40 cm 左右的土层内,根系的水平分布范围为树冠的 2~3 倍。

三、主要分布

山楂主要分布于山东、河南、山西、河北、辽宁、吉林、黑龙江、内蒙古。因为山楂耐寒、耐干燥、耐贫瘠,在山地、平原、丘陵、沙荒等土壤上均可栽培。山楂稍耐阴,但以在排水良好、湿润的微酸性沙质壤土上生长最好,其根系发达。分布在 20~60 cm 的土壤表层。在低洼和碱性地区易产生不良现象,此地区不宜发展。中原地区主要分布于平顶山、南阳、驻马店、漯河、济源、安阳、新乡、洛阳、三门峡、焦作等地。

四、引种繁育与造林绿化

山楂主要优良品种,一是大果山楂品种,又名山里红 、红果、山楂等。该品种果实特大,单果重一般在 100~120 g,最大的达 300 g,果实鲜艳,其味清香、酸甜,果实 9 月下旬至 10 月中旬成熟,果形较大,直径可达 2.5 cm,深亮红色;叶片大,分裂较浅;植株生长茂盛。果实供鲜吃、加工或作糖葫芦用。可以用野生山楂为砧木嫁接繁育苗木。二是敞口山楂品种。该品种果实略呈扁平形,每 1 kg 90~100 个,最大果重可达 36 g,果皮大红色,有蜡光。果点小而密。梗洼中深而广敞口,故称敞口。果肉白色,有青筋,少数浅粉红色,肉质糯硬,味酸甜,清酸爽口,风味甚佳,品质最上。果实总含糖量11.07%,总酸3.78%,果胶2.92%,9月下旬至10月上中旬成熟采收,耐储运。三是歪把红山楂品种。该品种果实在9月下旬成熟,其果柄处略有凸起,看起来像是果柄歪斜故而得名。歪把红山楂单果比正常山楂大,为90~102 g,市场上的冰糖葫芦主要用它作为原料。四是大金星山楂品种。该品种果实在9月下旬至10月中旬成熟。耐储藏。果个大,每1 kg 72~82个。果实扁球形,紫红色,具蜡光。果点圆,锈黄色,大而密。果顶平,显具五棱。萼片宿存,反卷。梗洼广、中深。果肉绿黄或粉红色,散生红色小点,肉质较硬而致密,酸味强。单果比歪把红山楂要大一些,成熟果实上有小点,故得名大金星。口味最重,属于特别酸的一种。五是大绵球山楂品种。该品种果实扁圆形,果皮橘红色。果个较大,单果重10.2 g,果实整齐度高,可食率85.1%。果肉黄绿色,质地松软细密。树势中庸,枝条开张,早春萌芽时新梢叶片呈红色,以中短果枝结果为主,果枝平均坐果数10.0个,母枝连续结果能力较强,幼树丰产性和抗性均较强,9月中旬成熟,由于结果量较大,树体易衰弱,9月下旬至10月上旬成熟。单果个头最大,成熟时即是软绵绵的,酸度适中,食用时基本不做加工,保存期短。所以,林农在苗木繁育时,根据所在地区,适地适树培育品种。山楂树的优质品种苗木,主要是采用种子育苗、分株育苗、嫁接繁殖育苗等方法繁育的。

(一)引种繁育苗木技术

1. 苗圃地的选择

10月,山楂的育苗地,应选择在中性或微酸性的沙质壤土,土壤肥沃、交通方便、靠近水源、浇灌便利的地方。同时,避开风口的地块,不用重茬地。

2. 苗圃地的整地

10~11月,采取大型拖拉机旋耕土地,深翻30~35 cm,清除杂物,每亩施腐熟农家肥2 500~3 000 kg、硫酸亚铁100~150 kg,然后做畦整平。

3. 种子采收

采种时间在8月中下旬,要选择含仁率高的无病虫害、生长健壮的野生山楂母株,在果实的初色期,即种子由生理成熟转化为形态成熟的时期,进行采种。山楂种子具有坚固的种皮,通常需经过沙藏才能出苗,所以必须采用早采种子,早处理,早沙藏,第二年就播种后种子才能发芽。

4. 种子处理

采集的果实放土地上人工碾压,去肉筛下种子和碎果肉,晾晒1~2天,用清水漂净果肉,或者连同破碎的果肉堆积起来,四周围以草帘,再涂上薄泥密封7~10天,待果肉腐烂后,搓洗淘取种子。随后进行裂壳处理。选择晴朗高温天气,将干净的种子用40 ℃水浸泡24小时后,沥干水分,薄薄地摊在水泥地上,有裂纹时,翻动种子,使之种面暴晒均匀。当种子裂纹度达70%~90%时,即可沙藏处理。种子裂口较少,晚上取下种子,用温水浸泡一夜,第二天早上捞出控干水分。待中午水泥板表面温度高时,再次放上暴晒。如此处理3~5天,选择出干净的种子。

5. 种子沙藏

种子通过沙藏处理才能出芽。在背风向阳、排水良好的地方,挖深45 cm、宽50 cm、长度视种子多少确定的沙藏沟。将暴晒处理的种子,按种、沙体积比为1∶3拌匀,立即填入沙藏沟内。沟底需先铺 10 cm 沙，种层厚度以 30 cm 左右为宜，其上盖沙 8 ~ 10 cm，然后覆盖塑料薄膜，四周培土压边，使之继续增温。当地面开始结冻时，覆盖沙土。以后随气温下降，逐渐加厚土层，使种子处在冰层以下。采种的需求，根据计划播种面积，采购或准备种子。野生山楂果实的出种率为 15% ~ 30%，每 1 kg 种子 5 000 ~ 15 000 粒，每亩用种量为 5 ~ 10 kg，提前准备种子量。

6. 种子大田播种

3 月上旬，土壤解冻，种子露出白尖时，即可播种。采取条播，行距 35 ~ 40 cm。播前土地整畦，畦宽 1 ~ 1. 3 m，每畦播 3 ~ 4 行。开浅沟 2 ~ 3 cm，沟底要平，浇上底水，种子均匀地撒播沟内，点播，也可以分拣出萌芽的种子，按株距 7 ~ 12 cm 点播，然后细土覆盖，并扶一土垄保墒。种子定橛后，推平小垄。播种沟内同时撒施 50% 辛硫磷 100 倍液处理的麸皮毒饵，预防地下害虫。

7. 新生苗木间苗

播种的苗木，在 4 月下旬出芽，幼苗 5 片真叶前，进行定苗。要求株距 8 ~ 12 cm，多余苗移栽出去，缺苗补齐。移栽苗尽量进宿土，并立即浇水。小苗移栽后，根系分枝多，栽植建园成活率高，因此提倡苗床育小苗，4 月间移栽于圃地。架扶苗梢：5 月，山楂苗脆，萌发的接芽极易从砧木上劈裂下来，损失严重。为防止风害，减轻损失，苗梢萌发后，在苗行的两头和中间栽立桩，横拉铁丝或尼龙绳，绑缚苗梢。也可以每一梢立一小杆，既能防止风吹折裂苗梢，又利于苗梢的直立生长。同时，做好中耕除草，疏松土壤，有利砧苗的生长。6 月，同时清除畸形苗、黄化苗。

8. 新生苗木芽接

7 月，山楂接芽当年不易萌发，砧木达到粗度的圃地，7 月间可进行芽接，以缓解立秋后的嫁接量，同时利于接芽的芽内分化，来年生长量大。接穗自健壮的良种树上采剪。剪取后去掉叶片，保留叶柄，绑好标记品种，放置阴凉处保湿处理。运来的接穗不能立即用掉，可用湿沙埋放在背阴处。山楂芽接一般采用普通的“丁”字形法，要求操作快，避免芽体失水，同时要扎紧芽体基部，防止活了芽皮而芽眼干翘，应尽量避开雨天嫁接。3 月，没有秋接的砧木，或未接活的砧，及遭受损坏的接芽。在春分前后，用枝接法嫁接，也可用劈接、切接及皮下接，接后用塑料条包扎即可。

9. 苗木嫁接补接

8 月，立秋前后，是芽接的最佳时间，对春季嫁接没有成活的苗木进行补嫁接，组织人工突击嫁接。14 ~ 15 天后，检查成活状况，并进行找补嫁接。另外，春季苗木粗度不够的，8 月已经加粗生长后，继续完成嫁接。砧木离皮，用“T”字形芽接；砧木不离皮，可用带木质部嵌芽接。前期嫁接的，未成活的要及时补接，已成活的要逐步解除绑绳。

10. 根蘖分株繁殖技术

山楂分蘖苗木能力强，即挖出根蘖可以嫁接，快速成苗，栽于苗圃进行嫁接。扦插繁殖时间为 3 月，即春季选择粗 0. 5 ~ 1. 0 cm 根切成 12 ~ 14 cm 根段，扎成捆，用质量分数 0. 3 ~ 0. 5 cm 粗根段“九二零”浸泡 3 ~ 5 分钟后，以湿沙培放 6 ~ 7 天，斜插于苗圃，灌小水使根和土壤密接，14 ~ 15 天可以萌芽，当年苗高达 50 ~ 60 cm 时，可在 8 月初进行芽接。

11. 野生苗木嫁接繁殖技术

3月的春季、6~7月夏季、9~10月秋季均可进行,用种子繁殖的实生苗或分株苗均可作砧木,采用芽接或枝接,以芽接为主。播种苗高至9~10 cm时间苗,移栽行株距为(50~60)cm×(10~15) cm。结合秋季耕翻施入有机肥,从开花至果实旺盛期可于叶面喷无机肥。定期整形剪枝、耕翻除草、刨去根蘖、培土等。山楂生产存在产量低而不稳的问题,继续嫁接换种。大田已经种植的山楂树,栽植后品种不好的或是不结果实生苗,或果小质差的劣种山楂树,只有在结果后才分得清楚,可以在3月中旬进行多头高接换种嫁接,比重新栽植结果早、见效快。

12. 根蘖归圃育苗技术

10月,利用山楂大树下的水平根萌发的根蘖,刨出来,剔除根龄大、无细根的疙瘩老苗,选用一、二年生根上发出的蘖苗,移于圃内培养。按株距12~15 cm、行距35~40 cm栽植。栽后齐地面平茬,并扶垄保护越冬。

13. 埋根或插根育苗技术

9~10月,秋天刨出小指状的1~2年生根,剪成长15~18 cm的根段,按株距10~12 cm、行距40~45 cm的规格,插入畦内,顶端与地面平。浇上足水,表土干后划锄呈小垄状,保墒越冬,提早成苗。

14. 肥水管理

一是土壤深翻熟化,是增产技术中的基本措施,进行深翻熟化,可以改良土壤,增加土壤的通透性,促进树体生长,在苗木生长期,注意松土锄地。二是施基肥,可以补充树体营养,基肥以有机肥为主,每亩开沟施有机肥3 000~4 000 kg,加施尿素15~20 kg、过磷酸钙40~50 kg。追肥,1年追2~3次肥,第2年在3月中旬树液开始流动时,每株追施尿素0.50~1 kg,以补充树体生长所需的营养,为提高苗木健壮生长打好基础。三是浇水,1年浇3~4次水,春季有灌水条件的在追肥后浇1次水,以促进肥料的吸收利用。花后结合追肥浇水,以提高苗木增粗健壮,以利树体安全越冬。

15. 新生苗木出圃

11~12月,苗木一般不立即栽植或调走,可留于圃内过冬。需要出圃时,提前5~7天浇一次透水,远离苗茎深刨宽刨,避免大根劈裂。分级后,50株一捆,标明品种,立即送园栽植。苗木外运时,根系要蘸泥浆,并用蒲包或草袋包好,保湿成活。

(二)主要病虫害的发生与防治技术

1. 主要虫害的发生与防治

(1)主要虫害的发生。山楂主要害虫有桃小食心虫、红蜘蛛、蚜虫、舟形毛虫、鼻虫、地甲虫,金龟子、刺蛾等,它们在苗木生长期,一年多代,大量集中危害,或交替危害叶片、枝梢、果实等,严重影响树势生长或果实质量,甚至造成绝收。蚜虫危害幼嫩的苗梢易受害,被害梢叶片卷缩,茎节间短。

(2)主要虫害的防治。2月下旬,幼虫活动时,先刮除枝干疤痕有虫粪的地方的老皮,然后纵刻树皮,涂上敌敌畏煤油液,涂后用塑料布包扎,杀死干中幼虫。4~8月,苗木生长期,预防为主,积极防控为辅。幼苗出土后,极易遭受象鼻虫、地甲虫、金龟子的啃食咬断,防治不及时,会绝苗。4月,圃内撒施用地瓜丝、萝卜丝、青菜叶等物,浸上50倍80%敌百虫水合成的毒饵,隔 8~10 天,再投放一次,基本可控制为害。喷药治虫,6 月上旬,喷布灭幼脲 3 号 1 500~2 000 倍液或 40%吡虫啉 1 200 倍液,消灭叶面红蜘蛛及其他害虫。5 月下旬至 6 月上旬,果园降雨或浇水后,桃小食心虫即开始出土,可用 50%氯氰菊酯 1 000~1 200 倍液,喷布树下的地面、树干、树上等处,可兼治其他害虫。6 月中下旬,树上查找桃小食心虫产卵情况,若卵的密度上升,立即突击喷布 50%辛硫磷乳剂 1 000 倍液,或敌杀死 2 000 倍液。7 月,进入暑季,高温多湿,杂草生长快,要及时予以清除。食叶的刺蛾、毛虫发生后,喷布 80%敌敌畏 1 500 倍液。大雨之后,立即打通浇水用的畦埂,排水。7 月,高温期红蜘蛛、蚜虫繁殖加快;红蜘蛛、蚜虫,以及各种食芽啃蕾的金龟甲类、象甲类及食叶类的刺蛾、毛虫开始为害,可于 7 月上中旬,或 7 月下旬至 8 月上旬和 8 月中下旬分别喷布溴氰菊酯 1 500 倍液、敌杀死 2 000 倍液或 2 500 倍灭扫利。或可减少用药,舟形毛虫发生时,利用幼虫前期群集的特点,人工捕杀。8 月中下旬,于树干上绑草把,诱杀害虫。在 5 月上旬至 6 月上旬,喷布 2 500 倍灭扫利防治红蜘蛛和桃蛀螟。可喷布 50%敌敌畏乳剂 1 500 倍液或吡虫啉 2 000 倍液防治蚜虫。

2. 主要虫害的发生与防治

(1) 主要病害的发生。山楂主要病害有白粉病、花腐病,立枯病、轮纹病。危害叶片、枝干等部位,造成枝叶早期落叶、树势衰弱,幼苗不能生长或造成死亡,影响巨大。

(2) 主要病害的防治。3 月中旬,喷布 5 波美度石硫合剂,防治白粉病、红蜘蛛等病虫。4 月上旬,芽眼萌发开绽后,立即喷布 0.5 波美度石硫合剂+1 500 倍中性洗衣粉。4 月下旬,花前喷布 0.1 波美度石硫合剂加百菌清 1 500 倍液,对嫁接芽梢的防治,可喷布多菌灵 1 500 倍液,或 40%甲基托布津 1 400~1 500 倍液。检查枝干、根部病害。9 月间,在易发生根部病害的园片,扒土检查根部受害状况,对已表现出生长衰弱、叶形变小或叶色褪绿的植株,应及时防治。发生烂根后,先切除病部,晾晒 5~7 天,然后进行根部灌药并更换新土。常用药剂有 1%硫酸铜、100 倍福美砷、70%甲基托布津 1 000 倍液,或 50%退菌特 800 倍液,用药量还要适当加大。防治立枯病,4 月,发现病株,及时清除,然后用 1%的硫酸亚铁灌根。用药量以充分湿润土壤、浸湿幼苗根部为度。每 1 m^2 一般需药液 2~3 kg。此外,也可用 70%甲基托布津 1 000 倍液,或 50%敌克松 500 倍液处理。6~7 月气温升高,白粉病逐渐加重为害。嫩梢、幼芽受害后初期发生褪色或粉红色的病斑,病叶受害后,正、反两面均布白粉,白粉层较厚,呈绒毯状。幼苗被害大量死亡,新梢受害生长瘦弱,节间缩短,叶片小,扭曲纵卷,是苗木的重大病害。防治白粉病必须连续用药 2~3 次,才能收到满意的效果。可每隔 8~10 天施用 0.3 波美度石硫合剂或 20%粉锈灵 2 000~3 000 倍液,或 50%托布津 800~1 000 倍液,可交替用药,以减轻病菌的抗性。防治轮纹病,在谢花后 1 周喷 80%多菌灵 800 倍液,以后在 6~7 月中旬、7 月下旬、8 月上中旬各喷 1 次杀菌剂。对白粉病发病较重的山楂园,在发芽前喷 1 次 5 波美度石硫合剂,花蕾期、6 月各喷 1 次 50%可湿性多菌灵或 50%可湿性托布津 600 倍液。11~12 月,清理枯枝,防病虫。结合果树的修剪,剪除树上的死枝,死树,远离果园,并立即烧毁。消灭导致山楂死树的主要害虫金缘吉丁虫,树干进行细致的刮皮,深度以见到时隐时现的鲜皮为度,消灭外皮层的小幼虫。特别是大枝锯口、主干伤口处,是害虫最易潜伏或潜入的地方,要仔细查找刮除。

五、山楂的作用与价值

(1)食用价值。山楂果实可以鲜食,果实中含有大量的铁、钙等元素,尤其是钙的含量高,500 g 果实中含钙 42 g,居各种果品之冠,可供人们生食补钙,同时还具有增进食欲的功效。果实可加工成山楂片、山楂酱、山楂糕、山楂罐头、蜜饯和糖葫芦,还可制汁和作酒。山楂果实还是重要的医药用品,有 50 多种中药需要山楂作原料,可以治疗高血压、冠心病,降低胆固醇,并有散瘀、化痰、解毒止血等效能。

(2)观赏价值。山楂树生长适应能力强,抗洪涝能力超强。树冠整齐,枝叶繁茂,容易栽培,病虫害少,花果鲜美可爱,在园林绿化、城乡建设中很受人们欢迎,是田旁、宅园、公园绿化的良好观赏树种和"四旁"绿化树种。

117　柿　树

柿树,学名:*Diospyros kaki* Linn. f. ,柿树科柿属,又名柿子、柿、山柿、野柿等,落叶乔木。中原地区优良乡土树种。柿树是中国木本粮食树种之一。

一、形态特征

柿树,落叶乔木,高 13~15 m,胸高直径达 65 cm,枝繁叶大,树冠开张,展盖如伞,呈圆头形或钝圆锥形树干灰褐色,老树主干周围所生之骨干枝长多弯曲,先端下垂挺直,姿态各异。树皮深灰色至灰黑色,或者黄灰褐色至褐色,沟纹较密,裂成长方块状;树冠球形或长圆球形,老树冠直径达 10~13 m。枝开展,带绿色至褐色,无毛,散生纵裂的长圆形或狭长圆形皮孔;嫩枝初时有棱,特征是有棕色柔毛或茸毛或无毛。冬芽小,卵形,长 2~3 mm。叶纸质,卵状椭圆形至倒卵形或近圆形,通常较大,长 5~18 cm、宽 2. 8~9 cm,基新叶疏生柔毛,老叶上面有光泽,深绿色,无毛,下面绿色,有柔毛或无毛,中脉在上面,嫩时绿色,后变黄色,橙黄色。果肉较脆硬,老熟时果肉变成柔软多汁,呈橙红色或大红色等,果有球形、扁球形、球形而略呈方形、卵形等,直径 3. 5~8. 5 cm,有种子数颗;种子褐色,椭圆状,长约 2 cm,宽约 1 cm,侧扁,果柄粗壮,长 6~12 cm。花期 5~6 月,果期 9~10 月。

二、生长习性

柿树为阳性树,喜光,喜温暖、耐寒,喜湿润、耐干旱,适应性强,对土壤要求不严,微酸性、微碱性、中性土壤均可栽培。而以土层深厚、排水良好、富含有机质的壤土或黏壤土最适宜,但不喜沙质土。生长快,寿命长,产量高,耐瘠薄,根系较深,对土壤要求不严格。pH 值在 4. 5~8. 6 的范围内,都能生长结果。无论在深山、浅山还是丘陵、平原都有栽培,零星栽植和成片生产都极普遍。柿树冠形开张,叶幅广大、光洁,入秋后,叶色转红,与鲜丽悦目的秋果相互衬托,具有良好的景观美化效益。

三、主要分布

柿树,中国原产,分布很广,除少数极寒冷区外,绝对温度在 20 ℃以上的地区都有分布。主要分布于河南、河北、山东、山西、陕西5省,栽培面积最广,产量最多,约占全国总产量的70%~80%。柿树喜温暖多湿、阳光充分之地,相当耐寒,能耐-20 ℃的暂时低温,故北方各省栽培最盛。同时,有较高的抗旱力。其根系强大,吸水、吸肥性能均强,对土壤适应性强,一般土壤均能栽培。如果想让柿树早结果,选择砾质黏土或壤土,心土为排水良好的沙砾土者,或表土含沙砾较多,而心土为黏板岩者为最佳。甜柿喜温暖,耐寒力不如涩柿。其抗二氧化硫性能虽强,但遇氯气及氯化氢危害,则抗性较弱。柿果味甜,营养丰富,既可生食,又可加工成柿饼、柿干、柿醋和柿酒。柿干、柿饼耐储放,含糖量高,可以代粮充饥,因此柿树是中国木本粮食树种之一。中原地区主要分布于平顶山、南阳、驻马店、信阳、郑州、开封、周口、商丘、漯河、济源、安阳、新乡、洛阳、三门峡、焦作、周口等地。

四、引种繁育与造林绿化

柿树优良品种很多,按照果实能否自然脱涩而分为涩柿和甜柿两类。甜柿果实在树上能够自然脱涩,采收之后即可食用。如湖北省罗田县的甜柿和日本的"富有"柿属于这一类。而我国各地绝大多数柿的品种属于涩柿类。采收之后,须经人工脱涩后,方可食用。河北、河南、山东、山西的大磨盘柿,陕西临潼的火晶柿,以及镜面柿、莲花柿、雁过红、牛心柿等。品种名称多是按果形、颜色、风味和成熟期来称呼的,所以有同名异物和同物异名的现象存在。其优质苗木繁育主要是采取种子繁育,然后嫁接培育而成。

(一)引种繁育苗木技术

1.苗圃地的选择

柿树要求的苗茎较高,方便嫁接品种,所以苗圃地宜选择土壤深厚、肥沃的土壤;以地下水位在1 m以下、能灌能排的壤土为宜,避免用低洼、碱、黏地块和重茬圃地的地方。

2.苗圃地的整地

9~10月,对选择作苗圃地的土地,每亩施入优质腐熟的农家肥3 000~5 000 kg,采用大型拖拉机旋耕深翻土地,耕翻30~35 cm,而后整平。地块较大不易整平时,可分段整畦,便于平整,做好备播。

3.种子采种

柿树繁育苗木的种子主要是选择野柿子种、油柿的种子等,河南主要是用君迁子,即称"黑枣"或"软枣"。9~10月,君迁子种子变为褐色,表明成熟后,即可人工采收种子。

4.种子沙藏

为了第二年繁育苗木,出芽率高,整齐一致,采收的种子必须沙藏处理。即采下果实,进行堆沤,果肉腐烂后,冲洗干净,晾干。君迁子的出种率为13%~15%,每1 kg种子约1 000粒,每亩用种量为5~10 kg。按照苗圃地面积准备种子。种子沙藏,11~12月,君迁子的后熟期为90天左右。大雪前,用3~5倍体积的湿沙与种子拌匀,入储藏沟或木箱内沙藏,保持湿度进行冬季储放。每20天检查储放种子的沙子含水量降低后,可适当加水,充分搅拌后,继续冬藏。水分含量大时,要取出透风降湿后,再入沟藏。另外,秋播的种子,即直播种子,种子在圃地内完成后熟后,发芽出苗。播种采取条播,只是播种后,要在播种的种子上覆盖3~4 cm的细土垄,防治冬季冻伤种子即保护种子,以保持播种处的湿度稳定。第二年春天种子萌芽时,提前推平扶垄,减薄覆盖的土层,以利幼苗出土。

5. 大田播种

3月上旬,取出储藏的种子,如果种子未发芽,可先行催芽,待种子裂嘴微露白尖时播种。播种前先做出宽1~1.3 m、长20~30 m的育苗畦,按行距40~50 cm开播种沟,沟内浇足底墒水,待水渗下后条播或点播,覆土2~3 cm。若覆盖地膜,出苗早而整齐。

6. 幼苗管理

播种后的苗木,在4月中下旬出芽,幼苗生长高3~5 cm时进行定苗。要求株距8~12 cm,多余苗移栽出去,缺苗补齐。干旱时立即浇水。5~8月,苗木进入生长期,加强肥水管理,苗木可以采用复合肥水喷布叶片施肥,每亩每次喷布5~8 kg复合肥水,每15~20天喷布一次,连续喷布3~4次,提高苗木的肥力,促进苗木增粗健壮生长,早日达到苗木60~100 cm,就可以嫁接培育良种苗木。

7. 苗木嫁接

一是品种种条接穗的采穗准备。结合冬季修剪,从优良的品种母株上,剪取粗0.3~0.5 cm的当年生枝条,以发育枝为好。每50~100根捆扎成一捆,储放于背阴处提早挖好的储沟内,混以湿沙充填好,以备嫁接。二是种条接穗储放与检查储放,防止种条冻害或失水或积于雪水等。早春2月间检查苗木根部,发现有霉变的根系,要清除覆盖物,根部喷布1波美度石硫合剂保护种条。三是嫁接。4月上旬,采取枝接,柿树含单宁多,嫁接困难。枝接应在砧木树液流动而接穗处于休眠状态时进行。4月上旬,柿树萌芽似鸦雀口状时,取出储放于背阴处的接穗,用利刀快速进行嫁接。动作要迅速,以缩短伤面与空气的接触时间,减少单宁酸铁的生成。5月下旬至6月上旬采取芽接。树液流动缓慢期,是柿树芽接成活率比较高的时候,接穗用储藏未发芽条或用树上未萌发的潜伏芽,其方法为大芽片的方块芽接。或9月芽接,晚秋季节,是柿树芽接的第二个好时机,要提前进行浇水,避免砧苗过早停长而不离皮。剪取当年生枝充实的腋芽,除叶片、留叶柄,可采"T"形芽接或方块芽接。接芽片状一定要大些,操作要快。用塑料条或尼龙绳包严扎紧即可。

8. 嫁接苗木管护

一是除蘖、护梢。5~6月,二年生的嫁接苗,除掉砧蘖,需进行2~3次,以保证嫁接的苗梢生长。苗梢长到30 cm左右,立柱支架绑缚苗梢,避免大风吹折。二是整形。嫁接后的苗木在圃内苗木整形。7~8月,对生长旺盛的嫁接苗,于苗高1 m处强摘心,可促发二次枝,在圃内进行定枝整形。处理时间不要晚于7月中旬。过晚于立秋前后要轻摘心,目的是防止苗梢加长生长,充实苗茎。三是浇水追肥。4月,发芽前追施速效氮肥,有利接芽的萌发和生长,提高苗木质量。每亩追施磷酸二铵30 kg,或尿素40 kg。5月,萌芽后20~30天,结果树春梢停止生长,也正是花前期,追施速效氮肥,提高花期营养水平,有利开花授粉,明显提高坐果率。成龄园每亩施硫酸铵30~40 kg,或碳酸氢铵50 kg。幼树每株施尿素0.3~0.4 kg。施肥后浇水,以利充分发挥肥效,可避免因缺水花果凋萎脱落。四是除草管理。7月,苗木圃地普遍进行第二次追肥。仍以氮肥为主,配合磷钾肥。用量为每亩用磷酸二铵15 kg+尿素15 kg混合施入,或果树专用复合肥20 kg+尿素10 kg混合追施。同时,进行多次的中耕除草。大雨之后要及时排水防涝。五是苗木摘心充实苗茎。9月,白露前,苗木的摘心程度以处理到较高的成熟度部位。要控制晚秋生长。根外喷布1~2次0.5%尿素+50 mg/L赤霉素,提高叶片功能。同时,浇封冻水。11~12月,对于留于圃内的苗木,先将残枝落叶清出园地,然后普遍浇灌封冻水,提高苗木抗寒抗旱越冬能力。

9. 苗木出圃

进入11~12月,需要苗木销售的,当苗木需要外运,苗木出圃时,应该在封冻前,即气温10 ℃左右刨出苗木,分级,标明品种,20~50株一小捆,立即运走或假植储放。气温低的时候不能随便起苗木,防治冻害。

(二)主要病虫害的发生与防治技术

1. 主要虫害的发生与防治

(1)主要虫害的发生。柿树主要虫害,一是柿蒂虫,又名柿实蛾,是柿树主要害虫之一。1年发生2代,以成熟幼虫在粗皮缝隙和根颈结茧越冬,第二年4月中下旬化蛹,5月上旬羽化,中旬进入羽化盛期,6月至7月初第一代幼虫危害幼果;7月中下旬是第一代成虫羽化盛期,8月初到9月第二代幼虫开始危害。二是柿绵蚧,又名柿毛毡蚧。以若虫和雌成虫危害果实和新梢,影响柿子的产量和品质。1年发生3~4代,在3~4年生枝的皮层裂缝或树干的粗皮缝隙、干柿蒂上越冬。第二年4月中下旬离开越冬场所爬到嫩芽、新梢、叶柄、叶背等处吸食汁液,以后在柿蒂和果实表面固着为害。一年中各代若虫出现盛期分别为:第一代6月上中旬,第二代7月中旬,第三代8月中旬,第四代9月中下旬。各代发生不整齐,互相交错,但基本上是每月发生一代,前二代主要危害叶及1~2年生小枝,后二代主要危害柿果。三是草履蚧,又名草鞋介壳虫。是杂食性害虫,可为害柿、苹果、梨、板栗等果树,以及杨树等多种林木。被害树发芽推迟,树势衰弱,枝梢枯萎,严重时甚至死亡。1年发生1代,以卵在树根附近的土缝中成堆越冬,在3月上中旬大量上树,以4月集中危害严重。4月下旬爬到粗皮缝、柿洞、根部土缝中产卵,5月底至6月初产卵完即死。以卵越夏和越冬。四是柿毛虫,4月中旬柿萌芽展叶后,为害幼芽、嫩叶的柿毛虫开始孵化,初孵化的幼虫有群集习性,二龄后分散为害,白天潜伏树下石缝等处隐蔽,傍晚爬到树上为害,自6月开始结茧化蛹,在树干裂缝或石缝内产卵越冬。

(2)主要虫害的防治。一是柿蒂虫的防治,主要采取冬季刮树皮,11~12月,冬季刮除枝干上的老粗皮,消灭越冬幼虫。要求把树干、主枝及分权处的粗皮刮净,一次刮彻底,可以数年不刮。柿树生长期摘虫果,在幼虫危害期,将被害果实连同柿蒂一起摘下,集中处理。第二代危害时,果已接近成熟,摘下的虫果可以加工利用。摘虫果要及时、彻底,每年连摘2~3次;成虫危害期喷布药剂防治,成虫发生盛期喷布40%吡虫啉1 000倍液,或90%敌百虫、50%敌敌畏各1 000倍液喷雾,连续喷布防治1~2次,可收到良好的效果。柿蒂虫在湿度较高的地方,树皮下结茧的幼虫可被白僵菌寄生,注意保护自然灭杀。二是柿绵蚧的防治,柿绵蚧越冬期防治,3月上旬,早春柿树发芽前,喷布一次5波美度石硫合剂,防治越冬若虫。3月下旬,出蛰期防治,使用40氯氰菊酯1 500倍液或50%敌敌畏1 000倍液周密喷布在柿树周围,效果良好。三是草履蚧的防治,即树干涂粘虫拦虫虎药物,若虫开始上树前,在离地面50~100 cm的树干上涂抹一圈2~3 cm宽的粘虫拦虫虎,应注意保持拦虫虎的黏度。发生期进行药剂防治,如若虫已上树,可于3月下旬喷布50%溴氰菊酯或40%敌敌畏800~1 000倍液防治。四是柿毛虫的防治,根据其生活习性,除在休眠期搜集越冬卵块消灭外,自4月下旬开始,利用幼虫白天下树潜伏的习性,在树下堆石块诱集幼虫,白天捕杀。在离地 30 cm 的树干上,消除一环老皮,涂上用 50%辛硫磷 250 倍液与纤维素混合制成的药环,杀死上下树的柿毛虫。柿星尺蠖活动较柿毛虫晚些,防治方法同上。4 月下旬,树上喷布苦参碱 1 200~1 500 倍液,或 20%杀灭菊酯乳剂 2 000~3 000 倍液,可以防治柿毛虫、柿小浮尖子和介壳虫。综合防治,5 月,苗圃地普遍喷布一遍氯氰菊酯 1 500 倍液或吡虫啉 1 300 倍液,也可防治其他各种害虫。柿果害虫,最主要的是柿蒂虫和桃蛀螟。柿蒂虫 1 年 2 代。第 1 代幼虫 6~7 月间发生,第 2 代幼虫 7 月中间后发生至柿果系收之前。幼虫自果梗与果蒂间的缝隙处蛀入,吐丝缠住果柄与果蒂,虫粪排在果内。前期被害果变黑或变黄,后期危害果成为“烘柿”。及时喷药,7~8 月是高温多湿季节,病虫害盛发期。危害苗木的刺蛾、毛虫先后出现后,可喷布敌敌畏 1 500 倍液防治。8 月,第二、三代柿绵蚧危害严重,如前期防治不力,虫口密度增大,被害果早期“烘熟”脱落,这时也是刺蛾、毛虫大发生期,除使用以上介绍的药剂外,要注意相互兼治,减少喷药次数,可喷布 40%氯氰菊酯 1 500 倍液,或 2.5%溴氰菊酯 3 000 倍液,或吡虫啉 1 500 倍液即可。

2. 主要病害的发生与防治

(1)主要病害的发生。柿树主要病害,一是柿炭疽病,此病主要危害柿果和新梢。病菌主要以菌丝潜伏在病枝或病果内越冬。每年的 6 月下旬开始发病,7~8 月为发病盛期,一直危害到 9~10 月间。二是柿角斑病,该病是柿树上的主要病害之一。病菌以菌丝在病叶、病蒂上过冬。第二年 6~7 月间形成分生孢子进行侵染。在 7~8 月多雨季节发病严重。此病造成早期落叶和落果,并能使树势衰弱,易受冻害,导致柿疯病的发生。三是柿圆斑病,该病也是柿树的主要病害之一。主要造成早期落叶,果实早期变红变软,此病以未成熟的子囊壳在病叶中越冬。第二年 6 月子囊壳成熟,子囊孢子飞散,随风传播,由叶片的气孔侵入,一般 9 月初发病,10 月中旬以后停止。6~7 月进入夏季,气温高、多雨季节柿圆斑病可提早发病,注意预防。

(2)主要病害的防治。柿树主要病害的防治,一是柿炭疽病的防治,3 月上旬,发芽前剪除树体上的病枝、干果,集中烧毁,同时,早春发芽前喷布一次 5 波美度石硫合剂。6~7 月,夏季开始发病时,喷波尔多液 400~500 倍液,7~8 月,再喷 2~3 次。或用 65%代森锌 800 倍液喷布叶片。二是柿角斑病的防治,夏季,在 7~8 月喷 2~3 次波尔多液 400~700 倍液,叶背面也要喷布均匀。9 月上旬,秋季清扫落叶,并彻底去除在树上的病蒂。三是柿圆斑病的防治,6 月上中旬在子囊孢子飞散之前,喷布波尔多液 400~800 倍液,隔 18~20 天再喷一次,效果较好。4 月上旬,喷布 3~5 波美度石硫合剂 900 倍液,防治越冬代初龄幼虫等。

五、柿树的作用与价值

(1)食用价值。柿树果味甜,营养丰富,既可生食,又可加工成柿饼、柿干、柿醋和柿酒。柿干、柿饼耐储放,含糖量高,可以代粮充饥,因此柿树也是木本粮食树种之一。我国柿饼驰名中外,很受欢迎。柿霜可入药。

(2)用材价值。柿树木材细腻,色泽米黄色,有芳香气味,可加工成各种用品,很受人们喜爱。

(3)景观作用。柿树原产于我国,在《诗经》《尔雅》中即有记载,栽培历史达 3 000 年以上。柿树作为观赏树木栽植在宫殿、寺院内,由庭院栽培转向大面积生产。河南省舞钢市林业局古树名木调查发现,舞钢市尚店镇有 200 年以上的古柿树 5 棵以上,枝繁叶茂、果实累累。舞钢市现在百年以上的柿树屡见不鲜,可见柿树的栽培历史悠久。柿树树形优美,果色由青色转为黄色,熟时呈红色,果色红艳、红叶如醉,丹实似火。在城乡绿化、村庄地头、庭前种植应用广泛,具有良好的观赏价值和景观作用。

118　李　树

李树,学名:*Prunus salicina* Lindl.,蔷薇科李属,又名嘉庆子、玉皇李、山李子,落叶乔小木,中原地区优良乡土野生树种。

一、形态特征

李树,落叶小乔木,高 8~13 m;树冠圆形,树皮灰褐色,起伏不平;老枝紫褐色或红褐色,无毛;小枝黄红色,无毛;冬芽卵圆形,红紫色,有数枚覆瓦状排列鳞片,通常无毛,稀鳞片边缘有极稀疏毛。叶片长圆倒卵形、长椭圆形,稀长圆卵形,长 6~12 cm、宽 3~4.5 cm,边缘有圆钝重锯齿,上面深绿色,有光泽,叶柄长 1~1.2 cm,通常无毛;花通常 3 朵并生;花梗 1~2 cm,通常无毛;花直径 1.5~2.3 cm;花瓣白色,长圆倒卵形;核果球形、卵球形或近圆锥形,直径 3.5~4.5 cm,栽培品种可达 6~7 cm,黄色或红色,有时为绿色或紫色,梗凹陷入,顶端微尖,基部有纵沟,外被蜡粉;核卵圆形或长圆形,有皱纹。花期 4 月,果期 7~8 月。

二、生长习性

李树喜光,耐寒、耐瘠薄,适应性强,对土壤只要土层较深,有一定的肥力,不论何种土质都可以栽种。对空气和土壤湿度要求较高,极不耐积水,果园排水不良,常致使烂根、生长不良或易发生各种病害。宜选择土质疏松、土壤透气和排水良好、土层深及地下水位较低的地方建园。李树虽然对气候的适应性较强,耐寒又耐热,但花期易受晚霜的为害,开花期遇到多雨或多雾的天气,则妨碍授粉,影响坐果。根据李树的花有退化现象和自授粉坐果低的特点,栽植时,应配备授粉品种。李的适应性很强,我国大部分地区都有分布,是温带果树中适应性较强的一种。它对土壤要求不严,管理比较粗放,花芽容易形成,结果早,比较丰产。一般的山坡、沟旁、地边均可栽植。

三、主要分布

李树主要分布于河南、辽宁、吉林、陕西、甘肃、山东、四川、云南、贵州、湖南、湖北、江苏、浙江、江西、福建、广东、广西和台湾。山区野生在山坡灌丛中、山谷疏林中或水边、沟底、路旁等处。海拔 400~2 500 m。中国各省均有栽培,为重要温带果树之一。中原地区主要分布于平顶山、南阳、驻马店、信阳、郑州、开封、周口、商丘、漯河、济源、安阳、新乡、洛阳、三门峡、焦作、周口等地。李树在我国有极悠久的历史,大约 3 000 年前即有栽培,与杏、梅相同,都是我国栽培最古老的果树。

四、引种繁育与造林绿化

李树优良苗木繁育常用砧木有毛桃、中国李培育实生苗木,然后嫁接。毛桃作砧木亲和力强,生长快,结果早,耐旱,果大味甜,但不耐湿,易发生根癌病、流胶病,树势早衰、寿命短;中国李苗木培育出的砧适于湿润地区,嫁接成活率高,寿命长,喜欢肥沃的土地,产量亦高,但果实不及桃砧大。李的栽培品种很多,各地都有当地的主要品种,如辽宁省盖县的大李子,新疆的奎冠李,北京的大红李、小核李,山东沂源的帅李,济南的红肉李,曲阜的大灰李。李树优良苗木繁育,选择优质品种,适宜当地的品种为佳。

(一)引种繁育苗木技术

1. 苗圃地的选择

苗圃地要选择在土地肥沃、土壤深厚的沙壤土;以地下水位在 1 m 以下,避免用低洼、碱、黏地块和重茬圃地。土壤板结,已育过桃、杏等苗的重茬地块,都不应选作育苗地。应当选择土壤疏松、具有一定的肥力、排水良好、灌溉方便、背风向阳的地块作为育苗地。

2. 苗圃地的整地

圃地采取大型拖拉机旋耕,耕深 30~35 cm,除去杂物,每亩施入腐熟农家肥 3 000~5 000 kg。地下害虫多的地块,同时施入 30%呋喃丹颗粒剂 2. 5~3 kg。然后,精耕细作、整平地面,做畦备播。

3. 种子采种

李树苗木繁育选择采种,一般选择山杏为繁育种子,在 6 月间成熟,鲜果出种率为 10%~30%,每千克种子 900~2 000 粒,每亩用量为 25~50 kg。或选择山桃种子,在 7 月间成熟,鲜果出种率为 25%~35%,每 1 千克种子 250~600 粒,每亩用种量为 20~35 kg。采下鲜果沤烂洗净,可装布袋悬挂放干,待大雪前后取下沙藏。

山杏、山桃的种子,采后破壳催芽,立即播种,当年可获得砧苗,晚秋即可嫁接。但操作麻烦,发芽率低,很少采用。李树苗木繁育还是选择春播为好,出芽率高,整齐一致。

4. 种子储藏

12 月,采种后的山杏、山桃的种子需要冬藏的天数在 60 天左右。大雪前后,取下种子用水浸泡一天一夜,然后用 10 倍的湿沙与种子搅拌,种子量少可装入木箱内。花盆内置于闲层内储放。大量的种子可在高燥处挖储藏沟储放。

5. 储种检查

储藏的种子,检查沙子的干湿状况,沙子过干,不利于完成后熟作用;沙子过湿,则种子通气不良。沙子湿度以含水量在 10%~15%,用手握之成团,不滴水为宜。温度在 0~7 ℃,靠增减覆土厚度来调节。2 月,上下翻动种子,以利发芽整齐。

6. 大田播种

3 月,土壤化冻后,取出种子检查发芽状况。种壳不开裂、芽眼不萌动的种子,连同冬藏时的沙子一起,置于向阳处催芽。催芽的方法可用倾斜的塑料棚,也可以直接用地膜包裹置于向阳处,白天太阳晒暖,晚上覆物保温。7~8 天,即分裂核的种子,分批点播种子。未进行冬藏的种子,必须进行破壳处理。可用羊角锤敲破种壳取种仁,浸种后催芽,也可以采用物理破壳法,即在春播前 30 天,用 40 ℃的水浸种 5 分钟,充分搅拌,待水自然降温后,放清水中浸几次,即可有部分裂壳,然后种子摊放在暖床上,温度保持 18~25 ℃,种子上覆湿麻袋进行催芽。

7. 大田定苗

5 月间,幼苗已长到 4~5 片真叶以上,可进行间苗、补苗、定苗的圃地管理。补苗可于阴天或傍晚进行,带土移栽,缩短缓苗期,栽后立即浇水。6~8 月,注意加强肥水管理,促进苗木快速生长,达到 10 月,落叶时期,苗木生长高 60~100 cm,地径 0.5~1 cm,为第二年嫁接创造合格苗木条件。

8. 苗木嫁接

一是劈接法嫁接,3 月中旬末,剪取直径 1.5~2 cm 的二年生枝段,剪除发育枝,保留花枝,用劈接法高接于李树的中上部枝段上,每株少接 3~5 个授粉枝段。用蜡封接穗断面,绑严接口。接穗成活后即可散发花粉,起到授粉的作用。二是枝接方法。3 月下旬,对圃地内的漏接或未接砧木,进行劈接。砧木离皮之后也可以进行皮下接。接后立即绑好,用湿泥封严接口,并用湿润细土培成土堆保护接口和接穗,覆土厚度以超过接穗上芽 3 cm 左右为宜。三是芽接方法。8~9 月,立秋后,即可芽接。一般采用"T"字形芽接法。李树的芽有花芽和叶芽之分,叶芽瘦小些、较尖,花芽较大。千万不要接上花芽。接穗最好现采现用,运来的接穗要放湿沙中保存好,一般应在 3 天之内突击用完。嫁接后 15~20 天,检查叶柄一触自落者,说明已成活。不成活的进行补接。砧木干旱,不易离皮,应进行浇水即可。

9. 苗木嫁接后管理

一是抹芽除萌。为保证嫁接苗梢的旺盛生长,4 月中下旬,砧木上萌发的萌蘖应及时清除,同时喷药保护萌发的接芽新梢。二是嫁接苗梢长到 30 cm 时,设立支架,防止风折断新梢。3 月嫁接的苗木,及时解除绑缚物,促进成活进入快速生长。三是摘心管理。8~9 月,立秋后,对苗木顶端进行摘心,促使苗茎粗壮、芽眼饱满。同时对中下部萌发的三次枝,或疏除,或摘心处理,对上部部位得当的分枝,则宜保留圃内整形。四是苗木平茬管理。11 月,嫁接成活后的芽接苗,可在 11 月平茬,然后培土垄保护接芽,培土护芽的目的是防止冻害,不进行剪砧处理,明年春天后再去土剪砧即可,确保苗木安全越冬。

10. 嫁接苗木第二年的管理

一是 2 月底土壤解冻之后,立即进行苗圃地春耕或春刨等土壤松土管理措施。可先撒施基肥,然后春耕春刨掩埋,有利保养水分,提高土壤透气性,可促使李树苗木根系发育。春耕春刨必须在 3 月中旬前结束,过晚不利保墒。二是 4 月上旬,结合浇花前水,每亩施入尿素 25~30 kg,以提高苗木营养水平。三是追肥浇水,小幼苗每亩,追施尿素 7~10 kg,嫁接苗每亩追尿素 15~20 kg。追肥后,浇水,人工锄地松土。四是秋季施肥,8~9 月,李树苗木进入快速生长期后,及时补追速效肥料,有利树势健壮。旺长苗木不宜多施肥或少施,弱树要多施,也不能太多,烧伤根。

11. 除草追肥

夏季草生长快,应及时清除。高温季节,是年中苗木生长最快的时候,可分别于 6 月中旬、7 月中旬追施速效化肥。每亩用碳铵 50~60 kg,尿素 20 kg、磷酸二铵 25 kg。

12. 施入基肥

10 月，落叶期，养分回流根部，是苗木根系的发生高峰期。此时施肥，断根易于恢复。基肥要求深施于 35~40 cm 处，干旱年份，施肥后及时灌水。

13. 浇封冻水

11 月，对所有的圃内苗，于小雪前普遍浇灌封冻水。水量不宜过大，浇后必须当天能浸入地里，地面不可持明水过夜。

14. 苗木出圃

11 月，落叶后，苗木可以出圃，随栽随出圃较好。为了圃地倒茬或远运栽植，在封冻前刨出苗木，进行分级，并标明品种，调运或假植不合格的苗归圃集中再培育。合格苗的标准是：根系完整良好，除具有较完整的 3~4 条侧根外，还要有较多的须根，基干粗壮、发育充实，嫁接处以上 10 cm 处粗达 0.7 cm 以上，整形带处芽子饱满，无检疫对象。

（二）主要病虫害的发生与防治技术

1. 主要虫害的发生与防治

（1）主要虫害的发生。李树主要虫害有叶蝉、毛虫、金龟子、红蜘蛛、卷叶虫、刺蛾等，它们主要危害叶片，致使受害叶片千疮百孔、叶片全无，造成苗木树势衰弱，影响苗木生长，当年不能成为合格苗木。

（2）主要虫害的防治。一是 1~2 月防治，进行树体保护的各项工作。如刮除老树皮，消灭翘皮下越冬的各种害虫。注意千万不可刮深伤及新鲜皮层。寻找枝干蛀洞和树体伤口，发现天牛蛀洞，用敌敌畏毒纸堵塞；新伤口涂以漆油，大的老伤口可用木屑混合油漆堵平，防止雨季侵蚀，腐烂口加深，导致树体衰弱和死树死枝。二是 4 月防治，苗期的害虫主要是金龟子、象鼻虫、地老虎等，可喷布 90%敌百虫 1 000~1 500 倍液，或撒用 30~50 倍敌百虫处理的毒饵。三是 6~7 月防治，危害李苗梢叶的害虫有枯叶蛾、苹果巢蛾、黄斑卷叶蛾、金毛虫、天幕毛虫、刺蛾等，发生后喷布 1~2 次 50%吡虫啉 1 000~1 500 倍液，可兼治桑白蚧、蚜虫、红蜘蛛和浮尘子等。6 月上中旬，是危害李树严重的桑白蚧一代若虫孵化盛期，喷布 50%敌敌畏乳剂 800~1 000 倍液，或溴氰菊酯 1 000 倍液，可兼治李小食心虫、桃蛀螟和蚜虫。在 5 月下旬至 6 月上旬，地面喷洒杀灭菊酯 2 500~3 000 倍液，或溴氰菊酯 4 000 倍液防治食叶害虫危害。四是立秋前后防治，全面喷布 1 次 50%敌敌畏乳剂 1 000~1 500 倍液，或马拉硫磷乳剂 1 000 倍液，或杀灭菊酯 3 000 倍液，可防治刺蛾、叶蝉、卷叶虫、毛虫、金龟子等害虫。混入 0.3%尿素或磷酸二氢钾根外追肥。蚜虫危害新梢，可用烟叶浸出液，连续喷洒 2~3 次，每隔 8~10 天喷洒 1 次。主要防治李树的球坚蚧、桑白蚧。球坚蚧的越冬若虫 3 月上中旬恢复活动能力，寻找适当场所固着为害。桑白蚧的雌虫和卵也开始活动。因此，此时是防治蚧类的关键时机，应及时防治，减少危害，提高苗木质量。

2. 主要病害的发生与防治

（1）主要病害的发生。李树主要病害有褐斑病、白粉病、炭疽病，危害叶部，流胶病，危害枝干、枝树皮等，尤其是在苗木繁育上主要病害是立枯病，是上一年的病菌引起的，致使新生苗木或幼苗出土后，根颈部发生水渍状病斑，幼苗很快死亡。造成苗木减产、质量下降，经济损失严重。

(2)主要病害的防治。3月中旬,喷布3~5波美度石硫合剂,防治褐斑病、白粉病、炭疽病;3月上旬,早春发芽前喷5波美度石硫合剂,或喷1∶1∶100的波尔多液,预防各种病害的发生。6~8月,夏、秋季对已感病的树用800倍代森铵或800倍托布津喷射,并刮除病部。发生细菌性穿孔病等病害可用0.5%石灰倍量式波尔多液喷布防治;在4月下旬或5月初喷1次,以后每隔15~20天再喷2~3次。发生细菌性穿孔病可用72%农用链霉素可溶性粉剂3 000倍液喷洒叶片。或喷布70%甲基托布津800~1 000倍液,或50%多菌灵600~700倍液。同时可人工扫净树下落果,深埋或碾碎。立枯病,除播种前亩施硫酸亚铁50 kg进行土壤处理外,发现病株,可喷布70%甲基托布津1 000倍液。在发病处撒施草木灰,防治效果良好。

五、李树的作用与价值

(1)食用价值。李树果实为核果,可供食用,也可加工成果脯、果干和果酒;李果成熟在杏后,各种大宗水果成熟之前,果实鲜艳漂亮,光洁较耐放,很受市场的欢迎。李除供鲜食外,还可以加工成罐头、李酒、蜜饯等。因此,人们极为喜欢。是经济效益较高的果树。

(2)景观作用。李树性状优良,是中国重要的观花、观叶、观果植物,园林美化中,广泛应用于园林植物造景、风景区种植,城乡发展经济林等,是具有观赏或作为果树栽植的优良乡土树种。具有广泛的生态适应能力和多样化的观赏价值。

119 枣 树

枣树,学名 *Zizyphus jujubamill*,鼠李科枣属,又名枣子、大枣、刺枣,贯枣、野枣等,落叶乔木。中原地区优良乡土树种,是我国特有的果树之一。在我国有"木本粮食""铁杆桩稼"之称。

一、形态特征

枣树,落叶小乔木或灌木,高达6~12 m;树皮褐色或灰褐色;短枝和无芽小枝(新枝)比长枝光滑,紫红色或灰褐色,呈之字形曲折,长刺可达31 cm,粗直,短刺下弯,长4~7 mm;短枝短粗,矩状,自老枝发出;当年生小枝绿色,下垂,单生或2~7个簇生于短枝上。叶纸质,卵形、卵状椭圆形,或卵状矩圆形;长3~7 cm、宽1.5~3.5 cm,上面深绿色,无毛,下面浅绿色,无毛或仅沿脉多少被疏微毛,叶柄长1~6 mm,或在长枝上的可达0.5~1 cm,无毛或有疏微毛;托叶刺纤细,后期常脱落。花黄绿色,两性;花梗长2~3 mm;花瓣倒卵圆形。核果矩圆形或长卵圆形,长2~3.5 cm,直径1.5~2 cm,成熟时红色,后变红紫色,中果皮肉质,厚,味甜,具1或2种子,果梗长2~6 mm;种子扁椭圆形,长0.6~1 cm、宽7~8 mm。花期5~7月,果期8~9月。

二、生长习性

枣树耐旱、耐涝性较强,喜光性强,对光反应较敏感,对土壤适应性强,耐贫瘠、耐盐碱。但开花期要求较高的空气湿度,否则不利授粉坐果。怕风,所以在建园过程中应注意避开风口，喜欢山区、丘陵或平原种植，属于喜温果树，年均温 15 ℃左右，芽萌动期温度需要在 13~15 ℃，抽枝展叶期温度在 17 ℃，开花坐果期温度在 22~25 ℃，果实成熟期温度要在 18~22 ℃即可丰产丰收。

三、主要分布

枣树原产中国，主要分布于吉林、辽宁、河北、山东、山西、陕西、河南、甘肃、新疆、安徽、江苏、浙江、江西、福建、广东、广西、湖南、湖北、四川、云南、贵州等地，山区、丘陵或平原广为栽培发展。中原地区主要分布于平顶山、郑州、开封、漯河、济源、安阳、新乡、洛阳、三门峡、焦作等地；枣树分布范围广，全国各地除黑龙江、西藏等极寒地区外，都有分布，其中北方的河北、山东、河南、山西、陕西是枣树的重点产区。主要品种有乐陵小枣，河北赞皇大枣，山西板枣、骏枣，河南灰枣、灵宝圆枣，陕西的大荔圆枣，晋枣等。

四、引种繁育与造林绿化

（一）引种繁育苗木技

1. 苗圃地的选择

枣树适应性强，但要作为苗圃地，还是宜用壤土或沙壤土。沙壤土不易板结，透气性好，根系发达，有利于苗木生长。

2. 苗圃地的整地

3 月，选择大型拖拉机旋耕土地，每亩施农家肥 1 500~3 000 kg 以上，耕翻 25~30 cm，整平筑畦备播。

3. 种子采收

9~10 月，选择野生酸枣母树无病虫害的种子采收。采收的种子去除杂质和果肉，清洗干净，晾干即可备播。

4. 种子沙藏

酸枣的后熟期为 80 天左右。12 月，大雪后，取出种子用清水浸泡 1~2 天，然后将种子和沙按 1∶5 比例混合层积，入沟沙藏，保存管理。

5. 催芽播种

3 月中旬，储藏的种子还没发芽时，连同混拌的沙子一起，放于向阳处，覆盖地膜催芽。种子萌动裂核时播种。山枣有刺，为便于圃地的嫁接，宜采用行距 60 cm、株距 3 cm 的大小行播种。开深 3~5 cm 的浅沟，条播或点播。点播株距 20 cm，每点放 2 粒种子。播后覆土 2~3 cm，然后覆地膜。盖膜前地面上先喷 50%吡虫啉 1 500 倍液，或 50%敌百虫 800 倍液，防止膜下害虫啃食出土后的幼苗。出苗后随时点破地膜，以利于幼苗出膜。

6. 新栽树护理

4 月中旬芽期，对新生苗木普遍浇水 1 次。同时，防止摇动和牲畜啃食危害苗木。及时浇水保持湿度和提高地温，减少僵化假死苗。

7. 开沟分株育苗

4 月，在生长健壮的优良品种树下，距树干 2~4 m 处，挖宽 35 cm、深 50 cm 的长沟，切断枣根，间隔 1 m 挖 1 条，大树下可挖 3~4 条沟，沟内施入适量的草木灰及土粪后覆土。

5月间,断根处可生出根蘖,长到30 cm时施肥,间隔50 cm留1株,去掉密苗并及早剪除苗茎分枝,促使蘖苗加速生长成苗。

8. 苗木定苗

5~6月,苗高10 cm左右,去掉双株苗和覆膜,锄净杂草。条播苗按株距15~20 cm定苗,多余的苗可移栽。移栽时去掉主根尖段,有利于侧根发达。

9. 苗木管理

7~8月,高温多湿季节,苗圃地重点是除草。间作的绿肥和杂草可翻压树下或集中沤制绿肥。高温干旱,可导致幼枣苗木萎蔫脱落,应灌水,保证苗木的生长发育。11~12月,结合修剪除枯枝、病枝,清除落叶、干枣等杂物。

10. 采穗采集

11~12月,计划春季嫁接枝接的用穗,一般结合冬剪采集备足。接穗必须采自健康的良种母树,用基部直径在0.7~2 cm以上的一次枝和二次枝,枝龄以1~3年生为限。过老的接穗,虽能成活,但不易抽发旺枝。将接穗捆好,标明品种,然后沙藏。当地无良种条时,外调接穗要保湿运回,在背阴处,挖沟沙藏。

11. 苗木嫁接

枣树于5月上旬嫁接,成活率很高。此时砧木完全离皮,用储藏不发芽的接穗"皮下接"。5月下旬后,直接从生长的树上采穗,剪除脱落性结果枝,盛于少量水中保存或用湿布保湿。外地调进接穗,用麻袋草包、湿草包装,运输途中保持通风湿润,运到后,立即在通风背阴处或凉爽室内,把接穗斜插在17 cm厚的湿沙中,每天喷2~3次清水,可保持5~7天。嫁接后用塑料条绑扎,再用大叶片树叶包裹接口和接穗,保持湿度。5月下旬至7月上旬期间,用8~12片叶保湿。7月中旬至8月底,因湿度大、温度高,发芽快,可包叶6~8片。前期嫁接后10~15天,将包叶顶端撕破开口"放风"。后期嫁接后7~10天"放风"。宜在傍晚或阴天进行"放风",3~5天后嫩芽逐渐适应外部条件,便可解除全部包叶。或采取嫩梢芽接。5~6月,操作简单,也是生产季节进行嫁接的主要方法,其操作步骤如下:用枣头作接穗,剪除二次枝,留块短桩,在芽上0.5 cm处和芽下1 cm处剪断,再将其竖切成两半,取有芽的一半为接芽。接芽削成上厚下薄,削面要平滑。削好的芽用"T"字形芽接法嫁接,接后用塑料条绑扎好,立即剪砧。为便于绑缚萌发的接芽,接口上可留一段砧桩。及时除掉砧蘖,促使接芽及早萌发和加快生长,或采取芽接嫁接。7~8月,枣树生长季节"皮下接",带木质部芽接,都是接后当年促发新梢。秋季用普通的"T"字形芽接,接后当年不再促发新梢。接穗用当年枣头一二年生枝的隐芽。削芽时,由于接穗上的二次枝基部着生主梢的一个隐芽,取芽不便,一般采用三刀削芽法,即紧贴二次枝基部向上横切一刀,然后在芽两侧各切一刀,两侧的切口在芽下部1 cm处相交,再用手将芽扭下,按"T"字形接于砧木上,用塑料条包严。芽接前先浇水,同时剪除砧木下部的二次枝,便于操作。芽接一般用于1~2年生较细的砧苗。

12. 肥水管理

繁育的苗木,5月间定苗后,每亩追施磷酸二铵20 kg或尿素15~20 kg。二年以上的嫁接苗每亩追施硫酸铵50 kg,或碳铵50~70 kg,施肥结合浇水,促使苗木加快生长。施肥,9~10月,苗木快速生长期基本结束,但是苗木根系活动加强,此时翻地松土,有利根系的生长。翻地结合基肥,可促进苗木树势健壮。施肥以农家肥、牛羊栏肥、堆肥等有机肥料为主,配合速效化肥。40~50 kg 枣果的大树。施入农家肥 100 kg 左右、尿素 200 g、过磷酸钙 0.5~1 kg。

13. 苗木出圃

11~12 月,落叶后,就地建园和外调用苗,需出圃,分级,或捆扎、包装。根系不可暴露久放,应做到随起苗随栽植或包装外运,成活率高。

(二)主要病虫害的发生与防治技术

1. 主要虫害的发生与防治

(1)主要虫害的发生。主要虫害,一是枣瘿蚊,又名枣蛆或枣芽蛆,是枣树叶部主要害虫之一。每年发生 4 代。第 1 代发生时,正值枣树发芽展叶期,以幼虫为害尚未展开的枣树嫩叶及吸食嫩叶表面汁液,造成大量嫩叶不能展开,被害叶显浅红色至紫红色,叶片硬而脆,最后干枯脱落,对枣树苗木生长极为不利。二是绿盲蝽,又名放屁虫,5 月上旬为危害盛期,老熟幼虫于 8 月下旬以后入土,做茧越冬绿盲蝽俗称小臭虫,是世界性杂食性害虫,以成虫和若虫的刺吸式口器为害寄主的嫩芽和花蕾,植物幼嫩组织被害后,先出现枯死小点,随后变黄枯萎,被害枣吊不能正常伸展,花蕾受害后停止发育,以致枯落。枣树发芽后,幼虫即开始上树为害,5 月上旬枣树展叶期为危害盛期,5 月下旬以后气温升高,虫口密度减小,2~4 代分别在 6~8 月出现。三是枣尺蠖,又名枣步曲,是枣树最重要的虫害之一,其幼虫暴食性强,主要为害枣的嫩芽、叶片、枣吊、花蕾等所有绿色组织。每年发生 1 代,以蛹在树冠周围 10~15 cm 深的土壤中越冬,第二年 3 月下旬羽化为成虫,交尾后产卵,雌成虫无翅,须爬到树干上产卵,经过 25 天左右的卵期,4 月中下旬至 5 月中旬幼虫孵化上树危害,于 5 月下旬至 6 月中旬开始入土化蛹越夏并越冬,第二年继续危害。

(2)主要虫害的防治。一是枣瘿蚊的防治。当地林农对枣瘿蚊的生活习性及危害特点认识不足,不能抓住其防治关键时期对症下药,致使防控效果不佳。人工防治。秋末冬初或早春,深翻枣园,把老茧幼虫和蛹翻到深层土壤,阻止它春天正常羽化出土,消灭越冬成虫或蛹。或地面毒杀。在枣芽萌动时,成虫羽化出土前,使用 2.5%敌百虫粉剂,均匀撒施后耙地 1 次,毒杀羽化出土的成虫,或喷布药剂防治。重点防治越冬代和第 1 代,可喷布 20%甲氰菊酯乳油 2 000 倍液或 40%吡虫啉水分散粒剂 3 000 倍液,每 10 天喷 1 次,连喷续 2~3 次,防治效果较好。二是绿盲蝽的防治。人工灭卵。松土苗圃地,铲除杂草,消灭越冬虫卵。喷布药剂防治。早春越冬卵孵化后,对其越冬作物喷洒 50%敌敌畏乳油 1 500 倍液或 20%氯氰菊酯 2 000 倍液。5 月上中旬和第 1 代危害期,进一步进行药剂防治。三是枣尺蠖的防治。人工挖越冬蛹,捕捉幼虫。3 月上旬,在树干周围直径为 80~100 cm、深 10 cm 的范围内,翻刨土层,将越冬蛹挖出,加以消灭;也可结合初冬或早春刨树盘时,将其蛹随时拣出;还可以利用幼虫受惊后假死落地的特性,在幼虫危害期摇树振落幼虫,就地捕杀。喷布药物防治。根据枣尺蠖的特性及危害规律,可分 2 次用药防治,以幼虫体长 4~10 mm 时连续进行药物防治 1~3 次,可选用 2.5%溴氰菊酯乳油,或 20%氰戊菊酯乳油 4 000 倍液,或 25%甲萘威可湿性粉剂 300 倍液等药剂防治。

2. 主要病害的发生与防治

(1)主要病害的发生。一是枣疯病的发生危害。当地果农又称其为“扫帚病”或“疯枣树”,是类菌原体引起的病害。该病主要危害枣树和野生酸枣树,是枣树的毁灭性病害。枣树染病后,地上部分和地下部分都表现不正常的生育状态。地上部分表现在花变叶,芽不正常发育和生长所引起的枝叶丛生,以及嫩叶黄化、卷曲呈匙状等;地下部分则主要表现在根蘖丛生。幼树发病1~2次就会枯死,大树染病,2~3年逐渐干枯死亡。枣疯病通过嫁接传染或田间叶蝉类害虫刺吸传播。发病初期,多半是从一个或几个大枝及根蘖开始,同时也会有全株同时发病的。二是枣苗茎腐病的发生危害。又称枣苗烂根病,枣实生苗及归圃苗的幼苗均有发生。枣苗生长至3~9片叶时,茎及叶片呈淡黄色,继而苍白、枯萎而亡,但枯叶不落。挖土观察根颈部,发现主茎皮层有黑褐色腐烂,木质部及髓部均坏死,输导组织中断,苗木枯死。该病在北方苗圃地均有发生。

(2)主要病害的防治。一是枣疯病的防治。清除枣疯病株。枣疯病是枣树的毁灭性病害,病症表现为畸形叶茎,花小,新枝叶丛生,花叶状皱缩,病叶干枯脱落。7~8月,发现病枝及时锯去,可试用1 000 mg/L的四环素或土霉素注射病株。全树感病后连根刨除,防止扩延。喷布药物防治传病媒介害虫,喷布20%氰戊马拉硫磷乳油2 500倍液防治即可。二是枣苗茎腐病的防治。苗圃地增施优质有机肥,促进幼苗健壮生长,选择强壮苗木定植,提高枣苗的抗病能力。根部施药用40%五氯硝基苯可湿性粉剂,配比为3∶1混合剂600倍液灌根,既可防病又可促进根系生长,提高抗病能力。或土壤消毒。在枣树萌芽期对苗床普喷50%异菌·福美双可湿性粉剂800~1 000倍液,对土壤进行杀菌消毒防控。

五、枣树的作用与价值

(1)食用作用。枣果易储耐运,除可鲜食外,尚可加工成各种枣制品,如蜜枣、红枣、熏枣、黑枣、酒枣、枣泥、枣酒、枣醋等,是食品工业的原料,有“木本粮食”“铁杆桩稼”之称。枣可入药,味甘无毒,是常用的滋补品。

(2)造林作用。枣树对土壤适应性很广,贫瘠、砂砾土都能生长。枣树管理较简便,盛果期长。枣树根系疏广耐瘠,枝叶稀疏较小,套种粮食作物。粮、枣间作,可以提高土地利用率,增加单位面积经济收益。材质坚硬、用途广泛,是林农喜爱的果树,又是很好的山区造林绿化树种。

120 山　桃

山桃,学名:*Prunus davidiana* Franch.,蔷薇科桃属,落叶乔木。山桃花期早,花时美丽可观,并有曲枝、白花、柱形等变异类型。园林中宜成片植于山坡并以苍松翠柏为背景,方可充分显示其娇艳之美。在庭院、草坪、水际、林缘、建筑物前零星栽植也很合适。山桃绿化效果非常好,深受人们的喜爱,是园林绿化的优良树种。

一、形态特征

山桃高5~8 m。树冠开展,树皮暗紫色,光滑。小枝细长,直立,幼时无毛,老时褐色。叶片卵状披针形,先端渐尖,基部楔形,两面无毛,叶边具细锐锯齿。花单生,先叶开放,直径 2~3 cm;花瓣倒卵形或近圆形,粉红色,先端圆钝,稀微凹;雄蕊多数,子房被柔毛。果实近球形,直径 3~4 cm,熟时青黄色,有时光照面有红晕。外面密被短柔毛,果肉薄,种核大。核球形或近球形,表面具纵、横沟纹和孔穴,易与果肉分离。花期 3~4 月,果期 7~8 月。

二、生长习性

山桃喜光,抗旱,耐寒,稍耐碱,适宜中性、微酸性土壤,生于海拔 400~2 500 m 的山坡、山谷沿岸或荒野疏林及灌丛中。对土壤适应性强,耐干旱、瘠薄,怕涝。山桃原野生于各大山区及半山区,对自然环境适应性很强,一般土质都能生长。

三、主要分布

山桃主要分布于山东、河北、河南、山西、陕西、甘肃、四川、云南等地。河南省舞钢市南部山区长岭头、官平院、九头崖、围子园、瓦房沟等山区有野生分布;海拔 300~600 m 山谷沿岸疏林、灌丛之地多有生长,林下林荫少有。

四、引种繁育与造林绿化

山桃繁育苗木主要以播种繁殖。采收种子,在大田中,墒情好的地方播种即可;种植在阳光充足、土壤沙质的地方即可,管理较为粗放。一般为荒山造林、公园绿化、风景区美化用苗;山桃花期早,花时美丽可观,并有曲枝、白花、柱形等变异类型。园林中宜成片植于山坡并以苍松翠柏为背景,方可充分显示其娇艳之美。在庭院、草坪、水际、林缘、建筑物前零星栽植也很合适。山桃在园林绿化中的用途广泛,绿化效果非常好,深受人们的喜爱。山桃的移栽成活率极高,造林绿化广泛应用。

五、山桃的作用与价值

(1)观赏价值。山桃花期早,花色艳丽宜人,是森林公园、景区丛植点缀树种。山桃在早春开花时节,红绿相依,更能充分显现其娇艳之美。在庭院、草坪、水际、林缘、建筑物间栽植,也能收到早春花儿美的效果。景区若能利用空旷地规划栽植大片山桃树,开发桃花节、金秋赏果节游览项目,定可获得良好的经济效益。

(2)砧木作用。山桃是桃、梅、李果树嫁接繁育良种的砧木,嫁接后的桃、梅、李果树寿命长、产量高、品质好。

(3)经济价值。桃木材质硬而重,可作各种细工及手杖、木梳。果核做玩具或念珠,种仁可入药,榨油供食用。

121 拐 枣

拐枣,学名:*Hovenia acerba* Lindl.,鼠李科枳椇属,又名万寿果、甜半夜、枳椇、鸡爪子、龙爪等,落叶乔木。拐枣树势优美,枝叶繁茂,叶大浓荫,果梗虬曲,状甚奇特,是打造春夏观叶花、秋冬赏奇果的景观树种。

一、形态特征

拐枣高 10~15 m。小枝褐色或黑紫色,白色皮孔明显。单叶互生,厚纸质或纸质,宽卵形、椭圆状卵形或心形,长 8~17 cm、宽 6~12 cm,顶端长渐尖或短渐尖,基部截形或心形,边缘具整齐浅钝细锯齿,叶面无毛,背面沿脉被短柔毛或无毛。叶柄长 2~5 cm。二枝式聚伞圆锥花序,顶生和腋生,被棕色短柔毛。花两性,萼片具网状脉或纵条纹,无毛。花小,花瓣椭圆状匙形,具短爪,黄绿色。花盘被柔毛,花柱半裂。果柄肉质,扭曲,红褐色,果序轴明显膨大,果实形态似万字符“卍”,故称万寿果。核果近球形,直径 5~7 mm,无毛,熟时黄褐色或灰褐色。种子暗褐色或黑紫色,直径 3~4 mm。花期 5~7 月,果期 8~10 月。

二、生长习性

拐枣喜光、耐寒、耐旱,较耐瘠薄,适应环境能力较强。适生海拔 300~1 000 m,沟谷、溪边、路旁或湿润山坡、丘陵。常生于森林环境,与常绿、阔叶树种混生。亦有生于林缘或疏林中。深厚肥沃土壤、环境湿润中生长良好。

三、主要分布

拐枣主要分布于甘肃、陕西、河南、安徽、江苏、浙江、江西、福建、广东、广西、湖南、湖北、四川、云南、贵州等地。河南省舞钢市国有石漫滩林场三林区秤锤沟、大石棚,四林区大河扒、老虎爬,海拔 300~400 m 沟谷、山脚林地或疏林内有零星分布。

四、引种繁育与造林绿化

(一)引种繁育苗木技术

1. 种子采收

拐枣种子繁殖。在 11 月成熟时收取种子。种皮红褐色,一个果实含 3 粒种子。种皮革质,胚黄白色,不易吸收水分。

2. 种子处理

采后种子用湿沙层积法催芽,一层种子一层湿沙堆藏,50~60 天即可出现胚根凸起。

3. 种子播种

播整好苗床(小畦),点播或条播,深 2~3 cm,4 月初即可出苗。待苗长出 3~5 片真叶时间苗,留强去弱。苗期要经常浇水、施肥,促进生长。当冬季可长到 70~100 cm。移栽到挖好的坑内。其次,也可用压条和分根法繁殖。在春季将枝条拉下,割一 1/3 的小口,压于地下,保持湿润,夏季可形成愈伤组织、生根,冬季或翌年春天可以移栽。

4. 造林地选择

拐枣适应性较强,喜生于向阳、湿润、土壤肥沃、排水良好的环境,pH 值中性。种植前选好造林场所后,先挖好深、宽各 1 m 的坑,坡地可挖成鱼鳞坑,防止水土流失。坑多施入枯枝落叶,以供栽树备用造林。

5. 造林管护

拐枣幼苗生长缓慢，要加强幼树的管理。一般5～6年才开始挂果。每年春夏杂草生长时要松土除草，干旱时及时浇水。春季3月、夏季6月、冬季11月施三次肥料，促进生长。按现代矮化拉枝技术，可以提前到3～4年挂果。栽后第2年，小树长到1～1.5 m时把主杆拉弯，让其分生二级枝条，再用同法拉枝，在第三级和四级枝条上即可开花结果，并且树枝向四面展开，达到早结果、多结果，提高经济效益。

（二）防治病虫害技术

拐枣的生命力比较强，抗病性能好，苗期常见有叶枯病和蚜虫。叶枯病在发病前和发病初用1∶1∶400的波尔多液防治。蚜虫危害嫩梢和嫩芽，用苦参碱900～1 000倍液喷洒，即可取得满意的防治效果。

五、拐枣的作用与价值

（1）观赏价值。拐枣树势优美，枝叶繁茂，叶大浓荫，果梗虬曲，状甚奇特。依据其庭院、宅旁常有传统栽培经验，可尝试森林公园绿化点缀，打造春夏观叶花、秋冬赏奇果的景观氛围。尝试城市园林花木、草坪遮阴树，亦十分相宜，前景可观。

（2）用材。拐枣木材细致坚硬，纹理美观，易加工，刨面光滑，油漆性能佳，可用来作乐器、精致的工艺品、家具及建筑装饰等。为建筑和制细木工用具的良好用材。

（3）食用价值。拐枣肉质果柄，可鲜食，似蜜甜。可加工酿酒、制醋、制糖，作果露、香槟、汽水饮料，可作罐头、蜜饯、果脯、果干，颇受消费者青睐，开发利用前景广阔。如果实未成熟好，果梗含有较多单宁酸，味涩酸难食。在冬季11月霜降后经过几次霜冻，果梗变为红褐时采摘。剪下果枝，储于阴凉处，后熟7～10天，即可鲜品出售，也可阴干压汁销售。

（4）药用价值。拐枣果梗、果实、种子、叶及根等均可入药，中药称为枳椇子。味甘、性平、无毒，有止渴除烦、去膈上热、润五脏、利大小便、解酒毒、辟虫毒等功效。拐枣果酒性热，有活血、散瘀、去湿、平喘等功效，民间常用于医治风湿麻木、跌打损伤症。

（5）造林作用。拐枣是一种速生树种。树势优美，枝叶繁茂，叶大浓荫，果梗虬曲，状甚奇特，是“四旁”绿化的理想树种，作城市林园的喜阴花木及草坪遮阴树种。

122　野　柿

野柿，学名：*Diospyros kaki* Thunb. var. *silvestris* Makino，柿科柿属，又名山柿、油柿等，落叶大乔木。野柿树干较低，枝叶稠密，冠形明显，春花秋实。具春叶嫩、夏花黄、秋冬红叶果玲珑之形色，是山地公园、景区景观绿化树种，是丰富植物景观价值的树种。

一、形态特征

野柿树冠高5～10 m。小枝及叶柄密生黄褐色柔毛。单叶互生，叶片小，质厚。椭圆状卵形、矩圆状卵形或倒卵形，先端短尖，基部宽楔形或近圆形，叶面深绿色，背面浅绿色，有褐色柔毛。叶柄长1～1.6 cm。雌雄异株或同株，雄花成短聚伞花序，雌花单生叶腋，花冠黄白色。果实红色,直径不超过 3~5.5 cm。种子多数,偏扁半圆形。花期 4~5 月,果期 10~11 月。

二、生长习性

野柿喜光、耐湿润且耐旱、耐寒。喜肥厚、疏松土壤。海拔 300~1 500 m,中性、微酸性、微碱性土,壤土、黄褐土,山地天然林、次生林或灌丛中均有分布。

三、主要分布

野柿主要分布于河南、四川、云南、广东、广西、江西、福建等地山区。河南省舞钢市南部山区秤垂沟、九龙山、四头脑、瓦房沟、长岭头、官平院、二郎山、旁背山等山区有野生分布,海拔 300~500 m 山脚、谷地林内、林缘、疏林或灌丛中有散生野生。现存大径树较少。

四、引种繁育与造林绿化

(一)引种繁育技术

1. 采收种子与储藏

9~10 月果实成熟后,适时采收,搓去果肉,取出种子,用于采种的果实采收不可过早,以免影响种子的发芽率。采集后的种子,要放在阴凉处阴干,收藏于干燥通风处,以防种子发霉变质。采集的种子在小雪前后,用湿沙层积,种沙比为 15∶8,沙子的湿度以手握成团、松手而不散开为宜,沙藏前种子需浸泡 1~2 天,使种皮充分吸水。层积的方法,在室内地面上先铺 20~30 cm 的湿沙,上面放一层种子,如此一层细沙一层种子交替摊放,顶部沙层厚 25~30 cm,沙堆成梯形,高 60~70 cm,上面盖上草帘,洒水,以保持湿度。

2. 苗圃地选择

育苗对苗圃地要求不太严格,但为保证苗木质量,要选择土层较厚、背风向阳、水源充足、坡度小、交通方便的地块,不要选择黏土地及积水地,以沙壤土地为宜。播种前深翻土壤 25~30 cm,施足基肥,每亩施复合肥 40~50 kg、尿素 24 kg 即可。

3. 种子播种

整地做畦,畦宽 90~100 cm,山区旱地育苗做平畦,为了便于管理,可以采用 3 月春季育苗;但也可在种子采集后,10~11 月秋季直接播种,播后灌足水,可减少种子储藏的麻烦,第 2 年 3 月可出苗。春季育苗应在 3 月下旬至 4 月上中旬进行,育苗的种子要经过 3~4 个月的沙藏催芽处理,未经沙藏的种子在播种前浸种 3~4 天,每天换水 1~2 次,使种子充分吸水后,捞出暴晒,并不断翻动种子,使种子裂嘴后播种,为保证育苗地的墒情,播种前在育苗地灌足水,待水渗透晾干、表土松散时,在畦内开沟播种,沟深 5~9 cm,行距 25~30 cm,覆土厚度 4~5 cm,每亩播种量 5~6.5 kg,播后 18~20 天出苗,在出苗期注意保墒,幼苗出齐后,长到 3~4 片叶及时间苗,中耕除草,6 月下旬至 7 月上旬追施尿素,每亩 7~10 kg,6 月上旬至 8 月下旬为苗木生长旺期,要加强苗期的肥水管理,干旱及时浇水,雨水多时及时排水,严防草荒,注意防治苗期病虫害。

（二）造林绿化技术

采用春季造林，此方法容易掌握，栽植后苗木易成活。春季栽植要在土壤解冻后清明节前后进行，尤其是坡耕地和荒山都能正常生长，造林整地应因地制宜，采用反坡梯田整地、沟状整地和穴状整地。为节省人力、物力，多采用穴状整地，长宽高 100 cm × 100 cm × 80 cm，为了及早郁闭成林，应适当密植，株行距 3 m × 4 m，苗木应选择 1～2 年生、枝干粗壮、高度在 1～1.5 m 以上、地径粗度在 1～1.2 cm 以上、芽体饱满、根系完整、须根发达、无病虫害及机械损伤的一级健壮苗木。起苗时修剪苗木过长根、破伤根，蘸好泥浆，防止根系大量失水和单宁物质的氧化。栽植时将苗木放在定植穴的正中，扶正，使根系舒展，填回地表的熟土，采用三埋、两踩、一提苗的栽植法，踏实，使苗木原土印与地面齐平，栽后立即修好树盘，浇足栽植水，水渗后在树盘内覆一层干土，超出原土印 1～2 cm。

造林成活后，每年要对幼树进行抚育 1～2 次，松土，除草，荒山造林还必须割灌，以免柴草过旺影响幼树生长。在定植穴内修筑防水埂，里低外高，防止雨水流失，保证幼树生长所需的水分。幼树定植后 3 年内以施速效肥为主，使抽生的枝条又长又壮，快速扩大树冠。栽植第 2 年以后，每年结冻前对树盘深翻 1 次，在雨季施速效肥，叶面喷肥在 5 月至 6 月上旬喷施 0.5%尿素，全年喷 2～4 次，生长季可在树盘内覆盖杂草，厚度 25～30 cm，少量压土，可减少树下的水分蒸发。

（三）防治病虫害技术

野柿主要病害有角斑病、圆斑病。主要虫害有柿毛虫、柿蒂。一是防治病害技术方法，病害发生在 3 月即春季发芽前树冠喷 4～5 波美度石硫合剂。二是防治虫害技术方法，发生期在 4～6 月，即生长季喷甲基托布津 800 倍液+菊酯类农药 2 500～2 800 倍液，或多菌灵 800 倍液+菊酯类农药 2 500～2 800 倍液。

五、野柿的作用与价值

（1）观赏价值。野柿树干较低，枝叶稠密，冠形明显，春花秋实，具春叶嫩、夏花黄、秋冬红叶果玲珑之形色，可作山地公园、景区景观树种点缀，用以丰富植物景观价值。

（2）砧木作用。野柿实生苗是培育嫁接栽培品种柿树的优良嫁接砧木，成活率高，结果早，品质好。

（3）用材价值。野柿木材的边材含量大，收缩大，干燥困难，耐腐性不很强，但致密质硬，施工不很困难，表面光滑，耐磨损，木材致密质硬，强度大，韧性强，可作纺织木梭、线轴，作家具、面杖、木碗、箱盒、装饰用材；还可精制玩具、提琴指板、弦轴等 。

（4）食用价值。柿果脱涩后可食，在树上自然脱涩的红色果实可以食用；未成熟柿子可提取柿漆，树皮含鞣质、醌类，作染料。

123　沙　梨

沙梨，学名：*Pyrus pyrifolia*，蔷薇科梨属，又名金珠果、麻安梨等，落叶乔木。沙梨干挺冠大，春花满树，洁白如雪，秋月硕果累累，梨果美味可口。以其适应性强、便于管理的特点，可作景区、公园景观树种点缀，庭园观赏；更是荒山、丘陵造林建设和城乡美丽乡村花果观光园建设的优良树种。

一、形态特征

沙梨树高达 7~15 m。卵状椭圆形,基部圆形或近心形,小枝光滑,小枝嫩时具柔毛,后脱落,二年生枝紫褐色,具稀疏皮孔。叶片卵状椭圆形或卵形,长 7~12 cm,宽 4~6.5 cm,先端长尖,基部圆形或近心形,边缘有刺芒锯齿,上下两面无毛。花白色,花柱无毛,花伞形总状花序,具花 6~9 朵,直径 5~7 cm;总花梗和花梗幼时微具柔毛,萼片三角卵形,内面密被褐色茸毛。花瓣卵形,先端啮齿状,基部具短爪,花白色。雄蕊 20,花柱 5,光滑无毛。果近球形,浅褐色,果肉沙糯爽口果实近球形、卵形或椭圆形,直径 3~5 cm,浅褐色,有斑点。种子卵形,微扁,长 8~10 mm,深褐色。花期 4 月,果期 9 月。

二、生长习性

沙梨根系发达,属阳性树种,喜光、喜肥,耐寒、耐旱,喜温暖湿润、酸碱度适中土壤。适宜生长在温暖而多雨的地区,适生海拔 100~1 000 m,丘陵、山地,林缘、灌丛、旷野。

三、主要分布

沙梨主要分布于河南、陕西、安徽、江苏、浙江、江西、湖北、湖南、贵州、四川、云南、广东、广西、福建等地。河南省舞钢市南部尹集镇、杨庄乡、尚店镇、庙街乡、铁山乡等均有散生分布,林农称作野生棠梨,是嫁接繁育梨树的砧木,已有 200 余年历史。

四、引种繁育与造林绿化

沙梨干挺冠大,春花满树,洁白如雪,8~10 月硕果累累,梨果美味可口。以其适应性强、管理简单,是风景区、公园、美丽乡村造林景观树种及庭园观赏等优良树种;沙梨果具"沙"状涩味,故以此得名。梨果初成熟时,发涩不可食,经候熟储藏,去涩变面,味道独特,沙甜开胃。其叶、枝、根、皮可入药:甘、微酸,凉。归肺、胃、心经。主治食用菌中毒、小儿疝气、咳嗽、寒时气、霍乱吐泻,果皮主治暑热或热病伤津口渴。民间很受欢迎。沙梨的苗木市场供不应求,销售建立果园广泛应用;其繁育苗木主要采取种子播种嫁接技术。

(一)引种繁育苗木技术

沙梨育苗都用嫁接法繁殖。砧木主要是选择杜梨和豆梨,此外还有沙梨的野生种。杜梨抗旱、耐湿,也耐盐碱性土壤,沙梨野生种耐湿、耐热,抗旱力稍弱,幼苗前期生长快,每亩播种量为 2.3~3.0 kg。种子可以当年 9~10 月进行秋播;3 月春播,种子必须经沙藏层积处理后才能进行春播。沙藏技术即,层积温度保持 1~5 ℃,层积天数一般 50~70 天,即可大田播种繁育;繁育后的苗木称作砧木苗木,又名实生苗和种子苗木。通过人工嫁接才能是良种苗木;嫁接苗木可以提早结果见效益。注意砧木实生苗前期生长较慢,而当年芽接时要求砧木粗度至少在 0.6~1.2 cm 以上,才能嫁接。故当年嫁接率一般较低。砧木苗培育,要加强肥水管理,采取勤施肥水,适期摘心促进砧木苗加速增粗,以提高嫁接率。当年秋季嫁接多用芽接法,如芽接没有成活,第 2 年春天可用枝接法补接。对芽接成活苗,在 8~9 月进行圃内断根或冬季剪主根移栽,可促进侧根的生长,提高出圃苗的标准，有利于提高苗木的栽植成活率。

（二）造林建园培育技术

1. 苗木选择

10 月，苗木落叶后即可栽培建立果园，即秋栽土壤墒情好、苗木进入休眠期，此时栽培苗木成活率高，缓苗期短，第 2 年 3 月萌芽早，生长旺盛。栽植株行距 3 m × 4 m；或采取株行距 2 m × 3 m，以充分发挥密植早产的优势。在风大地区建园时，应该营造防风林，以减轻风害，确保丰收。

2. 整形与修剪

整形根据前述梨树有关生长习性，生产上多推广采用疏散分层形树形，遇有主枝分枝角较小，中心以上难以配置上层主枝的情况，也可不留中心干，而培养成多主枝开心形的树形。采用疏散分层形树形时，对枝条开张角度小、发枝少的梨树品种，第 1 层主枝可适当多留 1 个，或在中心干上保留大型辅养枝，以充分占有空间。同时可培养 2~3 层主枝，需保留稍多的主枝数，全树保持 6~8 个主枝，依品种和树势而异。副主枝也应适当多留，以尽早扩大结果部位。干性强、枝条直立易抱合的梨树品种，易发生上强下弱及外强内弱的现象，整形中要特别注意控制各级枝头的光端优势和上升速度。同时注意培养主枝背后及两侧的新生枝条，以抑制先端的旺长。发枝很少的部分日本梨品种，主枝应保持较大的开张角，以增加发枝数量。采用拉枝、撑枝开张主枝角度时，要注意避免劈裂。“里芽外蹬”增大延长枝角度的方法，在成枝少的梨品种上不宜采用。生产上应用较多的方法是背后枝换头，有时需经多次换头才能开张角度。鉴于梨树大量结果后，主枝易开张，要求保持适当的开张角度 45°或 60°，并使基角开张即可。在主枝上选留副主枝的芽位时，除注意距离外，要将剪口芽第 3 芽的位置留在需要发枝的方向，并将内向的第 2 芽抠除。成枝力低的梨树品种除适当多留骨干枝外，主枝、副主枝各级骨干枝的延长枝不宜每年轻剪长放，否则下部小枝易早衰。对其他辅养性枝条，幼树期应尽量留用，使其转化利用，提早结果，以后再根据其对骨干枝的影响或疏除或缩剪，控制增粗。采用多主枝开心形树形时，干高 50~70 cm，主枝 3~4 个，斜直向上生长，无中心干。在主枝上再向外分生副主枝，共 3~4 层。注意修剪 2~3 年生的幼龄期，即梨树的修剪除按整形要求培养各级骨干枝外，其余枝条要掌握少疏多留，以尽量扩大结果部位，克服梨幼树枝条稀疏和上强的现象。同时积极培养大、中、小各类结果枝组。正常条件下，梨花芽容易形成。培养结果枝组时，第 1 年对生长枝留 4~6 芽或留 6~8 芽短截，第 2 年对先端长枝去强留弱，后部即能形成短枝花芽开花结果。对所留长枝继续留 4~6 芽或 6~7 芽短截，即可形成良好的结果枝组。对生长势强、花芽较难形成的品种，宜采用先放后缩的方法培养枝组。枝条经长放后，生长势转缓，待后部形成花芽后，再进行回缩或短截。进入初果期后，树形已基本形成，此时应对中心干落头开心，控制树高并改善上层光照条件。同时逐步清理各类辅养枝。为维持盛果期树稳定的产量，单株或单位面积上每年应保持一定的总枝量，其中长枝应占 10%~15%，并在树冠内外分布均匀。当枝组上果枝较多时，除适当回缩外，可按预备枝与结果枝（2~3）∶1 的比例剪留果枝。做到大年树重剪长、中果枝，留作预备枝，同时轻剪生长枝促使成花；小年树基本不剪果枝，并充分利用中、长果枝和胶花芽枝结果，同时重剪生长枝，促使来年生长新梢而少形成花芽，减少大年的成花量。当骨干枝角度开张过大，致枝头下垂或大、中型枝组结果部位外移严重，后部光秃时，要及时回缩疏枝，抑前促后，使更新复壮，维持树势，延长盛果年限。对树冠上的短果枝群进行冬剪时，即 12 月，要依果台枝抽生的情况及其连续结果能力的差异区别对待。短果枝结果后，根据果台枝可长可短，也有不发的。此外，有的品种果台基部的隐芽也能抽生成枝，从而形成密集的短果枝群。当果台上抽生 2 个果台枝时，可保留 1 个，疏截 1 个，根据果台枝生长的强弱和花芽有无采用截长留短、一截一级或疏弱留壮，使交替结果，稳定产量。短果枝群上的分枝数不超过 4~5 个，也不宜使各芽同年结果，花芽叶芽比以 2∶3 为妥。果台上如不发副梢，可破果台或去果台修剪，促使下部发生更新枝。对易发枝过多形成簇生状短枝群的品种，要细致修剪，去弱留强，防止早衰。进入衰老期的树冠，梨树内膛容易发生徒长枝，可用来形成新树冠，继续结果。缺乏适当的徒长枝时，可选骨干枝的适当部位进行露骨更新，剪锯口下应留角度适宜的领头枝，加以短截，其下枝条也相应地进行短截，以提高复壮能力。梨隐芽寿命长、数量多，树冠更新的效果优。

3. 施肥浇水管理技术

施肥注意根系分布的深浅与土层深浅关系很大，上层浅薄或地下水位过高时，根的垂直生长明显受到抑制。因此，梨园土壤每年要深翻扩穴，并结合施用有机肥料，改良土壤，创造根系生长的良好条件。生长期间可采用清耕法或清耕覆盖作物法进行土壤管理。基肥在采果后落叶前施入，即 9~10 月进行施肥。达到斤果斤肥的标准，每亩施入农家肥 4 000~4 500 kg。秋施基肥有利于根系愈合和生长，也利于恢复树势和积累储藏养分。施后灌一次透水。追肥根据梨树的需肥特点在花前、新梢生长基本停止后及果实急速膨大期分次施用。花前肥以速效性氮肥为主，对提高着果率和促进枝叶生长均有一定的作用。旺长树可不施用这次肥料。第二次追肥氮磷钾三要素相互配合，对促进花芽分化和果实增大有良好的影响。第三次追肥主要是促进果实增大和树体积累储藏养分。注意灌溉和排水。梨的需水量较大，生长期雨量分布不匀的地区均需灌溉，才能保证丰产。缺乏灌溉条件的梨园则应加强保墒措施。

（三）防治病虫害技术

沙梨主要病害有黑星病、锈病、黑斑病，主要虫害有梨二叉蚜、梨大食心虫、梨小食心虫、梨星毛虫、梨木虱、梨（花）网蝽、梨圆介壳虫等。其主要病虫害防治技术介绍如下。

（1）梨黑星病。危害叶片、果实、芽、花序和新梢，病部产生黑色霉状物，引起叶片干枯早落，幼果龟裂、畸形，也易早落。病菌在芽鳞、病叶、病果和枝条上越冬，次年借风雨传播。花序和新梢基部常先发病。该病从花期到果实采收期都可发生，发病轻重与当年降雨多少密切相关。防治方法：晚秋清除落叶、病果、病枯枝等，减少越冬菌源。花期前后摘除有病花丛和病梢，消灭传播中心。生长期喷药防治，第 1 次掌握在花序分离期，第 2 次在谢花 70%左右时。药剂可用石灰倍量式 240~200 倍的波尔多液，或 75%百菌清 800~900 倍液，或 70%甲基托布津 800~1 000 倍液。以后根据天气情况和发病情况决定是否继续喷药。

（2）梨锈病，又称赤星病。主要为害叶片，其次为害新梢和果实，后期病部长出淡黄色毛状物，为病菌的锈子器。发病严重时叶片枯萎早落，病果呈畸形，也易早落。梨锈病菌具有中间寄主—桧柏和龙柏，并在其上产生冬孢子堆。春雨后，冬孢子堆膨胀产生小孢子,借风传播到梨树上,引起发病,以后病斑上先后产生性孢子器和锈子器,散发出锈孢子,再随风飞回中间寄主上越夏、越冬。防治方法:在梨园附近 5 km 内,不宜栽植桧柏或花相等中间寄主。附近如有风景区,春季在冬孢子堆未破裂时对中间寄主喷 0.3%五氯酸钠混加 1 波美度石硫合剂,以抑制冬孢子的萌发。同时在梨树萌芽期至展叶后 25 天内,喷石灰倍量式波尔多液 200 倍液 2~3 次进行保护,此外,喷 20%粉锈宁(三唑酮)乳油 3 000 倍液也有较好的效果。在盛花期间应避免用药。

(3)梨黑斑病:为害果实、叶片和新梢,日本梨品种受害严重。幼果感病带硬化龟裂,近成熟期果实感病则软腐脱落。病菌以菌丝在病叶、病果和病枝上越冬,次春产生分生孢子,借风雨传播。防治方法:冬季清园,减少越冬菌源。萌芽前喷 5 波美度石硫合剂和 0.3%五氯酸钠混合液,杀灭越冬病菌。萌芽后结合防治其他病害再喷布 200 倍波尔多液或 50%退菌特 600~800 倍液数次。病重园喷 10%多氧霉素 1 000 倍液,有较好的效果。

(4)梨二叉蚜。3~4 月,春季以若虫和成虫群集芽上及叶面上为害,引起叶片纵卷,影响梨树的生长发育。以卵在芽腋间或小枝裂缝处过冬,第 2 年梨芽萌动时开始孵化,一年发生 20 代左右。能胎生若蚜孤雌繁殖。防治方法:春季梨花芽萌动后,若蚜群集芽上为害时,喷 10%吡虫啉 2 800~3 500 倍液,或功夫菊酯 2 800~3 000 倍液。谢花 70%时再喷一次,务使全部枝梢均匀着药。

(5)梨大食心虫,简称梨大。以幼虫为害梨的花芽、花序和幼果,有转移为害习性,一年 2~3 代,以小幼虫在芽内结茧越冬。被害芽鳞片松散开裂,受害幼果干枯脱落,但有丝悬吊于果台上。防治方法:结合冬季修剪,剪除越冬虫芽。花期和幼果期,摘除受害花序和虫果,并利用其中天敌再放回梨园寄生。发生严重的梨园,在越冬幼虫转芽为害期、春季转果为害期,喷 50%杀螟松乳剂 1 000 倍液,或 20%速灭杀了乳剂 2 800~3 000 倍液,或 90%敌百虫 800~1 000 倍液。

(6)梨圆介壳虫。5~6 月,发生后虫体细小,以若虫和成虫密集于枝干、叶片和果实上为害,造成枝条长势衰弱或枯死,果实上形成红色晕斑或龟裂,降低品质。防治方法:萌芽前喷 5 波美度石硫合剂。或第 1 代若虫发生喷 0.3 波美度石硫合剂。注意保护天敌。

五、沙梨的作用与价值

(1)绿化作用。沙梨干挺冠大,春花满树,洁白如雪,8~10 月硕果累累,梨果美味可口。其适应性强,管理简单,是风景区、公园、美丽乡村造林景观树种及庭园观赏等优良树种。

(2)食用价值。沙梨果具“沙”状涩味,故以此得名。梨果初成熟时,发涩不可食,经候熟储藏,去涩变面,味道独特,沙甜开胃。

(3)药用价值。沙梨叶、枝、根、果实、果皮可入药:甘、微酸,凉。归肺、胃、心经。主治食用菌中毒、小儿疝气、咳嗽、伤寒时气、霍乱吐泻,果皮主治暑热或热病伤津口渴。果实有清热、生津、润燥、化痰功效,用于治疗咳嗽、干咳、烦渴、口干、汗多、喉痛、痰热惊狂、便秘、烦躁。根,止咳嗽。

124 杜 梨

杜梨，学名：*Pyrus betulifolia* Bunge，蔷薇科梨属，又名棠梨、土梨、海棠梨、野梨子、灰梨等，落叶乔木。杜梨树形优美，花色洁白，是街道、景园春游观花点缀树种，也是北方营造防护林、水土保持林的优良野生树种。

一、形态特征

杜梨，落叶乔木或小乔木，树干高 10 m。常有刺，2 年生枝条紫褐色。叶片菱状卵形至长圆卵形，长 4～7 cm、宽 2.5～3.6 cm，先端渐尖，基部宽楔形，稀近圆形，边缘有粗锐锯齿，幼叶上下两面均密被灰白色茸毛，老叶上面无毛而有光泽。伞形总状花序，有花 10～15 朵，总花梗和花梗均被灰白色茸毛，萼筒外密被灰白色茸毛；萼片三角卵形，花瓣宽卵形，先端圆钝，基部具有短爪。花白色。雄蕊 20，花药紫色。花柱 2～3，基部微具毛。果实近球形，直径 5～10 mm，2～3 室，褐色，有斑点。花期 4 月，果期 8～9 月。

二、生长习性

杜梨适生性强，耐旱、耐涝、耐瘠薄，在中性土及盐碱土均能正常生长。杜梨属阳性树种，喜光、耐干旱瘠薄、耐寒，根蘖萌生繁性强，海拔 150～1 000 m，中性、碱性土壤，平原、丘陵或山坡阳处，均能正常生长。

杜梨的特点：小枝密被灰白色茸毛，叶缘具有粗锐锯齿，叶柄、果梗均被茸毛。豆梨的特点是果实极小，到了成熟时果径也仅有 1 cm 左右，形似小豆子，故名“豆梨”。

三、主要分布

杜梨主要分布在辽宁、河北、河南、山东、山西、陕西、甘肃、湖北、江苏、安徽、江西等地。生长在平原或山坡阳处，海拔 50～1 800 m。河南省舞钢市南部杨庄乡、尚店镇、尹集镇、庙街乡、铁山乡等丘陵、山坡有大量自然萌生或散生。

四、引种繁育与造林绿化

杜梨生性强健，对水肥要求不严，其树形优美，花色洁白，是园林绿化的优良树种，也是北方营造防护林、水土保持林树种；其具有结果早、寿命长的优点，还是梨树栽培种的主要砧木种。杜梨的枝刺是从枝条上抽生的变态小枝，着生牢固，不易脱落，比其他形态的粗壮而长，长约 1 寸，刺伤性很强，足以刺透兽皮。大概早期的先民们由于生产技术低下，制作成本高，普通人家用不起，就用常见而实用的杜梨枝干，实际是使用杜梨木材之后的下脚料，堵在院门口，防止野兽窜入。这可能也是杜梨这种树木被称“杜”的原因，指可以用来堵塞门洞的树木。至今在一些农村还可以见到，人们把刺树枝堆放在存放柴草的院门口代替门。《尚书》《国语》《周礼》等古书用“杜”字表示“关闭、堵塞”等意思，原因就在这里。这也是“杜门谢客、杜口吞声、杜口裹足”等词的来历，“杜”字的这一用法的确切涵义实质就是“关门”。

(一)引种繁育苗木技术

1. 种子采收与种子处理

10月,种子成熟后,立即采收种子。秋季采种后堆放于室内,每天翻动2~3次,使其果肉自然发软,其间需经常翻搅的目的,是防止其腐烂,待果肉发软后,放在水中搓洗,将种子捞出,放在室内阴干,11月土壤上冻前进行混砂储藏,湿砂与种子之比为3∶1,拌匀后放在室外背阴的储藏池内,为防止种子脱水,可再盖8~10 cm的湿砂保存储藏。

2. 种子播种与管理

第二年2月,即春季解冻后,要每天1~2次及时翻搅,以防霉烂变质,种芽露白后,即可播种;选择苗圃地,苗圃地的土壤要肥沃、疏松,采取条播进行,株行距为2 cm × 15 cm;播种后15~20天即可发芽,随后每年浇水2~3次,浇透水;施肥,每年施肥2~3次,每次每亩施入10~15 kg,4~5年可开花结果。

(二)造林绿化技术

1. 造林地选择

杜梨对土壤要求不严格,荒山、丘陵、砂土、壤土、黏土都可以栽培。pH值在5~8.5均可,但以5.5~6.5为最佳。由于杜梨野性强,是深根性果树,且根的水平伸展力强,对土层较瘠薄的园地最好先实行壕沟改土或大穴定植,才能获得最佳产量与品质。造林在山地、平地或丘陵均可。

2. 修剪与整形

一是在整形上,通常采用主干双层形,树高控制在3.5~4 m,全树留5个主枝,第一层3个,其中1个顺行向延伸,另2个斜行向延伸,不能垂直行间。第二层主枝2个,以对生为好,并要求垂直伸向行间,与下层主枝插空排列,为下层让开光路。层间距离1~1.3 m。下层每主枝留2~3个侧枝,上层每主枝留1~2个侧枝。第一个侧枝与主干距离40~45 cm为宜,侧枝间相互距离40~50 cm,主枝角度55°~70°,腰角50°~65°,侧枝与主枝夹角约50°。二是修剪,杜梨发枝力强、成枝力弱,大多以短果树结果为主。11~12月修剪,修剪时应重点注意结果枝组的培养与修剪。结果枝组数量合理布局是获得高产、稳产的关键,对容易成花的品种,可采用先短截后放或短截—回缩的方法,对不易成花的品种,可以先长放后回缩,培养结果枝组。对进入盛果前期和进入盛果期的树,对结果枝组进行精细修剪,同一枝组内应保留预备枝,轮换更新,交替结果,控制结果部位外移。要充分利用轻剪长放和短剪回缩调节和控制枝组内及枝组间的更新更壮与生长结果,使其既能保持旺盛的结果能力,又具有适当的营养生长量。辅养枝的修剪,由于梨树的成枝力弱,整形修剪时,在骨干枝之间的空隙处,要适当多留一些辅养枝,以增强树势,利用其结果。当其影响主枝生长时,应及时回缩,直至疏除。为防止结果部位外移,可采用对上部和外围的强枝进行疏剪,减少上部和外围枝数量,疏去直立强枝,留庸枝并缓放,使其成花挂果,以减弱生长势。对下部和内膛弱枝多留少疏,并适当短剪以促发分枝并复壮更新,对弱枝回缩到壮枝、壮芽处,以增强树势。对伸向行间的枝要适当回缩,使行间保持0.5~0.6 m的过道,方便工作即可。12月至翌年2月盛果期树,应加重冬剪,对内膛弱枝更新复壮,使内膛和下部枝培养丰满后,再轮换交替结果,同时预防结果部外移,保持树体结构。夏季修剪作为辅助修剪,主要采用摘心、扭梢、拉枝等技术,以促进花芽分化。3~4月,人工疏花,对花过多的植株应进行疏花,可提高花的质量,从而提高坐果率。疏花时间以花序伸出到初花为宜。但有晚霜危害的地区以谢花后疏果较为稳妥。疏花量因树势、品种、肥水和授粉条件而定,旺树旺枝少疏多留,弱树弱枝多疏少留,先疏密集和弱花序,疏去中心花,保留边花。4 月下旬至 5 月底进行人工疏果,疏果可增加单果重,并提高果实品质,一般在早期落果高潮之后进行,以落花后两周左右进行为宜。每花序留 1~2 个果即可,首先疏去病果、畸形果,保留果形端正、着生方位好的果。化学疏除:在开花末期,估计能达到丰产时结合病虫防治进行,可喷 0.5%的波尔多液和 0.3 波美度石硫合剂。

3. 及时施肥管理

9~10 月施入磷、钾肥;3~4 月施入 0.3%尿素加 0.2%磷酸二氢钾;5~6 月膨大期喷 1~2 次"云大 120"(一瓶 0.3 kg,兑水 13 kg)加 250 倍食用醋,以提高果肉嫩度及果皮光洁。果实有裂果、锈果现象,在采收果实前,5 月上中旬施足磷、钾肥,并用杂草覆盖树盘,抗旱保墒可防裂果。同时,在采收果实前,28~30 天喷 1 次 50 mg/L 的九二零或 10~100 mg/L 萘乙酸,使果肉、果皮发育均衡,以减少果实表皮的角质龟裂而形成的锈斑。

(三) 防治病虫病害技术

杜梨主要病害是梨黑星病、梨黑斑病等。一是梨黑星病,又名疮痂病,为梨最主要病害之一;6~8 月发生危害,危害梨树的果实、果梗、叶片、叶柄和新梢等。防治措施:及时消灭病源,3 月下旬落花后至 6 月,注意病梢发生情况,及时摘除烧毁,清扫落叶、落果,剪除病梢;喷布药剂防治,临近 4 月上旬,花期和高谢花 65%~70%各喷 1 次 1∶2∶40 的波尔多液 1∶2∶2 或 800 倍"大生 M"保护花序、嫩梢和新梢,发生期,5 月中旬、6 月中旬、7 月中旬、8 月上旬各喷 1 次 800 倍杜邦福星,1 200 倍多霉清,或 800 倍大生 M。二是梨黑斑病,4~7 月气温高,发生危害即侵害梨树叶片、新梢、花及果实,幼嫩叶片易受害。应该及时防治,对树冠喷布百菌清 800 倍液或多菌灵 900 倍液,7~10 天喷布 1 次,连续 2~3 次。注意田园清洁,加强管理,增强树势,减少病虫害的发生。

杜梨主要虫害是梨大食心虫、梨茎蜂等。梨大食心虫的防治:11~12 月,落叶后,主要结合冬季修剪,剪去虫芽,开花后检查受害花簇(受害花簇鳞片脱落)并及时摘除。在第 2 年 5 月下旬以前(成虫羽化前)摘除、拾净虫果,防治效果显著。4~6 月,在越冬幼虫转芽和转果期喷布吡虫啉 1 000~1 200 倍液灭杀,或苦参碱 1 300~1 400 倍液。梨茎蜂的防治:12 月,及时结合清园翻动土壤,或人工刮除老翘树皮烧毁,消灭越冬若虫。3 月春季,越冬若虫开始活动尚未散到枝梢以前和夏季喷布氯氰菊酯 1 200~1 300 倍液,或吡虫啉 1 300~1 400 倍液防治。综合防治:11~12 月,冬梨清理树体,削除翘皮、裂缝、病斑,结合冬季修剪,剪除病枝、虫枝,并喷 3~5 波美度石硫合剂清园。3 月上旬,发芽期鳞片松动散开(芽彭大后)时喷一次广谱性杀虫剂和广谱性杀菌剂混合液,可有效预防多种病虫害,可选用百菌清 1 000 倍液加 20%杀来菊脂 4 000 倍液。5~7 月,对其他虫害,喷布灭幼脲 3 号 1 700~1 800 倍液进行提前预防,并结合生物农业防治一并进行灭杀,减少虫害的发生。

五、杜梨的作用与价值

(1) 观赏价值。杜梨不仅生性强健,对水肥要求也不严,其树形优美 ,花色洁白,是城乡街道、庭院及公园的优良绿化树,具有极高的观赏价值。

(2)造林绿化价值。杜梨适应性强,在荒山、丘陵及盐碱地区应用较广,可作为防护林、水土保持林、种子采摘林。

(3)优质用材林。杜梨木材致密,可作雕刻、家具、面杖及各种器物。

(4)药用价值。杜梨枝叶用于治疗霍乱、吐泻、转筋腹痛、反胃吐食。树皮用于治疗皮肤溃疡;果实具有润肠通便、消肿止痛、敛肺涩肠及止咳止痢之效;根可润肺止咳、清热解毒,主要用于治疗干燥咳嗽等,具有良好疗效。

125　豆　梨

豆梨,学名:*Pyrus calleryana* Decne,蔷薇科梨属,又名野梨、台湾野梨、山梨、鹿梨、刺仔、鸟梨、阳檖、赤梨,酱梨明棠、棠梨、野梨等。落叶小乔木,是园林绿化、风景区美化、公园建设观花的优良树种。

一、形态特征

豆梨树高 5~10 m。小枝粗壮,圆柱形,在幼嫩时有茸毛,二年生枝条灰褐色。叶片宽卵形至卵形,单叶互生。长 4~8 cm、宽 3.5~6 cm,先端渐尖,稀短尖,基部圆形至宽楔形,边缘有钝锯齿,两面光滑无毛。伞形总状花序,具花 6~12 朵,萼筒无毛。花瓣卵形,基部具短爪,白色。雄蕊 20,花柱 2,基部无毛。梨果小,球形,直径 0.5~1.0 cm,浅褐色,有斑点。花期 4 月,果期 8~9 月。

二、生长习性

豆梨喜光、稍耐阴,不耐寒,耐干旱、耐瘠薄。对土壤要求不严,在碱性土中也能生长。深根性。具抗病虫害能力。生长较慢,适生海拔 100~1 500 m 的丘陵、山坡或山谷阔叶林中。

豆梨与杜梨的区别,在于后者小枝密被灰白色茸毛,叶缘具有粗锐锯齿,叶柄、果梗均被茸毛;杜梨叶片较窄,花柱 3~5,雄蕊 25~30,易于区别。豆梨的果实极小,到了成熟时果径也仅有 1~1.2 cm,形似小豆子,故名“豆梨”。

三、主要分布

豆梨主要分布于山东、河南、江苏、浙江、江西、安徽、湖北、湖南、福建、广东、广西、云南。河南省舞钢市蚂蚁山、龙头山、九头崖、旁背山、支鼓山等南部丘陵、山区有零星分布。适生于温暖潮湿气候,山坡、平原或山谷杂木林中,海拔 80~1 800 m。

四、引种繁育与造林绿化

(一)引种繁育苗木技术

豆梨繁育苗木技术主要采用播种或扦插繁殖,园林或造林绿化需要的苗木采取种子播种法进行,种子繁育的树苗更加健康和强壮。豆梨需要生长在湿润、温暖的位置,而且在各种土质中都能够存活,所以盐碱程度较高的地方可以考虑种植。它的根系比较深,种植前需要将土壤进行深耕。它的生长速度比较慢,管理的时间可以比较久。豆梨繁育技术和梨树繁育技术一样。

(二)造林绿化种植技术

1. 豆梨栽植时期

在11月下旬至第2年的2~3月,气温回升后进行。最迟不宜超过4月,株行距以3 m × 5 m为宜,密植株、行距2 m × 3 m,密植的林区进入盛果期3~5年后可分批间伐或疏移。第3~4年,每亩生产量即可达1 000~1 200 kg,5年生产量2 000~2 400 kg。

2. 豆梨栽植后期管理

4~5月,及时人工对豆梨进行抹芽、疏花蕾、人工授粉、花期放蜂等。另外,花期喷施0.2%~0.5%硼酸、0.3%尿素、15 mg/L苯乙酸钠,均能提高着果率。在7~8月高温干旱期对梨树进行灌水1~2次,每亩输入复合肥50~60 kg,可提高梨产量。

3. 梨树施肥

选择需吸收氮、磷、钾等元素,因此对梨树施有机肥可采用豆饼、棉籽、草木灰、人粪尿等,无机肥可采用尿素、硫酸铵、硫酸钾等提高果实品质和产量。

4. 豆梨的整形修剪

采用疏散分层延迟开心形,干高70~80 cm,冠高3.5~5.0 m,有主枝5~7个,第一层3~4个,第二层2个,层间距40~70 cm,下大上小;密植园用有中心干的圆锥形,树高2.5~3.0 m。修剪时注意调节控制营养生长和生殖生长,达到既生长又结果目的。

五、豆梨的作用与价值

(1)嫁接品种梨树的砧木作用。豆梨抗腐烂病能力较强,对生长条件要求不高,故常用作品种梨树的砧木,与西洋梨亲和力强,与沙梨、白梨亲和力较差。

(2)药用价值。豆梨根、叶有润肺止咳、清热解毒功效,主治肺燥咳嗽、急性眼结膜炎,用量0.5~1 g。果实健胃、止痢,用量0.5~1 g,外用适量。叶和花对闹羊花、藜芦有解毒作用;果实含糖量达15%~20%,可酿酒。

(3)用材。豆梨木材坚硬,是雕刻制作粗细家具及雕刻工艺品、图章等用材。

(4)绿化作用。豆梨生长条件要求不高,可用于公园、景区观花植物点缀绿化及盆景制作。

126　板　栗

板栗,学名:*Castanea mollissima* Bl.,壳斗科栗属,又名毛栗、栗子等,落叶乔木。中原地区优良乡土树种,是中国主要的木本粮食树种之一,造林绿化野生经济林树种。

一、形态特征

板栗,落叶乔木果树。叶椭圆至长圆形,长10~16 cm、宽6~8 cm,顶部短至渐尖,基部近截平或圆,或两侧稍向内弯而呈耳垂状,叶柄长1~2 cm。单叶互生,薄革质,边缘有疏锯齿,齿端为内弯的刺毛状;叶柄短,有长毛和短茸毛;花单性,雌雄同株,雄花为直立葇荑花序,浅黄褐色;雌花无梗,生于雄花序下部,雌花外有壳斗状总苞,雌花单独或2~5朵生于总苞内,雄花序长10~20 cm,花3~5朵聚生成簇,雌花1~3朵发育结实;果总苞球形,外面生尖锐被毛的刺,内藏坚果2~3个,成熟时裂为4瓣。坚果深褐色,成熟壳斗的锐刺有长有短、有疏有密,密时全遮蔽壳斗外壁,疏时则外壁可见,壳斗连刺径4.5~6.5 cm;坚果高1.5~3.0 cm、宽1.8~3.5 cm。花期4~6月,果期8~10月。

二、生长习性

板栗喜光照,若光照不良,结果部位极易外移,产量低、效益差。板栗的芽有叶芽、完全混合芽、不完全混合芽和副芽4种。叶芽只能抽生发育枝和纤细枝;完全混合芽能抽生带有雄花和雌花的结果枝;不完全混合芽仅能抽生带有雄花花序的雄花枝;副芽在枝条基部,一般不萌发,呈隐芽状态存在。而形成完全混合芽的当年生枝,称为结果母枝。板栗的强壮结果母枝,长度在13~16 cm以上,较粗壮,枝的上部着生3~5个完全混合芽,结果能力最强。抽生出结果枝结果后,结果枝又可连续形成混合芽。这种结果母枝产量高、易丰产。弱结果母枝长度8~12 cm,生长较细,只能在顶部抽生1~3个结果枝,而且结果枝从结果部位处骤然细瘦,尾枝短不能再形成完全混合芽。其饱满的混合芽着生在枝的下部。下一年由结果母枝的下部抽生结果枝、雄花枝和发育枝,而母枝的上部自然干枯。这种特点有利于控制结果部位的外移。板栗的一年生枝,大都是芽内已分化完成的雏梢,因此除幼旺树或徒长枝外,多数为一次性生长,所以中上部芽眼饱满,而下部为弱芽。顶端优势明显,枝条的萌芽力较强而成枝力较弱。其易分枝,顶枝呈双叉、三叉式长枝,下部则为平行的小短枝。树势弱时,弱枝着生在二年生枝的顶端,不结果。

三、主要分布

板栗主要分布于辽宁、内蒙古、北京、天津、河北、山西、陕西、山东、江苏、安徽、上海、浙江、江西、福建、河南、湖北、湖南、海南、广东、广西、重庆、四川、贵州、云南、西藏等地,生长于海拔370~2 800 m的地区,多见于山地。中原地区主要分布于舞钢、鲁山、西峡、栾川、方城、确山、泌阳、林州、辉县、济源、嵩县、卢氏、渑池等地,栗树的分布范围很广,但集中产区主要是黄河流域的华北地区及长江流域各省。主要优良品种有河北明栗,陕西大板栗、明拣栗,山东莱西的红光栗、泰安茧棚栗、郯城油栗,江苏处暑红栗,安徽粘底板栗,河南确山大油栗等。用良种嫁接苗建园,是摆脱栗树低产的重要途径。

四、引种繁育与造林绿化

板栗优质苗木繁育技术是,大田播种苗木,种子繁育的苗木是实生苗,因而优劣变异很大,产量低。用嫁接苗定植,有利于提高栗树的经济效益。所以,板栗种子繁育苗木而后采用嫁接方法育苗。

(一)引种繁育苗木技术

1.苗圃地的选择

板栗育苗地最好选择在地势平坦、土壤肥沃、土层深厚、质地疏松、排水良好的微酸性沙壤土，pH 值 5.5～6.5 为好。

2. 苗圃地整地

11 月，冬季前，每亩施入 5 000～6 000 kg 农家肥，采用大型拖拉机旋耕，深翻耙平。第二年 2～3 月，精耕细耙，整好苗床，做成宽 44～50 cm、高 15～16 cm、步道宽 20～30 cm 的插床，苗床长度视实际情况而定。做到床土细碎、床面平整、水沟畅通。播种前 3～5 天用硫酸亚铁或福尔马林消毒土壤。

3. 选择种子

9 月，板栗种子进入成熟期，即可采集充分成熟、饱满度好的板栗种子，除去虫蛀种、秕种。再将选好的种子放入高锰酸钾溶液中消毒杀菌。同时，板栗种子有四怕，即怕干，干燥后很容易失去发芽力；怕湿，过湿、温度又高，容易霉烂；怕冻，受冻种仁则易变质；怕破裂，种壳开裂极易伤及果肉，引起变质。因此，拾取栗种后，应立即放入地窖或背阴处沙埋。其温度不高于 10 ℃，空气相对湿度保持在 50%～70%。最后将种子放入地窖，按一层湿沙一层板栗排放好，湿沙以手握成团，一松即散为宜。储藏过程中要防鼠害、霉变和积水。

4. 种子沙藏

为了来年繁育苗木成活率、出芽率高，采收的种子必须沙藏处理。1～2 月，大雪至小寒期间，在背阴高燥的地方，挖深 1 m、沟宽不超过 30 m 的条沟储放栗种。其方法是：取出种子后用 3～5 倍体积的湿沙与种子拌匀，先在沟底铺放 10 cm 厚的湿沙，然后放入混合沙子的栗种，厚度为 40～50 cm，最后盖沙 8～10 cm。栗种含淀粉多，遇热容易发酵，冻后又易变质。因此，沟内的温度保持在 1～5 ℃为宜。寒冷季节，增加储藏沟上的覆盖物，天气转暖后，及时退除覆盖物，并上下翻动种子，以达到温度均匀。储藏时，还要防止雨雪渗入和沙子失水过干。

5. 种条储藏

为了来年嫁接苗木准备，1～2 月，必须采集接穗，或结合修剪采自优良母株的接穗，一般是按 50～100 根捆成一捆，标明品种，竖放于储藏沟内，用湿沙填充好。注意事项与种子储藏相同。

6. 种子播种

3 月中下旬沙藏的板栗种子，当有 1/3 或 1/2 发芽时即可播种。播种前将霉变的种子挑选出去。用锄头在每块平整好的插床上挖出 2 行小沟，在小沟里均匀撒入适量的复合肥，每亩苗圃地施入 40～50 kg，再用细土薄薄地覆盖肥料，使肥料与种子隔离。然后在土上按 6～8 cm 的距离将栗种腹面朝下排放在沟中，再在栗种上覆土 2～3 cm，并在插床上覆盖稻草或杂草，以防土壤板结。

7. 肥水管理

播种后 30～45 天可出全苗。在 3～4 月生长初期，要加强松土、除草、间苗和防治病虫害等工作。在 5～7 月速生期，苗木生长加快，要及时追肥、灌水，在 6 月施一次尿素液肥，7 月按每亩施复合肥 5～6 kg 的标准施一次追肥。追肥后浇水，以免苗木被熏死。8 月不施肥少浇水，防止苗木徒长，促进苗木木质化。

8. 劈接技术

3 月下旬至 4 月上旬,是栗树枝接的有利时机。嫁接方法主要为劈接法。低部位嫁接后,可用培湿土堆的方法保证接口、接穗湿度。高部位嫁接的保湿方法可用套袋装土保湿或塑料条缠绑保湿,接穗的顶端断面蘸石蜡封顶,以提高成活率。

9. 芽接技术

利用板栗隐芽不萌发的特点,可延迟嫁接时间。发芽后一般可采用方块状芽接法。接后立即平茬,促使接口尽快愈合和接芽萌发。芽接,9~10 月,栗树芽接的时间,可比其他果树晚些。可采用方块形芽接法或"T"字形芽接法。"T"字形芽接的芽,以削成带木质部的厚芽片为好。这种接法芽眼不易干死,越冬能力强,成活率高。其他的操作方法与普通芽接相同。接后必须用塑料条绑扎。

10. 嫁接苗木的管理

5~6 月,嫁接苗长至 30~35 cm 时,支架防止风害。春季嫁接苗 40 天左右,嫁接伤口已经愈合,可以解除包湿物及绑缚物,并及时抹除砧木萌蘖,摘除苗梢上的花序。及时中耕,雨季来临之前的 5 月间,圃地中耕 5~10 cm,并晒墒,即可疏松土壤和除掉杂草。

11. 嫁接苗木的施肥浇水管理

4 月上中旬,追施第一次速效肥料,此次追肥对促进枝叶的前期生长和促进雌花簇的分化、提高当年产量,效果明显。以氮肥为主,每亩成龄树施标准化肥 0. 5~10 kg。密植园亩施标准化肥 20~30 kg。同时,可施入速效磷肥,用量可为氮肥用量的 1/2,最好与土肥一起在基肥中施入。追肥后要进行浇水,以充分发挥肥效。5 月上旬,当年幼苗,每亩追尿素 5~7 kg;留圃苗追施尿素 20~25 kg,或碳酸氢铵 50 kg,并结合浇水。6 月,为提高坐果率,可于花前、花期、花后各喷布 1 次 0. 2%尿素+0. 3%硼砂或 0. 3%磷酸二氢钾。花前、花后有虫害时可与杀虫剂混合一起喷布。追施壮果肥是板栗的第二次追肥。7 月上旬,追施速效完全的肥料,每亩施标准氮肥 14~15 kg、磷肥 15~20 kg、硫酸钾 9~10 kg,或果树专用肥 40~50 kg。磷钾肥对果实的发育有明显的作用。可结合夏季刨地中耕,施入生物肥 100 kg。9~10 月, 板栗果实采收之后,抓紧基肥的施入。基肥的施用量为:每亩施入生物肥 300~350 kg,施农家肥 3 500~5 000 kg;磷肥 50~70 kg,与土粪混合施入。施肥的方法可用放射状条状沟或环状沟施。密植园则应于行间隔行沟施。深度以 50~60 cm 即可,注意开沟时避免伤根。施肥后立即灌水。

12. 苗木出圃

11~12 月,封冻前,苗木出圃,并储藏。苗木出圃时要避免伤根,尽量远离苗木刨苗,要深刨,保全根系。然后分级,捆成 50 株一捆,标记品种,假植储放等待销售或造林。储放沟深 1 m 左右、宽 1. 5 m 左右,长度视苗子多少而定。沟底先铺湿沙 10~12 cm,以捆状竖放于沟内,填充湿沙,埋沙厚度 30~40 cm。

(二)主要病虫害的发生与防治

1. 主要虫害的发生与防治

(1)主要虫害的发生规律。板栗主要虫害分别是球坚蚧、栗大蚜、叶螨、金龟子、象鼻虫、桃蛀螟、扁刺蛾、大袋蛾及红蜘蛛等,1 年多代,它们在板栗生长期重叠发生危害,主要危害果实或叶片。

(2)主要害虫的防治。4~5 月,萌芽前,喷布 1~3 波美度石硫合剂,展叶后,喷布 0.3 波美度石硫合剂。主要防治球坚蚧、栗大蚜、叶螨等;施用 50%敌百虫 50 倍液处理的毒饵,防治杂食性的金龟子、象鼻虫。7~8 月,喷布 1 500 倍 50%敌敌畏 1~2 次,防治食叶的扁刺蛾、大袋蛾及红蜘蛛等。7 月上旬,喷布 90%敌百虫 2 000 倍液防治栗瘿蜂、剪枝象鼻虫、栗大蚜、喷螨、介壳虫等。8 月下旬至 9 月中旬,重点防治蛀果的栗实象鼻虫,桃蛀螟,可用 50%辛硫磷 1 000 倍液,或吡虫啉 1 000 倍液,或 2.5%溴氰菊酯乳剂 2 500 倍液。也可利用栗实象鼻虫的假死性,于露水未干时,成虫难以飞行的早晨,地面铺塑料薄膜,摆动枝干兜住害虫杀死。落叶后树干刮树皮,2 月间,刮除老树皮,消灭越冬的虫卵。注意刮树皮不可过深,以露出红褐色木栓层而不伤木质部为宜。查找树洞、伤疤,消灭越冬的栗大蚜卵块。

2. 主要病害的发生与防治

(1)主要病害的发生。板栗主要病害是枝枯病、白粉病。它们在萌芽期或生长期发生危害,严重时致使枝梢干枯或叶片早期落叶,影响生长结果和产量。

(2)主要病害的防治。采取喷药防治,4~5 月,萌芽前,喷布 1~3 波美度石硫合剂;展叶后,喷布 3~5 波美度石硫合剂防治板栗的枝枯病。7 月上旬,白粉病、枝枯病发生的主要时期,及时喷布 50%托布津 1 000 倍液 1~2 次即可。

五、板栗的作用与价值

(1)观赏价值。板栗生长迅速,管理简便,适应性强,抗旱、抗涝、耐瘠薄,在城市园林绿化、公园美化中广泛作为风景树种植。

(2)绿化作用。板栗一年栽树,百年受益,既是优良的果树,又是绿化荒山荒滩的优良观赏、造林用材树种。

(3)食用价值。板栗树冠高大,枝繁叶茂,果实色泽鲜艳、营养丰富,淀粉含量为 56.3%~72%,脂肪 2%~7%,蛋白质 5%~10%,并含较多的乙种维生素。是我国主要的木本粮食树种之一,很受人们喜爱。

127　山　莓

山莓,学名:*Rubus corchorifolius* L. f.,蔷薇科悬钩子属,又名树莓、山抛子、牛奶泡、撒秧泡、三月泡、四月泡、龙船泡、大麦泡、泡儿刺、刺葫芦、馒头菠、高脚波、山泡等,直立灌木,枝具皮刺,山莓既是灌木型果树,又是生态经济型水土保持造林灌木树种。

一、形态特征

山莓,直立灌木果树,高 1~3 m;枝具皮刺,幼时被柔毛。单叶互生,卵形至卵状披针形,长 5~12 cm、宽 3~5 cm,顶端渐尖,基部微心形,有时近截形或近圆形,上面色较浅,沿叶脉有细柔毛,下面色稍深,幼时密被细柔毛,逐渐脱落至老时近无毛,沿中脉疏生小皮刺,边缘不分裂或 3 裂,通常不育枝上的叶 3 裂,有不规则锐锯齿或重锯齿,基部具 3 脉。叶柄长 1~2 cm,疏生小皮刺,幼时密生细柔毛;托叶线状披针形,具柔毛。花单生或少数生于短枝上；花梗长 0.5~2 cm，具细柔毛；花直径 2~3 cm；花萼外密被细柔毛，无刺；萼片卵形或三角状卵形，长 5~8 mm，顶端急尖至短渐尖；花瓣长圆形或椭圆形，白色，顶端圆钝，长 9~12 mm、宽 6~8 mm，长于萼片；雄蕊多数，花丝宽扁；雌蕊多数，子房有柔毛。果实红色，由很多小核果组成，近球形或卵球形，直径 1~1.3 cm，密被细柔毛；核具皱纹。花期 2~3 月，果期 4~6 月。

二、生长习性

山莓，适应性强，耐贫瘠，喜光照，生长在向阳山坡、溪边、山谷、荒地和疏密灌丛中潮湿处。海拔 200~2 000 m。荒地造林，特别是刚开垦的生荒地，只要有山莓营养繁殖体，即以根蘖芽成苗，发展很快，改变周围生境，所以是荒地的一种先锋绿化植物，有阳叶、阴叶之分。

三、主要分布

山莓主要分布于河南，山东、山西、湖北、湖南、河北、安徽、浙江、广东、广西、云南、四川、贵州等地。河南省舞钢市南山旁背山、长岭头、王庄沟、灯台架、官平院、人头山、蚂蚁山、支鼓山等林区有野生分布，海拔 300~500 m 沟谷、山坡等多有野生，与灌丛伴生，在林荫下生长不良。

四、引种繁育与造林绿化

山莓适应性强，生长快，是造林绿化的优良果树树种，其果实红色、鲜艳透明，既可观赏，又可食用。山莓苗木繁育，芽、茎、根都能繁育成苗，是一种繁殖方法较多、繁育途径简便的树种。山莓繁殖方法，采取有性繁殖和无性繁殖技术。有性繁殖是用种子培育出实生苗，实生苗的变异很大，对技术要求高，所以有性繁殖只用于培育新品种。生产上使用的技术均为无性繁殖，无性繁殖的苗木品种变异小，繁殖容易，成活率高，结果早。无性繁殖苗木采用种条扦插法、分株法和压条法等 3 种方法。

（一）种条扦插繁育技术

9~10 月，选择健壮的种条，剪留 35~40 cm 的 1~2 年生枝条，放入窖内沙藏储藏，3 月上旬，将种条两端按 15~20 cm 株距插入 90~100 cm 宽的畦内，每畦插 2~3 行，插条成弓形，待发出新梢生根后，将枝条从中剪断，变成 2 株小苗，加强肥水管理、保湿保墒，9~10 月苗木生长高达 70~80 cm 幼苗。

（二）分株繁育技术

山莓根部上易自然形成不定芽，萌发后长出地面则形成了很多根蘖苗。在山莓生产林间或繁育地块中，这些根蘖苗往往作为杂草或幼苗而随时遭清除。若能将这些根蘖苗科学利用，便形成了分株繁殖，经繁育培养即可成为实生幼苗。在 6~9 月，山莓根蘖苗大量发生并旺盛生长期，分批、分期地将长到 20~25 cm 以上半木质化的根蘖苗挖出，挖时注意保持根系完好。而后集中栽植于育苗圃中，株行距为（15~20） cm × 30 cm。栽后充分浇水，及时除草、松土，并在缓苗后追 1~2 次以氮肥为主的化肥，9~10 月后再喷 1~2 次复合肥或磷、钾肥。这种根蘖分株繁育技术，又名苗归圃管理的分株育苗技术。注意：10

月落叶后，及时起苗，进行大棚或土壤深埋，做好越冬保护，防止幼苗冻害，第 2 年 3 月即可移植大田培养或造林绿化建园栽培。

（三）种苗压条繁育技术

山莓枝条营养丰富，4~5 月，枝条生长到 30~60 cm 时，即枝条先端则弯曲下垂时，对这些下垂枝及时人工摘心，摘心后的枝条，即可萌发 1~3 个枝或生长出多枝。当所出分生枝长至 20~25 cm 时，则在距母株 80~90 cm 以外处挖 15~20 cm 深浅沟将其埋于沟中，覆土 5~7 cm。经 15~20 天后压枝便可生根。在苗长至 40~50 cm 时将沟填平，保证新苗正常生长。6 月，即压条后，加强人工管理，及时除草、浇水，并喷肥 2~3 次，10~11 月实生幼苗可达 70~120 cm。

（四）造林绿化技术

1. 山区造林选择土地

造林土地深度应为 25~30 cm，及时整地，采用人工或机械整地，整地时间为 11~12 月，经过冬季严寒低温，土壤变得疏松，有利于造林植树。

2. 造林时间

3 月上旬或 9~10 月，当气温在 0 ℃以上时都可以栽植；10 月中旬至 11 月下旬为最佳栽植时间，成活率高。如果是 3 月栽植的幼苗，当年有少量挂果，4 月栽植的苗木，第二年 5~6 月多数植株都能挂果，第 3 年进入盛果期，可连续结果 20~30 年以上。造林后，要施入足够的农家肥为基肥，以腐熟的土杂肥为好，每亩施 3 000~5 000 kg。

3. 造林规格

山莓可以选择单株栽植或带状栽植。单株栽植适用于小区、公园、宅旁零星空地栽植；单株栽植行株距均为 1.5~2 m；带状栽植适用于片林、荒山绿化、风景区局部绿化等稍微大面积栽植，带状栽植的行距为 1.5~2.0 m，株距为 0.8~0.9 m，每亩定植穴 356~400 棵。无论是单株栽植还是带状栽植，为了早日形成繁茂的株丛，以每穴栽 2~3 株为佳，这样可以早日达到丰产、丛密观赏的绿化作用。

4. 植树造林

苗木处理，选择健壮的苗木，在栽前要将苗木的根系在清水中浸泡 18~24 小时，使根系吸足水分，以利造林中保证水分，才能提高成活率。栽植时，要深栽浅埋，深栽就是苗木的根系要距地面 10~18 cm，浅埋就是在苗木周围覆土的地方选择 25~30 cm 以内，覆土时不要超过苗木原有的生长土印或离地面 2~3 cm 处。深栽是因为每年新生的根状茎随着树龄增长而逐年上移，而下边的根系会逐年老化，为保证树体的正常生长，要深栽。浅埋的目的主要是缩短缓苗期，提高成活率。栽植时间为 3 月，栽植后，由于植株的营养中心在地下根部，而不是地上，需要 30~50 天的时间才能抽出基部生枝，这是山莓与其他种类果树不同的特殊性，所以调查山莓的成活率宜在栽后 50~60 天后进行。9~10 月栽植，栽植后，山莓根系在土壤结冻前已恢复生长，而地上部分芽体进入休眠状态不萌发，保证枝干的养分充足，这样不仅提高了成活率，而且为第 2 年的快速生长打下了良好的基础。为此，建议秋季 9~10 月栽植，秋植的成活率要比春植高 10%以上。

5. 栽植后管理技术

一是搭架缚引。山莓为直立型果树，但由于山莓枝条通常只生长 2 年，比较细，当枝条长到 1.5 m 时易成弓形而触地，特别是在结果期更是如此，所以山莓在生长期间要搭架缚引。搭架缚引非常简便，在行内每隔 5～9 m 立一支柱，高 1.2～1.5 m，并拉两道铁丝线，上层铁丝固定在支柱顶端，下层铁丝距地 90～110 cm，将枝条扇形引缚到铁丝上，帮助生长。二是技术修剪。技术修剪分 3 次完成。第一次修剪是在 3～4 月，早春进行定植修剪，对过密的细弱枝、破损枝要齐地剪除。当年生新梢长到 40～60 cm 时，对密度较小的植株可进行摘心，以促进侧芽萌发新枝，增加枝量；第二次修剪是对基生枝（即当年新梢）的修剪。对基生枝剪留在 1.2～1.6 m 以内是最适宜的，这个长度既促进了结果母枝的生长，增加了产量，又促使基生枝在第二年花芽完全分化。每年每株可选留长势壮的基生枝 6～8 个，其余剪掉，这是较为合理的留枝密度。第三次修剪是在采收结束后，对结果母枝要齐地疏除，提高结果能力，达到丰产丰收。三是浇水施肥管理。肥水管理，施基肥宜在 8～9 月，此时，气温高，施入土壤的肥料可以加速分解，有利于根系吸收，保证苗木储备足够的营养物质；另外，根系秋季开始进入生长高峰，这时施肥大大改善土壤疏松度和营养条件，促进根系生长，为第二年高产优质丰收打下基础。施入基肥以腐熟的农家肥为主，也可加入适量的化学肥料，如尿素、磷酸铵等。施肥时在距植株 40～60 cm 一侧施肥，每株丛施肥 0.5～0.6 kg。要将基肥与土拌匀，第 2 年施肥时，要换到植株另一侧。追肥共分 2～3 次，主要是根据山莓物候期的需要特点补充速效性肥料。第 1 次追肥在开花至幼果形成期，以氮肥为主；第 2 次追肥是果实膨大期，施入生物肥为主，主要是促进基生枝生长和果实膨大。第 3 次追肥是在果实采收后期。此次追肥以磷钾肥为主，目的是促进基生枝生长充实，奠定来年高产基础。平均每次每株丛施肥 40～50 g，追肥在距植株 40～50 cm 一侧施肥，最后覆一层 1～2 cm 的薄土。在干旱缺雨不适宜土壤追肥的地区，可将肥料喷到枝上或叶上进行根外追肥。水是任何植物生长所必需的重要组成部分，对于山莓而言，春季萌芽期，开花结果时期如出现干旱，要格外注意并及时浇水，以确保产量。山莓是浅根性植物，浸湿深度达到 30～40 cm 即可，同时也要注意雨季及涝洼地及时排水，在寒冷地区可以灌一次封冻水，以提高第二年春季土壤的蓄水量。在干旱地区可在山莓周围覆盖些秸秆、杂草、树叶等有机物，这样既能减少水分蒸发，又可增加土壤肥力。四是中耕除草。山莓园，每年进行 2～3 次中耕除草，松土除草要除早、除小、除了，也可使用化学除草剂。同时为了提高土地的利用率及经济效益，解决土地有机肥来源，可在山莓园中种植些一年生矮小的绿肥作物，如豆类、薯类、蔬菜等。五是防寒保暖。11～12 月，冬季严寒的地区，应采取防寒措施，防寒时间不宜过早，一般在几次早霜之后的初冬，土壤没有完全结冻之前。埋土防寒时，先将山莓基生枝按要求剪截后，沿行向朝一个方向顺直压倒，对枝条弯曲处要堆好枕土，以防埋土后重压折断。埋土时要拍实以防透风，取土要在植株 1 m 以外，防止伤根。3～4 月，撤土时间一般在 9～10 cm 地温稳定在 3～5 ℃时，要先撤两边土，再撤上边土，以防碰伤幼芽，撤土后要及时将枝条引缚上架。

（五）大棚造林栽植技术

山莓适应性强，植株长势强壮，抗寒，抗病虫害。棚架栽植可以矮化栽培，株距 80～120 cm，三角形定植，行距 200～250 cm。每亩栽植株数为 450～550 株，进入结果期，每亩结果株数为 1 500～1 700 株。大棚栽植时间，3 月春季或 9～10 月进行；但是，3 月春季栽植比秋季栽植的成活率高，春季在 3 月上旬，秋季在 10 月上旬前后栽植即可。

(六)防治病虫害技术

山莓常见病害主要有茎腐病、柳蝙蝠蛾、山莓穿孔蛾三种。一是茎腐病。茎腐病发生时间为6~8月;危害部位山莓基生枝,发生在新梢上,先从新梢向阳面距地面较近处出现一条暗灰色似烫伤状的病斑,长1.5~2.5 cm、宽0.5~1.3 cm,病斑向四周迅速扩展,病部渐褐色,病斑表面出现大小不等的黑点,木质部变褐坏死。随着病部的扩展,叶片、叶柄变黄枯萎,最后整株死亡。夏季高温多雨的季节为发病盛期。二是防治方法。9~10月清园,剪下病枝集中烧毁。或5~7月发病初期喷甲基托布津500倍液,或40%乙磷铝500倍液,或福美双500倍液。造林时,选择抗病品种。二是柳蝙蝠蛾。是危害山莓的主要害虫,严重影响第2年产量。柳蝙蝠蛾的发生时间为5~7月;其幼虫7月上旬开始蛀入新梢为害,蛀入口距地面40~60 cm,多向下蛀食。柳蝙蝠蛾常出来啃食蛀孔外韧皮部,大多环食一周。咬碎的木屑,与粪便用丝粘在一起,环树缀连一圈,经久不落,被害枝易折断而干枯死亡。防治方法:6~7月,人工修剪,当成虫羽化前剪除被害枝集中烧毁。或5~8月上旬初龄幼虫活动期,可喷2.5%溴氰菊酯1 800~2 500倍液,能达到较好的防治效果。三是山莓穿孔蛾。发生时期为8~9月;危害枝干或嫩芽;山莓穿孔蛾8~9月作茧在基生枝基部越冬,展叶期爬上新梢,蛀入芽内,吃光嫩芽后,再钻入新梢,致使新梢死亡。成虫羽化后,傍晚在花内产卵,幼虫最初咬食浆果,不久转移至基部越冬。防治方法:9月下旬,采果后清园;或3月,展叶期喷80%敌敌畏1 000倍液或2.5%溴氰菊酯3 000倍液,杀死幼虫。

五、山莓的作用与价值

(1)经济价值。山莓是灌木型果树,果实红色、鲜艳透明,具有良好的观赏作用,山区造林是生态经济型水土保持灌木优良树种。其果实具有很好的营养价值、食用价值,所以经济效益较好,前景可观,可作为经济作物开发利用。

(2)食用价值。山莓果实具有很好的营养价值,果味甜美,含糖、苹果酸、柠檬酸及维生素C等,可供生食、制果酱及酿酒。

(3)药用价值。山莓以根、叶入药,根苦、涩,平,叶苦、凉。根活血、止血、祛风利湿,用于治疗吐血,便血、肠炎、痢疾、风湿关节痛、跌打损伤、月经不调、白带。叶消肿解毒,外用治痈疖肿毒。

第四章　野生藤本树种

128　苦皮藤

苦皮藤,学名:*Celastrus angulatus* Maxim.,卫矛科南蛇藤属植物,又名苦树皮、罗卜药、马断肠、老虎麻,藤状灌木。其枝干发达,叶形宽大,秋叶变红,球果黄色,假种皮泛红,红黄兼之,相映生辉。据其攀缘能力强、耐旱、耐寒、耐半阴、病虫害少、管理粗放等特性,用于景园、城镇观赏植物点配,具有特色景观价值。可作乔灌结合,立体配植,或作街区游园花境篱荫,别墅、庭院墙面、棚荫绿化,尽显其美,别有情趣。

一、形态特征

苦皮藤,小枝具4~6纵棱,皮孔密生,圆形到椭圆形,白色。单叶互生,叶大,近革质,长阔椭圆形、阔卵形或圆形。长7~15 cm、宽5~12 cm,先端圆阔,中央具尖,侧脉5~7对,叶面明显突起。雌雄同株,聚伞圆锥花序,顶生,略呈塔锥形,长10~20 cm。花萼镊合状排列,三角形至卵形,近全缘。花瓣长方形,花盘肉质,5浅裂。雌花子房球状,柱头反曲,蒴果近球状,黄色,假种皮开裂后显红色,直径8~10 cm;种子椭圆状,直径1.5~3 mm。花期5~6月,果期7~8月。

二、生长习性

苦皮藤喜散光、喜湿润,耐阴性,喜深厚疏松土壤,生于海拔400~2 000 m,中性、微酸性土壤,沟谷、山坡丛林及灌丛中。

三、主要分布

苦皮藤主要分布于河北、山东、河南、陕西、甘肃、江苏、安徽、江西、湖北、湖南、四川、贵州、云南、广东和广西等地。生长于海拔1 000~2 500 m山地丛林及山坡灌丛中。河南省舞钢市国有石漫滩林场秤垂沟、围子园、长岭头、灯台架、老虎爬、官平院、祥龙谷等林区野生。多生于林下,与阔叶林木攀缘伴生,灌丛、旷野少见。

四、引种繁育与造林绿化

(一)引种繁育苗木技术

1.种子采收

选择结果多、健壮、无病虫害的植株作采种母株,9月下旬至10月下旬,当果皮变黄,种子淡红褐色时即可采收。将整个果序剪下,放入盆内搓揉,然后淘洗,漂去果皮和假种皮等杂质,取沉底的种子,摊开晾干保存备用。

2. 种子处理

采用湿沙层积法处理，用清洁的细河沙，湿度以手握成团，放手则散为宜，种子与沙的比例为 1∶3，分层冷藏于干燥、背阴的土窖中。

3. 播种基质配制

选择森林腐叶土即母树林下的土壤加 1/3 细沙。播种前 3 天用 40%福尔马林 0.2%的溶液喷洒，用塑料薄膜覆盖，以消灭土壤中的病原菌。

4. 种子播种

大田露地播种，选择在 4 月上旬至 5 月上旬为宜。播前用浓度为 0.5%的高锰酸钾溶液浸种消毒 2~2.5 小时后，再用湿毛巾包好置 20~25 ℃恒温箱中催芽，萌动后播种。采用条播法，用小木棍开沟，深 1~1.5 cm，沟距 9~10 cm，将种子均匀撒入沟内，然后覆土盖种，覆土深度以不见种子为度。播种量为每亩播种 4.5~5 kg。覆土后，将床面适度镇压，使种子与土壤紧密结合，浇透水，然后在床面覆盖一层稻草保湿，便于种子从土壤中吸收水分而发芽。

5. 新生苗木保护

播后保持苗床湿润，土壤不可过湿或过干。4~5 天子叶开始破土，7~8 天子叶出土 80%，10~15 天子叶全部放开。发芽后浇水适当减少，以促进根系发育。经常观察出苗情况，当大部分幼苗发芽出土后，及时揭除覆盖物，逐渐见阳光，揭草后如遇烈日，应搭遮阴棚，防止幼苗灼伤。

(1)及时间苗管理。新生幼苗完全露出真叶时第 1 次间苗，以后适时间苗 2~3 次，去密留疏，去弱留强。每次间苗后应立即浇透水。

(2)分栽苗木。幼苗生长迅速，为了培育壮苗，必须进行 1~2 次分栽。选择通风向阳、排水良好、靠近水源、土质疏松而肥沃的圃地，土壤深翻 20~30 cm，清除杂物，打碎土块，结合翻耕，每亩施入 2 500~3 000 kg 优质有机肥，同时每亩地用 3%呋喃丹 0.8~1.2 kg 进行土壤消毒。为了促进根系生长，在表土中均匀掺入一些过磷酸钙，每亩施入 40~45 kg。再把床面耙细耙平，轻轻镇压。按宽 80~100 cm，步道 40~45 cm 做床。当幼苗 4~5 片真叶时移栽 1 次，选择阴天进行，株行距 20 cm × 30 cm，分栽后连续浇 3~4 次透水。

(3)除草。苗圃地除草要及时，每月除草 2~3 次，保持圃地无杂草。

(4)施肥。4~5 月，每隔 10~15 天施浓度为 3~5 kg 生物肥 1 次。5~8 月追施速效化肥 2~3 次，以氮肥为主，配以适量磷、钾肥，促进幼苗健壮生长。9 月停肥控水，提高苗木木质化程度，以利越冬抗寒。

(二)防治病虫害技术

苦皮藤主要病虫害是白粉病、红蜘蛛等。4~6 月，气温高、湿度大，易发生白粉病，在 4 月下旬，喷布百菌清或多菌灵 500~700 倍液，连续防治 2~3 次，每隔 8~10 天 1 次；红蜘蛛害虫，发生在 5~7 月，在栽培中注意剪去病弱枝或下垂枝，提高树势，增加抗性。红蜘蛛发生危害初期，可用 25%三氯杀螨醇 0.1%~0.125%浓度的溶液进行及时防治。

五、苦皮藤的作用与价值

(1)观赏价值。苦皮藤枝干发达，叶形宽大，秋叶变红，球果黄色，假种皮泛红，红黄兼之，相映生辉。其攀缘能力强，耐旱、耐寒、耐半阴，病虫害少，管理粗放，用于景园、城镇观赏植物点配，具有特色景观价值。

（2）绿化作用。苦皮藤可作乔灌结合，立体配植，或作街区游园花境篱荫，别墅、庭院墙面、棚荫绿化，尽显其美，别有情趣。尤其是入秋后叶色变红，果黄色球形，开裂后露出红色假种皮，红黄相映生辉，具有较高的观赏价值，攀缘能力强，耐旱、耐寒、耐半阴，管理粗放，是庭院理想的棚架绿化材料。

（3）经济价值。苦皮藤树皮纤维丰富，可作造纸、人造棉材料；果皮、种子富含油脂，可作工业原料；其花为优质蜜源。根皮及茎皮为天然杀虫剂和灭菌剂，民间常用其防治作物、蔬菜病虫害。

129　悬钩子

悬钩子，学名：*Rubus* L.，蔷薇科蔷薇亚科的一个属，又名山莓、木莓、三月藨、大麦泡、狗屎袍子等，藤状落叶灌木。悬钩子属植物果实多浆，味甜酸，可供食用，是园林绿化、小区美化、庭园栽培等优良观赏树种。

一、形态特征

悬钩子茎直立，高0.5～2 m。有钩刺，幼时有茸毛。单叶互生，卵形至卵状披针形，长3～9 cm，宽2～5 cm，先端渐尖，基部近心形，边缘有不规则锯齿，有时3浅裂，基出3脉，上面脉上有柔毛，下面有灰色茸毛，中脉及叶柄常有小钩刺。花单生或数朵生，白色。萼片5，外面有毛，花瓣5。聚合果熟时鲜红色，多汁。花期4月，果期5～6月。

二、生长习性

悬钩子耐瘠薄、耐干旱，适应性强，属阳性植物，在海拔300～1 500 m的向阳山坡、溪边、山谷和灌木丛中生长良好。悬钩子的苗较矮，一般比膝盖高一点。而覆盆子的苗比较高，有时候可以高过人头。悬钩子的果实是实心的，果实牢牢固定在果蒂上。而覆盆子的果实是空心，它的果实，就像很多果粒组成一个大的果实，贴附在果蒂上。

三、主要分布

悬钩子主要分布于河南、河北、山西、山东、陕西、湖南、湖北、广东、云南等地。河南省舞钢南旁背山、人头山、蚂蚁山、官平院、大河扒、王沟、九头崖、秤锤沟、冷风口等山区、山谷地、山坡有野生。多混生于疏林、灌丛中。

四、引种繁育与造林绿化

悬钩子的造林绿化技术如下。

（一）造林栽植时间

3～4月或9月至11月下旬为最佳栽植时间，此期造林成活率高。

(二)造林地点

悬钩子主要应用在风景区、小区、城乡绿化栽植;选择地块,土层 30~35 cm 的土壤内或石渣土壤地块栽植;排水浇水方便、管理良好的地方,植株生长健壮。

(三)栽植距离

选择优质壮苗栽植,采取单行栽植或带状栽植,株行距 1.5 m × 2.5 m 为佳,栽前要将苗木的根系在水中浸泡 18~24 小时,提高造林成活率。

(四)造林后的管理

悬钩子栽植后,11~12 月,拖拉机翻耕松土,人工清除杂草,防止拖拉机伤害根系;及时浇水施肥。施肥以底肥为主,施用量可视土壤肥沃程度而定。每亩施入农家肥 5 000~6 000 kg,翻入土中。3 月或 4 月初,对苗木施入复合肥,每亩施入 30~50 kg,施入肥料后浇透水分,促进苗木快速生长,早日结果见效。

(五)果实采收

悬钩子成熟后要适时采收,切不可超前或拖后。一般在成熟后的 1~2 天采收。采摘要带果托和部分果柄。采收的浆果最好保存在冷库或冰箱里,相对湿度在 85%~95%,在这样的温度和湿度条件下,可保藏 5~8 天。利用冷库等冷藏设施可达到长期保存浆果的目的,延长上市时间和方便销售。

五、悬钩子的作用与价值

(1)食用价值。悬钩子果可食,味酸甜,有助开味生津,属可开发性野生果品。

(2)药用价值。悬钩子根、茎、叶、果均可入药,味微苦,性辛、平,入肝、肾、肺经,止渴、祛痰、解毒。具有祛风除湿、活血化淤、解毒敛疮的功效,主治风湿腰痛、痢疾、遗精、毒蛇咬伤、闭经痛经、湿疹、小儿疳积等症。

(3)绿化作用。悬钩子属植物果实多浆,味甜酸,可供食用,是园林绿化、风景区、庭园栽培的观赏树种。

130 覆盆子

覆盆子,学名:*Rubus idaeus* L.,蔷薇科悬钩子属,又名悬钩子、覆盆、覆盆莓、树梅、野莓、木莓、乌藨子、小托盘、山泡、竻藨子等,藤状落叶灌木植物,既是一种水果,果实味道酸甜,又是植株的枝干上长有倒钩刺的野生绿化树种。

一、形态特征

覆盆子,藤状落叶灌木,高 1~2 m。枝褐色或红褐色,幼时被茸毛状短柔毛,疏生皮刺。小叶 3~7 枚,长卵形或椭圆形,顶生小叶常卵形,有时浅裂,顶端短渐尖,基部圆形,顶生小叶基部近心形,上面无毛或疏生柔毛,下面密被灰白色茸毛,边缘有不规则粗锯齿或重锯齿。叶柄被茸毛状短柔毛和稀疏小刺,托叶线形,具短柔毛。总状花序,总花梗和花梗均密被茸毛状短柔毛和针刺;花萼外面密被茸毛状短柔毛和针刺;萼片外面边缘具灰白色茸毛,在花果时均直立;花瓣匙形,白色。果实红色,卵圆形。花期 4~5 月,结果期 6~7 月。

二、生长习性

覆盆子为喜光树种,性喜温暖湿润,喜散射光,适应性强,对土壤要求不严格,但以土壤肥沃、排水良好的微酸性、中性壤土较好。适生海拔 300~2 000 m 山区、半山区的溪旁、山坡灌丛、林边及乱石堆中。覆盆子生于山地杂木林边、灌丛或荒野,山坡、路边阳处或阴处灌木丛中常见。

三、主要分布

覆盆子主要分布于辽宁、吉林、内蒙古、福建、河北、河南、山东、山西、江苏、安徽、云南、浙江、江西、湖南、湖北、广西、广东、陕西、贵州、四川、重庆、甘肃、新疆等地。河南省舞钢市南部山区旁背山、人头山、瓦房沟、九头崖、秤锤沟、王沟、官平院、祥龙谷、五座窑等林区有野生分布,多与灌丛类伴生。

四、引种繁育与造林绿化

覆盆子是小灌木,结果早,易进入盛果期,一般栽后 2~3 年结果,3~4 年丰产,4~5 年时产量最高,盛果期可长达 15 年左右。覆盆子根系浅,不耐旱,水分不足会抑制生长和结果,花期 4~5 月,结果期为 6~7 月,土壤水分蒸发量过大,水分不足,则会影响产量。

覆盆子为喜光树种,没有 2 年半以上的茎,地上部分由 1 年生枝和 2 年生枝组成。花芽在新梢叶腋中形成,下面的后备芽发枝较弱,在主芽死后,后备芽可代替主芽结果,但后备芽的产量少。覆盆子的根系发达,由根状茎和侧生根组成,根状茎上长出的侧生不定根有多数,不定根的远端易萌生新的基生枝。覆盆子苗木易繁殖,采用根蘖繁殖、扦插繁殖、移株繁殖。

(一)覆盆子的根蘖繁育技术

一是选择优良健壮的母株作种株,选留发育好的根蘖,保持间距 10~15 cm;二是选择保持土壤湿润、疏松、营养充足的土壤作繁育苗圃地;三是采挖根蘖,9~10 月挖起根蘖,挖时宜深,深度 30~40 cm,保留较多的侧枝即可;四是栽培种植,做到人工采挖,随挖随栽,也可挖后先假植在温暖地窖或避风朝阳的地方保存储藏,第 2 年 2~3 月,引种移植培育苗木。

(二)覆盆子的扦插繁育技术

1. 选择种条

选择将粗度 1~1.5 cm 的侧生根挖出,选带芽的根,剪成 9~10 cm 的根条作种条。

2. 扦插时间

3 月中旬,气温 12~20 ℃时进行扦插。

3. 扦插技术

人工做畦,畦宽 90~120 cm,株距 2~3 cm,行距 12~15 cm,开挖 9~10 cm 深的沟,将根斜插入畦床中,露出 1/4 在土外,埋平即可。

4. 栽培移植

每年 11 月至第二年 3 月,从山上林地中挖取野生植株,剪去地上基生枝,保留 18~20

cm长,注意不要损伤基部的休眠芽。随后移植于平整好的大田中,株距20~25 cm,每亩栽植2 200~2 300株。栽后覆土踏实,浇定根水,覆盖秸秆或干草保湿、保墒等,促进苗木快速生长。

(三)造林绿化栽培技术

1.栽培造林

栽植时间为3月,覆盆子进行春季栽培;9月可秋季栽培。11月中下旬或3月中下旬栽培成活率高。选择避风向阳、土质疏松、有机质含量高、土壤湿润不易积水的地块建园,排水良好的微酸性缓坡地,深翻整地。建园前应深耕平整,每亩施农家肥2 500~5 000 kg。栽植方式为带状法,行距1.5~2.0 m、株距0.4~0.8 m。植穴规格30 cm × 30 cm × 30 cm,栽苗时注意保护基生芽不受损伤。栽后及时平茬,留茬18~20 cm,每穴栽2~3株,达到早日丰产的目的。

2.造林后的管理

栽植前施足基肥,施农家肥每株3~5 kg。生长期间结合松土除草,每年施追肥2~3次,以氮肥为主,适量搭配磷钾肥。在3月施苗肥,4月施花肥,11月施越冬肥。每亩施农家肥1 500~2 000 kg。夏秋干旱时注意浇水。4~5月新枝发生侧枝时,摘去顶芽促进侧枝生长,同时对侧枝摘心,促使其发生二次侧枝,枝多叶则茂,增加第二年结果母枝,增加产量。结果期要在每一植株旁立支柱,防止倒伏。防倒伏进行支架固定。覆盆子枝条柔软,常易下垂到地面,或遇风易倒伏,影响产量和质量。因而在园地中架设支架,将两年生枝条绑于架上,使枝条受光均匀,保持园内良好的通透性。加强肥水管理。每年5~6月或8~9月中耕除草2~3次,减少杂草对养分、水分的消耗,以促进覆盆子的树体的健壮生长。每年秋季可每亩施农家肥2 500~3 000 kg,在开花和果实发育期各追肥1次,以提高产果率和促果实膨大。追肥应以速效性氮肥为主,每次每亩施尿素10~15 kg。同时每亩施硼砂和硫酸锌各0.5~1 kg,以利保花保果。做好排灌水工作,遇天旱适时浇水,保持土壤湿润。遇大雨及时排除积水,防止落花落果。修剪。3月,春季应及时剪除二年枝顶端干枯部分,促使留下的枝条发出强壮的结果枝。疏去基部过密枝和病虫枝,每株留7~8个二年生枝,保留合理密度,利于通风透光,保证高产和稳产。在采果后剪除二年生枝,疏去枝蘖和过密的基生枝,以控制园内的总枝量。

3.果实的采收技术

覆盆子的采收时间为5月至6月上旬,此时果实已充分发育且呈现绿色,尚未转红成熟,采收分批进行,采下后,除去梗、叶、花托和其他杂质,然后倒入沸水烫2~3分钟再捞出,随后摊晒或烘干。成品以种粒完整、坚实色黄绿、味酸、无梗叶屑者为佳。如采收成熟的果实,由于成熟期不一致,应分批采收。当果实有品种风味、香气和色泽时,适时采收。一般在16:00后采收为宜,切忌在早晨和雨天进行,防止果实变质。

(四)防治病虫害技术

覆盆子主要病害是茎腐病、白粉病。一是茎腐病,是危害覆盆子树基生枝的一种严重病害。4~5月发生在新梢上,先从新梢向阳面距地面较近处出现一条暗灰色的似烫伤状的病斑,长1.5~5.5 cm、宽0.6~1.2 cm。病斑向四周迅速扩展,病部渐变褐色,病斑表面出现许多大小不等的小黑点,木质部变褐坏死,随病部扩展,叶片、叶柄变黄、枯萎,严重时整株枯死。防治方法:8~9 月秋季清扫园地,将病枝剪下集中烧毁,消除病原;在 5~8 月生长期,可喷药防治。5 月中旬、7 月的发病初期分别在易发病的品种上喷布甲基托布津 500 倍液或百菌清 500~700 倍液或福美双 500~600 倍液。二是白粉病。4~5 月发生,感病叶覆有一层白色粉状物,从而引起叶片扭曲变形或变卷缩;有时叶片并不显现白色粉状物,而表现叶片有水浸状斑点。严重时新梢生长矮化,果实有时也受侵染。防治方法:11~12 月入冬前清扫园地,将病叶及病枝集中烧毁,消除病原;2~3 月,早春发芽前、开花后及幼果期,喷布 70% 甲基托布津可湿性粉剂 1 000 倍液,或 25% 粉锈宁可湿性粉剂 1 000~1 500 倍液即可。覆盆子主要虫害是柳蝙蝠蛾、穿孔蛾、蛀甲虫等。一是柳蝙蝠蛾,是危害覆盆子的主要害虫,严重影响覆盆子第二年的产量。柳蝙蝠蛾幼虫 7 月上旬开始蛀入新梢危害,一般蛀入口距地面 40~60 cm,多向下蛀食,幼虫经常出来啃食蛀孔外边的韧皮部,大多环食一周,咬碎的木屑、粪便用丝粘在一起,环枝缀连一圈,经久不落,易于发现与鉴别,被害枝极易折断而干枯死亡。防治方法:在 8 月下旬成虫羽化前剪除被害枝梢;11~12 月,植株越冬埋土防寒的覆盆子园可减轻此虫的发生;发生严重的果园,可在 5 月至 6 月上旬初龄幼虫活动期,地面喷布 2.5%溴氰菊酯 2 000~3 000 倍液。二是穿孔蛾。9~10 月,幼虫作小茧在基生枝基部皮下越冬。第二年 3 月下旬幼虫在展叶期爬上新梢,蛀入芽内,食尽芽的内部,而后又钻入覆盆子新梢内,新梢被害而很快死亡。成虫于花期羽化,傍晚在花内产卵,幼虫最初食害浆果,但不久转移至植株基部越冬。防治方法:10~11 月秋季清扫园地,将剪下的结果母枝集中烧掉;3 月中旬,展叶期喷布 80%敌敌畏 1 000 倍液,或 2.5%溴氰菊酯 3 000 倍液杀死幼虫。三是蛀甲虫。3~4 月,成虫开始食害嫩叶,并咬入花蕾,取食雄蕊和蜜腺,被害花蕾脱落或者变为畸形果。成虫在花内产卵,经过 8~10 天孵化幼虫,随即钻入果内食害,被害浆果重量减轻,容易腐烂。防治方法:4~5 月,发生严重的覆盆子园,在 4 月下旬成虫出土期进行地面施药,2.5%敌百虫粉剂 0.4 kg 兑水 25 kg 喷布;发生较轻时,采用人工防治,在成虫开始危害花时,可振摇结果枝,使成虫落在适当容器内,集中销毁,及时收集被害果实,并把脱果幼虫收集后销毁灭杀。

五、覆盆子的作用与价值

(1)食用价值。覆盆子果可食,茎、果实固精补肾、明目,治劳倦、虚劳、肝肾气虚恶寒、肾气虚逆咳嗽、痿、消瘅、泄泻、赤白浊。覆盆子果实含有相当丰富的维生素 A、维生素 C、钙、钾、镁等营养元素及大量纤维。覆盆子能有效缓解心绞痛等心血管疾病,但有时会造成轻微的腹泻。覆盆子果实酸甜可口,有"黄金水果"的美誉。

(2)绿化作用。覆盆子为藤状落叶灌木植物,既是一种水果,果实味道酸甜;植株的枝干上长有倒钩刺,又是园林绿化绿篱构筑的野生绿化树种。

131 络 石

络石,学名:*Trachelospermum jasminoides* (Lindl.) Lem.,夹竹桃科络石属,又名石龙藤、蛇南藤、万字茉莉等,常绿木质藤本植物。络石匍匐攀缘性强,叶片深绿,常青不落,花开洁白,芳香四益,色香宜人,堪称匍匐观赏植物特色植物。是园景树园、崖壁、孤石、桥边攀匐景观点缀、空旷地搭配色带的优良绿化树种。

一、形态特征

络石藤茎长可达10~15 m。茎嫩茎具乳汁，赤褐色，圆柱形。叶革质或近革质，叶片椭圆形至卵状椭圆形或宽倒卵形，叶面无毛，中脉微凹，侧脉扁平，叶柄短。二歧聚伞花序，圆锥状，腋生或顶生。花多朵，白色、芳香。苞片及小苞片狭披针形，裂片线状披针形。花蕾顶端钝，花冠筒圆筒形。雄蕊着生花冠筒中部，花药箭头状，花柱圆柱状，柱头卵圆形。蓇葖果双生，叉开，线状披针形或细缍形。熟时黄褐色。种子线形，褐色，花期4~7月，7~11月结果。

二、生长习性

络石喜弱光，耐瘠薄、耐干旱、耐烈日高温。攀附墙壁，阳面及阴面均可。对土壤的要求不严，一般肥力中等的轻黏土及沙壤土均宜，酸性土及碱性土均可生长，但忌水湿，盆栽不宜浇水过多，保持土壤润湿即可。络石野生在山野、溪边、路旁、林缘或杂木林中，常缠绕于树上或攀缘于墙壁上、岩石上，亦有移栽于园圃。喜疏松的中性、微酸性土壤。适生海拔300~1 500 m，山地之沟谷、山脚、山腰密林或阴坡、崖壁。对气候的适应性强，能耐寒冷，亦耐暑热，但忌严寒。河南北部以至华北地区露地不能越冬，只宜作盆栽，冬季移入室内。华南可在露地安全越夏。喜湿润环境，忌干风吹袭。

三、主要分布

络石主要分布于山东、安徽、江苏、浙江、福建、台湾、江西、河北、河南、湖北、湖南、广东、广西、云南、贵州、四川、陕西等地。黄河流域以南各省区，南北各地多有栽培。河南省舞钢市境内的刘山公园、大河扒、九头崖、祥龙谷、王沟、灯台架等山区有野生分布。海拔300~500 m的，林下或阴坡、崖壁多有分布。匍匐攀缘林木树干、崖壁、乱石堆。

四、引种繁育与造林绿化

络石匍匐攀缘性强，叶片深绿，常青不落，花开洁白，芳香四益，色香宜人，堪称匍匐观赏植物特色植物。随着人们生活的改善，其越来越被人们喜爱与引种发展栽培，尤其是城乡绿化广泛应用。络石主要采用扦插繁殖，扦插极易成活。因其匍匐性茎具有落地生根的特性，所以利用其茎节处接触土层生根后剪断分株，可一次性繁殖大量植株。

（一）压条繁育技术

络石繁育主要采取压条育苗，7~8月，雨水多、墒情好，是压条繁育的好机会。选择其嫩茎压条，络石具有很强的极易长气生长根的能力，利用这一特性，将其嫩茎采用连续压条法，9月从中间剪断，可获得大量的幼苗。或在7~8月，剪取长有气根的嫩茎，插入肥沃的土壤中，搭建遮阳网置半阴处，成活率达90%以上；注意2年生老茎扦插成活率低。

（二）种子播种繁育技术

采收种子。注意盆栽络石，虽可开花，但是花后一般不结籽，野生或培育大田地栽络石，开花后可结圆柱状的果，10月成熟即可人工收取，晾干保存，3月进行春季大田播种繁育，加强肥水管理即可出苗；播种苗要3~4年后才开花。采取种条压条、种条扦插繁育的苗木，第二年即可开花。

（三）栽培应用与管理

络石因自身的匍匐攀缘特性，在城乡绿化中作悬吊或攀缘栽植绿化。利用气生根作攀缘栽植时，可先在盆中放棕皮柱或形态较好的枯树干，人工制作扎成亭、塔、花篮等造型。及时进行肥水管理养护，浇水保持土壤湿润，采取喷雾的方法浇水，并经常向造型棕皮柱或支架上喷水增加湿度。在生长期，施入1~2次肥水，搭建遮阳棚防晒，并应避免烈日直射，以半阴或明亮的散射光照射为佳。繁育苗木在生长季用扦插或压条法都容易成活。络石喜湿润，生长季节盆土要保持稍湿润，4月或9月，生长期2~3日浇1次水，6~8月气温高，每天浇1次，冬季12~15天浇1次。如果是盆栽，土微润不干即可，任何时候都不能渍水。置于屋顶花园或庭院的盆栽络石雨季要注意排积水，地栽络石忌植于低洼地，否则易烂根，生长季节，见土干再浇水也不迟，11~12月大田栽培可不浇水。络石喜肥，但不苛求，各种肥料都可使用，一年不施肥，它也能开花，但花量少些。盆栽络石欲使其花繁似锦，可多施骨粉和磷钾肥，少用氮肥。大田栽络石，3~4月或9~10月各施1次氮磷钾复合肥即可，冬、夏不施肥。

五、络石的作用与价值

（1）药用价值。络石根、茎、叶、果实供药用，有祛风活络、止痛消肿、清热解毒之效能。乳汁有毒，对心脏有毒害作用。

（2）经济价值。络石茎皮纤维拉力强，可制绳索、造纸及人造棉。

（3）净化空气的作用。络石抗污染能力强，生长快，叶常革质，表面有蜡质层，对有害气体如二氧化硫、氯气及氯化氢、氟化物及汽车尾气等光化学烟雾有较强抗性。它对粉尘的吸滞能力强，能使空气得到净化。是污染严重厂区绿化、公路护坡等环境恶劣地块绿化的首选树种。

（4）观赏价值。络石在园林中多作地被绿化，或盆栽观赏，为芳香花卉，具有观赏价值。络石匍匐性攀爬性较强，可搭配作色带色块绿化用。络石匍匐攀缘性强，叶片深绿，常青不落，花开洁白，芳香四溢，色香宜人，堪称匍匐观赏植物特色佳品。适用于园景树园、崖壁、孤石、桥边攀匐景观点缀；空旷地搭配色带、色块布局绿化。用作城镇街区别墅、宅院墙垣，园艺花境、花门，园林小品绿化美化，更使人们全身心感受四季如春、花香浓郁的大自然之美。或盆栽观赏栽培，易成活、易管理、易造型。置于庭院、厅堂、阳台，观叶、观花、品芳香，亦是妙不可言。

132　南蛇藤

南蛇藤，学名：*Celastrus orbiculatus* Thunb.，卫矛科南蛇藤属，又名金银柳、金红树、过山风，落叶藤状灌木。南蛇藤姿态优美，茎、蔓强劲，势如盘龙，秋叶红、黄，硕果鲜红。具有四季最佳观赏价值，是城市绿化、城乡美化、小区垂直绿化等优良树种。

一、形态特征

南蛇藤,落叶藤状灌木,小枝光滑无毛,灰棕色或棕褐色,具稀而不明显的皮孔;腋芽小,卵状到卵圆状,长 1~3 mm。叶通常阔倒卵形,近圆形或长方椭圆形,长 5~13 cm、宽 3~9 cm,先端圆阔,具有小尖头或短渐尖,基部阔楔形到近钝圆形,边缘具锯齿,两面光滑无毛或叶背脉上具稀疏短柔毛,侧脉 3~5 对。聚伞花序腋生,间有顶生,花序长 1~3 cm,雄花萼片钝三角形,花瓣倒卵椭圆形或长方形,雄蕊长 2~3 mm,雌花花冠较窄小,肉质。蒴果近球状,种子椭圆状稍扁,赤褐色。花期 5~6 月,果期 7~10 月。

二、生长习性

南蛇藤属大型藤本植物,以周边树木或山体岩石为攀缘对象。性喜阳、耐阴,耐瘠薄,适应性强,分布广,抗寒、耐旱,对土壤要求不严。适生海拔 300~2 000 m,山坡灌丛中野生。造林栽植在背风向阳、湿润而排水好的肥沃沙质壤土中生长最好,栽培在半阴处生长不良。

三、主要分布

南蛇藤主要分布于黑龙江、吉林、辽宁、内蒙古、河北、山东、山西、河南、陕西、甘肃、江苏、安徽、浙江、江西、湖北、四川等地。河南省舞钢市国有石漫滩林场南山秤锤沟、围子园、长岭头、老虎爬、官平院、祥龙谷等林区中有野生分布;海拔 300~500 m 的沟谷及沿岸有散生,多缠绕树干,与阔叶林伴生。

四、引种繁育与造林绿化

南蛇藤属大型藤本植物,以周边树木或山体岩石为攀缘对象,在城乡造林绿化中被人们喜爱,积极推广引种种植,其苗木繁育主要采用种子播种、种条分株、压条、扦插等技术进行,主要繁育技术介绍如下。

(一)引种繁育苗木技术

1. 采收种子与储藏

南蛇藤果实 9~10 月成熟,应及时采收。为获得纯净适于播种和储运的种子,需进行种实的整理。即将南蛇藤的果实放入水中用手直接搓揉,经漂洗取出种子,阴干后即可播种即秋播,或层积沙藏,选高燥处挖一沟,深度在冻土层以下,冬季温度能保持在 0~15 ℃最好。选用洁净的河沙,其湿度以手捏能成团而不滴水为宜,种子和河沙分层放置,沙的用量约为种子量的 5 倍,在中央放一小捆秸秆作通气用,以防升温烂种,顶部高出地面,覆土 8~10 cm 厚,进行越冬储藏,为播种繁育备好种子,才能出芽。

2. 种子播种与管理

(1)播种时间。3 月或 10 月进行,既可以秋末播,也可沙藏 3~4 个月后春播。

(2)苗圃地的选择。选择背风向阳、地势高燥、便于灌溉、疏松肥沃的沙壤土做苗圃地。精耕细耙,施足基肥,每亩施入 2 500~3 000 kg 农家肥,再次翻耕耙细。做宽 1.0~1.2 m 的床,长度视播种量而定。可以点播或条播,覆土厚度 1~2 cm。播后应保持床面土壤湿润而疏松，生长期浇水 2~3 次、除草 3~4 次。秋末播种在第二年的春季 3 月出苗；春播可于当年的 4~5 月出苗，出苗率均在 90%以上，10 月苗木可达 100~120 cm 高。

（二）种条分株压条繁育技术

1. 压条时间

南蛇藤根部易产生分蘖，可在早春 3 月萌芽前进行分株压条繁殖。

2. 种条选择

从露地根际下，选择较大分蘖苗，从侧面挖掘并将地下茎所发生的萌蘖苗带部分根切下栽植。压条育苗在春季萌芽前进行。选择生长良好的枝条，在 3 月早春发芽前截去先端不充实的枝梢 5~9 cm，剪口留上芽，应该是保留饱满芽。

3. 压条培育

把选择好的枝条，30~40 根一捆捆好，然后在苗圃地开一条深 9~10 cm 的浅沟，然后把枝条平放于沟中，间隔一定距离用木钩固定，若土壤干燥，应先在沟内浇水，放入藤蔓种条后覆以浅土。由于蔓放平后，顶端优势往往转位于枝条基部未压入土的弯曲处，并常萌发旺枝，应及时抹去。蔓条上的芽大多数能萌发新梢，随其延长，可进行培土和保湿，便可生根。至 10~12 月，秋冬落叶后即可分离，每株附母株一段枝条如锤状即可。分离苗经分级后移植或假植，待第二年 3 月气温回升后移植大田培育。

（三）种条扦插繁育技术

1. 扦插时间

南蛇藤种条的扦插繁育育苗时间为 3 月，即春季在大田露地苗床进行扦插。

2. 种条选择

南蛇藤，在 10 月落叶后在成年植株根部，选择挖掘根条剪取种条或结合苗圃起苗时选择种条剪取；选择 7~10 mm 种条修剪即可，过细太脆弱，过粗对挖掘的母株有损伤。

3. 种条扦插

大田人工打畦做床，按照株距 3~4 cm、行距 10~12 cm 进行扦插。选择根作种条的一定注意根插有极性现象，即不可倒插，倒插不能生长优质苗木。根颈的一端为形态学上端，才能发芽生长成苗。扦插后，搭建遮阳网防晒，同时，应注意土壤浇水保湿，否则成活率不高。特别注意的是，冬季在室内扦插，根插比枝插成活率高，出苗健壮。

（四）大苗木移栽培育管理

1. 苗木移栽时间与修剪

南蛇藤幼苗移栽时间为 3 月或 9 月，即在春、秋两季进行。南蛇藤根系发达，藤冠面积大而茎蔓较细，起苗时往往根系损伤较多。起苗时如不对藤冠修剪，会造成水分代谢失衡而导致死亡。为了提高成活率，对栽植苗适当重剪，苗龄不大的留 3~5 个芽；苗龄较大的藤冠，主侧蔓留一定芽数，进行重剪、疏剪。栽植方法与其他树木一样，先将劈裂的根和受伤枝芽修剪截取掉，以利于伤口愈合和促进分生新根提早成苗。

2. 苗木栽植与施肥浇水管理

准备移栽的苗木，进行苗圃地内优选，选择苗木地径 2~3 cm、粗壮、无病虫害的苗木移栽；然后栽植，挖穴，长 30 cm × 宽 30 cm × 深 30 cm，先将表层土掺施有机肥后填入并稍踩踏。放苗时原根茎土痕处应先放穴面之下，经埋土、踩穴、提苗使其与地表相平，填土并在根部踩实,做到“三埋二踩一提苗”。栽后尽快浇水,第一次水一定要浇透,若在干旱季节栽植,应每隔 3~4 天连浇 3 次水,待土表稍干后中耕保墒。在 3 月早春或晚秋施有机肥作基肥。9 月秋季应多施钾肥,减少氮肥,防贪青徒长,影响抗寒能力。在进入旺盛生长期后应及时补充养分,在开花前多施用磷钾肥,应薄肥勤施。4~8 月,即苗生长期,应适当控水,夏初应及时供应水分,开花期需水较多而且比较严格:水分过少,影响花瓣的舒展和授粉受精;过多,会引起落花。越冬前应浇水,使其在整个冬季保有良好的水分状况。水淹与干旱对南蛇藤的危害更大。因干旱发生一般是逐渐加重,土壤以正常含水量至干旱缺水,在较长时间内植物仍能成活,而涝 3~5 天即能使其死亡,因此应及时排涝。

(五)苗木的修剪与整形技术

南蛇藤苗木经过移栽后,当培育的藤长 100~150 cm 时,及时搭架或向篱墙边或乔木旁引蔓,以利藤蔓生长。由于南蛇藤的分枝较多,栽培过程中,加强修剪与整形,注意摸芽打岔,应注意修剪枝藤,摘心芽,控制蔓延,增强观赏效果。

五、南蛇藤的作用与价值

(1)观赏价值。南蛇藤植株姿态优美,茎、蔓强劲,势如盘龙,秋叶红、黄,硕果鲜红。一年四季具有观赏价值,是城市垂直绿化的优质观赏树种。南蛇藤在藤本植物中属大型藤本植物,以周边植物或山体岩石为攀缘对象,远望形似一条蟒蛇在林间、岩石上爬行,蜿蜒曲折,野趣横生,具有观赏性。在名人名树园种植保存一株南蛇藤,经过数十年的生长,现已成长为一株体型粗大的巨藤。巨大的藤茎攀缘缠绕在数株鸡蛋花树上,壮观无比,引人注目,成为植物园中一地标性园林景观。游人亲眼目睹攀缘上树的巨藤,无不为之啧啧称奇。

(2)绿化作用。南蛇藤植株姿态优美,茎、蔓、叶、果都具有较高的绿化美化环境的作用。特别是南蛇藤秋季叶片经霜变红或变黄时,美丽壮观;成熟的累累硕果,竞相开裂,露出鲜红色的假种皮,宛如颗颗宝石;是小区、家庭、别墅等棚架、墙垣、岩壁等优美栽培树种。在湖畔、塘边、溪旁、河岸配植,倒映成趣,受人喜爱。同时又是公园、景区植物景观藤萝配植绿化的最佳选择树种。种植于坡地、林绕及假山、石隙等处颇具野趣。若剪取成熟果枝瓶插,装点居室,也能满室生辉。

(3)经济价值。南蛇藤经济价值高,树皮拉力强,可制优质纤维,可作纺织、造纸原料,种子含油率达 45%,市场前景广阔。南蛇藤可入药,根、藤用于治疗风湿关节炎、跌打损伤、腰腿痛、闭经。果用于治疗神经衰弱、心悸、失眠、健忘。叶用于治疗跌打损伤、多发性疖肿、毒蛇咬伤。

133　扶芳藤

扶芳藤,学名:*Euonymus fortunei* (Turcz.) Hand. -Mazz,卫矛科卫矛属,常绿藤本灌木,又名滂藤、岩青藤、万年青、千斤藤、山百足、对叶肾、土杜仲、藤卫矛、尖叶爬行卫矛、过墙风、攀援丝棉木、坐转藤、小藤仲、爬墙虎、换骨筋、络石藤、爬墙风等。扶芳藤具有繁殖容易、生长快、萌芽力强、抗逆性强、极耐修剪等特点,是城市园林绿化树种。

一、形态特征

扶芳藤高 1~3 m。叶薄革质，椭圆形、长方椭圆形、长倒卵形，有时近披针形。先端钝或急尖，基部楔形，边缘齿浅不明显。聚伞花序 3~4 次分枝，分枝中央有单花，花白绿色，4 数。花盘方形，花药圆心形。子房三角锥状，四棱，粗壮明显。蒴果粉红色，果皮光滑，近球状。种子长方椭圆状，棕褐色，假种皮鲜红色。花期 5~6 月，果期 9~10 月。

二、生长习性

扶芳藤性喜阳光，喜温、喜湿，亦耐阴，适于疏松、肥沃的沙壤土。海拔 150~1 500 m，酸、碱及中性土壤均能正常生长。

三、主要分布

扶芳藤主要分布于江苏、浙江、安徽、江西、湖北、湖南、四川、陕西、河南等地。河南省舞钢市丘陵、山地之河岸、地埂、乱石坡或林内均有野生分布。

四、引种繁育与造林绿化

（一）苗木繁育技术

1. 苗圃地选择

荒山、林下或山地均可种植，以疏松、肥沃的沙质壤土为佳。

2. 苗圃地整理

播种前先整地，让土壤熟化。第 1 次深翻土 25~30 cm，同时拣去草根和石块；第 2 次深翻土也是 25~30 cm，并做高或平畦，畦宽、畦高可因地制宜。种植前每亩施充分腐熟的厩肥、土杂肥、草木灰等复合肥 5 000~9 000 kg 作基肥，先撒在畦面，再深翻入土，后整平畦面。植地四周宜开环山排水沟。

3. 种子播种

采用条播，株距 2~3 cm、行距 20~25 cm，播种后浇水，搭建遮阳棚防晒，保护苗木生长。

（二）扦插繁育技术

1. 苗圃地选择

选择背风向阳、近水源、土壤疏松肥沃、排水良好的东面或东南面坡地作苗圃，先耙平整细，后起畦。

2. 种条扦插

扦插时间，四季均可育苗，3~4 月扦插成活率高，如夏季育苗需搭遮阴棚，冬季育苗应有塑料大棚保温。选择 1~2 年生无病虫害、健壮、半木质化的成熟藤茎，剪下后截成长 8~9 cm 的枝条作插穗，插穗上端剪平，下端剪成斜口，切勿压裂剪口。上部保留 2~3 片叶，下部叶片全部除去，扦插前选用 500 mL/ L 萘乙酸浸泡插条下部 15~20 s。按行距为 6~7 cm 开沟，将插穗以 2. 5~3 cm 的株距整齐斜摆在沟内，插的深度以插条下端 2/3 入土为宜，插后覆土压实插条四周土壤，并淋透定根水。一般插后 25~30 天即可生根，成活率达 90%以上。

3. 肥水管理

苗床要经常淋水,土壤持水量保持在 50%~60%,空气湿度保持在 85%以上,温度控制在 25~30 ℃以内。注意根除杂草,每隔 8~9 天除草 1 次,插后 30~35 天结合除草每亩施入生物肥 10~20 kg,以后每隔 18~22 天施 1 次肥,均匀后淋施。扦插后 5~6 个月,幼苗高 18~25 cm 以上且有 2 个以上分枝时,可以出圃种植。

4. 苗木培育

新生苗木定植后如遇天旱,每天上午或下午淋水 1 次,7~9 天后,苗木后每 6~8 天淋水 1 次,直至成活。也可用秸秆或杂草覆盖树盘,成活后一般不用淋水。种植成活后,如发现有缺株,应及时补上同龄苗木,以保证全苗生产。由于扶芳藤前期生长较慢,杂草较多,每月应进行 1~2 次中耕除草。施肥以腐熟农家肥为主,严禁使用未腐熟农家肥、城镇生活垃圾肥、工业废弃物和排泄物。禁止单纯使用化肥,限制使用硝态氮肥。化肥可与农家肥、微生物肥配合施用,有机氮与无机氮之比以 1∶1 为宜。定植后第 1 年,当苗高 1 m 左右时,结合除草、培土,每亩施入腐熟农家肥 2 500~3 500 kg、尿素 10~15 kg 或生物有机肥 300~350 kg ,行间开沟施用;穴栽的可在植株根部开穴施肥,每穴施入农家肥 0.5~1.0 kg。第 2 年以后,生长期 4~5 月或冬季 11~12 月各施肥 1 次,并结合除草、松土,保持林间通风透光条件,加速苗木生长。

(三)防治病虫害技术

扶芳藤抗病能力较强,目前尚未发现病害发生。虫害主要是卷叶蛾,多发生在苗圃或种植密度较高、植株比较荫蔽的地方,以幼虫蚕食幼嫩茎叶或咬断嫩茎危害。在卷叶蛾幼虫初发期,可用 90% 敌百虫可溶性粉剂 800~1 000 倍液,或吡虫啉 1 000 倍液喷杀。

五、扶芳藤的作用与价值

(1)观赏价值。扶芳藤为覆地绿化观叶攀缘植物,夏季黄绿相容,秋冬季节叶红兼黄,尤如春花开。在园林绿化美化中用途广泛,据其较强攀缘能力,常用作掩盖墙面、山石、篱架攀缘,形成垂直绿色屏障,构筑幽雅安静景观环境,具有良好的观赏价值。

(2)抗性作用。扶芳藤能抗二氧化硫、三氧化硫、氧化氢、氟化氢、二氧化氮等有害气体,可作工矿区环境绿化、防止空气污染树种栽培。

(3)药用价值。扶芳藤全株入药,舒筋活络、止血消瘀。治腰肌劳损、风湿痹痛、咯血、血崩、月经不调、跌打骨折、创伤出血。

134　粉枝莓

粉枝莓,学名:*Rubus biflorus* Buch. -Ham. ex Smith,蔷薇科悬钩子属,又名红公鸡刺,攀缘灌木。粉枝莓茎色紫红,茎蔓弓垂,勾刺满身,春花秋实,树姿优美。所以,人们称之“敬而远之”;粉枝莓果实是聚合果,色泽鲜黄、味甜、多浆,营养价值极高,是鲜食的美味水果,是山区造林和风景区、小区绿化的围墙绿篱优良野生树种。

一、形态特征

粉枝莓树高 2~3 m；枝紫褐色至棕褐色，无毛，具白粉霜，疏生粗壮钩状皮刺。小叶常 3 枚，宽卵形、近圆形或椭圆形，顶端急尖或渐尖，基部宽楔形至圆形，叶面伏生柔毛，中脉有小皮刺，边缘具不整齐粗锯齿或锯齿；花 2~8 朵，常 4~8 朵簇生或成伞房状花序，通常 2~3 朵簇生；花瓣近圆形，白色。果实球形，浅红或黄色。核肾形，具细密皱纹。花期 5 月，果期 7~8 月。

二、生长习性

粉枝莓喜光、喜湿，喜土壤疏松、肥沃，稍耐旱，怕阴暗；对土壤酸碱度要求不严。生于海拔 300~3 500 m 的山谷、山坡林下、林缘、灌丛和山地杂木林内。

三、主要分布

粉枝莓主要分布于陕西、河南、湖北、四川、云南、西藏。河南省舞钢市南部山区长岭头、官平院、大河扒、秤锤沟等林区有成片野生分布，多生于阳坡与灌丛混生，阴坡或林荫下生长不良。粉枝莓茎色紫红，茎蔓弓垂，勾刺满身，春花秋实。具有多种形态，可作森林公园、景区裸岩、空旷地丛植点缀，以达到春观叶花、秋赏果、冬显茎色红的独特效果。亦可作围墙绿篱，起到“敬而远之”的良好安全防护功能。

四、引种繁育与造林绿化

粉枝莓主要繁育技术是采用扦插育苗或用组织培养进行繁殖。同时，也采用根蘖繁殖法、压条繁殖、分株繁殖等技术。

（一）根蘖繁育苗木

粉枝莓根系具有发生不定芽的特性，极容易发生大量根蘖苗，因此应用分株繁殖最为普遍。5~6 月，夏季植株丛周围发生大量根蘖，其中以 4 年生的株丛发生的根蘖为最多，质量也较好。利用大量根蘖是培育高质量的粉枝莓苗木的关键；3~4 月，人工修剪及时疏去过弱、过密的根蘖苗，修枝截干 8~10 cm 作种条，扦插在沙壤土、基质、肥料混合的营养条畦内，小拱棚覆盖，改善通风条件，使株距保持在 10~15 cm，同时加强对母株的土肥管理，追施速效有机肥，并配合氮肥，及时灌水中耕，保持土壤湿润疏松和营养充足，促使根蘖苗生长旺盛健壮，10 月繁育的新生幼苗可达 70~100 cm。

（二）分株繁育苗木技术

1. 大田育苗

5~6 月，夏季初期，人工挖掘根蘖进行分株繁殖。将未木质化的根蘖挖出植株，大田定植或雨天移植；9~10 月，秋季落叶后人工挖掘根蘖苗木，按 10~20 捆的数量分级扎捆，假植越冬，第二年春季 4 月至 5 月上旬大田栽植。挖苗时注意要尽量少伤根系，并将所有枝条剪留 1/3 左右即可。9 月，秋季挖苗后可以直接大田栽培，然后再埋土防寒也可以。冬季做好防寒准备，粉枝莓抗寒力较差，故注意将枝、芽、根全部埋严，防止冻伤，以免成活率下降。

2. 科学管理

不管夏、秋季节，只要在生长季的雨天，当根蘖苗有一定高度，就深挖根蘖，随挖随栽，也能取得较高的成活率。在繁育苗木生产中，注意挖苗和栽苗的时期不宜过晚，影响苗木生长萌芽。

（三）种条扦插繁育苗木

1. 根蘖扦插育苗

主要依靠根系容易发生不定芽，在9~10月进行秋季挖掘根蘖苗时，把带有芽的根段（俗称根条）挖出，或单独在距母株50~60 cm以外人工挖根，选出带有芽的根段，根条粗度要求为0.5~1.0 cm，根段上部有芽，修剪留12~18 cm，将剪好的根条按一定数量扎捆，埋在窖内湿沙中储藏。第二年3月，即春季在苗圃地内挖9~10 cm的深沟，将根条平放在沟底，然后用松散而肥沃的土把沟填平，踩实耙平，充分浇水，撒一层疏松的土，保持土壤水分并防止土壤板结，加强生育期的田间管理，到10月苗木生长达到70~100 cm。

2. 枝条扦插育苗

选择优良健壮母树枝条作种条。即可用枝梢或地下茎扦插进行繁殖。只不过它的扦插比较特殊，将粉莓的一年生枝剪下，截成长30~40 cm的枝段，采用条畦、小拱棚扦插，扦插时先将插条的一端插入土中9~10 cm，然后将另一端也插入土中8~9 cm，使插条在地面呈弓形，一般90~120 cm宽的畦可插2~4行，株距15~25 cm。插条生根后，即可从中间剪断，变成两株小苗，从而使原来的2~4行变成4~6行，在肥水充足的管理条件下，当年秋季即10月可成苗出圃。

（四）种条压条繁殖育苗技术

粉枝莓枝条细，易下垂，除扦插外，还可采用先端压条和水平压条法进行繁殖。一是在8~9月将已不再延伸的新梢顶端埋入土中，促使叶腋处发出新梢和不定根而成秧苗，秋季即可分株；二是水平压条，即在母株附近挖5~6 cm深的小沟。3月，在春季将整个枝条都弯曲在沟内，枝条的各节均能发梢生根，次年春将秧苗与母株分离，挖出定植培育即可。

五、粉枝莓的作用与价值

（1）园林绿化作用。粉枝莓茎色紫红，茎蔓弓垂，勾刺满身，春花秋实。具有多种形态，在森林公园、风景区、丘陵山地、空旷地丛植栽培，以达到春观叶花、秋赏果、冬显茎色红的独特观赏绿化效果。同时，植株勾刺满身，可作围墙绿篱，起到"敬而远之"的良好安全防护功能。

（2）食用价值。粉枝莓果可食，野生状态果实小，粉枝莓聚合果色泽鲜黄、味甜、多浆，营养价值极高，是鲜食的美味水果，也可用于酿酒，制作果酱、饮料、果冻及多种食品添加剂。

（3）经济价值。人工栽培、选育优良可食性浆果品种，用于山区发展经济，开发产业经济等。根、茎、果可入药，入肝、肾、肺经，可止渴、祛痰、解毒，具有补肾、固精、明目的功效；茎皮、根皮可提制工业应用栲胶。

135　野蔷薇

野蔷薇，学名：*Rosa multiflora* Thunb.，蔷薇科蔷薇属植物，又名张张台，落叶灌木。野蔷薇初夏开花，花繁叶茂，芳香清幽。花开千姿，彩色缤纷，适应性强，易繁殖。是城乡溪畔、路旁、园边的优良造林绿化树种。

一、形态特征

野蔷薇是攀缘落叶灌木，高 2~3 m。小枝圆柱形，通常无毛，有短、粗稍弯曲皮束。羽状单叶，小叶 5~9，小叶片倒卵形、长圆形或卵形，先端急尖或圆钝，基部近圆形或楔形，边缘有尖锐单锯齿，上面无毛，下面有柔毛。圆锥状花序，花多朵。花直径 1.5~2 cm，萼片披针形，花瓣粉红或白色。宽倒卵形，先端微凹，基部楔形。果近球形，直径 6~8 mm，红褐色，有光泽，无毛，萼片脱落。人工栽培的蔷薇花并不会结果，野蔷薇却会长出娇翠欲滴的红色果实。花期 5~7 月，果期 10 月。

二、生长习性

野蔷薇为喜光的植物，在阳光比较充足的环境中才能正常生长或生长良好，而在荫蔽环境中，生长不正常，甚至死亡。性强健，喜光、耐半阴，耐寒、耐瘠薄，适应性强。适生海拔 100~800 m 的平原、丘陵、地边、沟谷、坡地草丛或灌丛 。对土壤要求不严，在黏重土上也可正常生长。耐瘠薄，忌低洼积水；以肥沃、疏松的微酸性土壤最好。

三、主要分布

野蔷薇原产中国，河南、河北、山西、山东、安徽、浙江、湖北、湖南、云南、贵州、四川等地有野生；主产黄河流域以南各省区的平原和低山丘陵，品种甚多，宅院亭园多见。河南省舞钢市境内的杨庄乡旁背山、瓦房沟、五座窑，尚店镇尹楼、五峰山、下河，尹集镇九头崖、围子园、秤锤沟，庙街乡人头山、四头脑山、九龙山，铁山乡蚂蚁山等林区有野生分布。海拔 100~600 m 的丘陵、山地旷野、灌丛多有分布，野生。

四、引种繁育与造林绿化

野蔷薇是优良野生绿化树种，主要采用种条分株、扦插和压条繁殖，春季、初夏和早秋均可进行。也可播种，可秋播或沙藏后春播，播后 1~2 个月发芽。

(一)种条分株繁育技术

野蔷薇分株繁育，即是将野蔷薇的根、茎基部长出的小分枝与母株相连的地方切断，然后分别栽植在肥沃的沙壤土中，通过浇水、施入肥料，使之长成独立的新植株的繁殖方法。此法简单易行，成活快，当年幼苗可达 70~80 cm。

(二)种条扦插繁育技术

采取种条扦插繁育，也称插条，是一种培育植物的常用繁殖方法。可以剪取某些植物的茎、叶、根、芽等(在园艺上称插穗)，或插入优良沙壤土中、沙中，或浸泡在水中，等到生根后就可栽种,使之成为独立的新植株。扦插繁育苗木,成活率高,生长快。

1. 种条插穗的选择和处理

要选择生长健壮、没有病虫害的枝条作插穗。选好插穗后要精心处理。嫩枝插的插穗采后应立即扦插,以防萎蔫影响成活。人工剪取插条后应放在通风处晾几天,等切口略有干缩,即伤口愈合后,再扦插;或用微火略烧烤下面切口,以防止腐烂。

2. 扦插时间

3~5 月,温度保持 20~25 ℃时扦插,为最佳时期,此期生根最快。温度过低生根慢,过高则易引起插穗切口腐烂。所以,如果人为控制温度条件,一年四季均可扦插。自然条件下,则以春 3~4 月、秋 9~10 月温度为宜。注意湿度。扦插后要切实注意使扦插基质保持湿润状态,但也不可使之过湿,否则易引起腐烂。同时,还应注意空气的湿度,可用覆盖塑料薄膜的方法保持湿度,但要注意在一定时间内通气,才能促使苗木快速生长成苗。

(三)种条压条繁育技术

压条是将植物的枝、蔓压埋于湿润的基质中,待其生根后与母株割离,形成新植株的方法。压条成株率高,但繁殖系数小,多在用其他方法繁殖困难,或要繁殖较大的新株时采用。压条是对植物进行人工无性繁殖(营养繁殖)的一种方法。与嫁接不同,枝条保持原样,即不脱离母株,将其一部分埋于土中,待其生根后再与母株断开。普通压条,将母株近地 1~2 年生枝条向四方弯曲,于下方刻伤后压入坑中,用钩固定,培土压实,枝梢垂直向上露出地面并插缚一支木杆或竹杆持扶物帮助生长。

(1)波状压条。适于枝蔓特长的藤本植物(如葡萄等)。将枝蔓上下弯成波状,着地的部分埋压土中,待其生根和突出地面部分萌芽并生长一定时期后,逐段切成新植株。

(2)堆土压条。适于根颈部分蘖性强或将根颈部枝条基部刻伤后堆土埋压,待生根后,分切成新植株。

(四)野蔷薇病虫防治技术

野蔷薇主要病害有白粉病和黑斑病,主要虫害是蚜虫和刺蛾等。

1. 白粉病的发生与防治

(1)白粉病的发病规律。其病菌在河南省平顶山市不能越夏,但子囊孢子或分生孢子可在海拔 500 m 以上山区的自生麦苗或夏麦上发生为害,秋后通过气流传到平原麦苗上引起发病。白粉病流行的条件主要有两个,一是大面积种植感病品种,二是适宜的环境条件。一般在小麦密度偏大、施氮肥过量的情况下,麦株旺长,植株衰弱,田间湿度大或者发生了倒伏的麦田,发病往往较重。该病一般在 3 月至 4 月初出现发病中心,4 月中旬后随气温逐渐回升,病株率迅速增加,在适宜的条件下导致大流行。

(2)防治技术。一是农业措施,种植抗病品种。二是合理密植,合理施肥。三是药剂喷布防治。9 月,苗发病重的地块,可药剂拌种;在秋季或春季,田间发病率 3%~5%时(成株期调查以旗叶到旗叶下 2 叶计算发病率),每亩用 20%粉锈宁乳油 800~900 倍液喷布,或 15%粉锈宁可湿性粉剂 50 g 兑水 50~60 kg 喷雾,或兑水 10~15 kg 低容量喷雾。也可用 25%病虫灵乳油 900~1 000 倍液,兑水 50~60 kg 均匀喷雾。

2. 黑斑病的发生与防治

(1)黑斑病的症状。叶、叶柄、嫩枝和花梗均可受害,但主要为害叶片。症状有两种类型：一种是发病初期叶表面出现红褐色至紫褐色小点，逐渐扩大成圆形或不定形的暗黑色病斑，病斑周围常有黄色晕圈，边缘呈放射状，病斑直径 3~14 mm。后期病斑上散生黑色小粒点，即病菌的分生孢子盘。严重时植株下部叶片枯黄，早期落叶，导致个别枝条枯死，如月季黑斑病。另一种是叶片上出现褐色至暗褐色近圆形或不规则形的轮纹斑，其上生长黑色霉状物，即病菌的分生孢子。严重时，叶片早落，影响生长，如榆叶梅黑斑病。

（2）发病规律。黑斑病是野蔷薇上的主要病害，发生普遍，为害严重。病菌以菌丝体或分生孢子盘在枯枝或土壤中越冬。第二年 5 月中下旬开始侵染发病，7~9 月为发病盛期。分生孢子借风、雨或昆虫传播、扩大再侵染。雨水是病害流行的主要条件，降雨早而多的年份，发病早而重。低洼积水处、通风不良、光照不足、肥水不当等有利于发病。

（3）防治技术。选用优良抗病品种。9~10 月后清除枯枝、落叶，及时烧毁。11~12 月，加强栽培管理，注意整形修剪，通风透光。3~4 月，新叶展开时，喷 50%多菌灵可湿性粉剂 500~1 000 倍液，或 75%白菌清 500~600 倍液，或 80%代森锌 500~600 倍液，7~10 天 1 次，连喷 3~4 次。

3. 野蔷薇的蚜虫防治技术

在蚜虫的防治上，应利用各种手段，停止其危害活动。一是消灭蚜虫，要从花卉越冬期开始，可收事半功倍之效。在蚜害最严重的 4~6 月或 9~10 月进行，可用 70%甲基托布津可湿性粉剂 1 000 倍液喷洒，防治效果并不显著。二是对新引进的花种、花苗，应严格检查，防止外地新害虫的侵入，对土壤及旧花盆进行消毒，以杀死残留的虫卵。三是结合修剪，将蚜虫栖居或虫卵潜伏过的残花、病枯枝叶彻底清除，集中烧毁。四是花卉的品种不同，其抗虫性也有所不同，应选用抗病虫品种，既减轻蚜虫危害，又可节省药物费用。五是发现少量蚜虫时，可用毛笔蘸水刷净，或将盆花倾斜放于自来水下旋转冲洗，既灭了蚜，又洗净叶片，提高了观赏价值和促进叶面呼吸作用；有条件的还可利用瓢虫、草蛉等天敌进行防治。六是发现大量蚜虫时，应及时隔离，并立即选用药物或土法消灭虫害，用 1∶15 的比例配制烟叶水，泡制 4~8 小时后喷洒。或用 1∶4∶400 的比例，配制洗衣粉、尿素、水的溶液喷洒。或用吡虫啉 1 000~1 200 倍液或敌敌畏乳油 1 000 倍液喷布防治。

4. 刺蛾发生与防治

（1）发生规律。河南省平顶山市 1 年发生 1 代，长江下游地区 2 代，少数 3 代。均以老熟幼虫在树下 3~6 cm 土层内结茧以前蛹越冬。1 代区 5 月中旬开始化蛹，6 月上旬开始羽化、产卵，发生期不整齐，6 月中旬至 8 月上旬均可见初孵幼虫，8 月为害最重，8 月下旬开始陆续老熟入土结茧越冬。2~3 代区 4 月中旬开始化蛹，5 月中旬至 6 月上旬羽化。第 1 代幼虫发生期为 5 月下旬至 7 月中旬。第 2 代幼虫发生期为 7 月下旬至 9 月中旬。第 3 代幼虫发生期为 9 月上旬至 10 月。以末代老熟幼虫入土结茧越冬。成虫多在黄昏羽化出土，昼伏夜出，羽化后即可交配，2 天后产卵，多散产于叶面上。卵期 7 天左右。幼虫共 8 龄，6 龄起可食全叶，老熟幼虫多夜间下树入土结茧。

（2）防治技术。2~3 月，挖除树基四周土壤中的虫茧，减少虫源。同时，开展幼虫盛发期防治，喷洒 80%敌敌畏乳油 1 200 倍液，或氯氰菊酯 900~1 000 倍液，或苦参碱 900~1 000 倍液，或 5%来福灵乳油 3 000 倍液，或甲维盐 1 200~1 300 倍液即可。

五、野蔷薇的作用与价值

(1)观赏价值。野蔷薇疏条纤枝、横斜披展,叶茂花繁、色香四溢,是良好的春季观花树种。适用于花架、长廊、粉墙、门侧、假山石壁的垂直绿化,对有毒气体的抗性强。

(2)经济价值。野蔷薇根、叶、花、果可入药。可基础种植、河坡悬垂,也可植于围墙旁,引其攀附。

(3)药用价值。野蔷薇具有清暑化湿、顺气和胃、止血的功效。常用于治疗暑热胸闷、口渴、呕吐、不思饮食、口疮、口噤、腹泻、痢疾、吐血及外伤出血等;味甘、凉。

(4)食用价值。野蔷薇嫩茎叶富含蛋白质、粗纤维、胡萝卜素、尼克酸、维生素,可作菜肴食用。果实也可以食用。

参 考 文 献

[1] 河北农业大学. 果树栽培学总论[M]. 北京:农业出版社,1990.
[2] 辛铁君. 银杏矮化速生种植技术[M]. 北京:金盾出版社,2001.
[3] 陈学林. 运用萎凋工艺改进银杏叶茶品质的研究 [J]. 林业科技开发,2004,18(1):30-31.
[4] 赵学农,沙继国,高松峰,等. 银杏茶专用叶园栽培技术及其加工工艺[J]. 林业科技开发,2007,21(5):86-88.
[5] 万少侠. 林果栽培管理实用技术[M]. 郑州:黄河水利出版社,2013.
[6] 万少侠. 落叶果树丰产栽培技术[M]. 郑州:黄河水利出版社,2015.
[7] 万少侠. 优良园林绿化树种繁育技术[M]. 郑州:黄河水利出版社,2018.
[8] 万少侠. 园林果树主要病虫害发生与防治[M]. 郑州:黄河水利出版社,2019.

《优良野生树种资源调查及应用》参加编著人员简介

1. 张小志,男,林业工程师,河南省国有中牟县林场
2. 卢规划,男,河南省西华县森林病虫害防治检疫站
3. 张彩霞,女,林业工程师,河南省漯河市国林林业开发有限公司总经理
4. 李蕴莹,女,助理研究员,河南省平顶山市农业科学院
5. 余作仁,男,林业高级工程师,河南省信阳市平桥区森林病虫害防治检疫站
6. 谭成静,男,林业高级工程师,河南省信阳市平桥区退耕还林办公室
7. 卢　红,女,林业高级工程师,河南省信阳市平桥区林业局
8. 贾喜欢,女,林业工程师,河南省三门峡市陕州公园管理处
9. 张　勇,男,林业工程师,河南省漯河市源汇区林业技术推广站
10. 闫志轩,男,林业工程师,河南省漯河市召陵区林业技术推广站
11. 关瑞娜,女,林业工程师,河南省漯河市召陵区林业技术推广站
12. 朱红涛,男,林业工程师,河南省漯河市郾城区住房和城乡建设局园林绿化中心
13. 张　春,女,林业工程师,河南省驻马店市薄山林场
14. 夏丽美,女,林业工程师,河南省正阳县园林技术推广中心
15. 张玉民,男,林业工程师,河南省遂平县林业发展服务中心
16. 宫秀欣,男,林业高级工程师,河南省国有方城县大寺林场
17. 李冠涛,男,高级工程师,河南省平顶山市园林绿化中心
18. 詹志伟,男,林业工程师 ,河南省国有鲁山县林场
19. 王建伟,男,高级工程师,河南省鲁山县林业技术推广站
20. 赵月丽,女,河南省舞钢市科学技术协会学会部部长
21. 范大整,女,教授级高级工程师,河南省驻马店市森林病虫害防治检疫站站长
22. 葛岩红,男,工程师,河南省舞钢市科学技术协会
23. 李红梅,女,中小高级教师,河南省舞钢市八台镇中心校
24. 杨黎慧,女,工程师,河南省舞钢市国有林场
25. 向　巍,男,林草工程师,河南省南阳市卧龙区退耕还林办公室
26. 李俊红,女,林业工程师,河南省邓州市森林病虫害防治检疫站
27. 胡选科,男,林业工程师,河南省邓州市森林病虫害防治检疫站
28. 刘　斌,男,林业工程师,河南省邓州市退耕还林办公室
29. 王　奎,男,助理工程师,河南省西平县林业发展服务中心
30. 张红心,男,林业工程师,河南省内黄县林业发展中心

31. 闫秋丽,女,林业工程师,河南省禹州市林业发展中心
32. 徐永辉,女,林业工程师,河南省禹州市林业发展中心
33. 饶　鑫,男,林业助理工程师,河南省信阳市平桥区震雷山办事处城建中心
34. 李金鑫,男,林业工程师,河南省信阳市平桥区明港镇农村经济发展中心
35. 宁　柯,女,林业工程师,河南省驻马店市薄山林场
36. 王雪锋,男,林业工程师,河南省驻马店市薄山林场
37. 郑　涛,男,林业工程师,河南省驻马店市薄山林场
38. 王德军,男,林业工程师,河南省驻马店市薄山林场
39. 徐　彬,男,工程师,河南省驻马店市薄山林场
40. 崔　磊,女,助理工程师,河南省驻马店市薄山林场
41. 付志方,男,工程师,本科,河南省嵩县林业发展中心
42. 师旭艳,女,工程师,本科,河南省嵩县林业局
43. 李豫凤, 女, 本科,工程师 ,河南省正阳县园林技术推广中心
44. 韩华华,女,助理工程师,河南省禹州市林业发展中心
45. 朱黎娟,女,助理工程师,中国平煤神马能源化工集团有限责任公司供热分公司
46. 张　婷,女,助理工程师,河南省禹州市林业技术推广中心
47. 臧云鹏,男,林业工程师,河南省驻马店市薄山林场
48. 尚春生,男,助理工程师,河南省国有泌阳马道林场
49. 王国鑫,男,助理工程师,河南省方城县林业局林业技术推广站
50. 崔伦刚,男,工程师,河南省确山县自然资源局
51. 吴晶莹 女,助理工程师,河南省固始县林业技术推广站
52. 田慧平,女,林业工程师,河南省三门峡市陕州区张湾乡农业服务中心
53. 李新涛,男,林业工程师,河南省国有栾川县林场
54. 刘斌,河南省中牟县林木种子站
55. 董国乐,河南省中牟县森林病虫害防治检疫站
56. 赵文杰,男,林业助理工程师,河南省舞阳县林业技术推广总站
57. 王晓丽,女,林业助理工程师,河南省舞阳县林业技术推广总站
58. 杨惠菊,女,林业助理工程师,河南省舞阳县文峰乡农业服务中心
59. 陈宏涛,男,高级教师,河南省舞钢市实验小学。
60. 赵雅雅,女,教师,河南省舞钢市武功乡中心小学
61. 杨德宇,男,林业工程师,河南省舞钢市国有林场
62. 何明亮,男,助理工程师,河南省舞钢市国有林场
63. 何彦玲,女,河南省舞钢市富康肉牛养殖场总经理(八台镇安庄村)
64. 李继东,男,副教授,河南农业大学
65. 陈智慧,男,高级教师,河南省舞钢市实验初级中学

66. 王璞玉，女，林业工程师，河南省舞钢市林业工作站

67. 冯伟东，男，助理工程师，河南省舞钢市林业工作站

68. 胡彦来，男，助理工程师，河南省舞钢市林业工作站

69. 张智慧，女，林业工程师，河南省舞钢市林业工作站

70. 王彩云，女，助理工程师，河南省舞钢市林业工作站

71. 任素平，女，助理工程师，河南省舞钢市林业工作站

72. 李慧丽，女，林业工程师，河南省舞钢市林业工作站

73. 赵淑霞，女，林业工程师，河南省漯河市召陵区林业技术推广站

74. 刘银萍，女，正高级工程师，河南省平顶山市林木种苗服务中心

75. 王　玉，女，林业高级工程师，河南省遂平县林业发展服务中心

76. 赵鹏华，男，大学本科，林草高级工程师，河南省舞阳县林业技术推广总站总工程师

77. 张文军，男，副教授，博士（后），河南城建学院建筑与城市规划学院

78. 祁建华，男，硕士研究生学历，民革党员，工程技术应用研究员，山东省菏泽市林业技术服务中心

79. 万少侠，男，林业教授级高级工程师，河南省舞钢市林业工作站

内容提要

本书介绍了优良野生树种135种，分为野生落叶乔木树种、野生灌木树种、野生落叶果树树种、野生藤本树种四章，从野生树种的形态特征、生长习性、主要分布、引种繁育与造林绿化、作用与价值进行介绍。全书文字简洁明了、通俗易懂，并配有彩色图片。本书可为野生树种应用和发展提供科技依据与技术支撑。

本书可供园林绿化公司、国有林场苗圃、苗木繁育合作社、造林大户、职业中专学生等学习参考。

图书在版编目(CIP)数据

优良野生树种资源调查及应用/张文军等主编.—郑州：黄河水利出版社，2021.7

ISBN 978-7-5509-3059-9

Ⅰ.①优… Ⅱ.①张… Ⅲ.①野生植物-树木资源调查 Ⅳ.①S757.2

中国版本图书馆CIP数据核字(2021)第157496号

出 版 社：黄河水利出版社

地址：河南省郑州市顺河路黄委会综合楼14层　网址：www.yrcp.com　邮政编码：450003

发行单位：黄河水利出版社

发行部电话：0371-66026940、66020550、66028024、66022620(传真)

E-mail：hhslcbs@126.com

承印单位：广东虎彩云印刷有限公司

开本：787 mm×1 092 mm　1/16

印张：21　插页：8

字数：510千字　印数：1—1 000

版次：2021年7月第1版　印次：2021年7月第1次印刷

定价：90.00元